普通高等教育“十三五”规划教材

矿山机械

（上册）

主　编　马立峰
副主编　燕碧娟　王志霞　闫红红

北　京
冶 金 工 业 出 版 社
2025

内 容 提 要

本书主要讲述矿山生产过程中所使用的主要设备，涉及在不同采矿和选矿工艺中所采用的不同种类设备的概述、结构组成、设备特点、工作原理、设计计算等基础知识。全书分为上、下两册，共9章，上册3章，主要内容包括：钻孔机械、煤矿采掘机械、装载机械；下册6章，主要内容包括：提升机械、运输机械、破碎与磨矿机械、筛分与分级机械、选别机械、脱水机械。

本书为高等工科院校矿山机械类专业教学用书，也可供从事矿山机械设计制造、矿山生产及设备管理的工程技术人员学习参考。

图书在版编目(CIP)数据

矿山机械．上册/马立峰主编．—北京：冶金工业出版社，2021.3（2025.3重印）

普通高等教育“十三五”规划教材

ISBN 978-7-5024-8335-7

Ⅰ.①矿… Ⅱ.①马… Ⅲ.①矿山机械—高等学校—教材 Ⅳ.①TD4

中国版本图书馆CIP数据核字（2019）第266213号

矿山机械（上册）

出版发行	冶金工业出版社	**电　话**	(010)64027926
地　址	北京市东城区嵩祝院北巷39号	**邮　编**	100009
网　址	www.mip1953.com	**电子信箱**	service@mip1953.com

责任编辑 戈 兰 美术编辑 彭子赫 版式设计 孙跃红

责任校对 石 静 责任印制 窦 唯

北京建宏印刷有限公司印刷

2021年3月第1版，2025年3月第3次印刷

787mm×1092mm 1/16；18.25印张；441千字；281页

定价46.00元

投稿电话 (010)64027932 投稿信箱 tougao@cnmip.com.cn

营销中心电话 (010)64044283

冶金工业出版社天猫旗舰店 yjgycbs.tmall.com

（本书如有印装质量问题，本社营销中心负责退换）

前　言

矿山生产是国民经济的基础工业，承担着向各种加工工业提供有用矿物和原材料的任务。在矿山生产工作中，各个环节的机械化程度和生产组织与管理工作水平直接决定了矿山生产的技术水平和生产能力。

本书介绍了国内外矿山机械的现状、最新研究成果和发展趋势，使学生掌握矿山开采及选矿中常用钻孔机械、装载挖掘机械、煤矿综采机械、提升运输机械、选矿机械等设备的基本结构、基本原理和基本设计方法，培养学生的设计构思和基本设计技能。

本书由太原科技大学的马立峰担任主编，燕碧娟、王志霞和闫红红担任副主编。全书具体编写分工为：第1章由马立峰和王志霞共同编写，第2章由太原理工大学的李博和王学文编写，第3章由燕碧娟编写，第4章由中信重工洛矿院的杜波和太原科技大学的王正谊编写，第5章由马立峰和寇保福共同编写，第6章、第7章由闫红红编写，第8章由马立峰编写，第9章由赵广辉编写。全书由李自贵进行审查和修改，马立峰负责全书统稿工作。本书在编写过程中参考了大量文献，在此向原作者表示衷心的感谢。

鉴于作者水平有限，书中不妥之处，恳请各位读者批评指正。

马立峰

2020年8月

总　目　录

上　　册

下　　册

上册目录

第1章　钻孔机械

1.1　概　　述

钻孔机械是钻凿矿物和岩石的一种工程机械，广泛用于冶金、煤炭、化工等矿山生产中，采用钻孔爆破法将岩石从岩体上崩落。

1.1.1　钻孔机械在矿山生产中的地位和作用

不论矿山采掘工地还是石方工程现场，都需要进行钻孔。矿山生产实践证明，钻孔作业的工作量大、延续时间长、所用成本高，因此，钻孔作业是矿山生产的一项最基本的作业。

钻孔作业是矿山生产的首要工序。钻孔作业包括：探明矿床具体位置及储量的地质勘探钻孔；开凿各种类型井巷的开拓钻孔；将一个采矿场用各种巷道分割成许多矿块准备采矿的采准钻孔；将采场的矿石从母体矿岩上采下来的采矿钻孔。无论哪种类型的钻孔都是该项工程整体作业的首要工序。在完成采装运工作循环过程中，如果钻孔工序滞后，将会导致整个矿山生产的延缓，因此钻孔机械的研制工作至关重要。

钻孔作业占矿山生产的成本高，表现在以下方面：钻机机械使用的钻杆和钻头一般是由优质钢和硬质合金制成的，在钻孔作业中，钻杆和钻头的磨损严重、消耗量大；钻机上用的各种动力装置也消耗大量能量，包括压气、压力水、液压油、电、柴油等；同时，由于工作原理及工作条件所致，钻机工作时产生很大的冲击振动和岩尘导致钻机的故障多、机件易损坏，故维护保养工作量和维修费用也因此而增加。在矿山生产中，钻孔费用约占采装运总费用的三分之一左右，所以减少钻孔费用对降低采矿成本有着直接的重要意义。

钻孔机械是当前钻孔作业唯一的生产工具，使用先进高效的钻机不仅能减轻工人的体力劳动，还能大幅提高劳动生产率，降低生产成本。因此，钻孔机械的装备水平是衡量矿山发展水平的重要标志之一。

1.1.2　钻孔机械的发展概况及趋势

随着社会的不断发展，手锤打眼已不能满足生产要求，人们开始寻求采用机械等方法凿岩的途径。

1.1.2.1　地下钻孔机械的发展

随着生产技术的不断进步，地下凿岩钻孔机械从能量介质、支撑方式、凿岩钎具和自动控制几方面经过了交叉融合的发展历程。

在能量介质的发展方面，凿岩钻孔机械经历了蒸汽冲击凿岩机，气动凿岩机、液压凿岩机、水压凿岩机的发展过程。其中，19世纪中叶法国人虽然第一个取得了气动冲击凿岩机的专利，但并在实际中应用；两年后由意大利工程师设计的压缩空气凿岩机则在阿尔卑斯山的隧道开凿中首次得到实际应用。气动凿岩机虽然具有结构简单和制造容易、价格低廉、维修方便等优点，并在矿业开发和石方工程中得到广泛使用，但它存在着两个根本性弱点：一是能耗大，二是作业环境恶劣，噪声大、油雾大。因此，20 世纪初英国人研制成一台液压凿岩机，但受到当时的技术水平限制未能用于生产。20 世纪 60 年代可用于生产的液压凿岩机是由法国蒙塔贝特公司研制而成，随后各国陆续效仿。20 世纪 80 年代液压凿岩机迅速发展，发达国家的地下矿山已经广泛采用了液压凿岩设备。20 世纪后期液压凿岩机开始朝着增大功率、提高钻孔速度、改进结构和钎具质量、提高钻孔经济性、增设反打装置、提高成孔率等方向发展。然而，液压凿岩设备的液压油泄漏不但污染环境，而且浪费宝贵的石油资源，以纯水为介质的凿岩设备开始进入研究者的视线。但真正的研发水压凿岩机始于南非的超深矿井中用于冷却工作面的冷却水，为了合理利用这些 18MPa 的静压力，来有效地驱动一些井下的采矿设备，南非矿业联合会研究中心于 1992 年前后终于将支腿式水压凿岩机用于井下生产。同时，瑞典卢基公司的 Wassara 水压潜孔冲击器也用于井下生产。我国在 1993 年研制出两台支腿式水压凿岩机，以纯水为传递能量介质的凿岩机，价格便宜、抗燃性和环保性好、压缩系数小，但存在着泄漏大、润滑性差、气蚀性强、有一定的腐蚀性、运行温度范围窄等缺点。目前针对高水基介质和纯水介质的研究，将使水压凿岩机得到推广。

在凿岩钎具及转钎机构的发展方面，1884 年美国人获得的冲击活塞与钎杆分离的冲击凿岩机专利，为现代凿岩机奠定了基础。但当时的凿岩机使用的是实心钎杆，不能钻凿下向的孔。1897 年美国人成功研制了以压气或水冲洗岩孔的空心钎杆，改进了配气阀，采用棘轮棘爪螺旋棒转钎机构，使凿岩机冲击频率大大提高，第一台现代轻型气动凿岩机由此诞生。1938 年碳化钨钎头由德国人研制成功，使钎头的磨修次数大大减少。到 20 世纪 60 年代初，冲击与回转机构分开的独立回转凿岩机研发成功，使得凿岩机的冲击能量和转钎扭矩可以分别调节，以适应不同性质岩石的要求，使凿岩机可以在最佳凿岩参数下工作。随着孔深的增加，深孔接杆凿岩的需求随之增大，而钎杆接头处的冲击能量散失也较大，因而将凿岩机送入孔底的设想被提出，英格索尔-兰特公司于 1932 年获得了这项专利权。但受当时各种条件限制，20 世纪 40 年代末才开始在矿山使用。1951 年比利时工程师设计制造的潜孔冲击器，才真正与现代潜孔冲击器结构相接近。潜孔冲击器不仅减少了能量传递损失，还大大降低了噪声。此后，潜孔钻机不断改进完善并在地下和露天矿山得到推广。

在凿岩机支撑推进方面，第一台现代轻型气动凿岩机仍然还都是手持式。1938 年德国人研制了气腿，不仅减轻了操作者的体力劳动，而且增加了推进力，提高了凿岩效率，也为深孔接杆凿岩开辟了道路。随着凿岩机功率的增大，为了减轻操作者的体力消耗，出现了架柱式支撑的凿岩机，20 世纪 50 年代又出现了多种自行式气动钻车。后来，随着液压凿岩机的发展，全液压掘进与采矿钻车也得到快速发展。

在地下凿岩钻孔机械的控制方面，早在 1972 年，挪威就开始研制钻车自动控制系统，在试验室实现了计算机控制的单臂钻车定位和钻孔试验；1978 年第一台三臂微机控制样机研制成功；1973 年日本开始研制了微机控制的全自动凿岩钻车（即凿岩机器人），十年间已生产数台用于掘进作业；美国于 1978 年研制了一台用微机控制的液压锚杆钻车钻进速度自寻最优的试验装置；1982年瑞典申请了一项微型计算机控制凿岩机的专利；1983年法国在钻臂上装了一套微型计算机控制装置；1984年芬兰研制出微机控制的三臂掘进钻车，并在挪威的隧道工程中应用；1985年推出了首台计算机自动控制的采矿钻车，该钻车于1995年在加拿大的矿山实现了自动化凿岩。20世纪90年代中期以后，国外一些先进矿山都实现了掘进、采矿凿岩钻车的遥控和机器人化。全液压钻车不断向遥控、自控、智能化方向迈进。

1.1.2.2 露天钻孔机械的发展

国外潜孔凿岩作业始于20世纪30年代。先是用于地下矿凿岩，后来用于露天作业。到60年代初期，国外露天矿已经普遍使用潜孔钻机，其中澳大利亚发展最快。苏联和瑞典也有很高的制造和使用水平。60年代后期，牙轮钻机技术迅速发展。在国外大型露天矿山，潜孔钻机很快被牙轮钻机所取代，但在中、小型露天矿，潜孔钻机仍然是主要钻孔设备，并且在结构和性能方面还在不断地完善和发展。70年代中期，由于采用高风压潜孔冲击器及球齿钻头，解决了炮孔偏斜及钻头使用寿命过低这两项技术问题，所以潜孔钻机在井下大直径深孔作业中也获得了新的发展。露天潜孔钻机在我国中、小露天矿获得进一步应用和推广是在20世纪60年代中期，主要用于钻凿150mm孔径，少数为200mm孔径。到了70年代，我国露天矿使用的潜孔钻机占全部钻孔机械的60%~70%。目前中、小型露天矿的穿孔仍然广泛地使用潜孔钻机，特别是在建筑、水电、道路及港湾等工程中，潜孔钻机是一种不可缺少的钻孔设备。潜孔钻机也可应用于井下钻凿管缆孔、通风孔、充填孔及钻凿天井等作业中。近十几年来，我国开始发展大直径深孔爆破技术。这种高强度、高效率的采矿方法要求有高风压、大直径的潜孔钻机与其配套，这也成为露天潜孔钻机的发展方向。

20世纪60年代后期至今，牙轮钻机取代潜孔钻机多用于大型矿山，其中美国、加拿大大型露天矿牙轮钻机所占比例达到80%。我国在1970年第一台HYZ-50研制成功，1971年第二台HYZ-250A研制成功，随后引进了美国B-E公司的后改型提高为KY-250A，1975年自主研制KY-310，1982年通过鉴定，后将KY系列化；1984~1992年研发YZ系列；至20世纪末，以上两个系列研发完成，并出口国外。牙轮钻机的研制几乎与国外同步，但均未达到先进水平。国内、外牙轮钻机的发展趋势是：加大钻孔直径；加大轴压力、回转功率和钻机重量，实行强化钻进；采用高钻架长钻杆，减少钻机的辅助作业时间；使钻机一机多用，能钻倾斜炮孔，以满足采矿工艺方面的要求；提高牙轮钻头的使用寿命；提高钻机的自动化水平，全面地提高钻机经济效益。

1.1.3 钻孔机械的分类

根据场地不同钻孔机械可分为露天钻机、地下钻机和水下钻机等。

根据使用动力不同钻孔机械可分为气动钻机、液动钻机、电动钻机、内燃钻机和水压钻机等。

根据岩石破碎原理不同，钻孔机械有机械破碎原理钻机、热力破碎原理钻机和化学反应破碎原理钻机等。

根据机械动作原理不同，钻孔机械有冲击旋转式钻机、旋转冲击式钻机和旋转式钻机。其中，旋转式钻机有多刃切削钻头钻机、金刚石钻头钻机等，多用于中等硬度以下的岩石或煤岩钻孔；冲击旋转式钻机有各种类型凿岩机、潜孔钻机和钢绳冲击式钻机等，可用在中硬度以上岩石中钻孔；旋转冲击式钻机主要为牙轮钻机，用于中硬度以上的岩石中钻孔。

1.2 凿岩机

1.2.1 气动凿岩机

气动凿岩机也称风动凿岩机，是用压气驱动，以冲击为主，间歇回转（内回转）或连续回转（独立回转，也称外回转）的一种小直径的凿岩设备。气动凿岩机的分类见表1-1。

表1-1 气动凿岩机的分类

<table>
<tr><th>分类方法</th><th colspan="2">凿岩机名称</th><th>型号举例</th></tr>
<tr><td rowspan="4">按支撑方式分</td><td colspan="2">手持式凿岩机</td><td>Y3、Y26</td></tr>
<tr><td colspan="2">气腿式凿岩机</td><td>YT23（7655）</td></tr>
<tr><td colspan="2">上向式（伸缩式）凿岩机</td><td>YSP45</td></tr>
<tr><td colspan="2">导轨式（柱架式）凿岩机</td><td>YG80、YGZ90</td></tr>
<tr><td rowspan="3">按配气装置特点分</td><td rowspan="2">有阀式凿岩机</td><td>从动阀（被动阀）式</td><td>YT23（7655）</td></tr>
<tr><td>控制阀（主动阀）式</td><td>YT24</td></tr>
<tr><td colspan="2">无阀式凿岩机</td><td>YTP26、YGZ90</td></tr>
<tr><td rowspan="3">按冲击频率分</td><td colspan="2">低频（普通型）凿岩机（<31Hz）</td><td>Y26</td></tr>
<tr><td colspan="2">中频凿岩机（31~41Hz）</td><td>YT23</td></tr>
<tr><td colspan="2">高频凿岩机（>41Hz）</td><td>YTP26</td></tr>
<tr><td rowspan="2">按转杆方式分</td><td colspan="2">内回转式凿岩机</td><td>气腿式、YG80</td></tr>
<tr><td colspan="2">外（独立）回转式凿岩机</td><td>YGZ90</td></tr>
</table>

气动凿岩机类型很多，但其结构组成基本相同。它们都包括冲击配气机构、回转（转钎）机构、排粉系统、润滑系统、支撑推进机构和操作机构等。图1-1为YT23（7655）型凿岩机的内部构造图。该凿岩机可分解成柄体2、气缸4和机头6三大部分（见图1-2）。这三个部分用两根连接螺栓12连成一体。凿岩时，将钎杆8插到机头6的钎尾套中，并借助钎卡7支持。凿岩机操作手柄3及气腿伸缩手柄集中在缸盖上。冲洗炮孔的压力水是风水联动的，只要开动凿岩机，压力水就会沿着水针进入炮孔冲洗岩粉，并冷却钎头。

各类型凿岩机之间的主要区别在于冲击配气机构、支撑推进机构和回转（转钎）机构。

1.2.1.1 支撑推进机构

A 气腿式

气腿式凿岩机类型虽多，但其构造大同小异。有些虽然主要参数不同、重量不等、尺寸不一，但结构基本相似；有的采用不同配气及转钎机构，而其余机构则无大区别。YT23（7655）型凿岩机是一种被动阀式凿岩机，其外貌如图1-2所示。

图1-3所示为气腿凿岩机钻凿水平炮孔时的推进示意图。为了克服凿岩机工作时产生的后坐力，并使活塞冲击钎尾时钎头抵住孔底岩石，以提高凿岩效率，必须对凿岩机施加

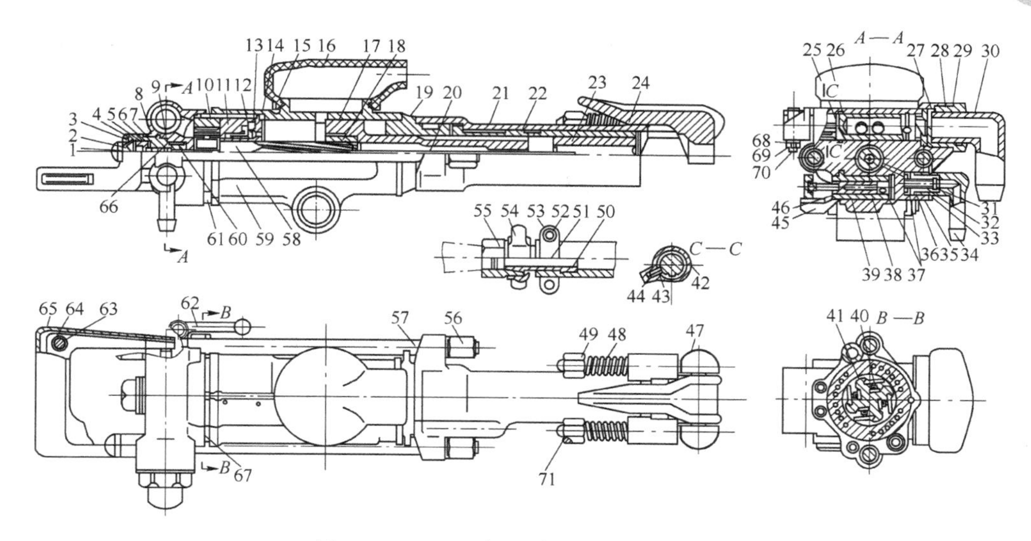

图 1-1 TY23 型气腿式凿岩机内部构造

1—簧盖；2，44—弹簧；3，27—卡环；4—注水阀体；5，8，9，26，32，35，36，66—密封圈；6—注水阀；7，29—垫圈；10—棘轮；11—阀柜；12—配气阀；13，43—定位销；14—阀套；15—喉箍；16—消声罩；17—活塞；18—螺旋母；19—导向套；20—水针；21—机头；22—转动套；23—钎尾套；24—钎卡；25—操纵阀；28—柄体；30—气管弯头；31—进水阀；33—进水阀套；34—水管接头；37—胶环；38—换向阀；39—胀圈；40—塔形弹簧；41—螺旋棒头；42—塞堵；45—调压阀；46—弹性定位环；47—钎卡螺栓；48—钎卡弹簧；49，53，69—螺帽；50—锥形胶管接头；51—卡子；52—螺栓；54—蝶形螺母；55—管接头；56—长螺杆螺母；57—长螺杆；58—螺旋棒；59—气缸；60—水针垫；61，67—密封盒；62—操纵把；63—销钉；64—扳机；65—手柄；68—弹性垫圈；70—紧固销；71—挡环

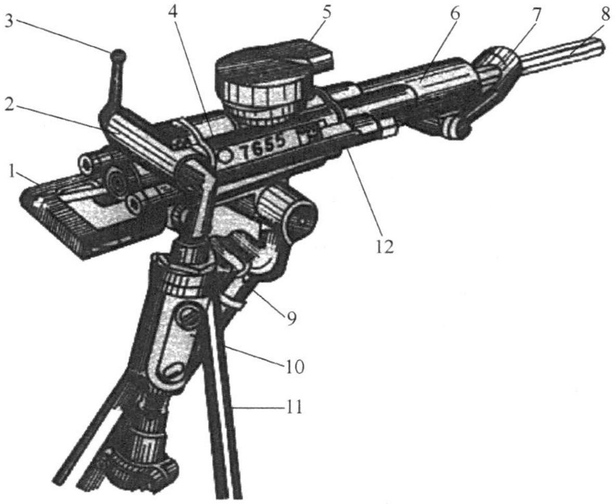

图 1-2 YT23(7655)型气动凿岩机外貌

1—手把；2—柄体；3—操纵阀手柄；4—气缸；5—消声罩；6—机头；7—钎卡；8—钎杆；9—气腿；10—自动注油器；11—水管；12—连接螺栓

适当的轴推力。轴推力由气腿发出，同时气腿还起着支撑凿岩机的作用。工作时，气腿轴心线与地平面成 α 角。当气腿上腔进压气时，活塞伸出，把凿岩机支持在适当的钻孔位置。气腿借连接轴 3 与凿岩机铰接。顶叉抵住底板后，气缸上腔继续进压气，则对凿岩机

产生一个作用力 R，此力可分解为水平分力 $R_T=R\cos\alpha$ 和垂直分力 $R_Z=R\sin\alpha$，R_H力的作用是平衡凿岩机工作时产生的后座力，并对凿岩机施加适当的轴向推力，使凿岩机获得最优钻速。因此，必须保证 $R_T>R_H$。R_Z力的作用是平衡凿岩机和钎杆的重量。

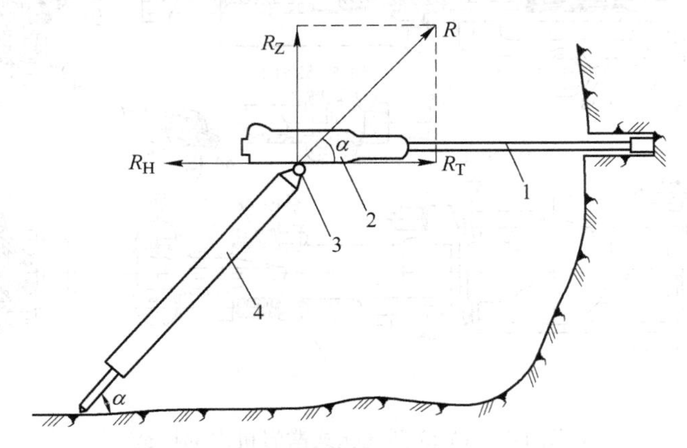

图 1-3 气腿的支撑与推进示意图

1—钎杆；2—凿岩机；3—连接轴；4—气腿

随着钻孔不断加深，活塞杆继续伸出，α 角逐渐缩小。为了经常保持凿岩机工作时需要的最优轴推力和适当的推进速度，可通过调节进气量的方法来实现。如果活塞已全部伸出，或在调换钎杆时，可转动换向阀使压气进入气腿的下腔，从而使活塞杆快速缩回。在移动顶叉的位置之后，再重新支撑好凿岩机以便继续凿岩。

YT23 型凿岩机采用 FT160 型气腿，该型气腿的最大轴推力为 1600N，最大推进长度为 1362mm。FT160 型气腿的基本构造和动作原理如图 1-4 所示。这种气腿有三层套管，即外管 10、伸缩管 8 及气管 7。外管的上部与架体 2 用螺纹连接，下部安装有下管座 11。伸缩管的上部装有塑料碗 5，垫套 6 和压垫 4，下部安装有顶叉 14 和顶尖 15。气管安装在架体 2 上。气腿工作时，伸缩管沿导向套 12 伸缩，并以防尘套 13 密封。FT160 气腿用连接轴 1 与凿岩机铰接在一起。连接轴上开有气孔 A、B 与凿岩机的操纵机构相联通。从凿岩机操纵机构来的压气从连接轴气孔 A 进入，经架体 2 上的气道到达气腿上腔，迫使气腿做伸出运动。此时，气腿下腔的废气沿虚线箭头所示路线，经伸缩管上的孔 C，气管 7 和架体 2 的气道，由连接轴气孔 B 至操纵机构的排气孔排入大气。当改变操纵机构换向阀

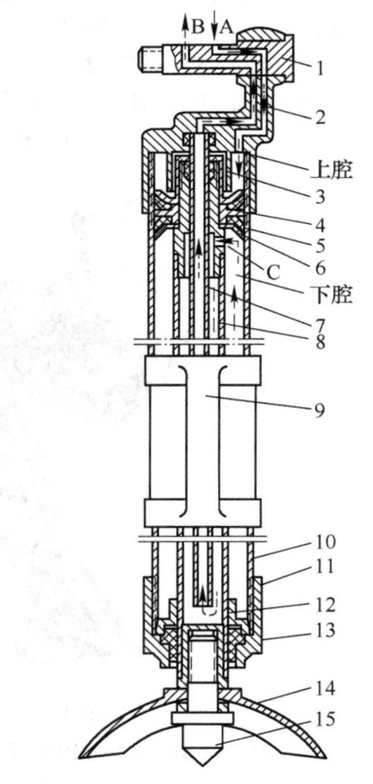

图 1-4 FT160 型气腿的构造

1—连接轴；2—架体；3—螺母；4—压垫；5—塑料碗；6—垫套；7—气管；8—伸缩管；9—提把；10—外管；11—下管座；12—导向套；13—防尘套；14—顶叉；15—顶尖

的位置时，气腿作缩回运动，其进、排气路线与上述气腿作伸出运动时正好相反。

B 上向式

YSP45 型上向式凿岩机主要用于天井掘进和采矿场打向上炮孔 60°~90°的浅孔，其结构如图 1-5 所示。

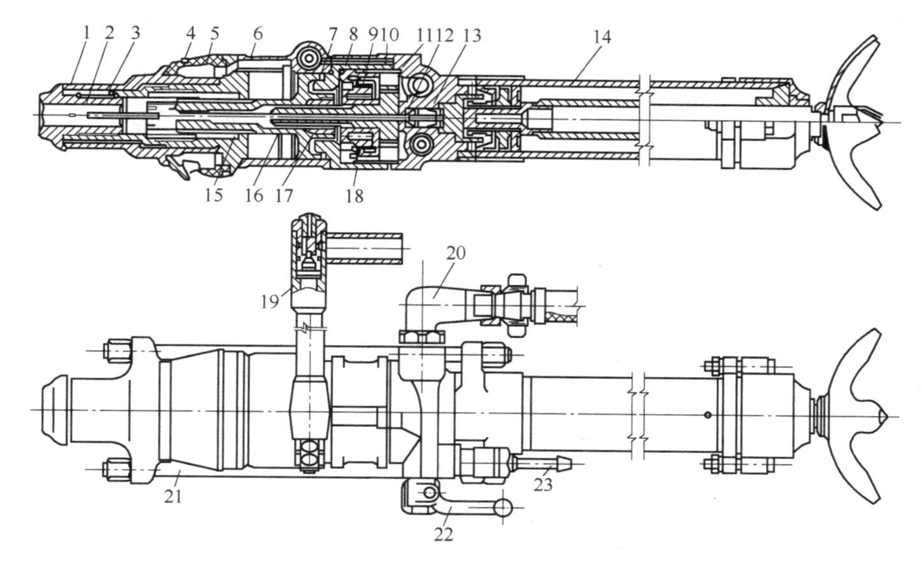

图 1-5 YSP45 型凿岩机

1—机头；2—转动套；3—钎套；4—转动螺母；5—消声罩；6—缸体；7—配气缸；8—阀盖；9—滑阀；10—棘轮；11—柄体；12—气针；13—水针；14—气腿；15—活塞；16—螺旋棒；17—螺旋母；18—阀柜；19—放气阀；20—气管接头；21—长螺栓；22—操纵手柄；23—水管接头

整机由机头 1、缸体 6、柄体 11 和气腿 14 组成，气腿用螺纹连接在柄体上，柄体、缸体、机头用两根长螺栓 21 连接成为整体，在缸体的于把上装有放气阀 19，在柄体上有操纵手柄 22、气管接头 20 和水管接头 23。凿岩机内有冲击配气机构、转钎机构、冲洗装置和操纵装置。

其冲击配气机构和转钎机构与 YT23 型凿岩机相似。配气阀由阀盖 8、滑阀 9 和阀柜 18 组成，属于从动阀式配气类型。其结构特点是水针 13 的外面套有气针 12，压气沿水针表面喷入钎子中心孔，可阻止中心孔内的冲洗水倒流。另一路压气经专用气道（图中未画出），喷入钎套与钎子的接触面，阻止钎子外面的水流入机头。这两股压气直接从柄体进气道引入，不通过操纵阀，只要接上气管，就向外喷射。同时，开气即注水。活塞冲程时，直线前进，回程时，因螺旋棒 16 被棘轮 10 逆止，活塞被迫旋转后退，通过转动螺母 4、转动套 2 和钎套 3 驱动钎子旋转。钎套与转动套用螺纹连接，钎套外端呈伞形，盖住机头 1，防止冲洗泥浆污染机器内部。

YSP45 型凿岩机的气腿结构（如图 1-6 所示）。外管上端设有横臂和架体，外管直接用螺纹连接在柄体上。旋转操纵阀至气腿工作位置，压气从操纵阀 5 经柄体气道（图中看不见）进入调压阀 3，经调压后，从气道 2 和 12 进入气腿 1 的外管上腔，使外管上升，推动凿岩机工作。此时，外管下腔的空气从排气口 13 排出。工作时，若气腿推力过大，除用调压阀调节外，还可按动手把上的放气按钮 9，推动阀芯 7 向左移动，使输入的部分压气经气道6从放气管10排出，以减少进入气腿的气量。放松按钮9，弹簧8使阀芯7复位，封闭放气口，旋转操纵阀至停止工作位置时，通到调压阀的柄体气道被切断，排气口11被接通。气腿上腔的空气经气道12和操纵阀5，从排气口11排出。气腿外管在凿岩机重力作用下缩回，空气从排气口13吸入气腿下腔。当气腿外管完全缩回时，活塞顶部螺帽外侧的胶圈挤入柄体孔内，被柄体夹紧，使搬移凿岩机时内管不会伸出。

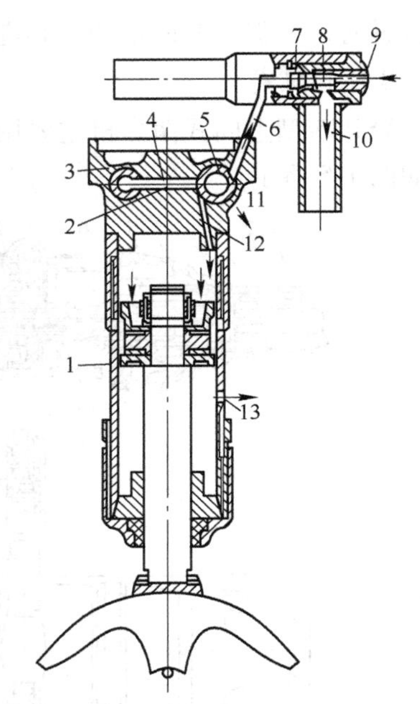

图1-6 YSP45型凿岩机气腿结构原理
1—气腿；2，6，12—气道；3—调压阀；4—柄体；5—操纵阀；7—阀芯；18—弹簧；9—放气按钮；10—放气管；11，13—排气口；

C 导轨式支撑推进机构

导轨式支撑推进机构包括推进器、气动立柱和导轨架等。

（1）推进器作为导轨式气动凿岩机的附属装置，在地下矿山中常见的有气动马达推进器和气缸钢绳（链条）推进器两类（详见1.3.1.2节）。

（2）导轨架有多种断面形状（如图1-7所示），为槽形或异型钢制件。在导轨架前后端分别装有橡胶减振套。有些导轨架下端有底座，可通过它将整个推进器安装在支柱上。在导轨架的最前端还装有夹钎器或开眼器（前者在接杆凿岩时，用以夹住连接套，以便接卸钎杆），开眼器按结构形式可分为自动开合式和手动开合式两种。图1-8所示为几种自动开合式开眼器的结构示意图。图1-9所示为手动开合式开眼器结构图。此外，在导

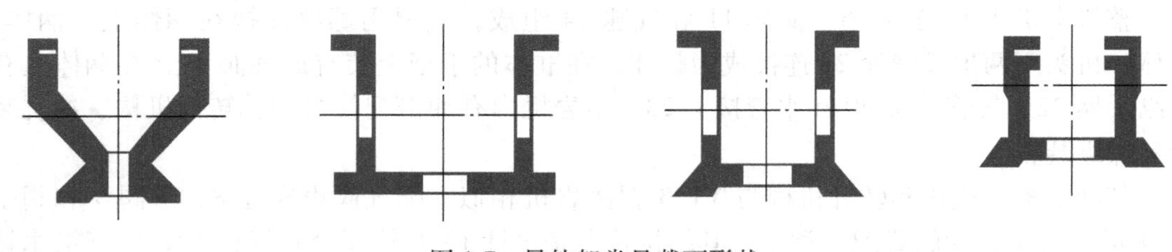

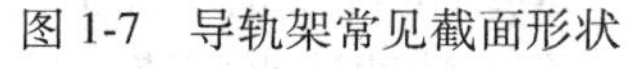
图1-7 导轨架常见截面形状

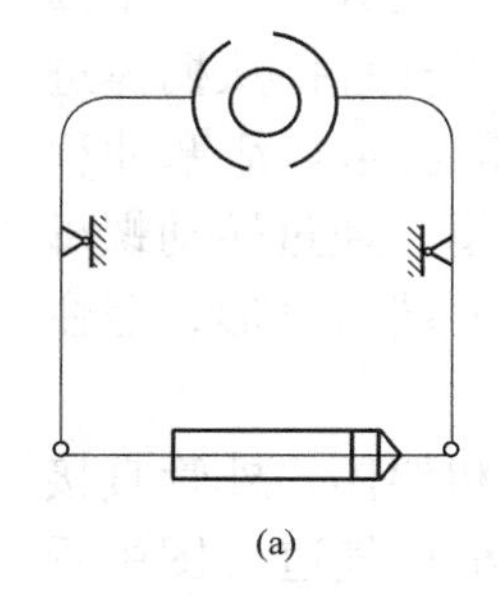
(a)

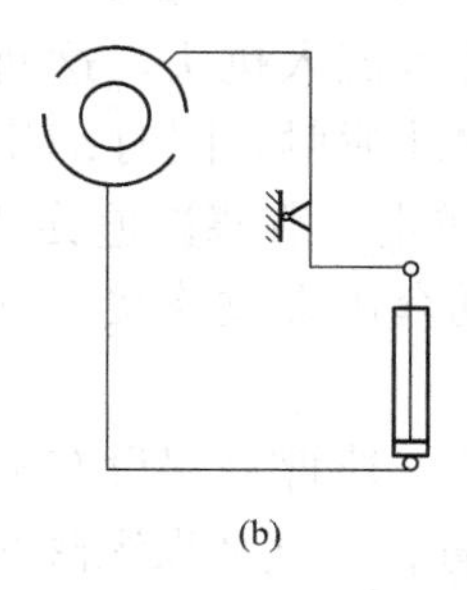
(b)

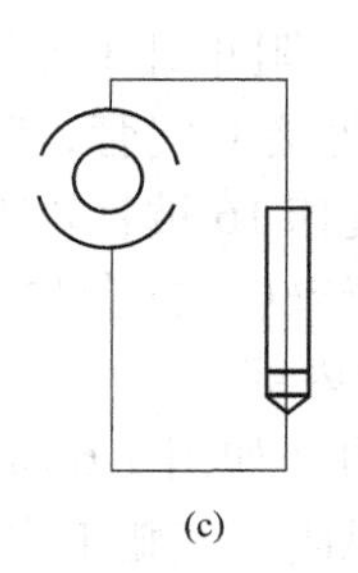
(c)

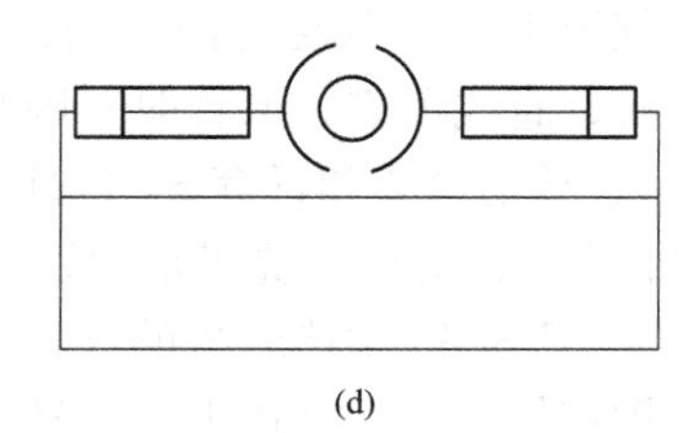
(d)

图1-8 自动开合式开眼器（夹钎器）
（a）杠杆横开式；（b）杠杆竖开式；（c）单缸对合式；（d）双缸对合式

轨架的正前方，为开眼时保持稳定，有时还装有顶尖，使整个推进器顶在工作面上。如导轨架长度较大时，在导轨架的中部还可装设中间扶钎器。

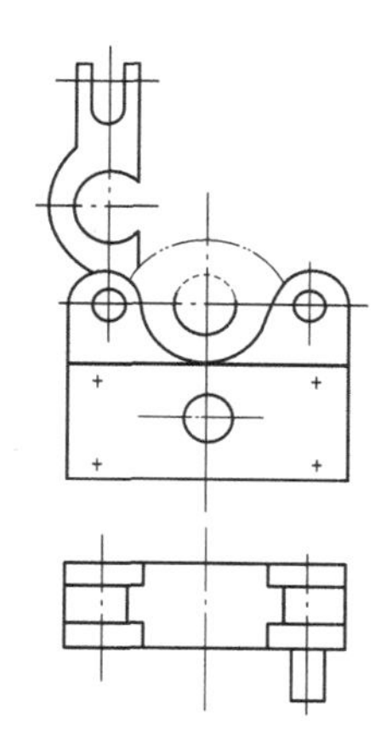

图 1-9 手动开合式开眼

（3）气动立柱。气动立柱在工作面的架设及与导轨架的连接情况，如图 1-10 所示。它可使凿岩机钻凿任意方向的炮孔。通常在立柱下部装一台小绞车，在立柱上部装一个滑轮，用钢绳上下移动横臂和左右移动导轨架。

立柱是一个双作用气缸，又称双向千斤顶，其结构如图 1-11 所示。活塞 5 用螺母 3 和止动垫圈 4 固定在活塞杆 9 上，活塞 5 与缸体 1 及活塞杆 9 之间，用密封圈 7 及 O 形圈 6 密封。缸体 1 前端有缸帽 10，二者用螺纹连接，缸帽与活塞杆及缸体之间，用密封圈 18 及胶垫 11 密封。缸帽端部有油封 12，用以刮拭活塞杆上的岩粉，防止污物进入缸体内。当压气经接头 2 进入缸体后（左）腔时，活塞杆伸出，顶尖 15 顶紧巷道顶板，立柱就固定在工作面上。从弯头 17 通入压气，活塞杆缩回，可以移动立柱。

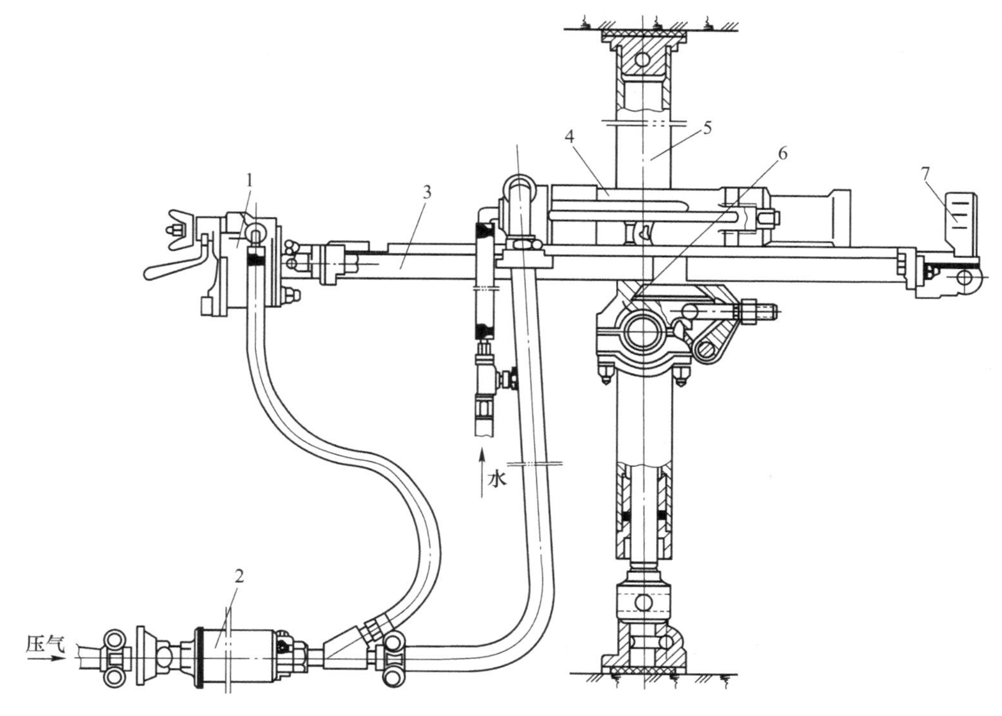

图 1-10 立柱、横臂与推进器架设情况

1—气动马达；2—自动注油器；3—导轨架；4—凿岩机与托座；5—立柱；6—横臂；7—夹钎器

为了使活塞杆的伸出长度可以调节，在活塞杆 9 内装有内套管 14，二者用销轴 13 连接，并用开口销 16 固定。将销轴插入内套管的不同穿孔中，活塞杆的伸出长度即随之改变。

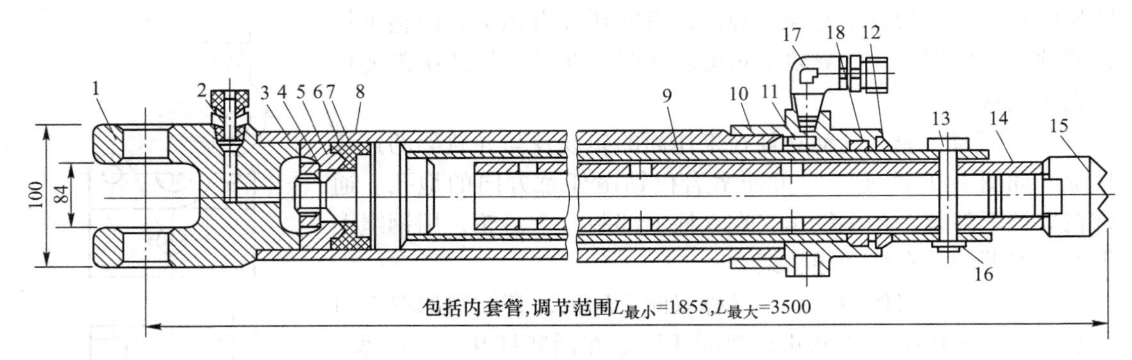

图 1-11 立柱结构

1—缸体；2—接头；3—螺母；4—止动垫圈；5—活塞，6—O 形圈；7，18—密封圈；18—挡圈；9—活塞杆；10—缸帽；11—胶垫；12—油封；13—销轴；14—内套管；15—顶尖；16—开口销；17—弯头

1.2.1.2 冲击配气机构

冲击配气机构是气动凿岩机的主要机构，它是由配气机构、气缸和活塞以及气路等组成。凿岩机活塞的往复运动以及它对钎子的冲击是凿岩机的主要功能。这种运动是通过凿岩机的配气机构实现的。因而配气机构制造质量和结构性能的优劣，直接影响活塞的冲击能、冲击频率和耗气量等主要技术指标。

由表 1-1 可知，配气机构有三种，即从动阀式、控制阀式和无阀式。

A 从动阀式配气机构

在这种配气机构中，从动阀位置的变换是依靠活塞在气缸中作往复运动时，压缩的余气压力与自由空气间的压力差来实现配气阀换向的，所以也称为被动（反控）阀式。从动阀式配气机构的优点是形状简单、工作可靠，缺点是灵活性较差。其中凸缘环状阀配气机构的工作原理如图 1-12 所示。

（1）活塞冲程，即冲击行程。它是指活塞由缸体的后端向前运动到打击钎尾的整个过程。冲程开始时，活塞在左端，阀在极左位置。当操纵阀转到运转位置时，从操纵阀孔 1 来的压气经缸盖气室 2、棘轮孔道 3、阀柜孔道 4、环形气室 5 和配气阀前端阀套孔 6 进入缸体左腔，而活塞右腔则经排气口与大气相通。此时，活塞在压气压力作用下迅速向右运动，直至冲击钎尾。当活塞的右端面 A 越过排气口后，缸体右腔中余气受到活塞的压缩，其压力逐渐升高。经过回程孔道，右腔与配气阀的左端气室 7 相通，于是气室 7 内的压力亦随着活塞继续向右运动而逐渐增高，有推动阀向右移动的趋势。当活塞的左端面 B 越过排气口后（如图 1-12（a）所示），缸体左腔即与大气相通，气压骤然下降。在这瞬时，配气阀在两侧压力差的作用下，阀迅速右移，并与前盖靠合，切断了通往左腔的气路。与此同时，活塞借惯性向右运动，并冲击钎尾，冲击结束，开始回程。

（2）活塞回程，即返回行程。开始时，活塞及阀均处于极右位置。这时，压气经由缸盖气室 2、棘轮孔道 3、阀柜孔道 4 及阀柜与阀的间隙、气室 7 和回程孔道进入缸体右腔，而缸体左腔经排气口与大气相通，故活塞开始向左运动。当活塞左端面 B 越过排气口后，缸体左腔余气受活塞压缩，压迫配气阀的右端面，随着活塞的向左移动，逐渐增加压力的气垫也有推动阀向左移动的趋势。而当活塞的右端面 A 越过排气孔后（如图 1-12（b）所

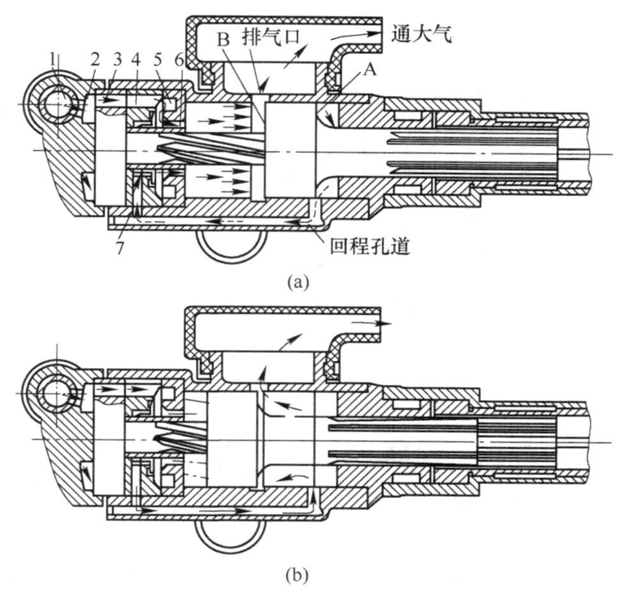

图 1-12 环状阀配气机构配气原理

（a）活塞右前端面；（b）活塞左端面

1—操纵阀气孔；2—缸盖气室；3—棘轮孔道；4—阀柜孔道；5—环形气室；
6—配气阀前端套孔；7—配气阀的左端气室

示），缸体右腔即与大气相通，气压骤然下降，同时使气室 7 内的气压骤然下降，配气阀在两侧压力差的作用下，而被推向左边与阀柜靠合，切断通往缸体右腔的气路和打开通往缸体左腔的气路，此刻活塞回到了缸体左端，结束回程。压气再次进入气缸左腔，开始下一个工作循环。

B 控制阀（主动阀）式配气机构

在这种配气机构中阀的位置是依靠活塞在气缸中往复运动时，在活塞端面打开配气口之前，经由专用孔道引进压气推动配气阀来实现的。其优点是动作灵活、工作平稳可靠、压气利用率高、寿命长；缺点是形状复杂，加工精度要求较高。控制阀式配气机构由阀柜 4、碗状阀 5 和阀盖 6 组成，如图 1-13 所示。

冲程如图 1-13（a）所示，压气经操纵阀 1、柄体气室 2、内棘轮 3 和阀柜 4 的周边气道，进入阀柜气室，因碗状阀 5 在左侧位置，压气经阀盖上的冲程气孔 7 进入气缸后腔，推动活塞 8 向前（右）运动，气缸前腔的空气从排气孔 12 排出。当活塞凸缘关闭排气孔 17 和孔 21，并打开孔 10 时，压气经孔 10、缸体气道 11 和阀柜气孔 12 进入碗状阀的左面。同时，气缸前腔被活塞压缩的空气，经孔 9、缸体气道 22 和回程气孔 24，到达碗状阀左面，碗状阀 5 在它们的联合作用下向右移动，关闭冲程气孔 7，使回程气孔 24 与压气接通。与此同时，活塞后缘打开排气孔 17，并猛力冲击钎尾，冲程结束。为了减少阀 5 的移动阻力，阀盖和缸体上钻有小孔 15，使阀右侧的气体从小孔中排出。

回程如图 1-13（b）所示，压气从阀柜气室经回程气孔 24、缸体气道 22 和孔 9 进入气缸前腔，推动活塞 8 向后（左）运动，气缸后腔的空气从排气孔 17 排出。当活塞凸缘

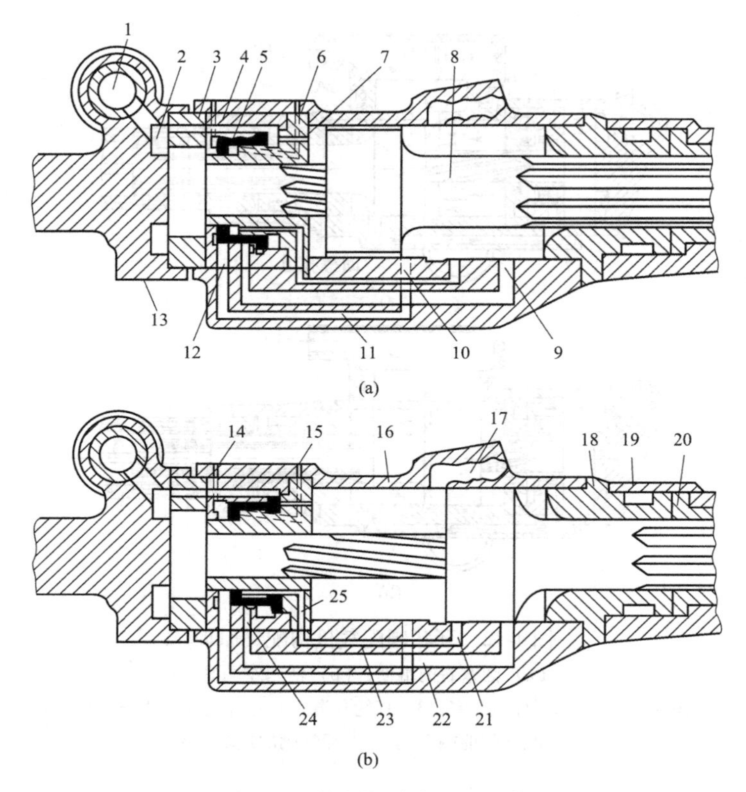

图 1-13 控制阀冲击配气机构

（a）冲程；（b）回程

1—操纵阀；2—柄体气室；3—棘轮；4—阀柜；5—碗状阀；6—阀盖；7—冲程气孔；8—活塞；9，10，21—气孔；11，22，23—缸体气道；12—阀柜气孔；13—柄体；14，15—排气小孔；16—缸体；17—排气孔；18—导向套；19—机头；20—转动套；24—回程气孔；25—阀盖气孔

关闭排气孔 17 和孔 10 打开孔 21 时，压气经孔 21、缸体气道 23 和阀盖气孔 25 到达阀 5 的右面时，气缸后腔被活塞压缩的空气也经冲程气孔 7 到达阀 5 的右面。碗状阀 5 在它们的联合作用下向左移动、关闭回程气孔 24，并使冲程气孔 7 与压气接通。与此同时. 活塞打开排气孔 17，回程结束，冲程又开始。为了减少阀 5 的移动阻力，阀柜和缸体上钻有小孔 14，使阀左侧的气体从小孔 14 排出。

C 无阀配气机构

此种凿岩机没有独立的配气机构（没有配气阀），是活塞在气缸中往复运动时，依靠活塞位置的变换来实现配气的。它又可分为活塞配气和活塞尾杆配气两种。无阀配气机构的优点是结构简单、零件少、维修方便，能充分利用压气的膨胀功，耗气量小，换向灵活、工作稳定可靠。不足之处是气缸、导向套和活塞同心度要求高，制造工艺性较差。

无阀配气机构的活塞结构特殊，如图 1-14 所示。活塞 4 的凸缘后端（右侧）的柱体上，有一个凸柱面和一个凹柱面，依靠这两个柱面与配气体 2 配合向气缸配气，使活塞做往复运动。活塞凸缘前端（左侧）的柱体上，开有两个螺旋槽和两个直槽，用这四个槽与导向套 6 前面的外棘轮配合，完成转钎作业。水针穿过活塞中心孔直达钎子中心孔，供冲洗使用。

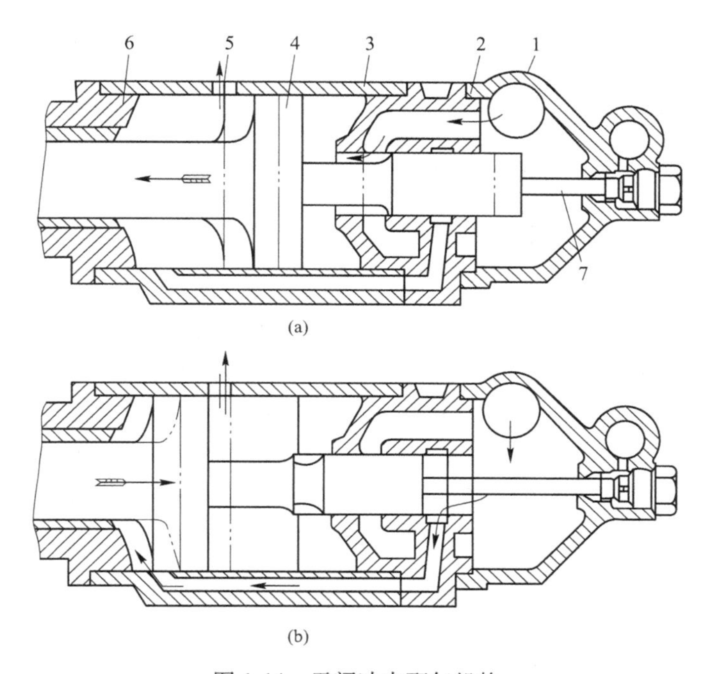

图 1-14 无阀冲击配气机构
（a）冲程；（b）回程
1—柄体；2—配气体；3—缸体；4—活塞；5—排气孔；6—导向套；7—水针

冲程时（图 1-14（a）），压气经操纵阀、柄体 1 的气室、配气体 2 的冲程气道及活塞 4 的右柱体凹面，进入气缸后腔，推动活塞向左（前）运动。气缸前腔的空气从排气孔 5 排出，当活塞凸缘向左运动关闭排气孔 5 时，活塞柱体凸面（右端双点划线）也关闭了配气体 2 的冲程气道，气缸后腔的压气膨胀做功，继续推动活塞向左运动。当活塞凸缘打开排气孔 5 的瞬间，活塞猛力冲击钎尾，完成冲程作业。

回程（图 1-14（b））时，压气经回程气道、缸体气道、进入气缸前腔（如图中箭头所示），推动活塞向右运动（返回），气缸后腔的空气从排气孔排出。当活塞凸缘关闭排气孔时（图 1-14（b）双点划线位置），活塞柱体凸面（右端）也关闭了配气体的回程气道，气缸前腔的压气膨胀做功，继续推动活塞后退（向右运动）。当活塞凸缘打开排气孔时，活塞柱体凹面也接通了配气体的冲程气道，又开始了冲程。

1.2.1.3 回转（转钎）机构

气动凿岩机常用的回转机构有内回转和外回转两大类。内回转凿岩机是当活塞做往复运动时，借助棘轮机构使钎杆做间歇转动。

A 棘轮棘爪回转（转钎）机构

棘轮棘爪转钎机构如图 1-15 所示。它由棘轮 1、棘爪 2、螺旋棒 3、活塞 4（其大头一端装有螺旋母）、转动套 5、钎尾 6 等组成。整个转钎机构贯穿于气缸及机头中。

由图 1-15 可以看出，螺旋棒 3 插入活塞大端内的螺旋母中，其头部装有四个棘爪 2。这些棘爪在塔形弹簧（图上未画出）的作用下，抵住棘轮 1 的内齿。棘轮用定位销固定在气缸和柄体之间，使之不能转动。转动套 5 的左端有花键孔，与活塞上的花键相配合，其

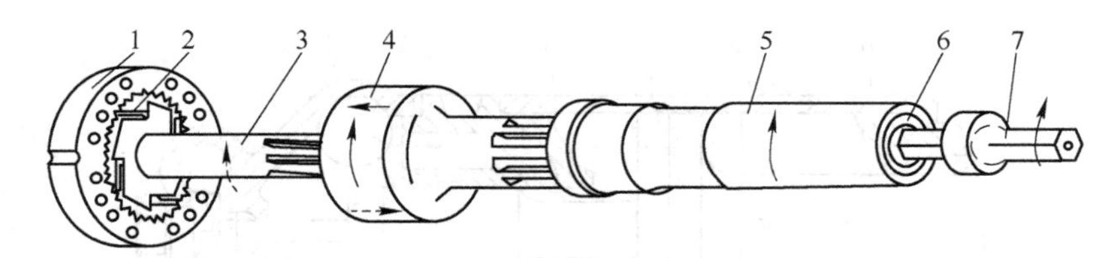

图1-15 棘轮棘爪回转（转钎）机构

1—棘轮；2—棘爪；3—螺旋棒；4—活塞；5—转动套；6—钎尾套；7—钎子

右端固定有钎尾套6。钎尾套6内有六方孔，六方形的钎尾插入其中。

由于棘轮机构具有单方向间歇旋转特征，故当活塞冲程时，利用活塞大头上螺旋母的作用，带动螺旋棒3沿图1-15中虚箭头所示的方向转动一定角度。棘爪在此情况下，处于顺齿位置，它可压缩弹簧而随螺旋棒转动。当活塞回程时由于棘爪处于逆齿位置，它在塔形弹簧的作用下，抵住棘轮内齿，阻止螺旋棒转动。这时由于螺旋母的作用，迫使活塞在回程时螺旋棒沿图1-15中实线所示的方向转动，从而带动转动套5及钎尾套6，使钎子7转动一个角度。这样活塞每冲击一次，钎子就转动一次。钎子每次转动的角度与螺旋棒螺纹导程及活塞运动的行程有关。

这种转钎机构的特点是合理地利用了活塞回程的能量来转动钎子，具有零件少，结构紧凑的优点。其缺点是转钎扭矩受到一定限制，螺旋母、棘爪等零件易于磨损。

转钎的外棘轮装置如图1-16所示。棘轮座1装在导向套与机头之间，棘轮座上有四个塔形弹簧4和棘爪5，棘轮座的中心孔内装有外棘轮3和螺套6，活塞7前端的两个螺旋槽9拧接在螺套内，两个直槽8插入转动套内。当活塞冲程时，因活塞、转动套，钎套等的重量大，活塞直线前进，活塞上的螺旋槽迫使螺套带动外棘轮旋转。此时，棘爪压缩塔形弹簧在棘轮上跳动。活塞回程时，外棘轮被棘爪顶住不能转动，螺套迫使活塞沿螺纹旋转后退，活塞上的直槽带动转动套旋转，通过钎套驱动钎子转动。活塞往复一次，钎子旋转一个角度。

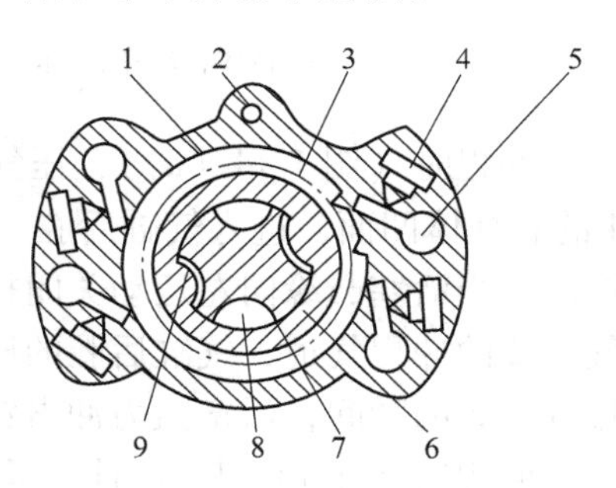

图1-16 外棘轮装置

1—棘轮座；2—强吹气道；3—外棘轮；4—塔形弹簧；5—棘爪；6—螺套；7—活塞；8—直槽；9—螺旋槽

内回转式凿岩机具有结构简单，重量轻，无需配备专门用于回转的马达等特点。但是具有棘轮棘爪转钎机构的内回转式凿岩机，其冲击与回转相互依从，并有固定的参数比，无法在较软岩石中给出较小的冲击力和较高的回转速度，或在硬岩中给出较大的冲击力和较小的回转速度。不仅凿岩适应性较差，而且在节理发达、裂纹较多的矿岩中容易卡钎。

B 独立（外）回转式转钎机构

独立（外）回转式凿岩机正是从克服内回转式凿岩机的缺点出发，以独立回转的转钎机构代替依从式的棘轮棘爪转钎机构而研制出来的。外回转转钎机构有以下一些特点：

（1）由于采用独立的转钎机构，可增大回转力矩，这样对凿岩机可施加更大的轴推力，从而提高了纯凿岩速度。

（2）转钎和冲击相互独立，适用于各种矿岩条件下作业（因转速可调），且使机器维护与拆装方便。

(3) 取消了依从式转钎机构中最易损耗的棘轮、棘爪等，增加了零件寿命。

YGZ90 型凿岩机是典型的外回转导轨式凿岩机，其外形如图 1-17 所示。凿岩机由气动马达 1、减速器 2、机头 4、缸体 6 和柄体 9 五个主要部分组成。机头、缸体、柄体用两根长螺杆 5 连接成一体，气动马达和减速器用螺栓图定在机头上，钎尾 3 由气动马达经减速器驱动。

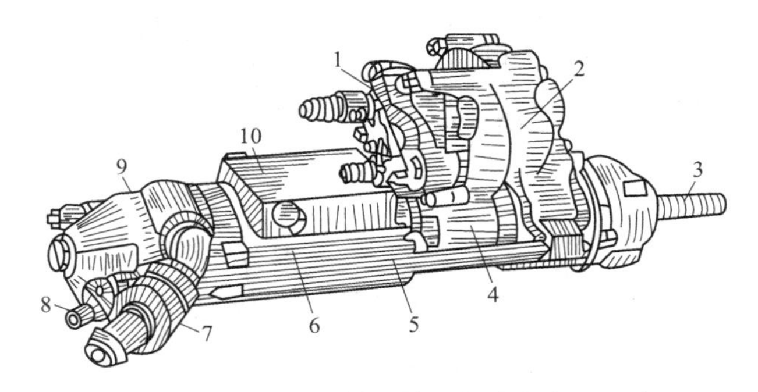

图 1-17　YGZ90 型外回转导轨式凿岩机外貌
1—气动马达；2—减速器；3—钎尾；4—机头；5—长螺杆；6—缸体；
7—气管接头；8—水管接头；9—柄体；10—排气罩

YGZ90 型凿岩机的结构如图 1-18 所示。钎尾 40 插入机头 36 内，用卡（掐）套 2 掐住钎尾凸起的挡环（钎耳），由转动套 34 驱动卡套及钎尾旋转，导向套 1 和钎尾套 35 则控制钎尾往复运动的方向。机头 36 用机头盖 38 盖住，外有防水罩 39，可防止上向凿岩时，泥浆污染机头。钎尾前端有左旋波状螺纹，钎杆用连接套拧接在钎尾上。在机头上装有齿轮式气动马达和减速器。当气动马达旋转时，通过马达出轴的小齿轮（41 左）带动大齿轮 8 转动，大齿轮 8 借月牙形键又将动力传递给齿轮 6，又通过惰性齿轮 5 驱动转动套 34，使钎尾 40 回转。

1.2.2　液压凿岩机

液压凿岩机与气动凿岩机相比，大幅度降低了能耗（仅为同量级气动凿岩机耗能的 1/4~1/3）；纯钻孔速度提高了一倍以上；改善了作业环境（噪声可降低 10~15dB(A)，无油雾）；主要零件寿命长，钎具消耗少；为凿岩作业实现自动化创造了有利条件。

液压凿岩机主要由冲击机构、转钎机构、钎尾反弹吸收装置和机头部分（内含供水装置与防尘系统等部分）组成，如图 1-19 所示。

目前市场上销售的液压凿岩机型号繁多，但按其配油方式可分为两大类：有阀型和无阀型。前者按阀的结构又可分为套阀式和芯阀式（或称外阀式）；按回油方式分，又有单面回油和双面回油两种，在单面回油中，又分前腔回油和后腔回油两种。

1.2.2.1　后腔回油前腔常压油型液压凿岩机冲击工作原理

此型机器是通过改变后腔的供油和回油来实现活塞的冲击往复运动的。图 1-20 为套阀式液压凿岩机冲击工作原理。其配流阀（换向阀）采用与活塞作同轴运动的三通套阀结构。当套阀 4 处于右端位置时，缸体后腔与回油 O 相通，于是活塞 2 在缸体前腔压力油 P

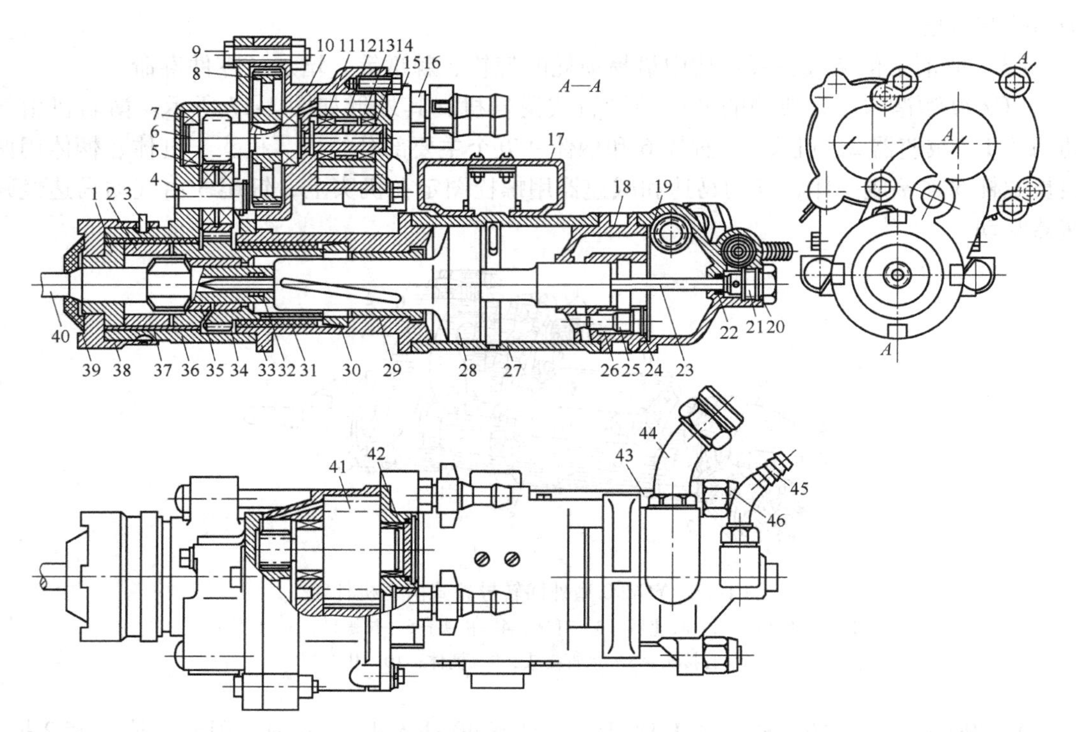

图 1-18 YGZ90 型外回转凿岩机的结构图

1—导向套（衬套）；2—卡套（掐套）；3—弹簧卡圈；4—芯轴；5，8，13—齿轮；6—轴齿轮；7—单列向心球轴承；9—螺栓；10—气动马达体；11—滚针轴承；12—隔圈；14—销轴；15，42—盖板；16—气管接头；17—排气罩；18—配气体；19—柄体；20，32—密封圈；21—进水螺塞；22—水针胶垫；23—水针；24—挡圈；25—启动阀；26—弹簧螺；27—气缸；28—活塞；29—铜套；30—垫环；31，37—衬套；33—连接体；34—转动套；35—钎尾套；36—机头；38—机头盖；39—防水罩；40—钎尾；41—气动马达；43—长螺杆；44—气管接头；45—水管接头；46—螺母

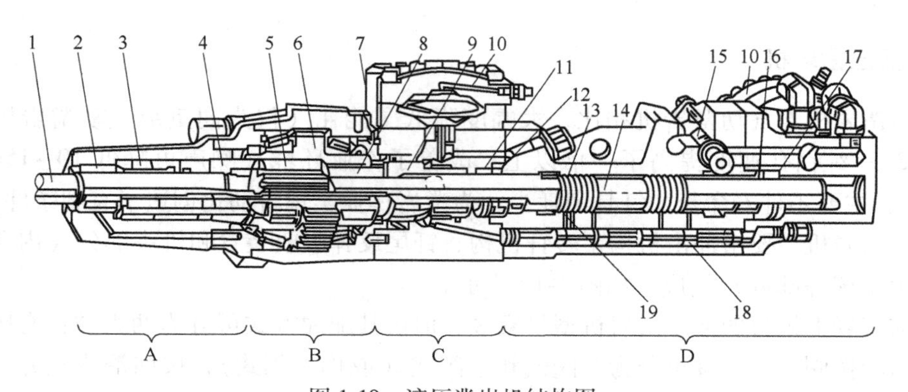

图 1-19 液压凿岩机结构图

A—机头部分；B—转钎机构；C—钎尾反弹吸收装置；D—冲击机构

1—钎尾；2—耐磨衬套；3—供水装置；4—止动环；5—传动套；6—齿轮套；7—单向阀；8—转钎套筒衬套；9—缓冲活塞；10—缓冲蓄能器；11，17—密封套；12—活塞前导向套；13—缸体；14—活塞；15—芯阀；16—活塞后导向套；18—行程调节柱塞；19—油路控制孔道

的作用下向右作回程运动（图 1-20（a））。当活塞 2 超过信号孔位 A 时，使套阀 4 右端推阀面 5 与压力油相通，因该面积大于阀左端的面积，故阀 4 向左运动，进行回程换向，压力油通过机体内部孔道与活塞后腔相通，活塞处于向右作减速运动，后腔的油一部分进入蓄能器 3，一部分从机体内部通道流入前腔，直至回程终点（图 1-20（b））。由于活塞台肩后端面大于活塞台肩前端面，因此活塞后端面作用力远大于前端面作用力，活塞向左作冲程运动（图 2-20（c））。当活塞越过冲程信号孔位 B 时，套阀 4 右端推阀面 5 与回油相通，套阀 4 进行冲程换向（图 1-20（d）），为活塞回程做好难备，与此同时活塞冲击钎尾做功，如此循环工作。后腔回油芯阀式液压凿岩机冲击工作原理与上述相同，只是阀不套在活塞上，而是独立在外面，故又称外阀式，如图 1-21 所示。过程不再重述。

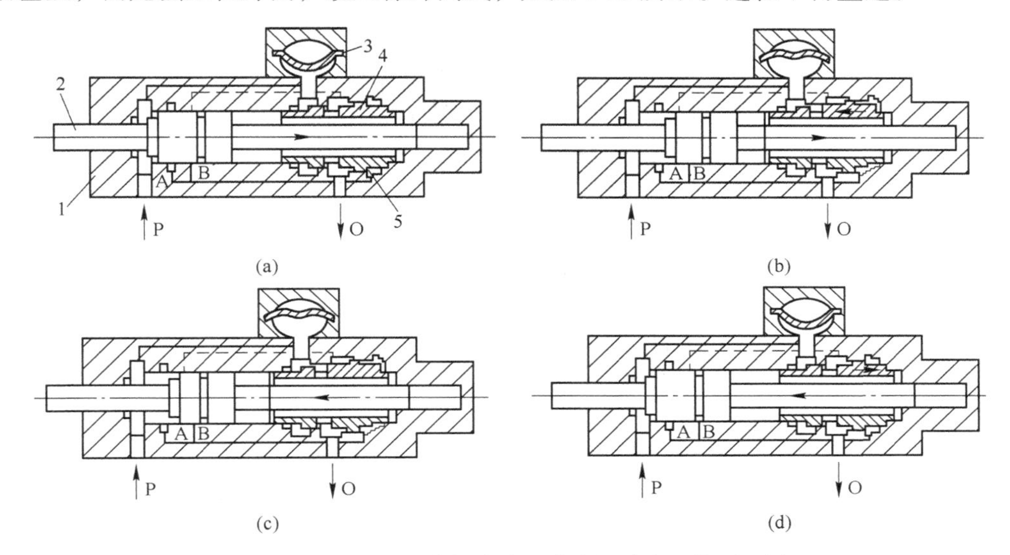

图 1-20　后腔回油套阀式液压凿岩机冲击工作原理图

（a）回程；（b）回程换向；（c）冲程；（d）冲程换向（冲击钎尾）

A—回程换向信号孔位；B—冲程换向信号孔位；P—压力油；O—回油；

1—缸体；2—活塞；3—蓄能器；4—套阀；5—右端推阀面

1.2.2.2　前腔回油后腔常压油型液压凿岩机冲击工作原理

此型机器是通过改变前腔的供油和回油来实现活塞的往复冲程运动的，也有套阀和芯阀两种。图 1-22 所示为套阀式的工作原理。当套阀 B 处于下端位置时，高压油经高压油路 1 进入缸体前腔，由于活塞前端受压面积大于后端受压面积，故推动活塞 A 克服其后端的常压面上的压力而向上作回程运动（图 1-22（a））。当活塞 A 退至预定位置时，活塞后部的细颈槽将推阀油路 2 和回油腔 3 连通，使套阀 B 的后油室 4 中的高压油排回油箱，套阀 B 向上运动切断缸体前腔的进压油路，并使前腔与回油路 5 接通，活塞受到后端（上端）常压油的阻力而制动，直到回程终点。然后活塞在后腔高压油的作用下，向下做冲程运动（图 1-22（b））。当向下运动到预定位置时，活塞后部的细颈槽使推阀油路 2 与回油腔 3 切断，并与缸体后腔接通，高压油经推阀油路 2 进入套阀 B 的后油室 4，推动套阀 B 克服其前油室的常压向下运动，从而使缸体前腔与回油路 5 切断，并与高压油路 1 接通，与此同时，活塞 A 打击钎尾做功，完成一个冲击循环。

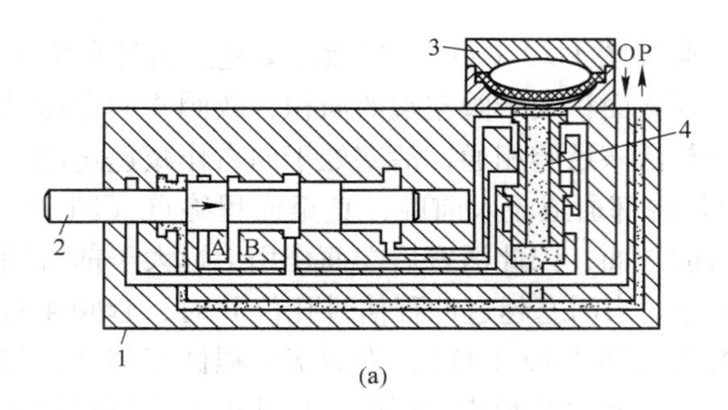

(a)

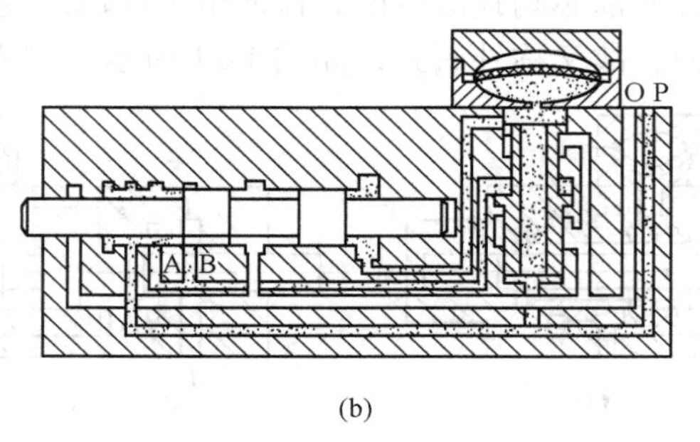

(b)

图 1-21 后腔回油芯阀式液压凿岩机冲击工作原理图

(a) 回程；(b) 冲程

A—回程换向信号孔位；B—冲程换向信号孔位；

1—缸体；2—活塞；3—蓄能器；4—芯阀

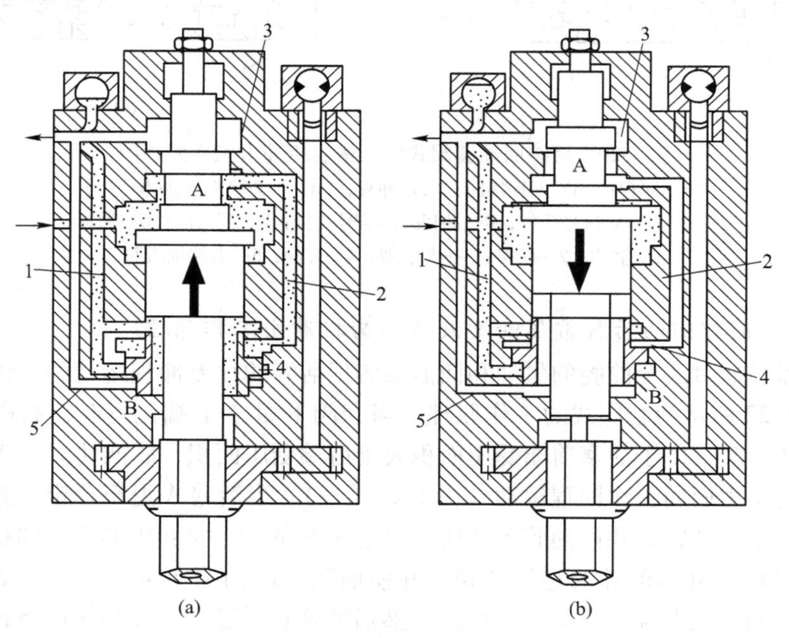

图 1-22 前腔回油套阀式液压凿岩机冲击工作原理图

(a) 回程；(b) 冲程

A—活塞；B—套阀；

1—高压油路；2—推阀油路；3—回油腔；4—套阀后油室；5—回油路

因活塞冲程最大速度远大于回程最大速度，故此型机器的瞬时回油量远大于后腔回油的瞬时流量，既造成回油阻力过大，又使其压力波动过大，缺点显著，现已被淘汰，此型芯阀式的冲击工作原理不再赘述。

1.2.2.3 双面回油型液压凿岩机冲击工作原理

此类机器都为四通芯阀式结构，采用前后腔交替回油，冲击工作原理如图 1-23 所示。

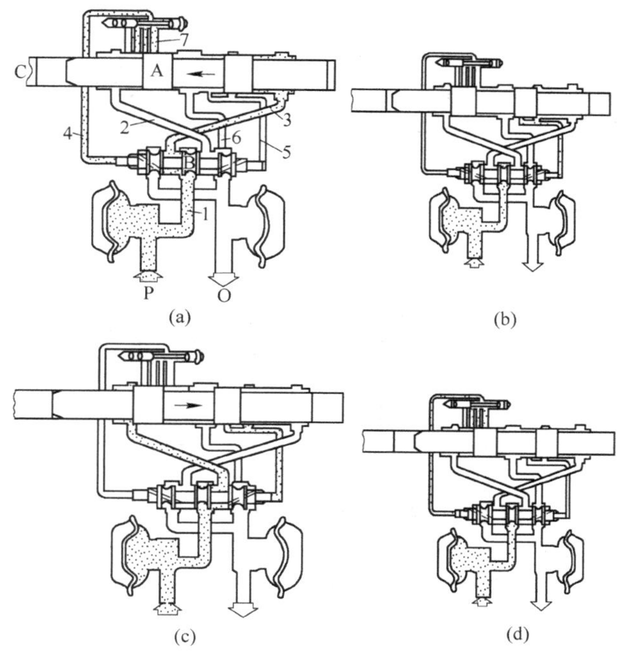

图 1-23　双面回油型液压凿岩机冲击工作原理图

（a）冲程；（b）冲程换向；（c）回程；（d）回程换向

A—活塞；B—芯阀；C—钎尾；

1—高压进油路；2—前腔通道；3—后腔通道；4—前推阀通道；

5—后推阀通道；6—回油通道；7—信号孔通道

在冲程开始阶段（图 1-23（a）），阀芯 B 与活塞 A 均位于右端，高压油 P 经高压油路 1 到后腔通道 3 进入缸体后腔，推动活塞 A 向左（前）作加速运动。活塞 A 向前至预定位置，打开右推阀通道口（信号孔），高压油经后推阀通道 5，作用在阀芯 B 的右端面，推动阀芯 B 换向（图 1-23（b）），阀左端腔室中的油经前推阀通道 4、信号孔通道 7 及回油通道 6 返回油箱，为回程运动做好准备。与此同时，活塞 A 打击钎尾 C，接着进入回程阶段（图 1-23（c））；高压油从进油路 1 到前腔通道 2 进入缸体前腔，推动活塞 A 向后（右）运动；活塞 A 向后运动打开前推阀通道 4 时（图中缸体上有三个通口称为信号孔，为调换活塞行程用的），高压油经前推阀通道 4，作用在阀芯 B 左端面上，推动阀芯 B 换向(图 1-23（d）)，阀右端腔室中的油经后推阀通道 5 和回油通道 6 返回油箱，阀芯 B 移到右端，为下一循环做好难备。

1.2.2.4 无阀型液压凿岩机冲击工作原理

该类型机器没有专门的配流阀，而是利用活塞运动位置的变化自行配油。其特点是利用油的微量可压缩性，在容积较大的工作腔（缸体的前、后腔）及压油腔中形成液体弹簧作用，使活塞在往复运动中产生压缩储能和膨胀做功。其冲击工作过程如图1-24所示。

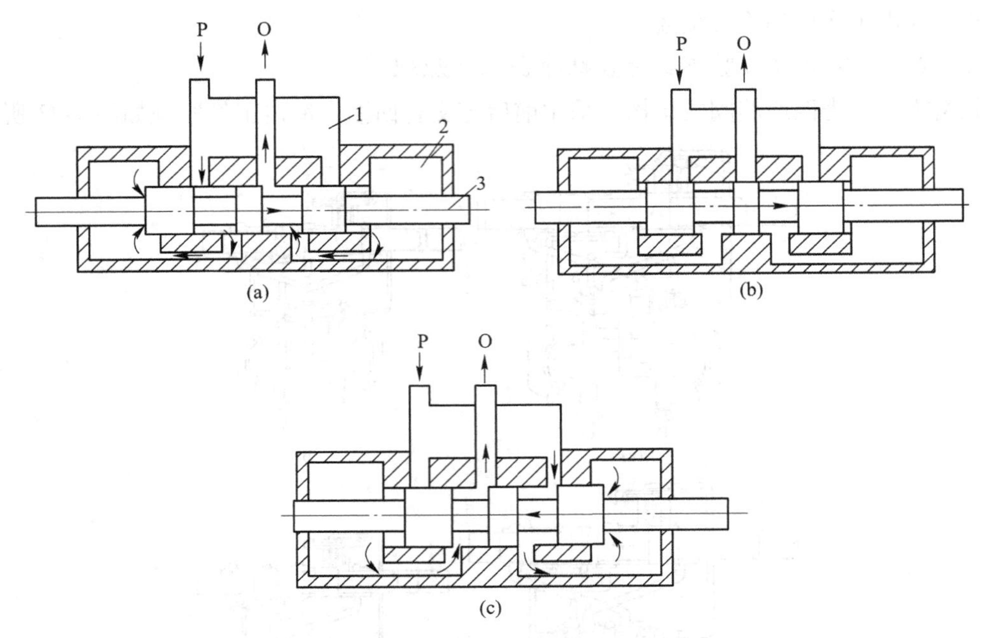

图1-24 无阀型液压凿岩机冲击工作原理图
(a) 回程；(b) 前腔膨胀，后腔压缩储能；(c) 冲程
1—压油腔；2—工作腔；3—活塞；P—压力油；O—回油

图1-24（a）为回程开始情况，这时缸体前（左）腔与压油相通，后（右）腔与回油相通，于是活塞向右做回程运动。当活塞运行到图1-24（b）的位置时，缸体的前腔和后腔均处于封闭状态，形成液体弹簧。由于活塞的惯性与前腔高压油的膨胀，使活塞继续做回程运动。这时缸体后腔的油液被压缩储能，压力逐渐升高，直到活塞使前腔与回油相通，后腔与压油相通，如图1-24（c）的位置，活塞开始向左作冲程运动。活塞运动到一定位置，缸体前后腔又处于封闭状态，形成液体弹簧，活塞冲击钎尾做功。同时缸体的前腔与压油相通，后腔与回油相通，又为回程运动做好准备，如此不断往复循环。

此型机器的特点是：只有一个运动件，结构简单；但由于利用油液的微量压缩性，故其工作腔容积较大，致使机器尺寸、重量均增大；为了不使工作腔容积过大，就得限制每次的冲击排量，使活塞行程减小，冲击能小，要达到一定的输出能量，只得提高冲击频率。但对凿岩作业来说，在一定范围内，破岩比能随冲击能加大而减小，过高频率也未必有利，故此型凿岩机未在凿岩作业中推广。

1.2.3 其他凿岩机

随着科学技术的进步，在非机械方法凿岩方面，国内、外都进行了多方面的大量研究。如借助于机械能的现代方法：超声波法、水射流法、水电效应法、火花放电法、射弹冲击法、爆破钻孔法等。借助于热能的方法；火焰喷射法、等离子体法、电子束法、激光法、红外线法、核能热熔法、高频法、微波法等。此外还有机械能和热能的混合方法等。

但现在能用于生产的只有火力钻机，已成为美国、苏联、加拿大等国，在 20 世纪 50~60 年代钻凿露天矿山极坚硬的铁燧岩的主要工具。高压水射流钻目前还只能用于辅助凿岩（如用在牙轮钻机和掘进钻机上）。上述的其他方法目前还处在试验研究阶段。

传统的机械方法凿岩除气动凿岩机和液压凿岩机外，在生产中还使用内燃凿岩机、电动凿岩机和水压凿岩机。

内燃凿岩机是汽油机、压气机、凿岩机组合在一起的手持式冲击回转机具。它以燃油为动力。国产的内燃凿岩机机重一般在 25~28kg，只能钻凿浅孔，用在没有其他动力的野外作业。

以下介绍地下矿山使用的电动凿岩机和水压凿岩机。

1.2.3.1 电动凿岩机

与气动凿岩机相比，电动凿岩机具有动力单一，能量利用率高，设备投资省等优点，但由于受到结构限制，只有轻型手持式和支腿式两种产品，其冲击功率为 2.5~3.5kW。在中等坚硬性岩层中电动凿岩机凿岩速度不到气腿式气动凿岩机的一半，且故障率比气动凿岩机高，故主要用于作业地点分散、交通不便、搬迁频繁且无压气动力供应的小型矿山的巷道掘进和采矿钻凿浅孔（一般孔径为 34~43mm，最大孔深 4m），当然也可用于交通、水力和国防建设等石方工程中钻孔。

电动凿岩机按结构形式可分为偏心块、冲击、活塞式式三种。曲柄连杆压气活塞式电动凿岩机应用较多，其结构与工作原理如图 1-25 与图 1-26 所示。

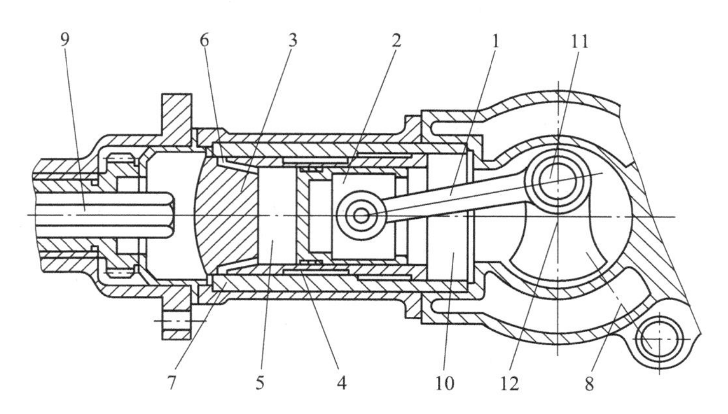

图 1-25 曲柄连杆压气活塞式电动凿岩机的基本结构示意图

1—连杆；2—压气活塞；3—冲击活塞；4—进气孔；5—气室；6—排气孔；7—缸套；8—单向阀位置；9—钎杆；10—曲轴箱腔；11—连杆与曲轴的连接；12—曲轴

如图 1-26（a）所示，压气活塞 2 装在冲击活塞 3 的内腔，两者形成气室 5。启动电机后，曲柄连杆结构 1 按图示箭头方向运转，压气活塞 2 被带动左行，此时曲轴箱腔 10 内为负压，新鲜空气经单向阀 8 吸入腔 10 内。当压气活塞 2 左行至图 1-26（b）位置时，关闭了进气孔 4，气室 5 成密闭状态，随着活塞 2 继续左行，气室 5 内空气受压，且压力不断增大，冲击活塞 3 遂被启动加速。当气室 5 内压力超过某一值时，冲击活塞高速弹出，打击钎尾 9。然后反弹，造成两活塞相向运动，经排气孔 6 挤尽气室 5 内的残余气体（如图 1-26（c）所示）。此时冲击活塞排气孔被关闭，空气不能倒吸，致使气室 5 成负压，于是冲击活塞 3 随压气活塞 2 右行。同时，单向阀 8 关闭，曲轴箱内增压，当两活塞运动至

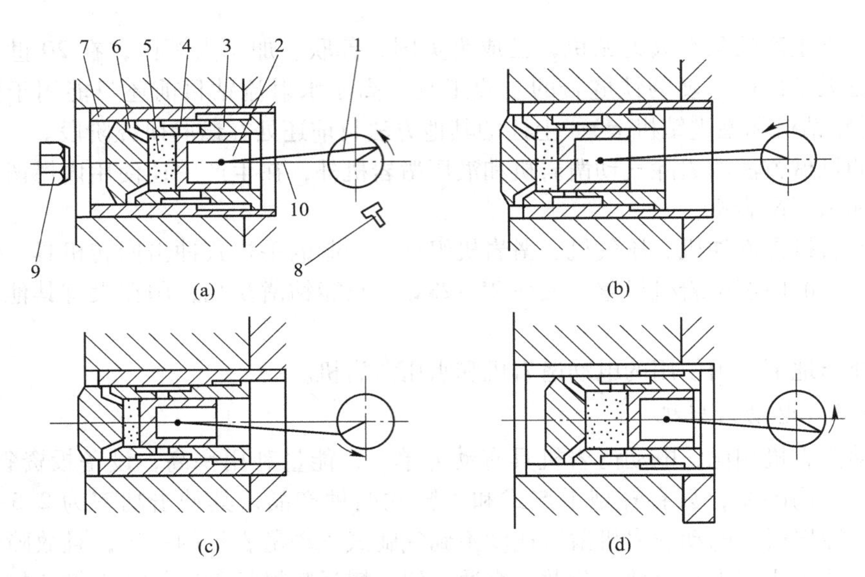

图 1-26 曲柄连杆压气活塞式电动凿岩机冲击工作原理图

1—连杆；2—压气活塞；3—冲击活塞；4—进气孔；5—气室；6—排气孔；7—缸套；8—单向阀位置；9—钎杆；10—曲轴箱腔

图 1-26（d）位置，冲击活塞上的进气孔 4 与曲轴箱腔 10 接通，腔内压气进入气室 5 内，冲击活塞停止返回，压气活塞很快转过右边的下死点，开始下一个循环。此型凿岩机结构较复杂，精度要求高，故成本较高。

1.2.3.2 水压凿岩机

南非有些深井矿山最早使用了水压支腿式凿岩机。该类凿岩机工作压力一般为 14～18MPa，耗水量为 42～54L/min。

水压凿岩机与气动凿岩机相比具有如下优点：凿岩速度快。当使用同一重量级的凿岩机时，由于水压比气压高很多，水压凿岩机的冲击能要大得多，破碎的岩屑颗粒较大，且冲洗水的压力也高（在钎头顶端处约为 4.14MPa），能以更快的速度冲洗炮孔，因而孔内不会留有岩屑，致使凿岩速度比气动的约提高一倍；能耗省，约为气动的 1/4；没有废气和油雾排出，改善了作业环境；噪声水平比气动低 19～25dB(A)；对深井开采来说（地下温度较高），增强了冷却效果；凿岩成本降低了 40%。

水压凿岩机与液压凿岩机相比突出的优点是：纯水价格低廉、抗燃性与环保性好、压缩系数小；其缺点是：强度低（内泄漏大）、润滑性差、气蚀性强、有一定的腐蚀性等。但上述缺点，如采用又耐磨又抗腐蚀且有自润滑的材料，并采用新型密封材料与密封结构等是可以克服的。所以这是一种很有发展空间的凿岩机。

水压凿岩机冲击机构工作原理与液压凿岩机相同。YST24 型支腿式水压凿岩机的冲击机构采用前腔常压水后腔回水型，其机构和工作原理如图 1-27 所示。9.8MPa 高压水从阀孔进水腔 13 进入，经缸体内部水路到达缸前腔 3（如图中箭头所示），并通蓄能器（图中未画出）。此时，缸后腔 6 通回水腔 15（图示位置）。在前腔高压水推动下，活塞 2 向下（图示）做回程运动。当活塞 2 运动到将前腔与信号孔 4 接通后，高压水进到阀前腔 9 推动阀芯 11 向下运动（图示），打开高压水进入缸后腔 6 的水路，同时切断后腔与回水腔 15 的水路，此时、后腔压力与前腔压力相等。但后腔受压面积大于前腔受压面积，活塞

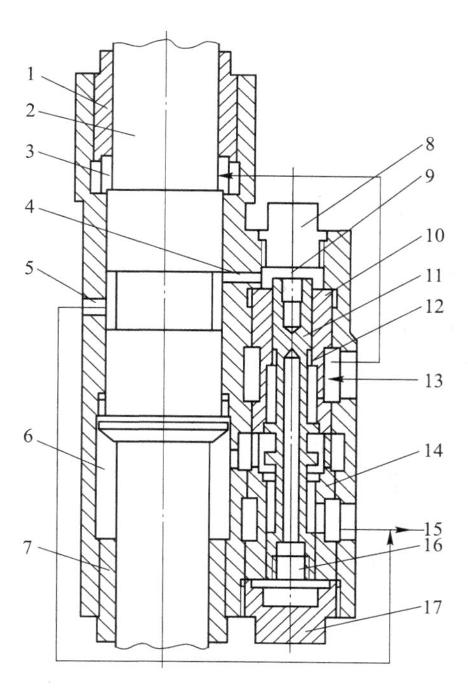

图 1-27　YST24 型水压凿岩机冲击机构原理示意图

1—前支撑座；2—活塞；3—缸前腔；4—信号孔；5—回水孔；6—缸后腔；7—后支撑座；18—前螺塞；9—阀前腔；10—前阀座；11—阀芯；12—阀芯水孔；13—进水腔；14—后阀座；15—回水腔；16—阀后腔；17—后螺塞

开始做回程减速运动，然后停止，又转变为加速向上的冲程运动。当活塞冲程到打击钎尾时，通过信号孔 4 和活塞的环形槽将阀前腔 9 与回水孔 5 接通，而阀后腔 16 经阀芯水孔 12 与高压水相通，于是阀芯向上运动，切断高压水进入后腔的通路，同时使后腔与回水腔 15 相通，使后腔回水压力增高，活塞又开始向下做回程运动。如此循环，完成凿岩作业。YST24 型水压凿岩机的转钎机构仍采用棘轮棘爪机构，它与内回转式气动凿岩机相同，只是材质不同。

我国在水压凿岩机方面尚处在试验研究阶段。

1.3 凿岩钻车

人们对坚硬岩石的巷道掘进与矿石开采，主要是采用钻孔爆破法，因为这种方法耗能小、成本低。用人工或气腿凿岩机凿岩，劳动强度大、工效低、作业条件差，不能满足日益增长的工业生产的需要，凿岩钻车已经成为机械化凿岩的主要设备。其优点是：可使掘进速度和采矿工效大大提高，减轻了工人的劳动强度，改善了作业条件。

20 世纪后期，液压凿岩机和全液压钻车的使用，使凿岩技术的发展进入了一个新阶段。全液压凿岩技术已经推广应用于隧道开挖、矿山巷道掘进、采矿、锚杆和碎石等作业中。在中、小露天矿或采石场，凿岩钻车可作为主要的钻孔设备；在大型露天矿，它可以用于辅助作业，完成清理边坡、清底和二次破碎等工作。水电工程、铁路隧道、国防等地下工程，采用凿岩钻车钻孔，具有更大的优越性。

凿岩钻车类型很多，按其用途可分为露天钻车、井下掘进钻车、采矿钻车、锚杆钻车；按行走方式可分为轨轮式、轮胎式和履带式钻车；按驱动动力可分为电动、气动和内燃机驱动的钻车；按装备凿岩机的数量可分为单机、双机、三机、多机钻车等。

1.3.1 掘进钻车

1.3.1.1 掘进钻车的总体结构与工作原理

凿岩钻车是以机械代替人扶持凿岩机进行凿岩的机械化钻孔设备。凿岩时它能做到：

（1）按炮孔布置图的要求，准确地找到工作面所要凿的炮孔位置和方向。

（2）排除岩粉并保持炮孔深度一致。

（3）将凿岩机顺利地推进或退出，改善工作人员劳动条件。

图1-28所示为CGJ-2Y型全液压凿岩钻车；图1-29为轮胎式凿岩钻车。其主要结构由推进器5、托架6、钻臂9、转柱11、车体24、行走装置26、操作台14、凿岩机10和钎具4等组成。有的钻车还装有辅助钻臂（设有工作平台，可以站人进行装药、处理顶板等）和电缆、水管的缠绕卷筒等，钻车功能更加完善。

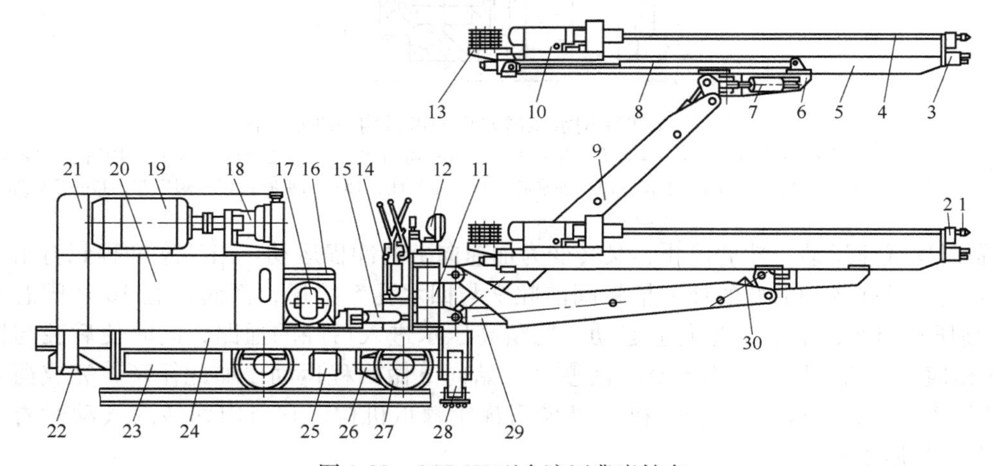

图1-28 CGJ-2Y型全液压凿岩钻车

1—钎头；2—托钎器；3—顶尖；4—钎具；5—推进器；6—托架；7—摆角缸；8—补偿缸；9—钻臂；10—凿岩机；11—转柱；12—照明灯；13—统管器；14—操作台；15—摆臂缸；16—座椅；17—转钎油泵；18—冲击油泵；19—电动机；20—油箱；21—电器箱；22—后稳车支腿；23—冷却器；24—车体；25—滤油器；26—行走装置；27—车轮；28—前稳车支腿；29—支臂缸；30—仰俯角缸

推进器的作用是在凿岩时完成推进或退回凿岩机的动作，并对钎具施加足够的推力。

托架6是钻臂与推进器之间相联系的机构，它的上部有燕尾槽托持着推进器，左端与钻臂相铰接，依靠摆角缸7、仰俯角缸30的作用可使推进器作水平摆角和仰俯角运动。

补偿缸8联系着托架和推进器，其一端与托架铰接，另一端与推进器铰接，组成补偿机构。这一机构的作用是使推进器作前后移动，并保持推进器有足够的推力。因为钻臂是以转柱的铰接点为圆心作摆动的机构，当它作摆角运动时，推进器顶尖与工作面只能有一点接触（即切点），随着摆角的加大，顶尖离开接触点的距离也增大，凿岩时必须使顶尖保持与工作面接触，因此必须设置补偿机构。通常采用油缸或气缸来使推进器作前后直线

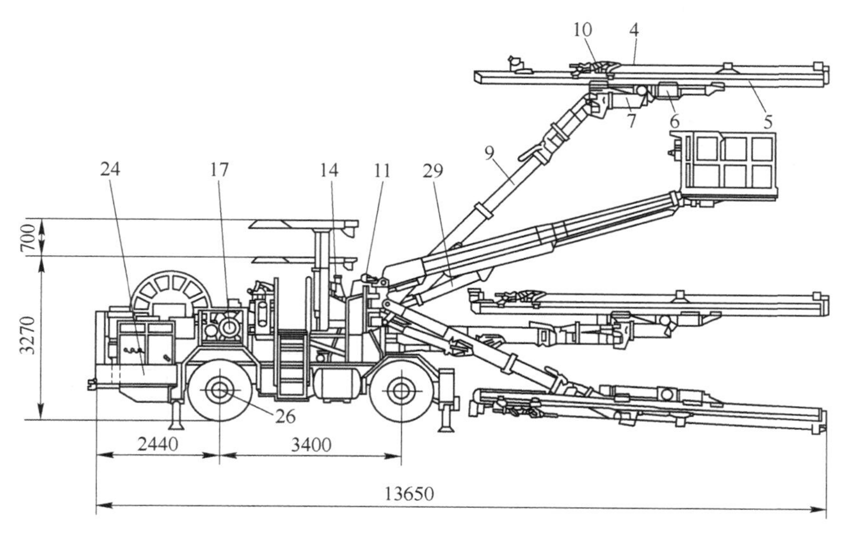

图 1-29 轮胎式凿岩钻车

（所标注部分的名称同 1-28 中相应各项所注，单位为 mm）

移动。补偿缸的行程由钻臂运动时所需的最大补偿距离而定。

钻臂 9 是支撑托架、推进器、凿岩机进行凿岩作业的工作臂，它的前端与托架铰接（十字铰），后端与转柱 11 相铰接。由支臂缸 29、摆臂缸 15、仰俯角缸 30 及摆角缸 7 四个油缸来执行钻臂和推进器的上下摆角与水平左右摆角运动，其动作及定位炮孔的方式符合直角坐标原理，因此称为直角坐标钻臂。支臂缸使钻臂作垂直面的升降运动，摆臂缸使钻臂作水平面的左右摆臂运动；仰俯角缸使推进器做垂直面的仰俯角运动，摆角缸使推进器作水平摆角运动。

转柱 11 安装在车体上，它与钻臂相铰接，是钻臂的回转机构，并且承受着钻臂和推进器的全部重量。

车体 24 上布置着操作台、油箱、电器箱、油泵、行走装置和稳车支腿等，还有液压、电气、供水等系统。车体上带有动力装置。车体对整台钻车起着平衡与稳定的作用。

1.3.1.2 推进器

现有凿岩钻车所使用的推进器有许多不同结构形式和不同工作原理，使用比较多的有以下三种。

A 油（气）缸-钢丝绳式推进器

如图 1-30（a）所示，这种推进器主要由导轨 1、滑轮 2、推进缸 3、调节螺杆 4、钢丝绳 5 等组成。其钢丝绳的缠绕方法如图 1-30（b）所示，两根钢丝绳的端头分别固定在导轨的两侧，绕过滑轮牵引滑板 9，从而带动凿岩机运动。钢丝绳的松紧程度可用调节螺杆 4 进行调节，以满足工作牵引要求。

图 1-30（c）为推进缸的基本结构。它由缸体、活塞、活塞杆、端盖、滑轮等组成。活塞杆为中空双层套管结构，它的左端固定在导轨上。缸体和左右两对滑轮可以运动。当压力油从 A 孔进入活塞的右腔 D 时，左腔 E 的液压油从 B 孔排出，缸体向右运动，实现推进动作；反之，当压力油从 B 孔进入活塞的左腔 E 时，右腔 D 的低压油从 A 孔排出，

缸体向左运动，凿岩机退回。

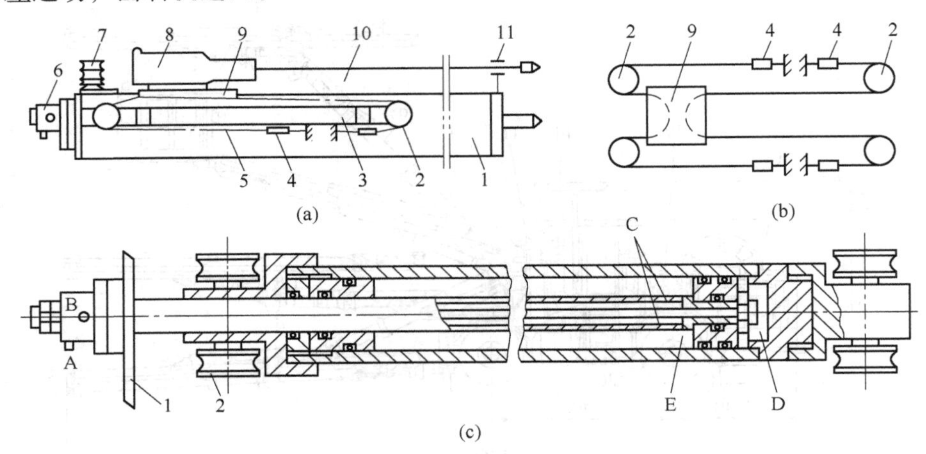

图 1-30　油（气）缸-钢丝绳式推进器

（a）推进器组成；（b）钢丝绳缠绕方式；（c）推进缸结构

1—导轨；2—滑轮；3—推进缸；4—调节螺杆；5—钢丝绳；6—油管接头；
7—统管器；8—凿岩机；9—滑板；10—钎杆；11—托钎器

这种推进器的特点是推进缸的活塞杆固定，缸体运动。由推进缸产生的推力经钢丝绳滑轮组传给凿岩机。据传动原理可知：作用在凿岩机上的推力等于推进缸推力的二分之一，而凿岩机的推进速度和移动距离是推进缸推进速度和行程的两倍。

这种推进器的优点是：结构简单、工作平稳可靠、外形尺寸小、维修容易，因而获得广泛的应用。缺点是推进缸的加工难度较大。

推进动力也可使用压气：但由于气体压力较低、推力较小，而气缸尺寸又不允许过大，因此气缸推进仅限于使用在需要推力不大的气动凿岩机上。

B　气马达-丝杠式推进器

如图 1-31 所示，这是一种传统型结构的推进器。输入压缩空气，则气马达通过减速器、丝杠、螺母、滑板，带动凿岩机前进或后退。这种推进器的优点是：结构紧凑、外形尺寸小、动作平稳可靠。其缺点是：长丝杠的制造和热处理较困难、传动效率低，在井下的恶劣环境下凿岩时，水和岩粉对丝杠、螺母磨损快，同时气马达的噪声也大，所以目前的使用量日趋减少。

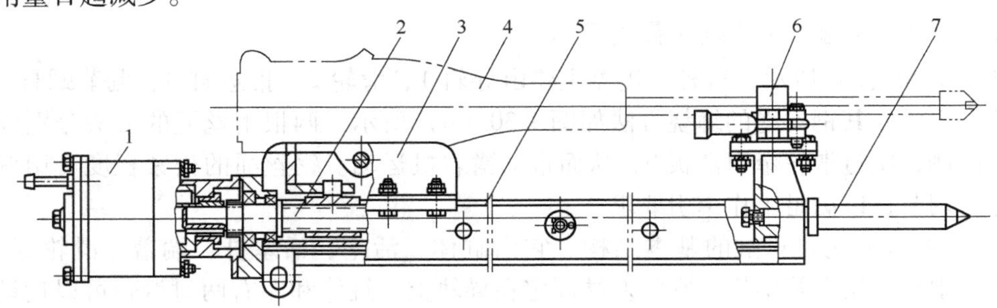

图 1-31　气马达-丝杠式推进器

1—气马达；2—丝杠；3—滑板；4—凿岩机；5—导轨；6—托钎器；7—顶尖

C 马达-链条式推进器

如图1-32所示，这也是一种传统型推进器，在国外一些长行程推进器上应用较多。马达的正转、反转和调速，可由操纵阀进行控制。其优点是工作可靠，调速方便，行程不受限制。但一般马达和减速器都设在前方，尺寸较大，工作不太方便；另外，链条传动是刚性的，在振动和泥砂等恶劣环境下工作时，容易损坏。

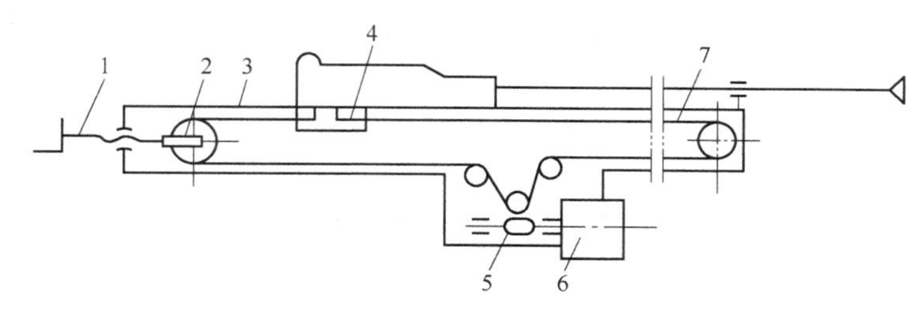

图1-32 马达-链条式推进器

1—链条张紧装置；2—导向链轮；3—导轨；4—滑板；5—减速器；6—马达；7—链条

1.3.1.3 钻臂

钻臂是支撑凿岩机进行凿岩作业的工作臂。钻臂的长短决定了凿岩作业的范围；其托架摆动的角度，决定了所钻炮孔的角度。因此，钻臂的结构尺寸、钻臂动作的灵活性、可靠性对钻车的生产率和使用性能影响都很大。

钻臂通常按其动作原理分为直角坐标钻臂、极坐标钻臂和复合坐标钻臂。另外按凿岩作业范围分为轻型、中型、重型钻臂。按钻臂结构分为定长式、折叠式、伸缩式钻臂。按钻臂系列标准分为基本型、变型钻臂等。

A 直角坐标钻臂

如图1-33所示，这种钻臂在凿岩作业中具有以下动作：其中A为钻臂升降，B为钻臂水平摆动，C为托架仰俯角，D为托架水平摆角，E为推进器补偿运动。这5种动作是直角坐标钻臂的基本运动。

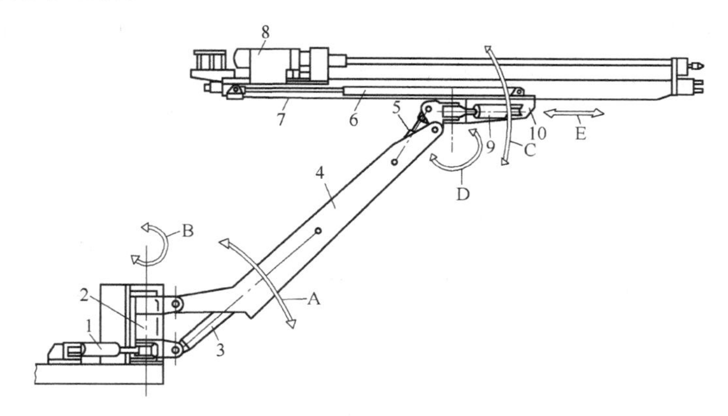

图1-33 直角坐标钻臂

1—摆臂缸；2—转柱；3—支臂缸；4—钻臂；5—仰俯角缸；6—补偿缸；7—推进器；8—凿岩机；9—摆角缸；10—托架

这种形式的钻臂是传统型钻臂，其优点是：结构简单、定位直观、操作容易，适合钻凿直线和各种型式的倾斜掏槽孔以及不同排列方式并带有各种角度的炮孔，能满足凿岩爆破的工艺要求，因此应用很广，国内外许多钻车都采用这种形式的钻臂。其缺点是使用的油缸较多，操作程序比较复杂，对一个钻臂而言，存在着较大的凿岩盲区。

B　极坐标钻臂

如果不用转柱，而以齿条齿轮式回转机构代替，则钻臂运动的功能具有极坐标性质，组成极坐标形式的钻车。如图1-34所示。这种钻臂比直角坐标钻臂在结构上减少了油缸数量，简化了操作程序。因此，国内外有不少钻车采用极坐标形式的钻臂。

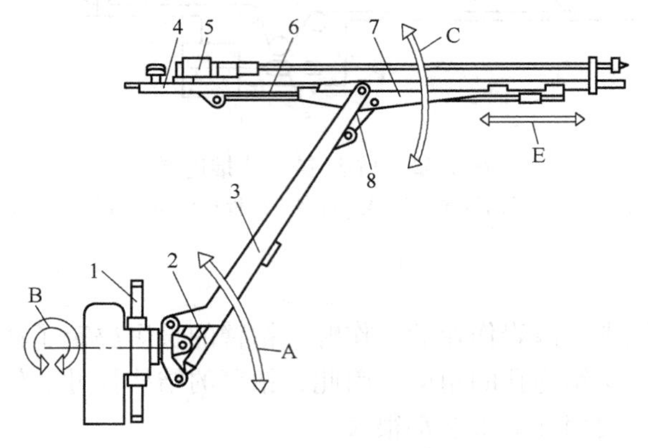

图1-34　极坐标钻臂
1—齿条齿轮式回转机构；2—支臂缸；3—钻臂；4—推进器；
5—凿岩机；6—补偿缸；7—托架；8—仰俯角缸

这种钻臂在调定炮孔位置时，只需做以下动作：A钻臂升降，B钻臂回转，C托架仰俯角，E推进器补偿运动。钻臂可升降并可回转360°，构成了极坐标运动的工作原理。这种钻臂对顶板、侧壁和底板的炮孔，都可以贴近岩壁钻进，减少超挖量。钻臂的弯曲形状有利于减小凿岩盲区。

这种钻臂也存在一些问题，如不能适应打楔形、锥形等倾斜形式的掏槽炮孔；操作调位直观性差；对于布置在回转中心线以下的炮孔，司机需要将推进器翻转，使钎杆在下面凿岩，这样对卡钎故障不能及时发现与处理；另外也存在一定的凿岩盲区等。

C　复合坐标钻臂

掘进凿岩，除钻凿正面的爆破孔外，还需要钻凿一些其他用途的孔，如照明灯悬挂孔，电机车架线孔、风水管固定孔等。在地质条件不稳固的地方，还需要钻些锚杆孔。有些矿山要求使用掘进和采矿通用的凿岩钻车，因而设计了复合坐标钻臂。复合钻臂也有许多种结构形式。

如图1-35所示的一种复合坐标钻臂，它有一个主臂4和一个副臂6，主副臂的油缸布置与直角坐标钻臂相同，另外还有齿条齿轮式回转机构1，所以它具有直角坐标和极坐标两种钻臂的特点，不但能钻正面的炮孔，还能钻两侧任意方向的炮孔，也能钻垂直向上的采矿炮孔或锚杆孔，性能更加完善，并且克服了凿岩盲区。但结构复杂、笨重。这种钻臂和伸缩式钻臂均适用于大型钻车。

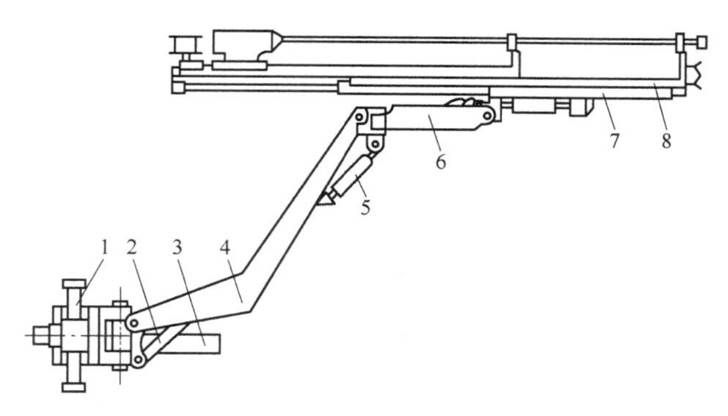

图 1-35 复合坐标钻臂

1—齿条齿轮式回转机构；2—支臂缸；3—摆臂缸；4—主臂；
5—仰俯角缸；6—副臂；7—托架；8—伸缩式推进器

D 直接定位钻臂

如图 1-36 所示，这是一种新型的、具有复合坐标性质的钻臂，由一对支臂缸 1 和一对仰俯角缸 3 组成钻臂的变幅机构和平移机构。钻臂的前、后铰点都是十字铰接，十字铰的结构如图 1-36 放大图所示。支臂缸和仰俯角缸的协调工作，不但可使钻臂作垂直面的升降和水平面的摆臂运动，而且可使钻臂作倾斜运动（例如 45°角等），这时推进器可随着平移。推进器还可以单独作仰俯角和水平摆角运动。钻臂前方装有推进器翻转机构 4 和托架回转机构 5。这样的钻臂具有万能性质，它不但可向正面钻平行孔和倾斜孔，也可以钻垂直侧壁、垂直向上以及带各种倾斜角度的炮孔。其特点是调位简单、动作迅速、具有空间平移性能、操作运转平稳，定位准确可靠、凿岩无盲区，性能十分完善；但结构复杂、笨重，控制系统复杂。

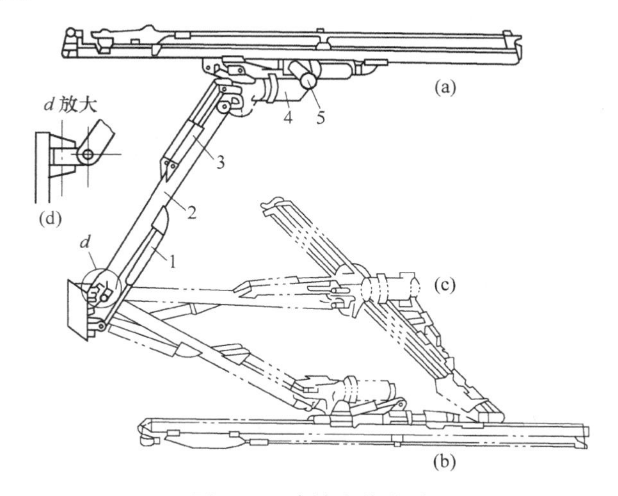

图 1-36 直接定位钻臂

（a）上部钻孔位置；（b）下部钻孔位置；（c）垂直侧面钻孔位置；（d）十字铰的结构

1—支臂缸；2—钻臂；3—仰俯角缸；4—推进器翻转机构；5—托架回转机构

1.3.1.4 回转机构

回转机构是安装和支持钻臂、使钻臂沿水平轴或垂直轴旋转、使推进器翻转的机构。

通过回转运动，使钻臂和推进器的动作范围达到巷道掘进所需要的钻孔工作区的要求。常见的回转机构有以下几种结构形式。

A　转柱

如图1-37所示，是一种常见的直角坐标钻臂的回转机构，主要组成有摆臂缸1、转柱套2、转柱轴3等。转柱轴固定在底座上，转柱套可以转动，摆臂缸一端与转柱套的偏心耳环相铰接，另一端铰接在车体上，当摆臂缸伸缩时，由于偏心耳的关系，便可带动转柱套及钻臂回转。其回转角度由摆臂缸行程确定。这种回转机构的优点是结构简单、工作可靠、维修方便，因而得到广泛应用。其缺点是转柱只有下端固定，上端成为悬臂梁，承受弯矩较大。为改善受力状态，可在转柱的上端也设有固定支承。

螺旋副式转柱是国产CGJ-2型凿岩钻车的回转机构，如图1-38所示。其特点是外表无外露油缸，结构紧凑，但加工难度较大。螺旋棒2用固定销与缸体5固装成一体，轴头4用螺栓固定在车架1上。活塞3上带有花键和螺旋母。当向4腔或B腔供油时，活塞3作直线运动，于是螺旋母迫使与其相啮合的螺旋棒2作回转运动，随之带动缸体5和钻臂等也作回转运动。

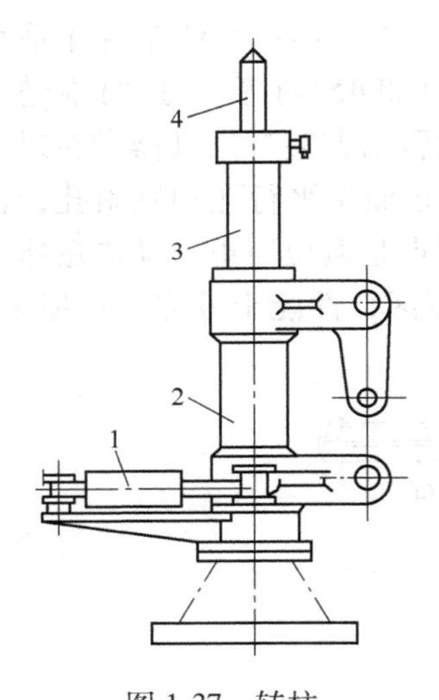

图1-37　转柱
1—摆角缸；2—转柱套；
3—转柱轴；4—稳车顶杆

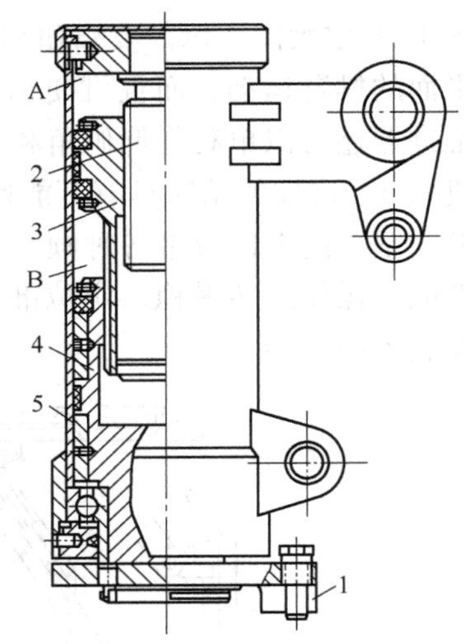

图1-38　螺旋副式转柱
1—车架；2—螺旋棒；3—活塞（螺旋母）；
4—轴头；5—缸体

这种形式的回转机构，不但用于钻臂的回转，更多的是应用于推进器的翻转运动。有许多掘进钻车推进器能翻转，就是安装了这种螺旋副式翻转机构，并使凿岩机能够更贴近巷道岩壁和底板钻孔，减少超挖量。

B　螺旋副式翻转机构

图1-39所示是国产CGJ-2型凿岩钻车的推进器翻转机构，由螺旋棒4、活塞5、转动体3和油缸外壳等组成，其原理与螺旋副式转柱相似而动作相反，即油缸外壳固定不动，活塞可转动，从而带动推进器作翻转运动。图中推进器1的一端用花键与转动卡座2相连接，另一端与支承座7连接，油缸外壳焊接在托架上，螺旋棒4用固定销6与油缸外壳定位，活塞5与转动体3用花键连接。

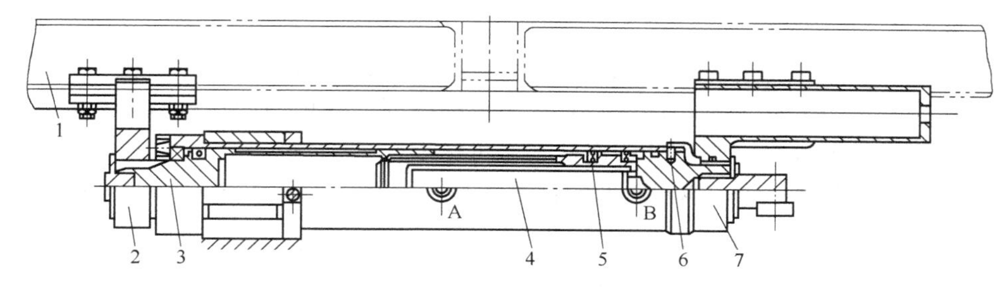

图 1-39 螺旋副式翻转机构

1—推进器；2—转动卡座；3—转动体；4—螺旋棒；5—活塞；6—固定销；7—支承座；A，B—进油口

当压力油从 B 口进入后，推动活塞沿着螺旋棒向左移动并作旋转运动，带着转动体旋转，转动卡座 2 也随之旋转，于是推进器和凿岩机绕钻进方向作翻转 180°运动；当压力油从 4 口进入，则凿岩机反转到原来的位置。

这种机构的外形尺寸小、结构紧凑，适合做推进器的回转机构。图 1-36 中的推进式翻转机构 4、托架回转机构 5 属于这种结构形式的回转机构。

C 齿轮齿条回转机构

图 1-40 所示是齿轮齿条回转机构，由齿轮 5、齿条 6、油缸 2、液压锁 1 和齿轮箱体等组成，它用于钻臂回转。齿轮套装在空心轴上，以键相连，钻臂及其支座安装在空心轴的一端。当油缸工作时，两根齿条活塞杆作相反方向的直线运动，同时带动与其相啮合的齿轮和空心轴旋转。齿条的有效长度等于齿轮节圆的周长，因此可以驱动空心轴上的钻臂及其支座，沿顺时针及逆时针各转 180°。

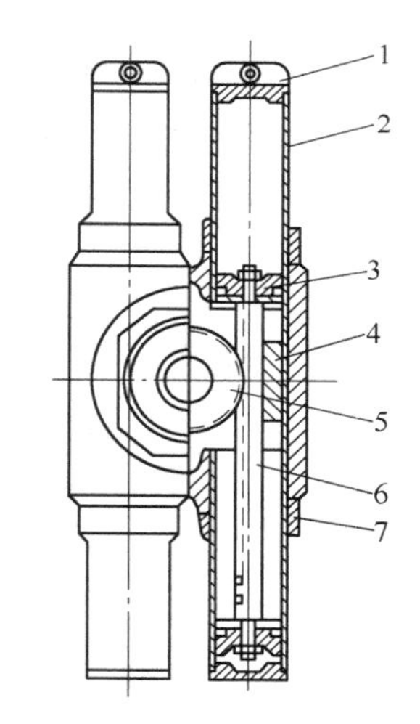

图 1-40 齿轮齿条回转机构

1—液压锁；2—油缸；3—活塞；4—衬套；5—齿轮；6—齿条活塞杆；7—导套

这种回转机构安装在车体上，其尺寸和质量虽然较大，但都承受在车体上。与装设在托架上的推进器螺旋副式翻转机构相比较，减少了钻臂前方的质量，改善了钻车总体平衡。由于钻臂能回转 360°，便于凿岩机贴近岩壁和底板钻孔，减少超挖，实现光面爆破，提高了经济效益。因此，它成为极坐标钻臂和复合坐标钻臂实现回转 360°的一种典型的回转机构，其优点是动作平缓、容易操作、工作可靠。但重量较大，结构较复杂。

1.3.1.5 平移机构

为了满足爆破工艺的要求，提高钻平行炮孔的精度，几乎所有现代钻车的钻臂都装设了自动平移机构。凿岩钻车的自动平移机构是指当钻臂移位时，托架和推进器随机保持平行移位的一种机构，简称平移机构。

掘进钻车的平移机构概括有 3 种类型：机械平移机构、液压平移机构、电液平移机构。应用较多的是液压平移机构和机械四连杆式平移机构，尤其是无平移引导缸的液压平移机构。

A　机械平移机构

这类平移机构，常用的有内四连杆式和外四连杆式两种，图 1-41 所示为机械内四连杆式平移机构。由于它的平行四连杆安装在钻臂的内部，故称内四连杆式平移机构。有些钻车的连杆装在钻臂外部，则称外四连杆平移机构。

钻臂在升降过程中，*ABCD* 四边形的杆长不变，其中 $AB=CD$，$BC=AD$，*AB* 边固定而且垂直于推进器。根据平行四边形的性质，*AB* 与 *CD* 始终平行，亦即推进器始终作平行移动。

当推进器不需要平移而钻带倾角的炮孔时，只需向仰俯角缸一端输入液压油，使连杆 2 伸长或缩短（$AD \neq BC$）即可得到所需要的工作倾角。

这种平移机构的优点是连杆安装在钻臂的内部，结构简单、工作可靠、平移精度高，因而在小型钻车上得到广泛应用。其缺点是不适应于中型或大型钻孔，因为它连杆很长，细长比很大，刚性差，机构笨重。如果连杆外装，则很容易碰弯，工作也不安全。对于伸缩钻臂，这种机构便无法应用。

以上这种平移机构，只能满足垂直平面的平移，如果水平方向也需要平移，再安装一套同样的机构则很困难。如图 1-42 所示的一种机械式空间平移机构，它由 *MP*、*NQ*、*OR* 及三根互相平行而长度相等的连杆构成，三根连杆前后都用球形铰与两个三角形端面相连接，构成一个棱柱体型的平移机构，其实质是立体的四连杆平移机构，这个棱柱体就是钻臂。当钻臂升降时，利用棱柱体的两个三角形端面始终保持平行的原理，使推进器始终保持空间平移。

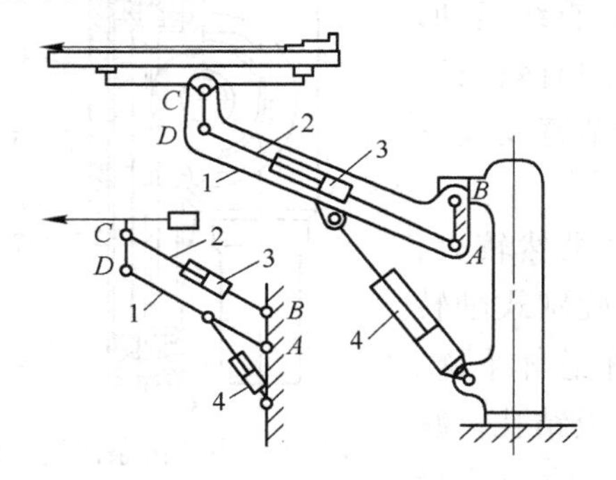

图 1-41　内四连杆平移机构

1—钻臂；2—连杆；3—仰俯角缸；4—支臂缸

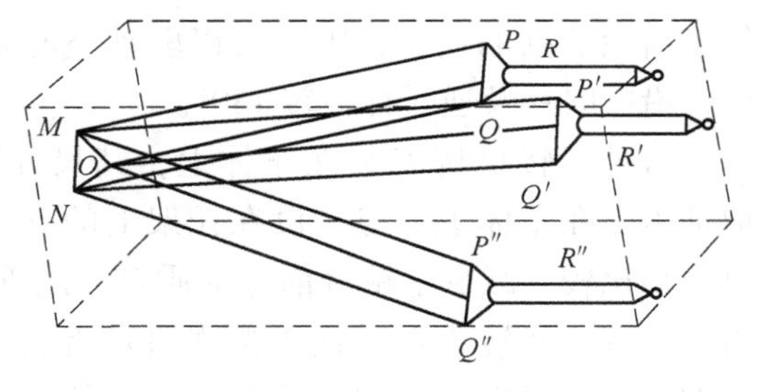

图 1-42　空间平移机构原理图

B　液压平移机构

图 1-43 所示为液压平移机构，其优点是结构简单、尺寸小、重量轻、工作可靠，不需要增设其他杆件结构，只利用油缸和油管的特殊连接，便可达到平移的目的。这种机构适用于各种不同结构的大、中、小型钻臂和伸缩式钻臂，便于实现空间平移运动，平移精度准确。

当钻臂升起（或落下）$\Delta\alpha$ 角时，平移引导缸 2 的活塞被钻臂拉出（或缩回），这时平移引导缸的压力油排入仰俯角缸 5 中，使仰俯角缸的活塞杆缩回（或拉出），于是推进器、托架便下俯（或上仰）$\Delta\alpha'$角。在设计平移机构时，合理地确定两油缸的安装位置和尺寸，便能得到 $\Delta\alpha \approx \Delta\alpha'$，在钻臂升起或落下的过程中，推进器托架始终是保持平移运

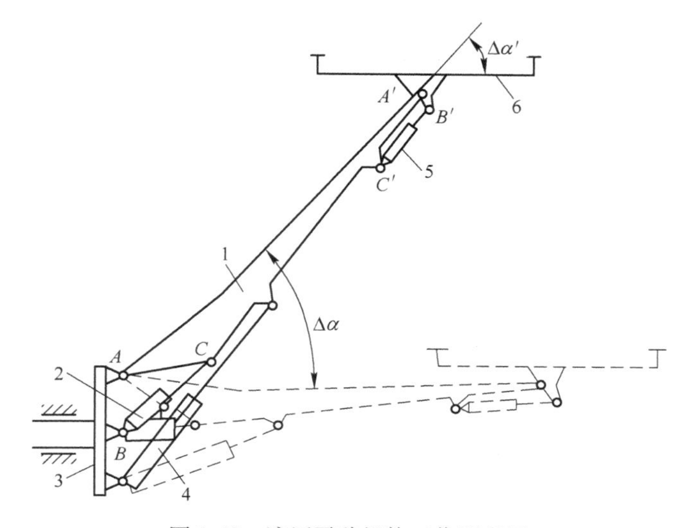

图 1-43 液压平移机构工作原理图

1—钻臂；2—平移引导缸；3—回转支座；4—支臂缸；5—仰俯角缸；6—托架

动，这就能满足凿岩爆破的工艺要求，而且操作简单。

液压平移机构的油路连接如图 1-44 所示。为防止因操作而导致油管和元件的损坏，有些钻车在油路中还设有安全保护回路，以防止事故发生。

这种液压平移机构的缺点是需要平移引导缸并相应地增加管路，也由于油缸安装角度的特殊要求，使得空间结构不好布置。无平移引导缸的液压平移机构能克服以上的缺点，只需利用支臂缸与仰俯角缸的适当比例关系，便可达到平移的目的，因而显示了它的优越性。

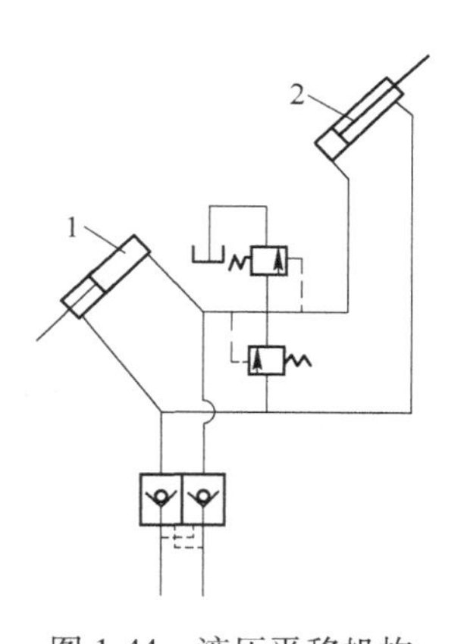

图 1-44 液压平移机构的油路连接图

1—平移引导缸；2—仰俯角缸

1.3.2 掘进钻车设计

钻车设计的任务主要是选择方案、进行参数计算、确定总体结构尺寸和拟定液压、电气、传动等系统；对各零部件进行必要的受力分析及强度、刚度和可靠性的计算。

钻车的设计原则是在保证性能参数要求的条件下，使结构简单、操作维修方便、工作安全可靠、生产工效高、外形尺寸小、重量轻、成本低，同时力求技术先进。

根据设计任务书的要求，应收集以下主要的技术资料作为设计依据：

（1）巷道的用途和规格尺寸（一般指高×宽）。如断面形状（梯形、拱形），通往地表情况以及巷道中的压气管、水管、局部通风筒、放矿漏斗等铺设安装情况。

（2）岩石的物理机械性质。如岩石硬度、节理、断层及矿体贮存等情况。

（3）矿山运输提升情况。如轨距、轨型、弯道曲率半径、坡度、架线等情况；提升及装运设备型号、容器尺寸及提运能力。

（4）采掘工艺及工作组织循环表。每一掘进循环进尺、钻孔深度、炮孔布置、掏槽孔型式、钻孔顺序以及凿岩、放炮、通风、出渣、运输的时间分配和人员组织等情况。

(5) 收集同类型的钻车技术资料，了解材料及配套件供应的情况。

1.3.2.1 总体设计

A 钻车的钻臂数量

(1) 工作面上炮孔总深度 L 按下式计算：

$$L = Zl' \tag{1-1}$$

式中 Z——工作面炮孔数；

l'——每个炮孔的平均深度。

(2) 钻车上安装钻臂（凿岩机）的数量 n 为

$$n = \frac{L}{Tl} = \frac{Zl'}{Tl} \tag{1-2}$$

式中 T——凿岩工序所需的时间；

l——一台凿岩机的凿岩效率，$l = kv$；

v——凿岩机实际凿岩速度；

k——凿岩时间利用系数，$k = 0.5 \sim 0.8$。

k 是纯凿岩时间与凿岩循环时间的百分比。它与钻孔结构、推进器行程、岩石的坚硬程度及操作者技术熟练程度等因素有关。

推荐如下巷道断面 A 与凿岩机台数的对应关系（长度单位为 m）：

1) 二机：A（高 × 宽）= 1.8 × 2.0 ~ 2.6 × 3.2；

2) 三机：A（高 × 宽）= 2.4 × 2.6 ~ 3.5 × 4.5；

3) 三机以上：A（高 × 宽）≥ 3.5 × 4.5。

确定钻臂数量时要考虑凿岩机工作均衡、互不干扰，而且有一定的备用量。凿岩机钻孔速度快，所以在断面 $100m^2$ 以下的隧道中，钻臂数最多不超过 4 个。数量不足时，也可采用两台钻车同时作业。

B 钻车的外形尺寸与通过弯道的曲率半径

钻车的外形尺寸受巷道断面的限制，它主要决定于在运输状态时的最小工作空间尺寸或通过巷道的曲率半径。

图 1-45 表示单轨运输巷道断面布置情况。钻车在运输状态，要保证钻车与巷道两侧壁有一定的安全距离，人行道侧为 0.7m，另一侧为 0.15 ~ 0.2m。在双轨运输巷道中。钻车与另一轨道上的运输车辆之间应保持 0.15 ~ 0.2m 的安全距离。钻车的运行高度应比电机车架线低 250mm。

a 轨轮行走钻车

钻车的长度受巷道弯曲半径的限制，钻车在通过弯道时，如图 1-46 所示的部分（如推进器顶尖）应不碰到巷道侧壁。设转弯时巷道外壁半径为 R_2，则

$$R_2 = \sqrt{L^2 + \left(R + \frac{B}{2} - K\right)^2} \tag{1-3}$$

式中 R——轨道转弯半径；

L——钻车轴距中心至前端的最大长度；

B——钻车的运输状态宽度；

K——钻车转弯时，其纵向中心线向内偏离弯道中心线的距离。

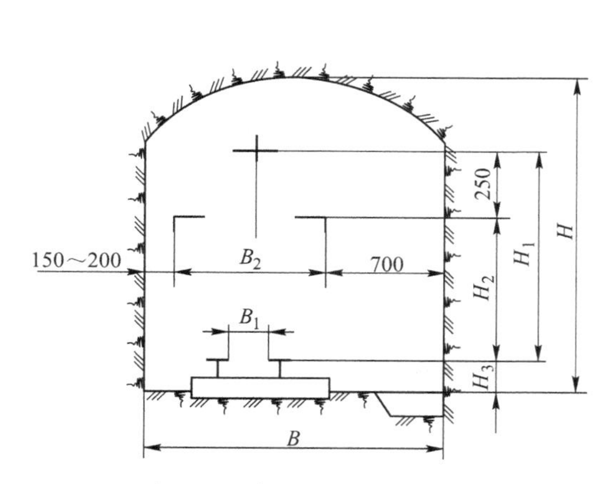

图 1-45 单轨运输巷道断面图

H—巷道高度；H_1—架线高度；H_2—钻车运输高度；H_3—地面标高；B—巷道宽度；B_1—轨距；B_2—钻车宽度

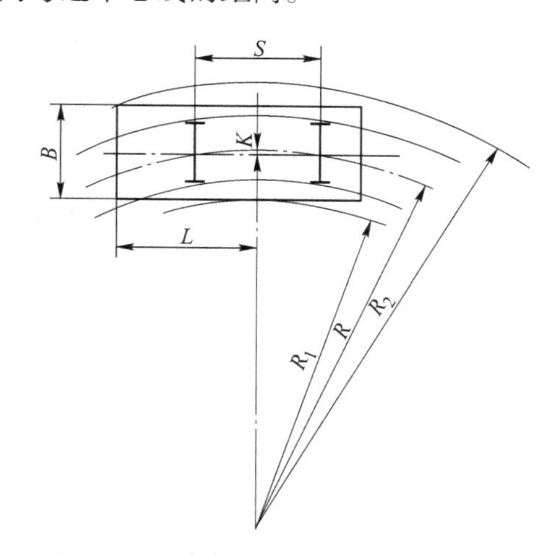

图 1-46 钻车长度与转弯半径的关系

$$K = R - \sqrt{R^2 - \left(\frac{S}{2}\right)^2} \tag{1-4}$$

式中，S 为钻车轴距。

S 值受转弯半径和行走速度的限制，按下式计算：

$$S \leqslant \frac{R}{\alpha}$$

式中，α 为行走速度影响系数，其值为：当 $v=1.5\text{m/s}$ 时，$\alpha=7$；当 $v>1.5\text{m/s}$ 时，$\alpha=10$。

当钻车长度大到难以通过弯道时，常将工作机构安装在车体前部的转盘上左右转动 30°~45°，因此钻车可以通过曲率半径较小的弯道。

b 胶轮行走钻车

胶轮行走的钻车不受轨道的限制，它可偏离给定的方向行走，因此它和巷道壁之间必须留出相应的安全距离。这个距离与设备的运行速度成正比。当设备沿主巷道运行速度为 10km/h 时，侧向距离应不小于 0.6~0.8m，高度方向的距离应不小于 0.3~0.6m。

胶轮行走的钻车通过弯道时的情况与转向机构型式及转向轮的个数有关，但必须保证设备最突出部分不触及巷道侧壁并留有一定安全距离。

图 1-47 所示为刚性车体胶轮行走的转弯情况。图 1-47（a）为具有两个转向轮的钻车，其转弯圆周的中心通过非转向轮（驱动轮）的轮轴，其转弯半径为：

$$R_2 = \sqrt{(S\cot\alpha)^2 + (S + L)^2} \tag{1-5}$$

$$R_1 = S\cot\alpha - B \tag{1-6}$$

图 1-47（b）所示为具有四个转向轮的钻车，其转弯半径为：

$$R_2 = \frac{1}{2}[(S\cot\alpha)^2 + (2L + S)^2]^{1/2} \tag{1-7}$$

$$R_1 = \frac{1}{2}S\cot\alpha - B \tag{1-8}$$

式中　R_1，R_2——内侧、外侧转弯半径 R；

S——钻车轴距；

L——前轮轴至钻车前端的最大长度；

α——外轮转向角。

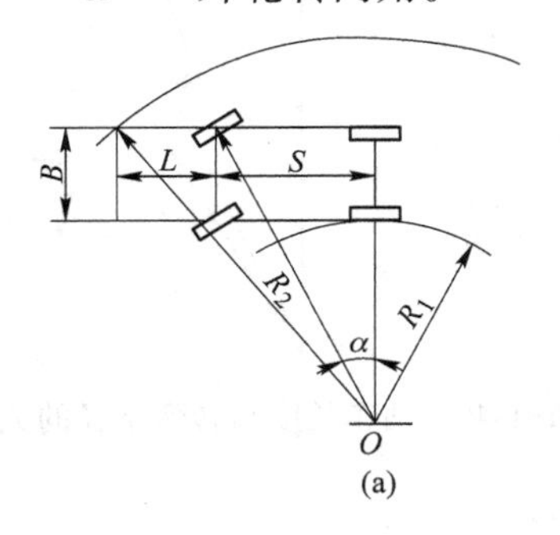

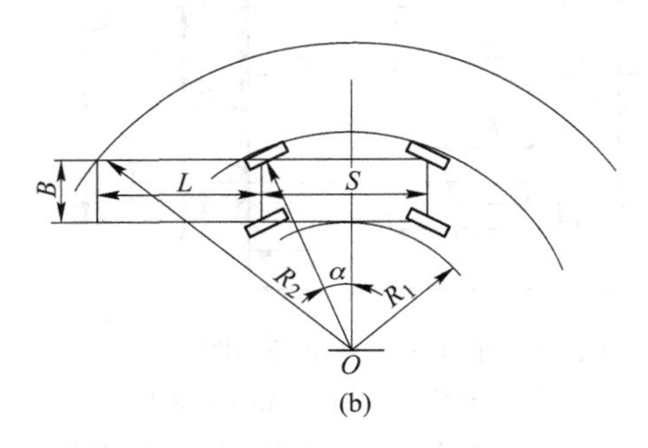

图 1-47　刚性车体胶轮行走的转弯情况

（a）两轮转弯；（b）四轮转弯

有许多大型胶轮行走的掘进钻车，设计了铰接车体结构行走转弯机动灵活。

图 1-48 表示铰接车体钻车的转弯方式。图 1-48（a）为钻车的转弯情况，图 1-48（b）为车轮转弯情况。

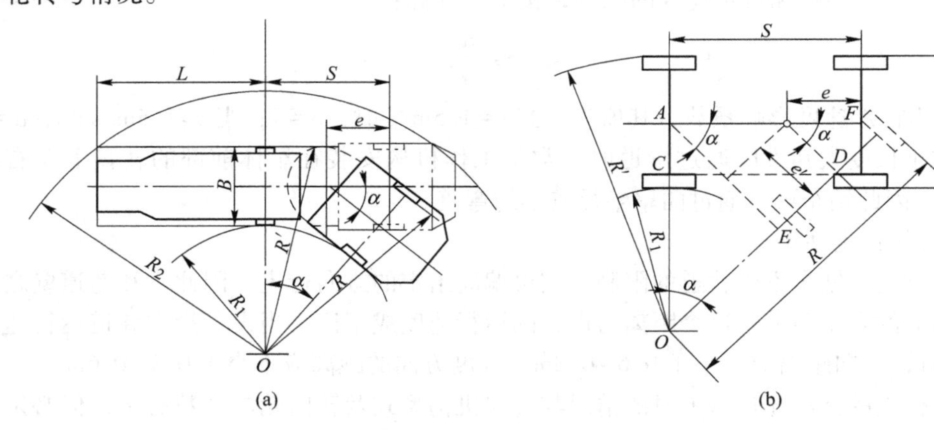

图 1-48　铰接车体钻车的转弯方式

（a）钻车的转弯情况；（b）车轮转弯情况

铰接车体的转弯半径计算如下：

$$R = \frac{B}{2} + DO$$

因为
$$DO = \frac{CD}{\sin\alpha}, CD = (S - e) + e\cos\alpha$$

所以

$$R=\frac{B}{2}+\frac{(S-e)+e\cos\alpha}{\sin\alpha} \tag{1-9}$$

式中 B——钻车轮距；

S——钻车轴距；

e——前桥中心至铰接点中心的距离；

α——钻车转向角；

R——前外轮转向半径。

$$R'=\frac{B}{2}+AO$$

$$AO=\frac{AE}{\sin\alpha},\ AE=e+(S-e)\cos\alpha$$

$$R'=\frac{B}{2}+\frac{e+(S-e)\cos\alpha}{\sin\alpha} \tag{1-10}$$

式中 R'——后外轮转向半径。

$$R_2=\sqrt{L^2-(R')^2} \tag{1-11}$$

$$R_1=R'-B \tag{1-12}$$

式中 R_1，R_2——车体内侧、外侧转弯半径。

带有转盘的胶轮行走钻车，若按上述方法计算，将更容易通过。通过缩小机器宽度、减小钻车前端伸出长度以及减小轴距也可以达到减小转弯半径、提高行走转向能力的目的。

1.3.2.2 推进器设计

推进器设计主要是确定推进器的结构形式、几何尺寸和进行动力学参数计算。

推进器的结构应参照前面所述有关推进器的结构分析来进行选型设计。在凿岩钻机的推进方式、推进器结构确定之后，应进行以下参数计算。

A 几何尺寸计算

如图1-49所示，推进器总长度 L：

$$L=S+L_0+L_1+L_2+L_3 \tag{1-13}$$

式中 L_0——凿岩机长度；

S——推进行程；

$$S\geqslant L'+L_4 \tag{1-14}$$

L'——一次推进行程所钻炮孔深度，根据凿岩爆破工艺要求和钻车系列化标准规定，可选取 L'为2m、2.5m、2m、4m；

L_1——附加长度，为推进器气马达外露部分或油缸-钢丝绳式推进器的活塞杆固定装置外露部分或绕管器的外露部分的长度；

L_2——托钎器长度；

L_3——顶尖长度，一般取0.15~0.25m；

L_4——凿岩机退回时钎头至顶尖的距离，一般取 L_4=0.05~0.1m。

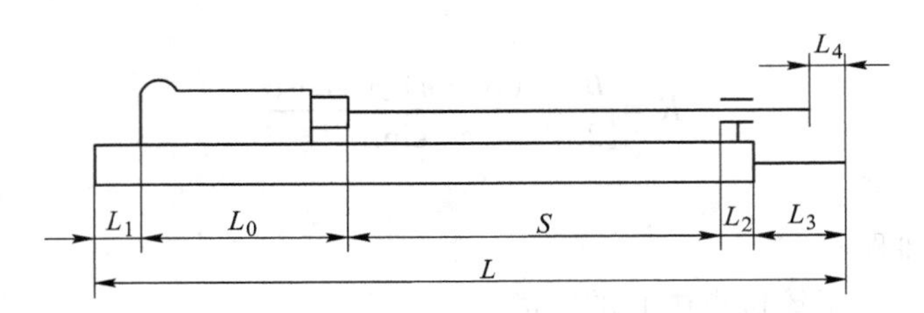

图1-49 推进器几何尺寸计算图

B 最大推力 F_{max} 计算

$$F_{max} = K_b(F_y + G\sin\alpha + Gf\cos\alpha) \tag{1-15}$$

式中 F_y——凿岩机最优轴推力，取决于凿岩机类型工作方式；

G——凿岩机重量（包括滑板、钎具等）；

f——滑板与导轨及钎具与岩石的综合摩擦系数，取 $f=0.25$；

α——炮孔向上的倾角；

K_b——备用系数，$K_b=1.1\sim1.3$。

C 推进缸的参数计算

（1）油缸-钢丝绳（或链条）推进器（见图1-30）：

$$F_T = k_1\frac{\pi D^2}{4}p \tag{1-16}$$

式中 F_T——推进缸推力；

D——推进缸内径；

p——工作油压（或气压）；

k_1——管网压力损失系数，一般 $k_1=0.8\sim0.9$。

根据油缸-钢丝绳滑轮组工作原理可知：

$$F_{max} = \frac{F_T}{2}k_1\frac{\pi D^2}{4}p \tag{1-17}$$

所以

$$D = 2\sqrt{\frac{2F_{max}}{k_1\pi p}} \tag{1-18}$$

（2）气马达-丝杠式推进器（见图1-31）：

$$M_S = \frac{F_{max}d_2\tan(\alpha+\rho)}{2\eta_1} \tag{1-19}$$

式中 M_S——丝杠驱动扭矩；

d_2——丝杠中径；

α——丝杠螺纹升角，一般 $\alpha=8°\sim24°$；

ρ——螺旋副的摩擦角，对梯形螺纹 $\rho=6°\sim8°$；

η_1——螺纹传动效率，取 $\eta_1=0.3\sim0.4$。

$$n_S = \frac{v}{\pi d_2}\cot(\alpha+\rho) \tag{1-20}$$

式中 n_S——丝杠工作转速；

v——凿岩机的最高钻孔速度，它取决于凿岩机型号和规格，对一般气动凿岩机可取 $v=2\sim4\text{m/min}$。

如果计算凿岩机退回转速，可以利用式（1-20）计算，但 v 应取回程速度，为使凿岩机快速退回，回程最大速度可取 12～20m/min。

$$M=\frac{M_S}{i\eta_2} \tag{1-21}$$

式中 M——气马达工作扭矩；

η_2——传动效率，$\eta_2=0.95\sim0.97$；

i——推进器的传动比，$i=\frac{n_S}{n}$；

n——气马达工作转速。

（3）马达-链条式推进器：

$$n_L=\frac{v}{\pi d_1} \tag{1-22}$$

式中 n_L——主动链轮转速；

d_1——主动链轮节圆直径。

$$M=\frac{F_{max}d_1}{2\eta i} \tag{1-23}$$

式中 M——气马达工作扭矩；

F_{max}——最大推力（按式（1-15）计算）；

η——总传动效率；

i——推进器的传动比，

$$i=\frac{n}{n_L} \tag{1-24}$$

D 推进器马达功率 N

$$N=\frac{Mn}{10^4} \tag{1-25}$$

式中 M——气马达工作扭矩；

n——气马达工作转速。

1.3.2.3 钻臂设计

钻臂设计主要是解决钻臂的结构选型、尺寸计算以及确定工作区等问题。

A 直角坐标钻臂工作尺寸

（1）最高孔位 H_1，由图 1-50 可得：

$$H_1=h_0+h_1+h_3\geqslant H-h_4 \tag{1-26}$$

式中 H——巷道高度；

h_0——钻臂后铰点中心至巷道底板的垂直距离。h_0 与钻车类型及巷道高度 H 有关，为减小钻车的运输高度，应保持以下关系：对中、小巷道取 $h_0\leqslant\frac{1}{2}H$，对大

巷道取 $h_0=\frac{1}{2}H$；

h_1——钻臂有效长度 L_c 在最大仰角 α_1 时的垂直投影高度：

$$h_1 = L_c\sin\alpha_1 \tag{1-27}$$

h_3——钻臂前铰点中心至钎杆中心的垂直距离；

h_4——周边孔中心至巷道顶板的距离，一般取 $h_4=0.1\sim0.2$m；

L_c——钻臂的有效长度，对伸缩式钻臂 L_c 包括伸缩部分的长度；

α_1——钻臂最大仰角，一般 $\alpha_1=45°\sim60°$。

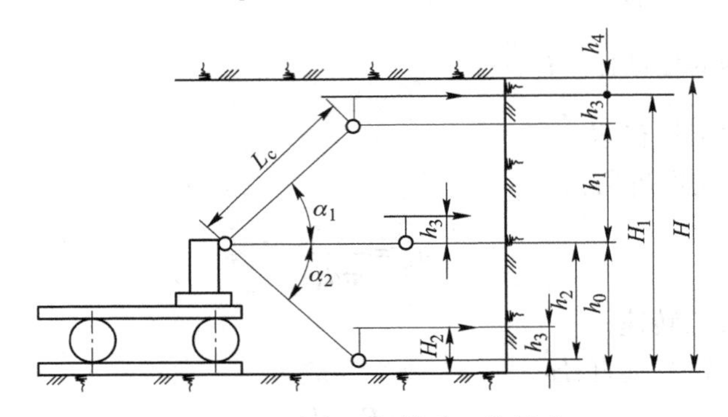

图 1-50　直角坐标钻臂工作尺寸

（2）最低孔位 H_2，由图 1-50 可得：

$$H_2 = h_0 - h_2 + h_3 \tag{1-28}$$

式中　h_2——钻臂有效长度 L_c 在最大俯角 α_2 时的垂直投影高度，

$$h_2 = L_c\sin\alpha_2 \tag{1-29}$$

α_2——钻臂的最大俯角，(°)。

对于推进器不能翻转的钻臂，在对底板钻孔时，如图 1-51 所示，应满足：

$$L'\sin\beta' \geqslant \frac{h_3}{\cos\beta'} \tag{1-30}$$

式中　L'——炮孔深度；

β'——底板炮孔向下倾角。

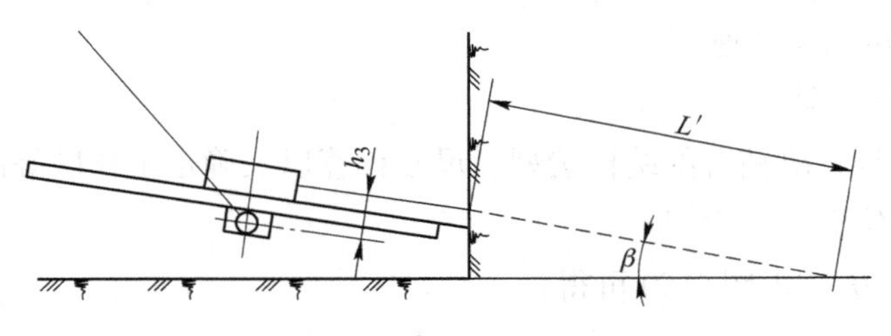

图 1-51　对底板钻孔情况示意图

β'的大小与岩石的性质、设备的行走方式有关。对软岩（当 $f=4\sim8$ 时），取 $\beta'=4°\sim6°$；对硬岩（当 $f>8$ 时），取 $\beta'=8°\sim20°$。对无轨自行钻车，β'取最小值，对轨轮钻车，因为要铺轨，β'取大值。当β'值不能满足式（1-30）时，则应考虑设计推进器翻转机构。

对带有翻转机构的推进器，钻底板孔时如图 1-52 所示，其最低孔位 H_2 为：

$$H_2 = h_0 - h_2 + h_3 - 2r_3 \qquad (1\text{-}31)$$

式中 r_3——钎杆中心至推进器翻转机构轴线的距离。

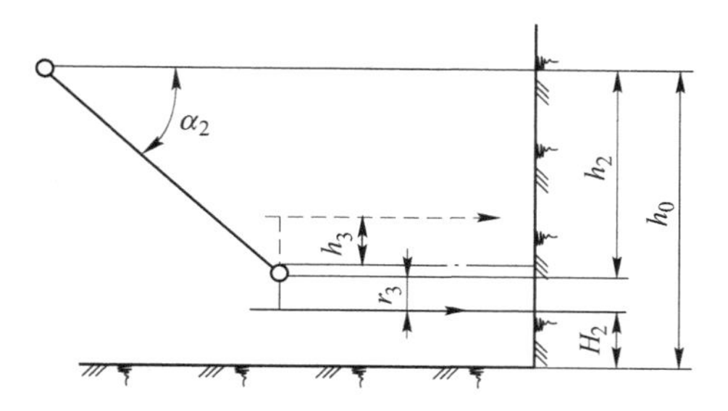

图 1-52 推进器翻转后钻底板孔示意图

（3）钻车工作宽度 B_1，考虑到钻臂的水平摆动工作情况，图 1-53 为推进钻车工作宽度尺寸计算示意图。

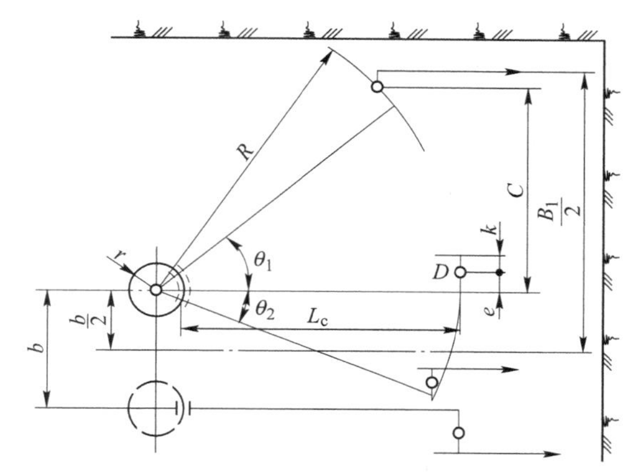

图 1-53 钻车工作宽度计算示意图

r—钻臂后铰点的回转半径；R—钻臂的铰点的回转半径；e—推进器水平摆角中心（D 点）至钻臂中心线的垂直距离；k—推进器水平摆角中心（D 点）与钎杆中心线的垂直距离；b—两转柱的中心距

由图 1-53 可得：

$$B_1 = b + 2(c + k)$$

$$C = R\sin\theta_1 + e\cos\theta_1$$

式中，$R = r + L_c$。

$$B_1 = b + 2[(r + L_c)\sin\theta_1 + e\cos\theta_1 + k] \qquad (1\text{-}32)$$

必须使

$$B_1 \geqslant B - 2h_4 \qquad (1\text{-}33)$$

式中 B——巷道宽度；

h_4——边孔中心至巷道侧壁的距离，一般取 $h_4 = 0.1 \sim 0.2$；

θ_1——钻臂水平外摆角。

当凿岩钻车的钻臂以仰角 α_1 钻凿巷道上部的边角炮孔时，其外摆角为 θ_1，此时钻车的工作宽度为：

$$B_1 = b + 2[(r + L_c)\sin\theta_1 + e\cos\theta_1 + k] \qquad (1\text{-}34)$$

在给定巷道宽度 B 时，可由式（1-32）求得钻臂外摆角 θ_1。

解三角方程式（1-32）得：

$$\theta_1 = 2\arctan\frac{R - (R^2 + e^2 - c^2)^{1/2}}{e + c} \qquad (1\text{-}35)$$

式中，$C=\frac{B}{2}-h_4-\frac{b}{2}-k$。

在矿山生产的实际工作中，为了保持巷道断面不收缩，钻凿巷道周边孔时，应使推进器向外偏摆一个小角度3°~7°。

B 极坐标钻臂的工作尺寸

极坐标钻臂的工作尺寸与钻臂最大回转半径有关，由图1-54可得：

$$H = R_0 + R_c + h_4 \tag{1-36}$$

式中 R_0——巷道底面至钻臂回转中心的距离；

R_c——钻臂回转半径，由图1-54知：

$$R_c = L_c \sin\alpha_1 + h_3 + r_c \tag{1-37}$$

r_c——钻臂后铰点中点的回转半径；

其他符号意义同前。

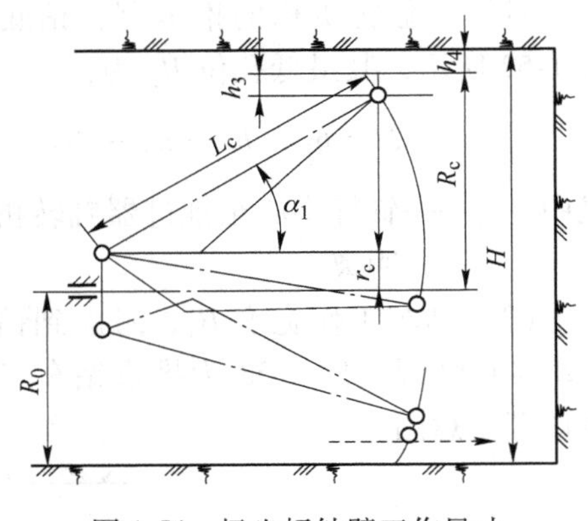

图1-54 极坐标钻臂工作尺寸

根据式（1-36）和式（1-37）可求得：

$$\alpha_1 = \arcsin\frac{H - R_0 - h_3 - h_4 - r_c}{L_c} \tag{1-38}$$

C 钻臂工作区

一台钻车，可由单臂、双臂或多臂组成。在设计钻车时，必须合理布置每个钻臂的位置，并对每一钻臂的工作尺寸进行初步计算，然后以钻臂的长度和摆角范围作出它们的工作区图形，评价满意程度。

就单臂而言，由于钻臂与推进器结构布置的关系，使推进器运动受到一定限制，即存在一定的盲区，如图1-55所示。图1-55（a）、（b）为直角坐标钻臂的工作区，图1-55（b）的推进器带有翻转机构，图1-55（a）不带翻转机构，图1-55（c）为极坐标钻臂的工作区。图中B为盲区，盲区的大小与推进器的布置位置、钻臂的结构形式和运动方式有关。在钻臂设计时应该力求消灭盲区。

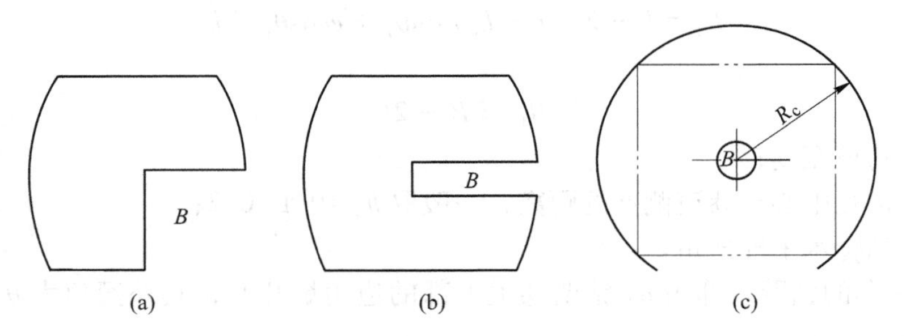

图1-55 单臂钻车的工作区

（a）直角坐标钻臂，推进器不带翻转机构；（b）直角坐标钻臂，推进器带翻转机构；（c）极坐标钻臂

采用双臂或多臂的钻车，不存在盲区。图1-56示出三臂、双臂凿岩钻车的工作区，因为各钻臂的工作区可以互相覆盖，单臂的盲区可以被另一钻臂代替工作，因此双臂、三臂和多臂钻车都存在着互相重叠的工作区。

工作区的图形一般是以钻臂与转柱的铰接点中心（极坐标钻臂以回转轴为中心）为原始位置，使钻臂作仰角、俯角（或回转）、外摆角、内摆角运动而绘制成的运动轨迹图形，如图 1-56 所示。

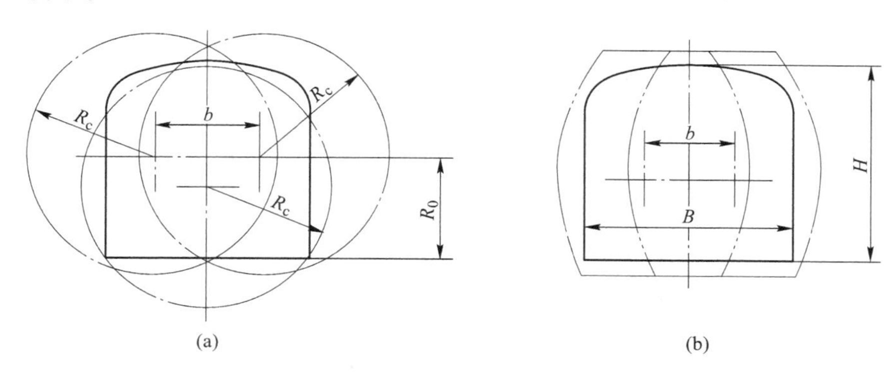

图 1-56　三臂、双臂凿岩钻车的工作区
（a）三臂坐标钻车的工作区；（b）双臂直角坐标钻车的工作区

钻臂变位角度可用解析法和图解法求出。在已知巷道断面规格（高 × 宽）、钻臂长度 L_c 及其他参数（b、e、k、h_3、h_4）之后，利用式（1-27）、式（1-29）及式（1-34）分别求得仰角 α_1、俯角 α_2 和外摆角 θ_1。

内摆角 θ_2（见图 1-53）是根据两钻臂的重叠工作区来确定的。在此区内，钻臂可以相互代替工作，以免在一台凿岩机发生故障时影响作业进度。在设计时可取巷道面积的三分之一或更多部分作为重复工作区。由图 1-53 可得：

$$(r + L_c)\sin\theta_2 - (k + e\cos\theta_2) - \frac{b}{2} = \frac{B}{6} \tag{1-39}$$

解方程式（1-39）得：

$$\theta_2 = 2\arctan^{-1}\frac{-r - L_c + \sqrt{(r + L_c)^2 + e^2 - \left(\frac{B}{6} + \frac{b}{2} + k\right)^2}}{e - \left(k + \frac{B}{6} + \frac{b}{2}\right)} \tag{1-40}$$

式中符号意义同前。

1.3.2.4　补偿机构设计

A　补偿长度 L_b

对直角坐标钻臂，L_b 由下列各值组成：

$$L_b = L_1 + L_2 + L_3 + L_4 \tag{1-41}$$

式中　L_1——钻臂变位产生的最大补偿长度；

L_2——推进器变位产生的最大补偿长度；

L_3——钻车定位后，钻臂、推进器处于水平位置时，顶尖距工作面距离，一般取 $L_3=0.2\sim0.3$；

L_4——工作面不平度，一般取 $L_4=0.2\sim0.3$。

计算时取

$$L_b = (1.3 \sim 1.6) \times (L_1 + L_2) \tag{1-42}$$

对平巷掘进钻车，由于推进器摆角很小，L_2 可以不计，则

$$L_b = (1.3 \sim 1.6)L_1 \tag{1-43}$$

L_1、L_2 的值可用图解法或计算法求得，如图1-57所示。

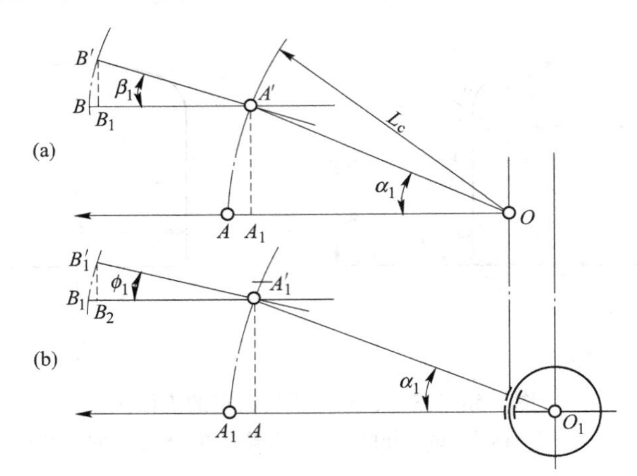

图1-57 钻臂、推进器补偿长度计算图
(a) 垂直平面；(b) 水平平面

$$L_1 = AA_1 + A_1A_2 = L_c(1 - \cos\alpha_1) + (L_c\cos\alpha_1 + r)(1 - \cos\theta_1) \tag{1-44}$$

$$L_2 = BB_1 + B_1B_2 = \frac{L}{2}(1 - \cos\beta_1) + \frac{L}{2}\cos\beta_1(1 - \cos\phi_1) \tag{1-45}$$

式中 L_c——钻臂长度；

r——钻臂后铰点的回转半径；

L——推进器长度，取 $BA' = \frac{L}{2}$；

α_1，β_1——钻臂、推进器的最大仰角；

θ_1，ϕ_1——钻臂、推进器的最大水平外摆角。

对极坐标钻臂，L_b 由下列各值组成：

$$L_b = L_c(1 - \cos\alpha_1) + L_3 + L \tag{1-46}$$

式中各符号意义同前。

B 补偿力 F_b

F_b 应能克服凿岩机的最大轴向推力、推进器的自重分力及岩石对顶尖的反力等。即

$$F_b = F_{max} + G_T\sin\beta_1 + F_d \tag{1-47}$$

式中 F_{max}——凿岩机的最大推力；

G_T——推进器总重力；

β——推进器的最大仰角；

F_d——岩石对顶尖的反力，取 $F_d = 500 \sim 1000\text{N}$。

在液比系统工作压力确定后，可从补偿力 F_b 求得补偿缸的直径。

1.3.2.5 钻臂与支臂缸的载荷分析与计算

钻臂和支臂缸是凿岩钻车的重要部件，钻臂设计重点是解决钻臂强度问题，支臂缸设

计重点是确定油缸的行程与直径。

A 支臂缸工作尺寸计算

支臂缸尺寸计算简图如图 1-58 所示。钻臂在水平位置时，3 个几何角度的关系如下：

$$\alpha = 180° - \beta - \gamma$$

$$\beta = \arctan \frac{h_1}{r - r_1}$$

$$\gamma = \arctan \frac{h_2}{L} \tag{1-48}$$

在△ABC 中，由余弦定理，油缸长度 BC 为：

$$BC = \sqrt{b^2 + c^2 - 2bc\cos\alpha} \tag{1-49}$$

钻臂处在最大仰角 α_1 时，油缸长度 BC_1 为：

$$BC_1 = \sqrt{b^2 + c^2 - 2bc\cos(\alpha + \alpha_1)} \tag{1-50}$$

钻臂处在最大俯角 α_2 时，油缸长度 BC_2 为：

$$BC_2 = \sqrt{b^2 + c^2 - 2bc\cos(\alpha - \alpha_2)} \tag{1-51}$$

油缸运动的行程为：

$$S = BC_1 - BC_2 \tag{1-52}$$

B 支臂缸的载荷分析与计算

支臂缸在钻臂作仰俯运动时，承受推进器、钻臂、托架、凿岩机等全部重量，而且这种载荷随着钻臂、推进器和凿岩机的位置变化而变化。因此，支臂缸在某一特定状态时，其载荷最大。当凿岩机和推进器位于最前方且支臂缸对 A 点的力臂最短时为最不利的受力状态，如图 1-59 所示。

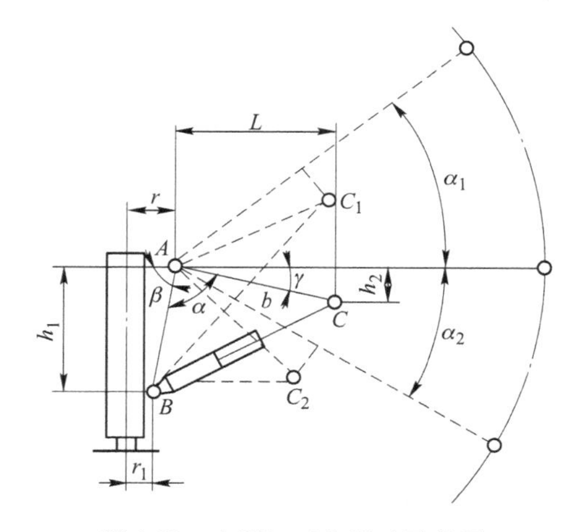

图 1-58 支臂缸工作尺寸示意图

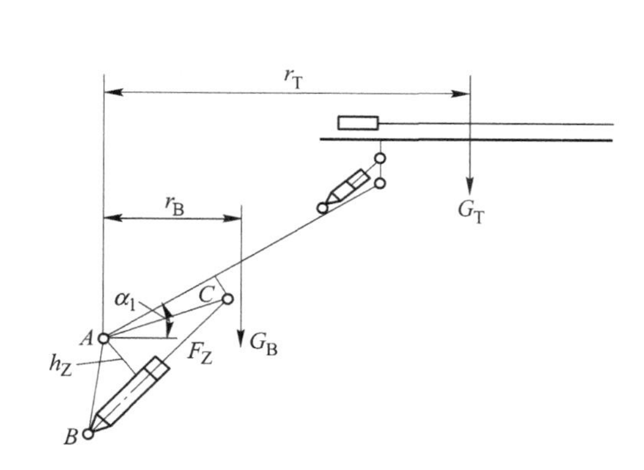

图 1-59 支臂缸受力分析示意图

各力对 A 点取力矩，则

$$\sum M_A = G_B r_B + G_T r_T - F_Z h_Z \tag{1-53}$$

式中 G_B——钻臂总重（包括钻臂体、支臂缸、仰俯角缸、托架、摆角缸及其附件等）；

G_T——推进器总重（包括导轨、推进缸、凿岩机、钎具、托钎器；顶尖、滑板、绕管器、油管、补偿缸及翻转机构等）；

r_T，r_B——分别为钻臂、推进器重心对 A 点的力臂；

F_Z——支臂缸的推力（或拉力）；

h_z——支臂缸推力对 A 点的力臂。

由 $\sum M_A=0$ 列出的力矩平衡方程可得：

$$F_Z=\frac{G_B r_B+G_T r_T}{h_Z} \tag{1-54}$$

支臂油缸的直径 D：

$$D \geqslant \sqrt{\frac{4F_Z}{\pi k p}} \tag{1-55}$$

式中 p——支臂缸工作压力；

k——油缸工作效率（考虑阻力损失），$k=0.9\sim0.98$；

D——支臂缸直径，取整后取标准缸直径。

其他油缸的有关尺寸可以参照以上方法进行分析计算。

C 钻臂体强度校核

钻臂体受力状态如图1-60（a）所示，图中 AC 代表钻臂、EF 代表推进器，其受力有：

（1）推进器总重 G_T。

（2）由于推进器旁侧布置而对钻臂产生扭矩 M_K。

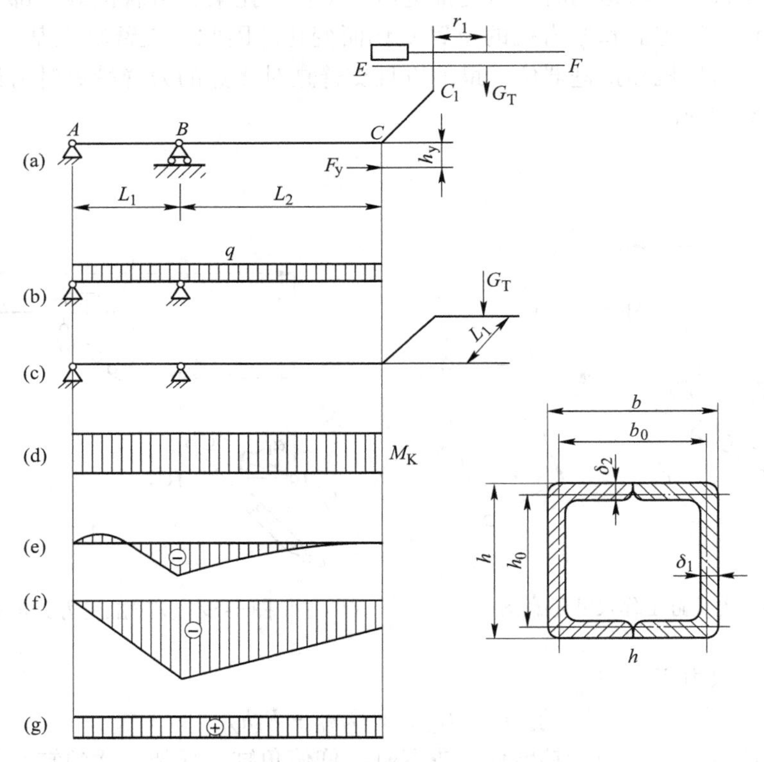

图1-60 钻臂体受力分析图

（3）仰俯角缸推力 F_y，在钻臂 x 轴线方向产生的拉力 F_{xc}。

由图 1-60（c）可得扭矩 M_K：

$$M_K = G_T L_1 \tag{1-56}$$

式中 L_1——G_T 重心至 C 点的力臂。

图 1-60（d）表示 M_K 扭矩图；图 1-60（b）表示钻臂体自重均布载荷 q 图；图 1-60（e）表示 q 所产生的弯矩图。

由图 1-60（a）可得：

$$F_y = \frac{G_T r_1}{h_y} \tag{1-57}$$

式中 h_y——F_y 对 C 点的力臂；

其他符号同前。

图 1-60（g）表示由 F_{xc} 产生的拉应力图。

钻臂的 B 点为支臂缸的铰支点，这点的应力最大，应对其进行强度校核。图 1-60（h）为钻臂 B 处的截面形状。求 B 点截面的应力：

（1）由重力 G_T 产生的弯矩如图 1-60（f）所示。

$$M_{B_1} = -G_T(L_2 + r_1) \tag{1-58}$$

（2）由钻臂自重产生的弯矩如图 1-60（e）所示。

$$M_{B_2} = -\frac{q}{2}L_2^2 \tag{1-59}$$

式中 q——均布载荷，$q = G_B/(L_1 + L_2)$；

G_B——钻臂重力。

（3）B 点的合成弯矩：

$$M_B = M_{B_1} + M_{B_2} \tag{1-60}$$

（4）由 F_{xc} 对 B 点产生的拉应力为：

$$\sigma_B = \frac{F_{xc}}{S} \tag{1-61}$$

式中 S——钻臂体截面积。

（5）由弯矩 M_B 和拉力 F_{xc} 所产生的合成应力：

$$\sigma = \sigma_B + \frac{M_B}{W} \tag{1-62}$$

式中 W——抗弯断面模数。

（6）由 M_K 产生的剪应力为：

$$\tau = \frac{M_K}{W_K} \tag{1-63}$$

式中 W_K——抗扭转截面模数。

对于闭口薄壁断面，W_K 的求法：

$$W_{K_1} = 2b_0h_0\delta_1 \quad W_{K_2} = 2b_0h_0\delta_2$$

（7）计算应力 σ_j，应满足 $K\sigma_j < [\sigma]$：

$$\sigma_j = (\sigma^2 + 3\tau^2)^{1/2} \tag{1-64}$$

其中，[σ] 为钻臂体材料的许用应力；K 为动力系数，K=1.2~1.5。

1.3.2.6 关于钻车的稳定性问题

对推进器、钻臂等进行参数、强度、刚度等计算之后，还必须进行整车的稳定性计算。保持钻车在静止状态、运行状态和钻孔作业状态的稳定性是很重要的，它涉及钻车的正常行驶与安全生产问题。

钻车的稳定性计算，一般是先求得钻车的总重量和重心的位置，再验算在静止、转弯和斜坡行驶等几种状态下的平衡。

1.3.2.7 回转机构设计

A 液压螺旋副式回转机构

这种机构的结构紧凑、安装占用空间少，在推进器的翻转机构中得到成功的应用。实际结构见图 1-39。

在机构设计中，首先根据受力计算和转角的要求，确定螺旋棒直径与螺旋角，再计算活塞的行程与直径（即缸径）：

（1）活塞行程：

$$S = \frac{h\alpha}{360°} \tag{1-65}$$

式中 h——螺旋棒的导程；

α——推进器所需要的回转角度。

（2）回转扭矩 M 计算：当推进器回转到 90°时，回转油缸受力最大，如图 1-61 所示。其阻力矩 M_Z 为：

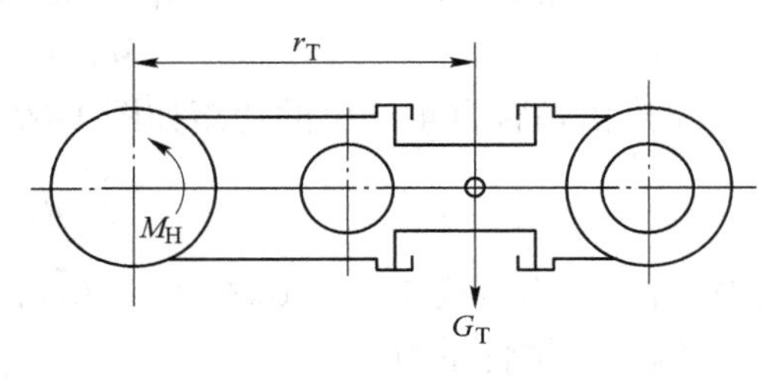

图 1-61 回转油缸受力计算示意图

$$M_Z = G_T r_T \tag{1-66}$$

式中 G_T——推进器总重力（包括导轨、推进缸、凿岩机及其钻具、托钎器、顶尖、滑板、绕管器补偿缸、翻转机构、油管等）；

r_T——推进器总重心到回转油缸中心的最大力臂。

回转扭矩

$$M_H = kM_Z \tag{1-67}$$

式中 K——载荷不均匀系数，取 K=1.2~1.4。

设油缸推力为 F_H，则

$$M_H = \frac{d_0}{2}F_H\tan(\alpha - \rho)\eta \tag{1-68}$$

式中 α——螺旋升角；

ρ——摩擦角，$\rho = \arctan f_1$，$f_1 = \frac{f}{\cos\beta}$；

β——螺旋牙形夹角的一半；

f——螺旋副摩擦系数；

d_0——螺旋棒螺纹中径；

η——机械传动效率。

（3）油缸直径 D 计算：

因为
$$F_{H}=\frac{\pi}{4}(D^{2}-d_{0}^{2})kp \tag{1-69}$$

故
$$D=\sqrt{\frac{4F_{H}}{\pi kp}+d_{0}^{2}}$$

将式（1-67）和式（1-68）代入上式得：

$$D=\sqrt{\frac{8kM_{Z}}{\pi kd_{0}\tan(\alpha-\rho)p\eta}+d_{0}^{2}} \tag{1-70}$$

式中 k——油缸效率，$k=0.9\sim0.98$；

p——油缸工作压力。

B 齿条齿轮式回转机构

齿条齿轮式回转机构的结构如图 1-40 所示、其受力分析如图 1-62 所示。

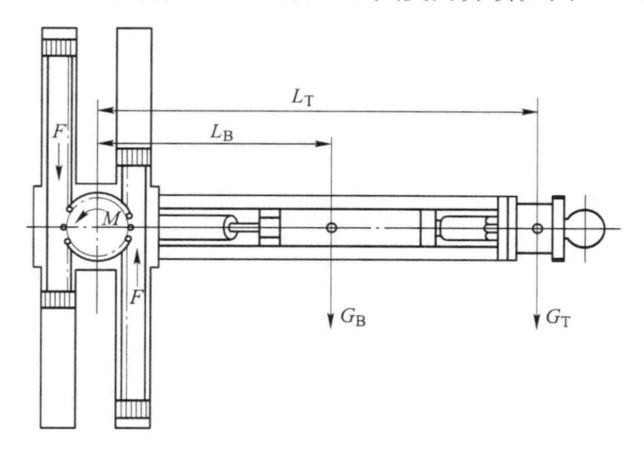

图 1-62 齿条齿轮式回转机构受力分析

（1）回转扭矩 M：

$$M=2RkF\eta \tag{1-71}$$

式中 R——齿轮节圆半径；

k——载荷不均匀系数，取 $k=1.4\sim1.6$；

η——机械传动效率；

F——齿轮节圆上的载荷力，从图 1-62 得：

$$F=\frac{G_{B}L_{B}+G_{T}L_{T}}{2R} \tag{1-72}$$

式中 G_B，G_T——钻臂、推进器重力；

L_B，L_T——钻臂、推进器重力至回转中心的最大力臂。

（2）油缸直径 D 与行程 S：

$$F_{1}=\frac{\pi}{4}D^{2}pk,\ S=2\pi R$$

1.3.3 采矿钻车

1.3.3.1 采矿钻车概述

A 采矿钻车的分类

采矿钻车是为回采落矿而进行钻凿炮孔的设备。不同的采矿方法，需要钻凿不同方向、不同孔径、不同孔深的炮孔。因此也就有了不同种类的采矿凿岩钻车。

（1）按照凿岩方式，地下采矿钻车可分为顶锤式（top hammer）钻车和潜孔式（down the hole）钻车。本节介绍顶锤式采矿钻车。潜孔式采矿钻车将在1.4节介绍。

（2）按照钻孔深度，可分为浅孔采矿钻车和中深孔采矿钻车。国外有的浅孔采矿凿岩钻车是与掘进凿岩钻车通用的。

（3）按照配用凿岩机数量，地下采矿凿岩钻车可分为单臂、双臂钻车。

（4）按照钻机的行走方式，可分为履带式、轮胎式采矿钻车。

（5）按照动力源，可分为液压钻车和气动钻车。如果钻车的全部动作（行走、钻臂的变幅变位、推进、凿岩等）都是由液压传动来完成的，则称为全液压钻车。如果钻车的全部动作都是由气压传动来完成的，则称为气动钻车。

（6）按照炮孔排列形式，可分为环形孔钻车和扇形孔钻车。

环形孔钻车如图1-63所示，它可以钻凿放射状孔。环形孔又可分为垂直面环形孔、倾斜面环形孔和圆锥面环形孔。

垂直面环形孔是在回转轴处于水平位置，推进器垂直于回转轴时形成的，如图1-64所示。

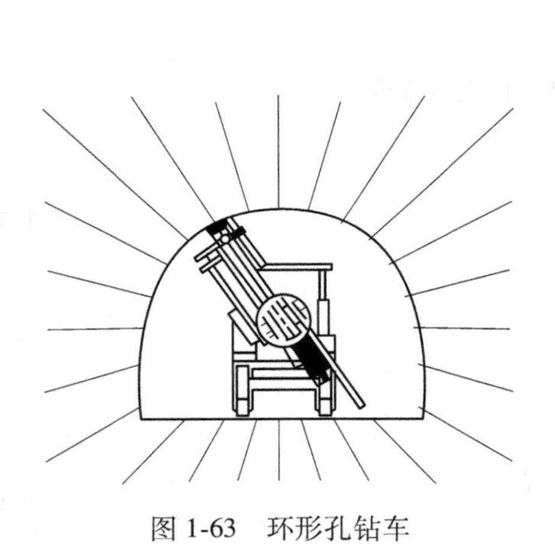

图1-63 环形孔钻车

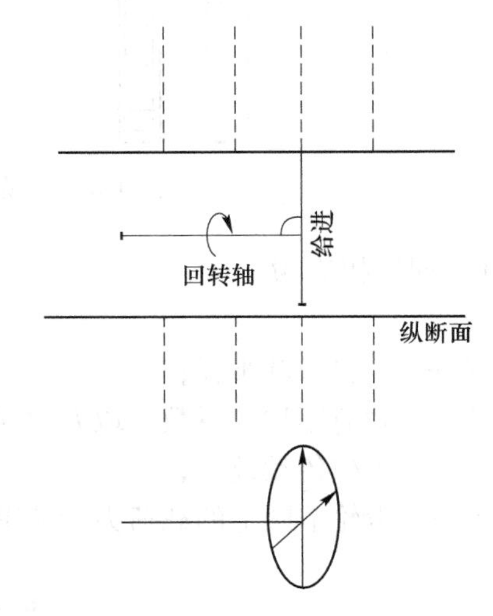

图1-64 垂直面环形孔图

倾斜面环形孔是在回转轴不是水平位置，推进器垂直于回转轴时形成的，如图1-65所示。

圆锥面环形孔是推进器不垂直于回转轴时形成的，如图1-66所示。

扇形孔钻车如图1-67所示。扇形孔一般为向上的扇形孔，用于分段崩落法中的钻孔。

扇形孔也分为垂直面的扇形孔与倾斜面的扇形孔。

（7）按照炮孔是否平行，可分为有平移机构钻车和无平移机构钻车。

有平移机构钻车可以在一定距离内钻平行孔，如图 1-68 所示，可用于平行掏槽、垂直崩落法以及窄矿脉的分段崩落法。

如图 1-69 所示，无平移机构钻车不能钻平行孔，因此用途十分有限。

B 采矿钻车的基本动作

钻车的基本动作有行走、炮孔定位与定向、推进器补偿、凿岩机推进、凿岩钻孔 5 种，分述如下：

（1）钻车的行走。地下采矿钻车一般都要能自行移动，行走方式可分为轨轮、履带、轮胎，行走驱动力可由液压马达或气动马达提供。

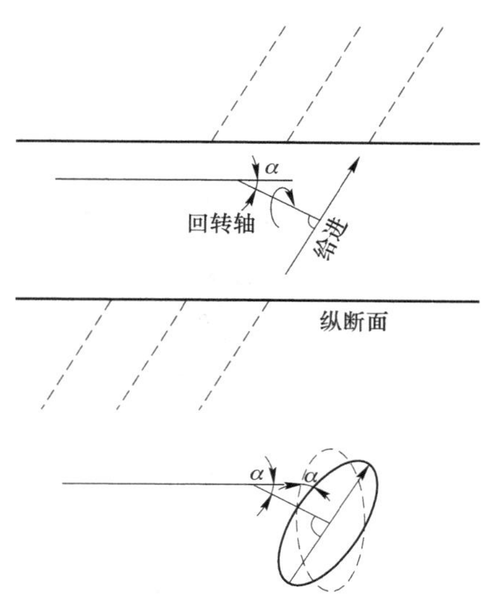

图 1-65 倾斜面环形孔

（2）炮孔的定位与定向。采矿钻车要能按采矿工艺所要求的炮孔位置与方向钻孔，炮孔的定位与定向动作由钻臂变幅机构和推进器的平移机构完成。

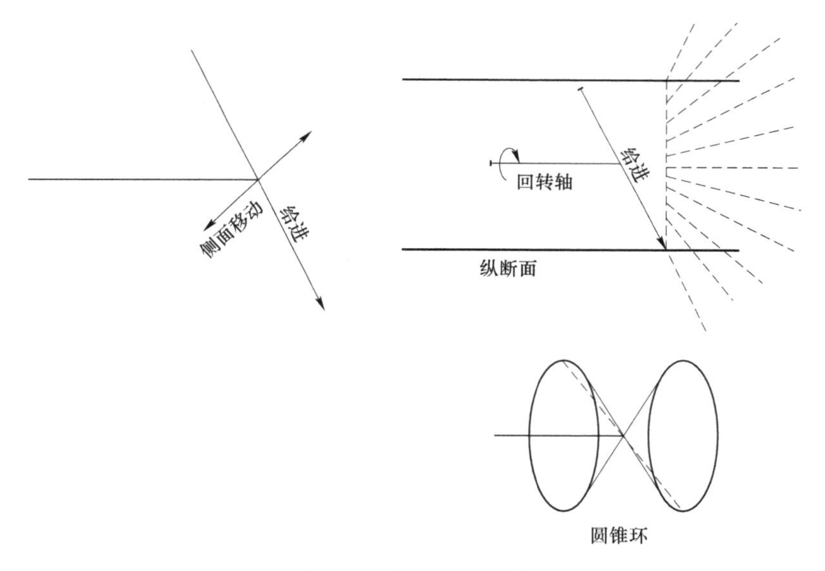

图 1-66 圆锥面环形孔

（3）推进器的补偿运动。推进器的前后移动又称为推进器的补偿运动，一般都由推进器的补偿油缸完成。

（4）凿岩机的推进。在采矿钻车凿岩作业时，必须对凿岩机施加一个轴向推进力（又叫轴压力），以克服凿岩机工作时的后坐力（又叫反弹力），使得钻头能够贴紧炮孔底部的岩石，以提高凿岩钻孔的速度。凿岩机的推进动作是由推进器完成的。推进方法一般有油缸推进、马达-链条推进、马达-螺旋（又称丝杆）推进等三种方法。

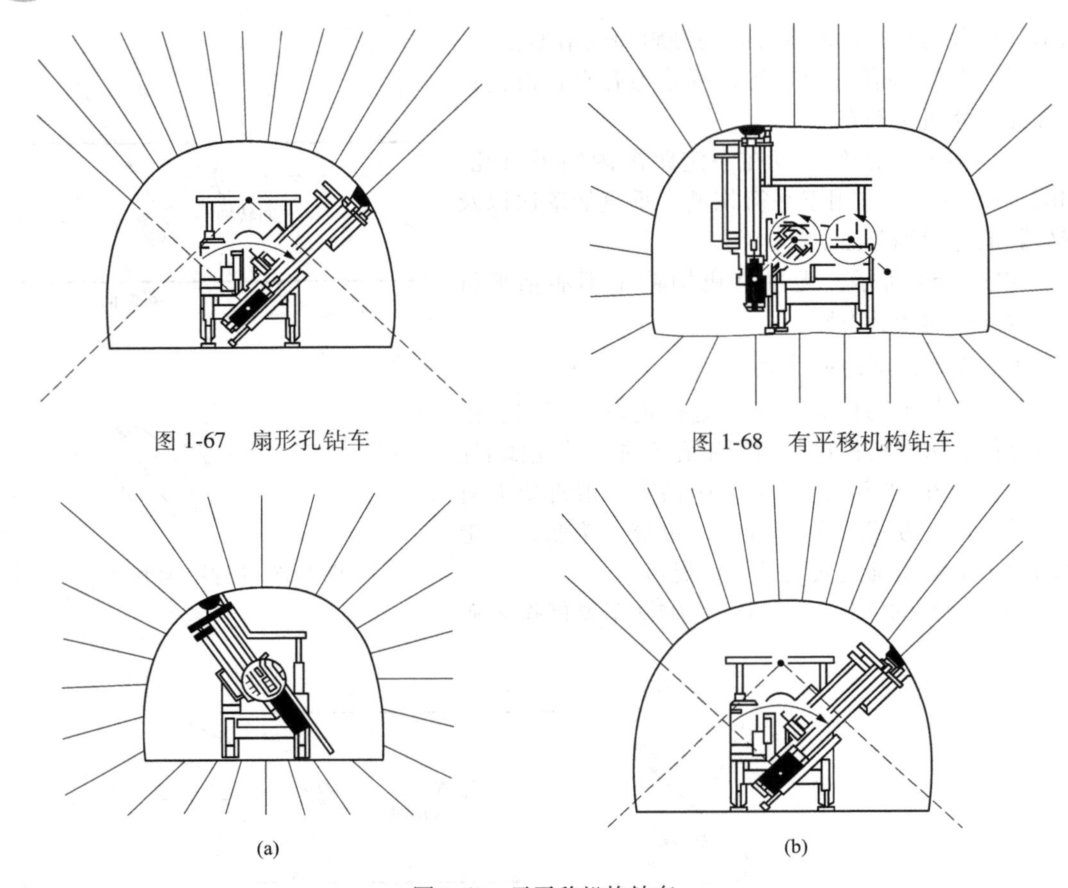

图 1-67 扇形孔钻车

图 1-68 有平移机构钻车

(a)

(b)

图 1-69 无平移机构钻车

（5）凿岩钻孔。这是钻车的基本的动作，由凿岩系统完成。

除了以上 5 种基本运动外，还有钻车的调水平、稳车、接卸钻杆、夹持钻杆、集尘等辅助动作，各由其相应的机构去完成。

C 采矿钻车的基本结构组成

为完成钻车的各个动作，钻车必须具备有相应的机构，这些不同的机构又可划分为三大部分。

（1）底盘：底盘可完成转向、制动、行走等动作。钻车底盘的概念常把内燃机等原动机也包括在内，是工作机构的平台。国外钻车底盘基本采用通用底盘。

（2）工作机构：完成炮孔定位、定向、推进、补偿等动作，钻车的工作机构由定位系统和推进系统组成。本章主要介绍采矿钻车的工作机构。

（3）凿岩机与钻具：凿岩机与钻具可完成破岩钻孔作业，凿岩机有冲击、回转、排渣等功能。凿岩机可分为液压凿岩机与气动凿岩机两大类，钻具由钎尾、钻杆、连接套、钻头等组成。

D 采矿钻车的动力与传动、操纵装置

采矿钻车除了三大基本结构组成外，还必须具有动力、传动、操纵装置。

（1）动力装置：动力装置一般可分为柴油机、电动机、气动机三类。

（2）传动装置：传动装置一般分为机械传动、液压传动与气压传动三类。有的钻车同时具有液压传动和气压传动两套装置。

（3）操纵装置：操纵装置可分为人工操纵、电脑程序操纵两种。人工操纵又可分为直接操纵和先导控制两种。一般大中型采矿钻车因所需操纵力过大，因而都采用了先导控制。先导控制又可分为电控先导、液控先导和气控先导。电脑程序控制的凿岩钻车又称为凿岩机器人。

1.3.3.2 几种典型的采矿钻车

A CTC-214 型采矿钻车

CTC-214 型采矿凿岩钻车适用于无底柱分段崩落采矿法，有两个钻臂钻车，适用巷道断面为 3m×3m～4m×5.5m，能钻 3.5m 宽的上向平行孔和扇形孔。

如图 1-70 所示为 CTC-214 型采矿钻车的结构简图。钻车由底盘、工作机构、推进器和液压控制系统等构成。钻车的工作机构由钻臂 5、起落架 4、推进器 3、托架 6 和凿岩机 7 等构成。

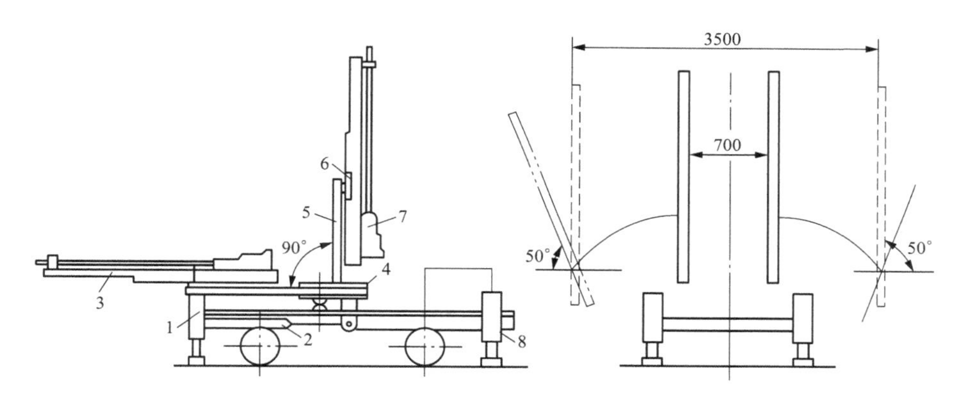

图 1-70 CTC-214 型采矿钻车的结构简图

1—前支腿；2—起落架油缸；3—推进器；4—起落架；5—钻臂；6—托架；7—凿岩机；8—后支腿

钻臂下端铰接在箱形结构的起落架上。借助起落架油缸可使钻臂在 0°～90°范围内起落，可钻前倾的炮孔。钻车在行走时，放平钻臂可降低行走高度。

钻臂的摆动和平移运动如图 1-71 所示。钻臂 2 的两侧安装有摆角油缸 1 和摆臂油缸 3。摆臂缸伸缩时，可使钻臂围绕铰接点 D 左右摆动，最大摆动范围是偏离钻车中心线 1.75m 处。摆角油缸伸缩时，可改变推进器与钻臂间的角度。从而可以进行扇形钻孔。若将摆角油缸调节成某一特定长度，即保持 $AC=BD$，因在设计时已取 $AB=CD$，则 $ABCD$ 为一平行四边形，从而构成平行四连杆机构。如伸缩摆臂油缸即可获得向上的一组平行钻孔。

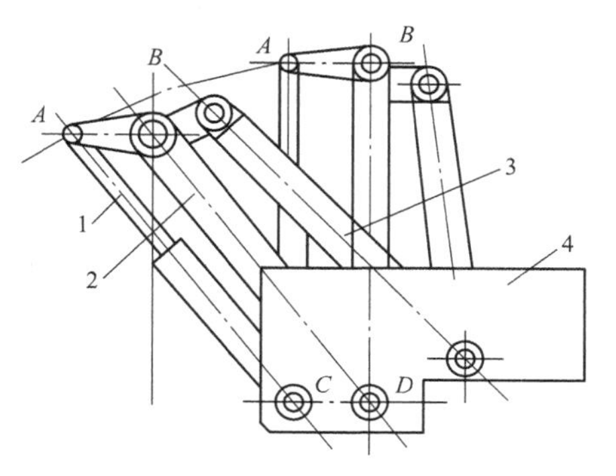

图 1-71 CTC-214 型采矿钻车平移机构

1—摆角油缸；2—钻臂；3—摆臂油缸；4—起落架

如图 1-72 所示为钻车工作机构的平面作业范围。图中右侧为在 3m×3m 巷道断面时的钻车作业范围，边孔扇形角为50°；图的左侧为在5m×3.5m断面巷道时的作业范围，中间布置4个平行孔，孔距为1.1~1.2m，边孔倾角为70°。

钻臂上端通过托架与推进器相连。推进器采用气动马达丝杆推进，配有液压楔式夹钎器和弹性顶尖。钻孔时，整台钻车支撑在四个液压千斤顶（前支腿和后支腿）之上。该钻车采用轮胎式行走，四轮驱动，移位灵活，对孔位方便，爬坡能力强。

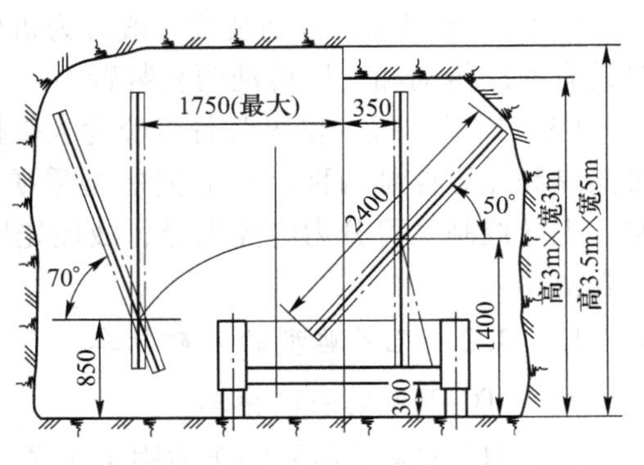

图1-72 工作机构平面作业范围

B CYTC-12型轮胎式全液压采矿钻车

CYTC-12型液压钻车的基本结构如图1-73所示，在PTJ11型铰接式底盘装上一套钻臂、推进器和COP 1238ME型液压凿岩机，配备了合理的自动化程度较高的电气系统、液压系统和气水系统。该钻车主要用于井下崩落采矿，钻凿垂直面或倾斜面的扇形或环形炮孔，并可以在垂直方向上钻凿1.5m深的平行炮孔，其定位系统属于旋臂单摆系统（见图1-73）。该钻车适用的采准巷道最小断面为3.5m×4m，适合于深孔接杆凿岩，孔深可达30m。

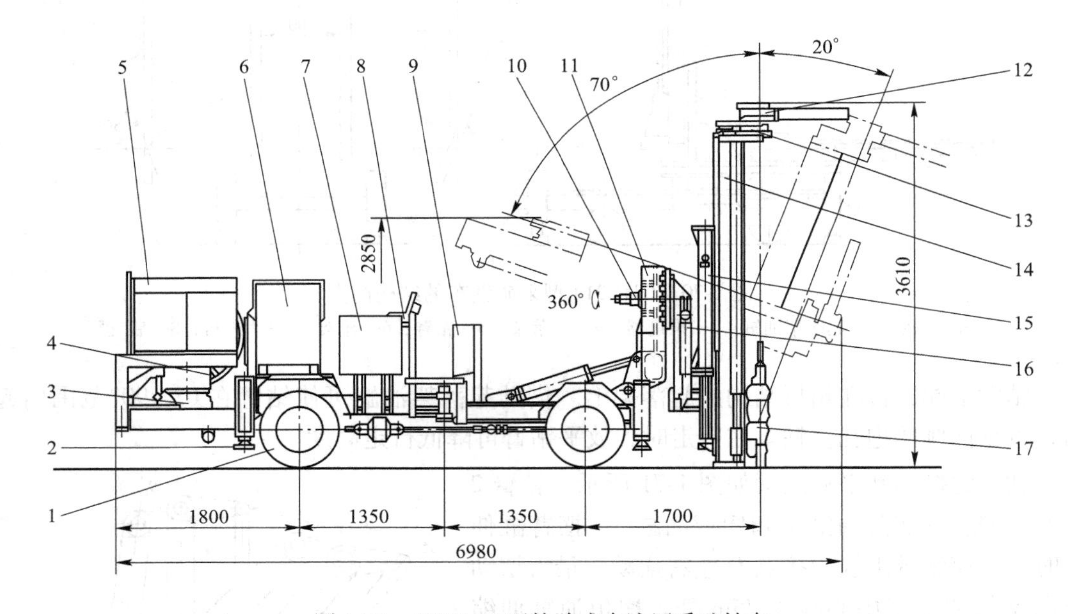

图1-73 CYTC-12型轮胎式全液压采矿钻车

1—PTJ11型轮胎式底盘；2—千斤顶；3—液压油泵；4—电缆卷筒；5—配电箱；6—低压控制箱；7—空压机支架；8—行走操纵盘；9—液压元件箱；10—CH30型回转机构；11—俯仰臂；12—导流器；13—夹钎器；14—推进器导轨；15—CTC-12型推进器托座；16—摆臂；17—COP1238型液压凿岩机

C Atlas Copco公司的Simba系列采矿钻车

Simba系列采矿钻车底盘分为轮胎式与履带式两种。如图1-74为Simba系列采矿钻车，这个系列有5种型号钻车，除定位系统不同外，其他结构都相同。

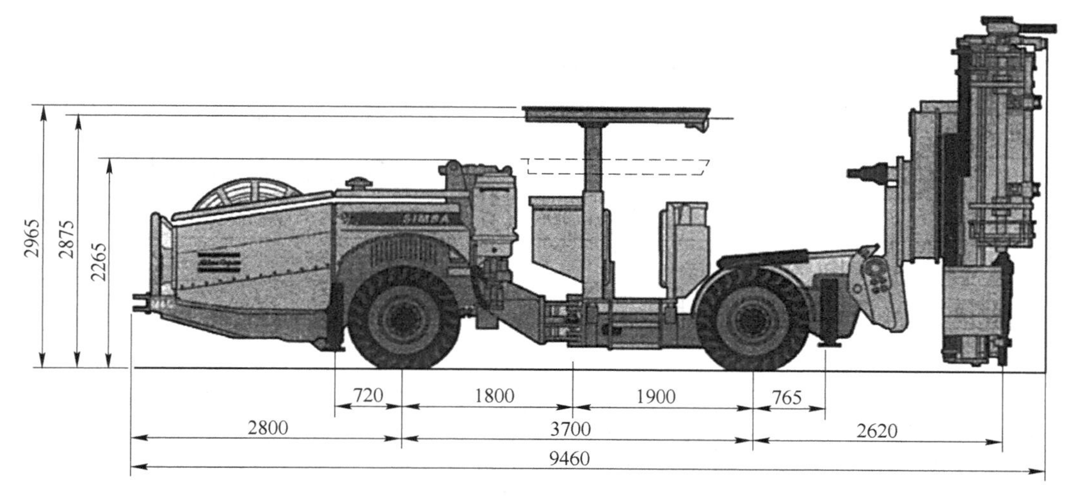

图 1-74 Simba M2/3/4/6/7C 系列采矿钻车

a Simba 系列采矿钻车定位系统

采矿钻车的炮孔定位定向功能简称为钻车的定位功能，完成定位功能的部件组成的系统叫做定位系统。Atlas Copco 公司的采矿钻车的各个部件都实现了模块化，该系列的钻车只是将各标准模块以不同的方式组合的积木式设计而成，能够产生多种定位功能，满足特定的采矿钻孔工艺需要。

按照钻臂和推进器的运动情况，将定位系统分为以下五种：

（1）定臂单摆系统：钻臂固定，推进器扇形摆动。其定位部件如图 1-75 所示，钻臂用螺栓连接在托架上，不能运动，推进器由油缸伸缩能实现扇形摆动，摆动角度范围为 90°。因此，该系统钻车能打 90°范围内的扇形孔。钻臂与托架的相对位置可以重新装配而旋转 360°，这样就可以打 360°的环形孔。

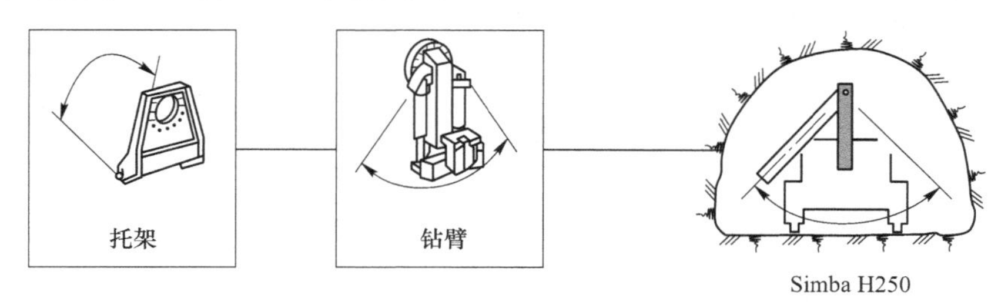

图 1-75 定臂单摆定位系统

（2）无臂单旋系统：无钻臂，推进器旋转的系统。该钻车的定位部件如图 1-76 所示，没有钻臂，推进器由旋转器驱动，可以旋转 360°，能打 360°环形孔。在实际作业中，为防止胶管过分缠绕，旋转器在±180°之内旋转为宜。

（3）旋臂单摆系统：钻臂旋转，推进器扇形摆动的系统。该钻车定位部件如图 1-77 所示，钻臂由旋转器驱动，推进器由油缸驱动，做扇形摆动，摆动角度范围为±45°。可打 360°环形孔，也可在 1.5m 孔距钻凿平行孔，不需移动钻车，也可进行扇形钻进。

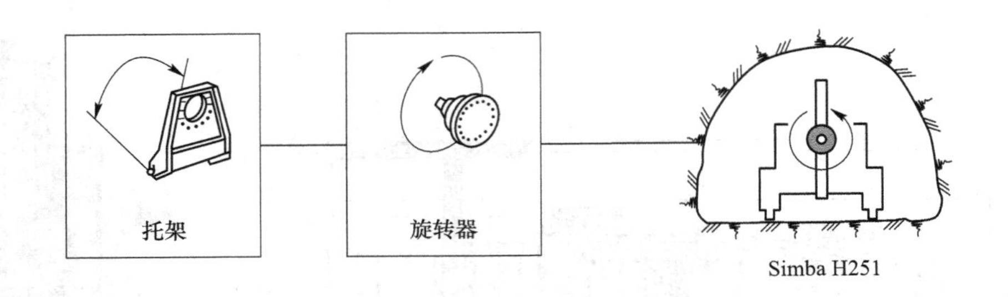

图1-76 无臂单旋定位系统

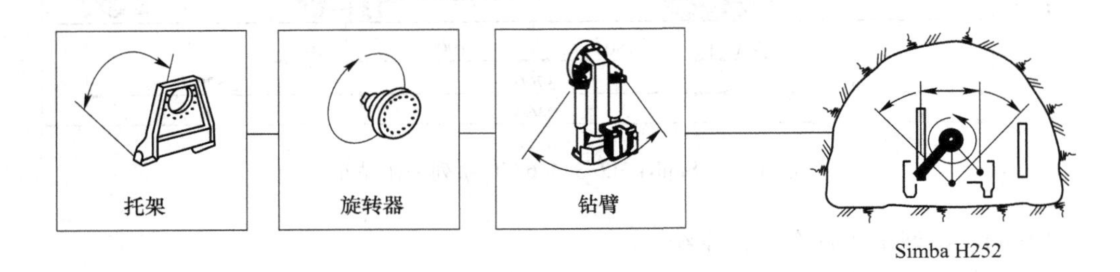

图1-77 旋臂单摆定位系统

（4）无臂旋移系统：无钻臂，推进器旋转和移动系统。该钻车定位部件如图1-78所示，没有钻臂，推进器沿滑架移动，移动距离最大为1.5m，推进器可以绕滑架上的托架中心旋转360°。无臂旋移钻车可以方便地进行平行钻孔，最大孔距为1.5m时平行钻孔面不需移动钻车，也可进行360°环形钻进和扇形钻进。

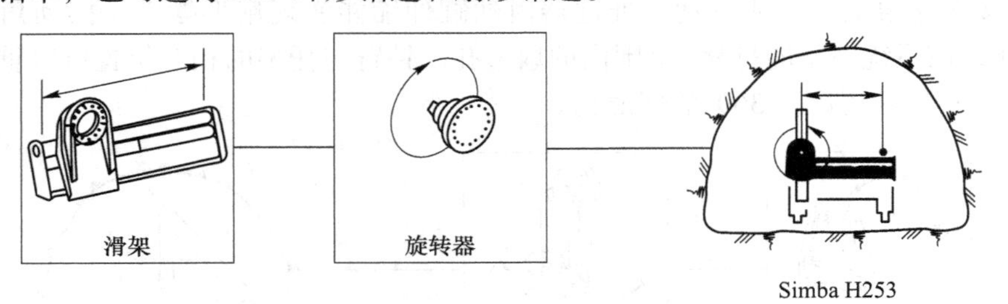

图1-78 无旋臂旋移定位系统（3型系统）

（5）旋移臂单摆系统：钻臂旋转和移动，推进器扇形摆动的系统。该钻车的定位系统如图1-79所示，钻臂可以沿滑架移动。最大移动距离为1.5m，钻臂也可以绕滑架上的托架中心旋转。旋转是由旋转器驱动的。推进器由油缸驱动实现摆动，其摆动角度为45°。它可以方便地进行平行孔钻进，在最大平行孔距为3m时不需移动钻车，它也可进行360°环形钻进和扇形钻进。

b Simba采矿钻车推进系统

（1）推进器：如图1-80所示，它可以实现深孔凿岩；采用耐磨轻铝合金和可替换不锈钢导向套，减少凿岩机托盘对滑轨的磨损，延长滑轨寿命。

（2）夹钎器：钻车在开眼时，夹钎器使钻杆保持在中心位置，为钻杆导向；在接、卸

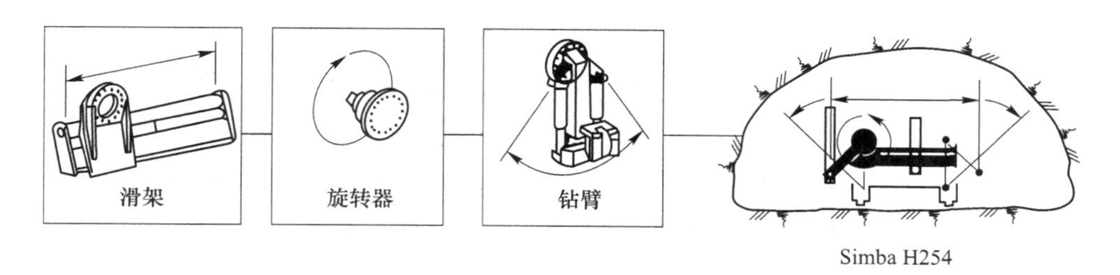

图 1-79 旋移臂单摆定位系统（4 型系统）

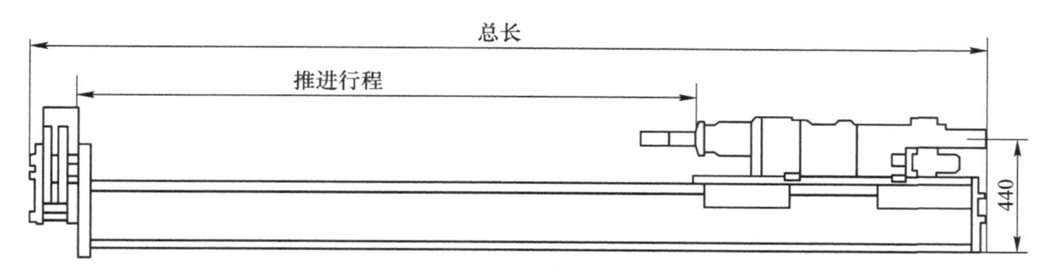

图 1-80 推进器

钻杆时，夹钎器使钻杆可靠地就位和固定。夹钎器夹头的夹紧动作是靠强力弹簧实现的，从而保证了钻杆被牢固安全的夹紧，松开卡头是靠液压作用力，如图 1-81 所示。

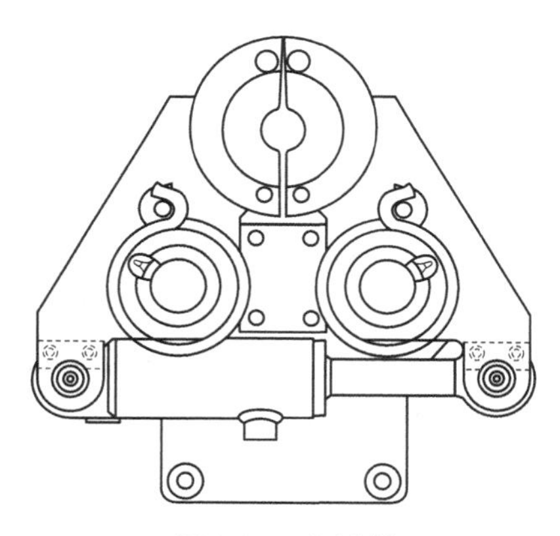

图 1-81 夹钎器

（3）集尘器：集尘器的作用是为了防止岩渣进入凿岩机和推进器，它安装了两层橡胶密封件，并用干净的冲洗水充满在双层橡胶件之间，如图 1-82 所示。

（4）换杆器：换杆器可大大减轻工人接、卸钻杆的劳动强度，减少非钻孔工作时间（辅助工作时间），大大提高了钻车的钻孔效率。换杆器不是采矿钻车的必备部件，而是可选部件，如图 1-83 所示。该换杆器的转盘可存放 17 或 27 根钻杆。换杆器的夹持、接杆、卸杆动作都是由液压传动完成的。

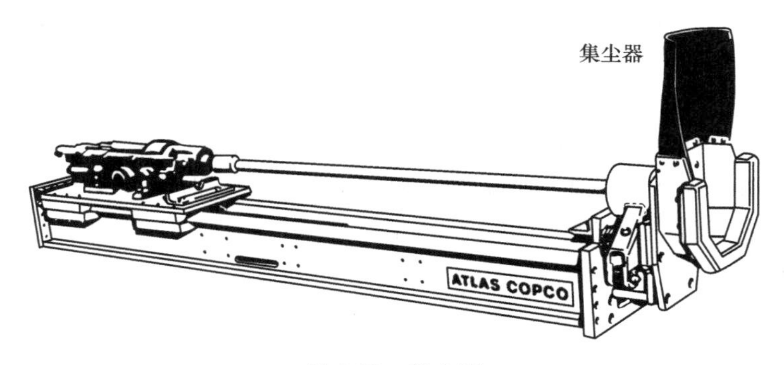

图 1-82 集尘器

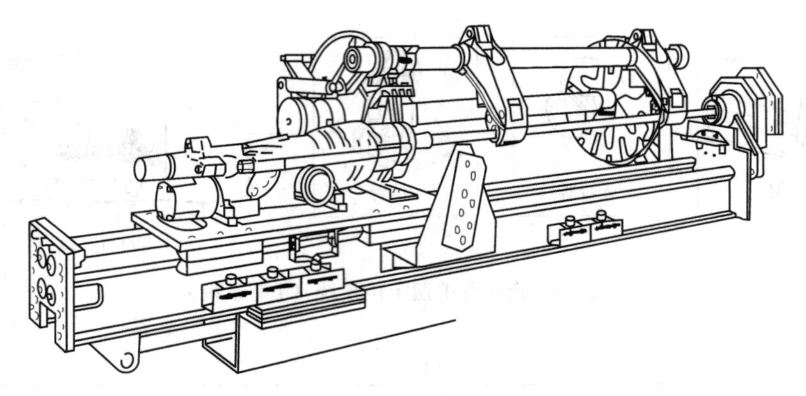

图1-83 换杆器

1.4 潜孔钻机

潜孔钻机按使用地点的不同分为井（地）下潜孔钻机和露天潜孔钻机，井下潜钻机按有无行走机构又可分为自行式和非自行式两种。我国露天潜孔钻机种类较多，已形成系列，且全部为自行式。

按照使用风压的不同还可分为低风压潜孔钻机（0.5～0.7MPa）和高风压潜孔钻机（1.0～2.5MPa）。

1.4.1 潜孔钻机的结构组成

下面以KQ-200型潜孔钻机为例，简要介绍露天潜孔钻机的结构组成。

KQ-200型潜孔钻机是一种自带螺杆空压机的自行式重型钻孔机械。它主要用于大、中型露天矿山钻凿直径200～220mm、孔深为19m、下向60°～90°的各种炮孔。钻机总体结构如图1-84所示。

钻具由钻杆6、球齿钻头9及J-200冲击器10组成。钻孔时，用两根钻杆接杆钻进。回转供风机构由回转电机1、回转减速器2及供风回转器3组成。回转电机为多速电机。回转减速器为三级圆柱齿轮封闭式，采用螺旋注油器自动润滑。供风回转器由连接体、密封件、中空主轴及钻杆接头等部分组成，其上设有供接卸钻杆使用的风动卡爪。

提升调压机构是由提升电机借助提升减速器、提升链条而使回转机构及钻具实现升降动作。在封闭链条系统中，装有调压缸及动滑轮组。正常工作时，由调压缸的活塞杆推动动滑轮组使钻具实现减压钻进。

送杆机构由送杆器5、托杆器、卡杆器及定心环等部分组成。送杆器通过送杆电机、蜗轮减速器带动传动轴转动。固定在传动轴上的上下转臂拖动钻杆完成送入及摆出动作。托杆器是接卸钻杆时的支承装置，用它卡住钻杆并使其保证对中性。卡杆器是接卸钻杆时的卡紧装置，用它卡住一根钻杆而接卸另一根钻杆。定心环对钻杆起导向和扶持作用，以防止炮孔和钻杆歪斜。

钻架起落机构15由起落电机、减速装置及齿条16等部件组成。在起落钻架时，起落电机通过减速装置使齿条沿着鞍形轴承伸缩，从而使钻架抬起或落下。在钻架起落终了时，由于电磁制动及蜗轮副的自锁作用，使钻杆稳定地固定在任意位置上。

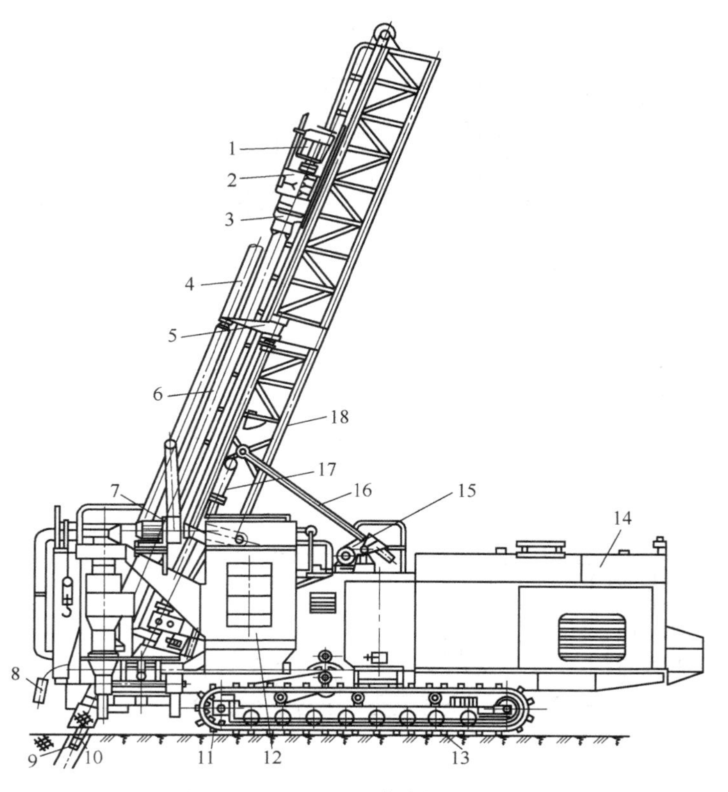

图 1-84 KQ-200 型潜孔钻机主视图

1—回转电机；2—回转减速器；3—供风回转器；4—副钻杆；5—送杆器；6—主钻杆；7—离心通风机；8—手动按钮；9—钻头；10—冲击器；11—行走驱动轮；12—干式除尘器；13—履带；14—机械间；15—钻架起落机构；16—齿条；17—调压装置；18—钻架

1.4.2 潜孔冲击器的工作原理及结构分析

潜孔冲击器有中心排气与旁侧排气两种结构。中心排气是指冲击器的工作废气及一部分压气，从钻头的中空孔道直接进入孔底。旁侧排气的冲击器，其工作废气及一部分压气则由冲击器缸体排至孔壁，再进入孔底。图 1-85 所示为一种典型的中心排气式冲击器，图 1-86 所示为侧面排气式小型冲击器。

如图 1-85 所示，冲击器工作时，压气由接头 1 及逆止塞 20 进入缸体。进入缸体的压气分成两路：一路是直吹排粉气路。压气经配气杆 10、活塞 11 的中空孔道以及钻头 22 的中心孔进入孔底，直接用来吹扫孔底岩粉；另一路是气缸工作配气气路。压气进入具有板状阀片 8 的配气机构，并借配气杆 10 配气，实现活塞往复运动。

在冲击器进口处的逆止塞 20，在停风停机时，能防止岩孔中的含尘水流进入钻杆，因而不致影响开动冲击器及降低凿岩效率，甚至损坏机内零件。

冲击器正常工作时，钻头抵在孔底上，来自活塞的冲击能量，通过钻头直接传给孔底。其中缸体不承受冲击载荷。在提起钻具时，亦不允许缸体承受冲击负荷，这在结构上是用防空打孔 I 来实现的。这时，钻头 22 及活塞 11 均借自重向下滑行一段距离，防空打

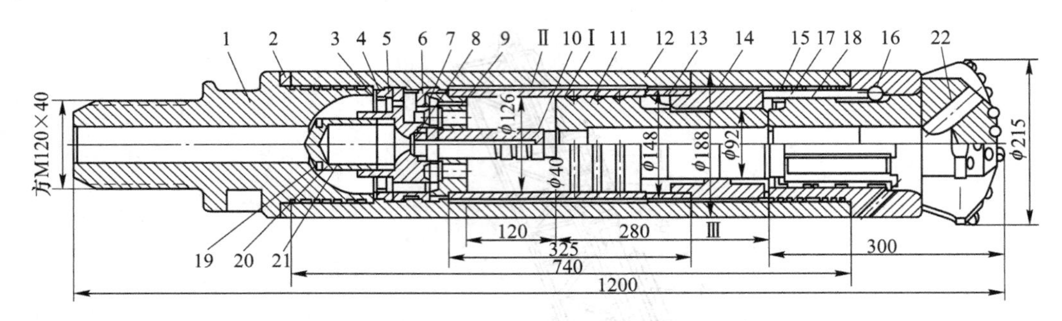

图 1-85 J-200 型冲击器结构图

1—接头；2—钢垫圈；3—调整圈；4—胶垫；5—胶垫座；6—阀盖；7—密封垫；8—阀片；9—阀座；10—配气杆；11—活塞；12—外缸；13—内缸；14—衬套；15—卡钎套；16—阀键；17—柱销；18，21—弹簧；19—密封圈；20—逆止塞；22—钻头

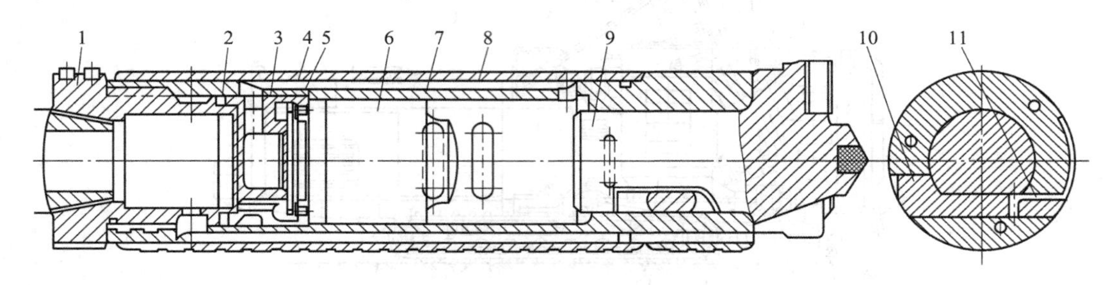

图 1-86 C100 型冲击器结构图

1—接头；2—胶圈；3—阀座；4—阀片；5—阀盖；6—活塞；7—内缸；8—外缸；9—钻头；10—键；11—弹簧

孔Ⅰ露出，于是来自配气机构的压气被引入缸体，并经钻头和活塞的中心孔道逸至大气，使冲击器自行停止工作。

配气机构由阀盖 6、阀片 8、阀座 9 以及配气杆 10 组成。配气原理可用返回行程和冲击行程两个阶段说明。

返回行程工作原理：返回行程开始时，阀片 8 及活塞 11 均处于图 1-85 所示之位置。压气经阀片 8 后端面、阀盖 6 上的轴向与径向孔进入内外缸间的环形腔Ⅱ，并至气缸前腔，推动活塞向后运动。此时，气缸后腔经活塞 11 和钻头 22 的中心孔与孔底相通，活塞 11 在压气作用下加速向后运动。当活塞 11 端面与配气杆 10 开始配合时，后腔排气孔道被关闭，并处于密闭压缩状态，于是活塞开始做减速运动。当活塞杆端面越过衬套上的沟槽Ⅲ时，进入前腔的压气便经钻头中心孔排至孔底。活塞失去了动力，且在后腔背压作用下停止运动。与此同时。阀片右侧压力逐渐升高，左侧经前腔进气孔道Ⅱ、钻头中心孔与大气相通，在压差作用下，阀片迅速移向左侧，关闭了前腔进气气路，开始了冲击行程的配气工作。

冲击行程工作原理：冲击行程开始时，活塞和阀片均处于极左位置，压气经阀盖和阀座的径向孔进入气缸后腔，推动活塞向前运动。首先，衬套的花键槽被关闭，前腔压力开始上升；然后，活塞后端中心孔离开配气杆，于是后腔通大气，压力降低。接着，活塞以很高的速度冲击钎尾，工作行程即行结束。在冲击钎尾之后，阀片由于其前后的压力差作用进行换向。然后，活塞重复返回行程的动作。

1.4.3 潜孔钻机工作参数计算

潜孔钻机的工作参数是设计潜孔钻机工作机构的主要依据，它包括钻具的合理转速和回转力矩、提升调压机构的轴压力、提升力和提升速度以及钻架起落机构的起落速度和起落时间等。这些参数是否合理，直接影响潜孔钻机的工作性能。

1.4.3.1 钻具工作参数

A 钻具合理转速的确定

钻具转速的合理选择对于减少机器振动、提高钻头使用寿命和加快钻进速度都有很大作用。转速的大小应能保证在两次相邻冲击之间破碎最大孔底岩石面积。该面积的大小主要取决于两次相邻冲击之间的夹角和钻头直径。另外，还与岩石的物理机械性质、冲击功、冲击频率、轴压力、钻头的类型以及布齿情况等有关。由于影响因素十分复杂，因此回转转速只能根据生产经验或用实验的方法来确定。

刃片形钻头两次相邻冲击之间的夹角 β：

$$\beta = \frac{n_1}{f} \times 360° \tag{1-73}$$

式中 n_1——钻具转速；

f——冲击器冲击频率。

设计时如果将 β 值选得过大，不但剪切不掉最大面积的孔底岩石，而且还会导致机器振动的加剧、钻头磨损的加速，从而降低钻孔速度。如果 β 值选得过小，则会浪费冲击功、加大破碎功比耗，同样降低钻孔速度。

经过国内、外多年生产经验的总结，得出了不同的炮孔直径和钻头回转转速的合理匹配关系，其值列于表 1-2。

表 1-2 回转转速与钻头直径的关系

钻头直径 D/mm	回转转速 n_1/r · min^{-1}	钻头直径 D/mm	回转转速 n_1/r · min^{-1}
100	30~40	200	10~20
150	15~25	250	8~15

在设计时也可采用下列数理统计公式计算回转转速 n_1：

$$n_1 = \left(\frac{6500}{D}\right)^{0.78 \sim 0.95} \tag{1-74}$$

上式是在钻头直径 D 单位为 mm 时得到的，n_1 的单位为 r/min。

式（1-74）的计算结果与表 1-2 所列数据基本一致。还应指出，为了适应不同岩种的需要，回转转速应能进行调节。因此，采用液压马达和气动马达作为回转原动机是比较合理的。国内使用多速电机驱动回转机构也是为了适应这一需要。

可以预见，随着高风压、高频率和大冲击功的新型高效潜孔冲击器的出现，回转转速必将相应地提高，只有这样才能得到更高的钻孔速度。

B 钻具回转扭矩的确定

钻具的回转扭矩是指回转减速器输出轴处的力矩。这个力矩主要用来克服钻头与孔底的摩擦阻力及剪切阻力，钻具与孔壁的摩擦阻力，以及因炮孔不规则造成的各种附加阻力。实践证明，钻具必须有足够的回转扭矩才能有效地克服各种阻力，破碎孔底岩石。

根据国内、外矿山生产实践和工业实验总结，可得出回转扭矩与钻头直径的相应关系，其值见表1-3。

表1-3 回转扭矩与钻头直径的关系

钻头直径 D/mm	回转转速 n_1/r·min^{-1}	钻头直径 D/mm	回转转速 n_1/r·min^{-1}
100	500~1000	200	3500~5500
150	1500~3000	250	6000~9000

另外，也可按下面的数理统计公式计算回转转矩 M(N·m)：

$$M = K_M \frac{D^2}{8.5} \tag{1-75}$$

式中 D——钻孔直径，mm；

K_M——力矩系数为0.8~1.2，一般取 $K_M=1$。

1.4.3.2 提升调压机构工作参数

A 提升力的计算

根据试验研究和使用经验，可得出如下计算提升力 P 的经验公式：

$$P = k(G_1 + G_2)\sin\alpha + (G_1 f_1 + G_2 f_2)\cos\alpha \tag{1-76}$$

式中 k——附加阻力系数（考虑孔壁不光滑等因素的影响），$k=1.3$~1.5；

α——钻架与地面的倾角，一般 $\alpha=60°$~$90°$；

G_1，G_2——钻具与回转机构的重力；

f_1，f_2——摩擦系数，钢对岩石 $f_1=0.35$，钢对钢 $f_2=0.15$。

B 提升速度的确定

提升速度确定的原则是：既要尽量避免提升钻具时产生冲击载荷，又要尽可能减少辅助作业时间，提高劳动生产率。提升速度一般在8~16m/min范围之内，但国外有的钻机高达30m/min。根据国内的使用经验，井下潜孔钻机选为18~25m/min，露天潜孔钻机选为12~20m/min较为适宜。

C 合理轴压力的选择

潜孔凿岩时，孔底轴压力的选择是否恰当，不仅对钻头寿命有很大影响，而且更重要的是直接影响钻孔速度。因此，必须选择一个合理的轴压力。

当风压为0.6~0.7MPa时，采用表1-4推荐的轴压力是比较合理的。

表1-4 合理的孔底轴压力

钻头公称直径 D/mm	合理轴压力 F/N	钻头公称直径 D/mm	合理轴压力 F/N
100	4000~6000	200	10000~14000
150	6000~10000	250	14000~18000

在设计潜孔钻机时，也可按下列经验公式计算孔底合理轴压力 F(N)：

$$F = (30 \sim 50)Df \tag{1-77}$$

式中 D——炮孔直径，cm；

f——岩石坚固性系数，最佳实验值为6~16。

如果风压提高时（正常时按0.5MPa），则将冲击器后坐力的增加值与表1-4所给的合理轴压力值相加，即可得到压力提高后的合理轴压力值。

1.4.3.3 钻架起落机构工作参数

A 钻架起落时间 t 的确定

钻架起落时间的长短，应以钻架能够平稳可靠起落为原则。根据现场使用经验、以2~4min为宜。过快的起落只能加大起落机构的功率和尺寸，对提高生产率毫无现实意义。钻架起落时间 t 可按下式计算：

$$t = \frac{L}{v} \tag{1-78}$$

式中 L——举升件的伸缩长度；

v——举升件的运动速度。

B 钻架起落速度的计算

钻架起落速度表征着钻架起落的快慢，本应以钻架回转角速度来表示，但此处为计算钻架起落传动系统方便起见，以举升件（齿条及活塞杆）的推拉速度来代表钻架起落速度。很容易把举升件的速度值换算成钻架的间转角速度。

（1）齿条式钻架起落机构的齿条推拉速度 v 为：

$$v = \frac{\pi d n}{1000 i} \tag{1-79}$$

式中 d——推拉齿轮的节圆直径；

n——电动机转速；

i——钻架起落机构的总传动比。

（2）液压活塞式钻架起落机构的活塞杆推拉速度

起架速度 $$v_1 = \frac{40 Q_1}{\pi D^2}$$

落架速度 $$v_2 = \frac{40 Q_2}{\pi (D^2 - d^2)} \tag{1-80}$$

式中 Q_1，Q_2——分别为起落油缸的上腔及下腔的输油量；

D，d——分别为活塞和活塞杆直径。

1.4.4 潜孔钻机工作机构设计

1.4.4.1 回转供风机构

回转供风机构是潜孔钻机上的关键部件，它的质量和运转状态直接影响钻机的生产效率，在设计及维护运转时必须予以重视。

A 回转供风机构的组成和作用

a 回转供风机构的组成

将钻具回转和钻具供风两个部分组合起来即构成回转供风机构。该机构由回转电机、回转减速器及供风回转器3个部件组成，其布置如图1-87所示。

回转电机5与回转减速器2用弹性联轴器4连接，回转减速器与供风回转器1用一组螺栓连接。回转电机、回转减速器及供风回转器三者连接成一个整体，再将其固定在可沿钻架导轨滑动的滑板7上。滑板的两端分别用平衡接头6与双提升链条相连。这样，滑板和链条就形成了一个封闭系统。送风胶管3的一端连到供风回转器上，另一端与送风胶管连接。连接处均有可靠密封件。

回转电机也可用气动马达或液压马达来代替。回转减速器可用普通圆柱齿轮减速器、行星轮减速器，也可用针齿摆线轮减速器。供风回转器有中心供风和旁侧供风两种形式。回转器内多设置减振器，以减少由钻具钻进产生的机械振动。

b 回转供风机构的作用

该机构一方面通过减速器增大钻具的回转力矩，降低钻具的转速；另一方面通过供风回转器向钻具供风，同时还可以通过供风回转器上的风动卡爪接卸钻杆。

B 供风回转器

供风回转器的功能是传递回转扭矩、向冲击器供风及接卸钻杆。按照供风风路位置不同有旁侧供风回转器和中心供风回转器。井下潜孔钻机多用中心供风回转器。

a 旁侧供风回转器

国内经常使用的一种旁侧供风回转器的结构如图1-88所示。

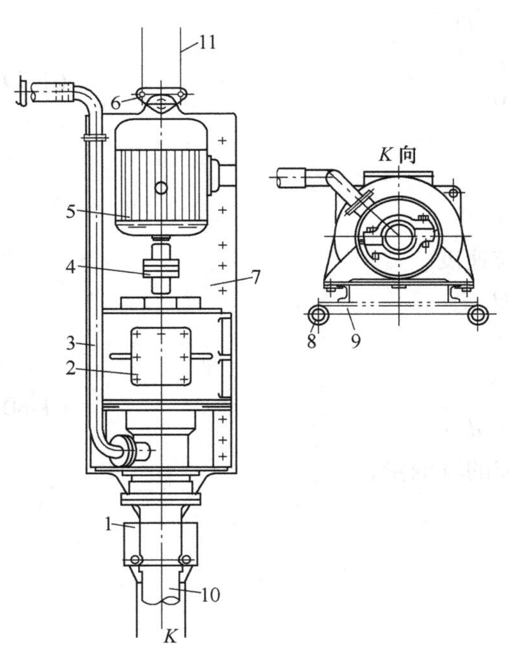

图1-87 回转供风机构

1—供风回转器；2—回转减速器；3—送风胶管；4—弹性联轴器；5—回转电机；6—平衡接头；7—滑板；8—钻架；9—滑道；10—钻杆；11—提升链条

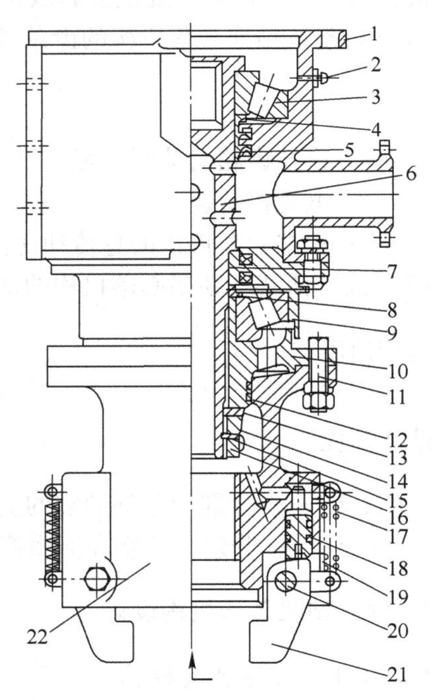

图1-88 旁侧供风回转器结构图

1—供风回转器壳体；2—油嘴；3—圆锥滚子轴承；4—轴套；5，12，18—密封圈；6—空心主轴；7—轴环；8—调整垫；9—轴承套；10—花键套；11—螺栓；13—垫；14—左旋螺母；15—防松垫圈；16—右旋螺母；17—拉簧；19—小活塞；20—卡爪销轴；21—风动卡爪；22—钻杆接头供风回转器壳体 1 用螺栓连接在减速器的机体上，空心主轴 6 的上端用花键与减速器输出轴相连，花键套 10 靠花键装在空心主轴上，钻杆接头 22 用螺栓 11 与花键套连接，减速器输出轴的力矩通过空心主轴及花键套传递给钻杆接头，于是钻具就和钻杆接头一起回转。

由风管输送来的压气经过供风弯头导入供风回转器壳体 1 中，继而进入空心主轴、钻杆接头、钻杆及冲击器内，为冲击器提供工作动力。

当需接杆钻进时，首先使风路停止供风，同时风动卡爪 21 被两个拉簧拉开。然后开动回转电机，钻杆尾部方形螺纹即可拧入钻杆接头中。当需要卸杆时，首先接通压气，于是小活塞 19 被压气推出，卡爪向中心摆动并卡住钻杆凹槽，反转开动电机，则上部钻杆与下部钻杆即可脱开。

国外的一种旁侧供风回转器的结构如图 1-89 所示。

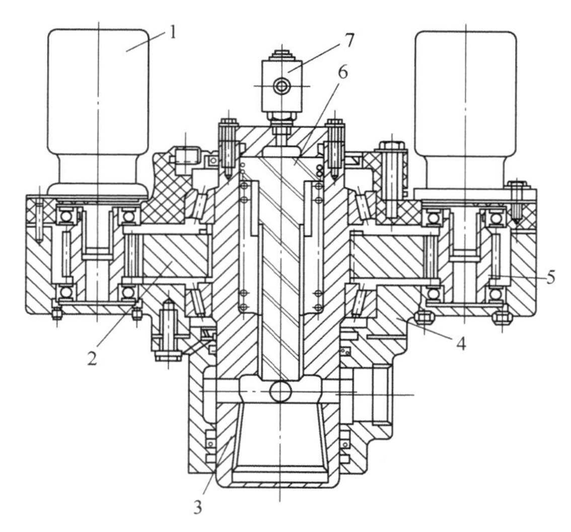

图 1-89 美国 TRW6200-U 型钻机供风回转器

1—液压马达；2—大齿轮；3—空心主轴；4—箱体；5—小齿轮；6—卸杆活塞；7—进气接头

两个液压马达 1 通过箱体内的一对正齿轮 5 及 2 带动空心主轴 3 回转，后者把运动通过尾部螺纹直接传递给钻杆。压气则通过空心主轴旁侧的进气孔进入空心主轴，然后送往钻杆及冲击器。供风回转器上设置一个特殊的卸杆活塞 6，它通常在弹簧压力下位于空心主轴的上端，这时通过卡杆器卡住钻杆的下部，则供风回转器即可和钻杆脱开。如果上部进气接头 7 通入压气，则带外花键的卸杆活塞克服弹簧阻力后向下移动，并插入钻杆上部的内花键孔中。这时，如果开动电机，即可卸开钻杆下部的螺纹，从而使两钻杆脱开。这种卸杆机构既方便又准确，是一种较好的卸杆形式。

b 中心供风回转器

中心供风回转器的典型实例是瑞典 ROC-306 型潜孔钻机上的回转器。压气从进气口进入，通过中空主轴流入钻杆和冲击器。

旁侧与中心供风方式的选用主要视回转机构的布置情况而定。如果电机、减速器和供风回转器纵向连接（如图 1-87 所示），则空心主轴上部没有空间安装回转接头，故需采用旁侧供风。如果电机、减速器及回转器采用横向布置（如图1-89所示），根据具体结构，可以采用旁侧供风，也可采用中心供风。图1-89上的供风回转器不采用中心供风的原因是：中空主轴中安装了一个卸杆活塞，限制了中心的空间位置。

供风回转器的设计必须注意防振、防松和防漏。一般在供风回转器中安装减振器用以解决防振问题，加强几个部件的连接和气路、水路的密封，用以解决防松和防漏问题。

C 回转供风机构的设计

回转供风机构设计的主要内容是选择原动机、设计减速器及供风回转器。

a 回转机构原动机

回转机构原动机有液压马达、气动马达和电动机3种形式。液压马达具有体积小、重量轻、承载能力大，以及可无级调速等一系列优点，在国外获得了广泛的应用。气动马达虽然也有无级调速及过载保护等优点，但其噪声大、效率低，不宜在较大功率的回转机构上使用。电动机具有效率高、成本低、来源广泛及使用方便等优点，在国内潜孔钻机上使用居多。综上所述，在大、中型钻机上宜于采用电动机和液压马达，在小型钻机上宜于采用液压马达和气动马达。

回转原动机功率 N 可按下式计算：

$$N = \frac{Mn_1}{10^4 i\eta} \tag{1-81}$$

式中 M——钻具回转扭矩；

n_1——钻具转速；

i——回转减速器传动比；

η——回转系统传动效率。

根据原动机的计算功率即可选择具体机型。

b 针摆减速器的应用及其性能参数

如前所述，回转减速器可用圆柱齿轮减速器或行星减速器，也可用针摆行星减速器。而针摆行星减速器由于优点显著，它能很好地满足回转机构的使用要求，宜于用在中、小型潜孔钻机上。

（1）针摆减速器在潜孔钻机上的应用。其主要优点是：

1）体积小、重量轻。普通圆柱齿轮回转减速器多采用三级或四级齿轮传动，因此体积大、机构重。而采用针摆减速器后，其体积和重量均减少了1/2~2/3。

2）传动比大、效率高。一般，一级传动比 $i = 11 \sim 87$，二级传动比 $i = 121 \sim 5133$，三级传动比可达 $i = 20339$。因为潜孔钻机钻具的回转转速比较低，所以机构的传动比比较大，这就适合于用大传动比的针摆减速器。另外，由于加工精度高、滚动摩擦副比较多，所以它的传动效率高。单级传动的传动效率可达90%~94%，而用同样传动比的普通圆柱齿轮减速器的传动效率只有80%左右。

3）承载能力大、寿命长。由于针摆减速器同时啮合的齿数可达摆线轮齿的1/3（理论上为1/2），故其承载能力远远大于普通圆柱齿轮减速器。又由于针摆减速器的主要运动件全是滚动摩擦，所以零件经久耐用。针摆减速器使用寿命比普通减速器长2~3倍。当然针摆减速器也存在着制造精度和热处理条件要求高、维修困难等缺点。总之，生产实践证明，针摆减速器作为潜孔钻机回转机构减速器，使用效果良好，应予以推广。

（2）针摆减速器的主要性能参数。针摆减速器的结构和工作原理在有关机构设计手册中作了详细的论述，这里仅给出几个主要性能参数，以便选用。

1）输出轴转数：

$$n_2 = \frac{n_1}{i} = -\frac{n_1}{Z_B} \tag{1-82}$$

式中 n_1——输入轴转速；
i——减速比；
Z_B——摆线轮齿数。

2）转臂轴承转速：根据输入轴转速和输出轴转速可计算转臂轴承转速 n_2：

$$n = n_1 + n_2$$

3）输出轴扭矩 M_S：

$$M_S = 10^4 \frac{N_1}{n_1} i\eta \tag{1-83}$$

式中 N_1——输入轴功率；
i——减速比；
η——减速器传动效率，一级减速时，取 $\eta = 0.9 \sim 0.94$。

c 供风回转器中减振器的结构分析与计算

（1）减振的必要性：潜孔钻机是以风动冲击器为凿岩工具的钻孔机械。冲击器的冲击振动直接传递到钻杆和回转机构上，导致回转电机、回转减速器的提前损坏，钻头寿命相应缩短以及钻架开裂等现象的发生，造成钻孔速度和生产效率的降低，维修费用和生产成本的增加。解决这一问题的关键是设计相应的减振装置，以减少这些部件的冲击振动。

（2）减振器的类型：根据安装位置的不同，可把减振器分为冲击器尾部减振器和供风回转器减振器。前者装在冲击器尾部，钻杆及全部回转机构均可收到减振的效果。供风回转器减振器是把减振器安装在供风回转器的底部，这样，供风回转器、减速器和回转电机的振动都可大为减少。整个钻机在安装减振器后都可相应地获得减振效益。供风回转器减振器的类型有：

1）气垫减振器。如图 1-90 所示。回转减速器的中空主轴 1 通过花键带动连接套 2 旋转，后者与钻杆接头 3 也用花键连接，因此，钻杆接头可相对连接套轴向移动。A 为空气缓冲室，当钻杆接头与钻具一起产生纵向振动时，即可压缩空气缓冲室 A，形成空气垫。于是 A 室以上的供风回转器部件、减速器及回转电机都得到了减振保护。这种减振装置结构简单、缓冲柔和。但缓冲参数不易控制，尤其当密封不严时，会大大降低缓冲效果。

2）柱形弹簧减振器。如图 1-90 所示，若图中去掉空气缓冲室 A，并在回转器前部装一个圆柱形弹簧，就形成了柱形弹簧减振器，减振原理和气垫减振器类似。由于柱形弹簧在高冲击频率振动下易于疲劳破坏，同时还要求有较大的安装空间，因此很少被采用。

3）橡胶减振器。如图 1-90 所示，可在空气缓冲室 A 或其他有相对位移的位置安装橡胶垫，以达到缓冲和减振的目的。这种方法虽然结构简单，但是，橡胶易受气候条件及材料本身性能不稳定等因素的影响，而降低减振器的效果和使用寿命。

4）碟形弹簧减振器。碟形弹簧减振器的安装与布置，如图 1-91 所示。它是由碟形弹簧 3、空心主轴 1、钻杆接头 4 和上垫板 7、下垫板 6 等构成的。这种减振器具有体积小、刚度大、结构简单、坚固耐用、减振效果良好等优点。

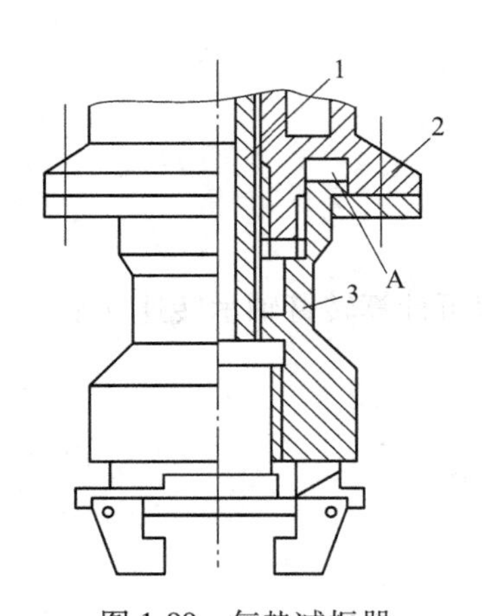

图 1-90 气垫减振器

1—中空主轴；2—连接套；
3—钻杆接头；4—空气缓冲室

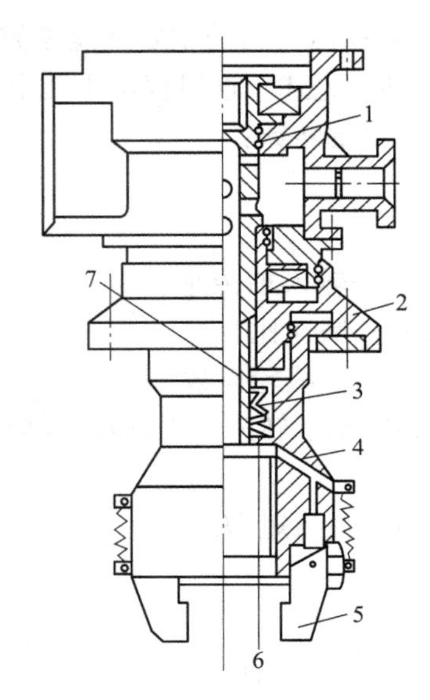

图 1-91 碟形弹簧减振器

1—空心主轴；2—连接套；3—碟形弹簧；4—钻杆接头；
5—风动卡爪；6—下垫板；7—上垫板

目前，我国在部分 H-200 型潜孔钻机及牙轮钻机上使用碟形弹簧减振器，减振效果和经济效益都较好。有些制造厂还在研制新型减振器。

（3）碟形弹簧减振器的设计：碟形减振器单片弹簧的计算公式如下：

外载荷：
$$p = \frac{ft^2}{\alpha D^2}\left[\left(\frac{h_0}{t} - \frac{f}{t}\right)\left(\frac{h_0}{t} - 0.5\frac{f}{t}\right) + 1\right] \tag{1-84}$$

碟簧应力：
$$\sigma_{\mathrm{I}} = \frac{ft}{\alpha D^2}\left[\beta\left(\frac{h_0}{t} - 0.5\frac{f}{t}\right) + \gamma\right]$$

$$\sigma_{\mathrm{II}} = \frac{ft}{\alpha D^2}\left[-\beta\left(\frac{h_0}{t} - 0.5\frac{f}{t}\right) + \gamma\right]$$

$$\sigma_{\mathrm{III}} = \frac{ft}{\alpha D^2}\frac{1}{C}\left[(2\gamma - \beta)\left(\frac{h_0}{t} - 0.5\frac{f}{t}\right) + \gamma\right] \tag{1-85}$$

式中 f——弹簧变形量；

t——弹簧片厚度；

D——弹簧外径；

h_0——弹簧极限变形；

C——直径比，$C = \dfrac{D}{d}$（d 为弹簧内径）；

α，β，γ——计算系数（见《机械设计手册》等工具书推荐的数据）。

根据碟簧减振器的外载荷、外形尺寸及弹簧总变形量的要求，即可选择弹簧，并进行减振器的组合设计。

碟簧减振器一般由数片弹簧组合而成。如果外载荷较小、缓冲距离较大时，应选择直列布置弹簧组，组合情况如图 1-92（a）所示。其载荷和变形计算如下：

$$p_{\Sigma}=p;\quad f_{\Sigma}=nf;\quad H_0=nH \tag{1-86}$$

式中 p_{Σ}——总外载荷；
p——单片弹簧载荷；
f_{Σ}——组合弹簧变形量；
f——单片弹簧变形量；
H_0——组合弹簧自由高度；
H——单片弹簧自由高度；
n——弹簧组合层数。

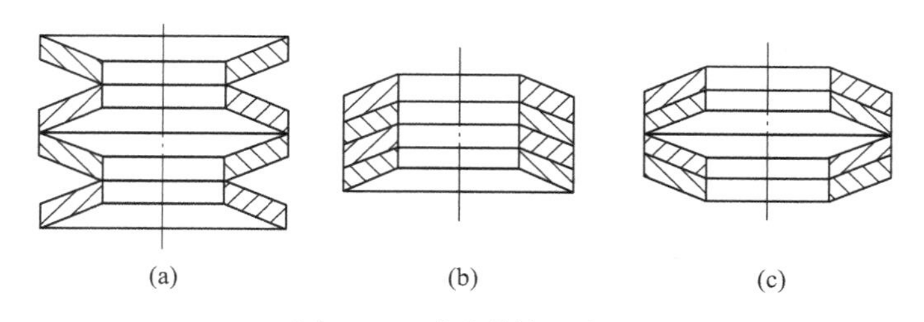

图 1-92 碟形弹簧组合图
（a）直列布置；（b）并列布置；（c）组合布置

如果外载荷较大、缓冲距离较小时，则应选择并列布置弹簧组，如图 1-92（b）所示，其载荷和变形为：

$$p_{\Sigma}=ip;\quad f_{\Sigma}=f;\quad H_0=H+(i-1)t \tag{1-87}$$

式中 i——弹簧叠合层数；
t——弹簧片厚度。

如果外载荷和缓冲距离居于上述两种情况之间时，则应选择组合布置弹簧组，如图 1-92（c）所示。其载荷和变形为：

$$p_{\Sigma}=ip;\quad f_{\Sigma}=nf;\quad H_0=n[H+(i-1)t] \tag{1-88}$$

式中，各符号意义同前。

减振器弹簧强度校核可按式（1-85）进行。

1.4.4.2 提升调压机构

A 提升调压机构的作用

冲击、回转、推进和排渣是潜孔钻机工作的四个基本环节。钻机在不断地冲击、回转和排渣的同时，还必须对岩石施以一定的轴向压力才能进行正常的钻进。合理的轴压力能使钻头与孔底岩石紧密地接触，有效地破碎孔底岩石。如果轴压力不足，会造成冲击器、钻头和岩石之间的不规则碰撞，降低钻孔速度。如果轴压力过大，将产生很大的回转阻力，也会加速钻头的磨损，加剧钻机的振动，使钻孔速度下降。因此，必须设置调压机构、适时地调节孔底轴压力。

另外，为了更换钻具、调整孔位及修整孔形，需要不断地将钻具提起或放下，这个动作由提升机构来完成。由于提升机构与调压机构通常都是通过挠性传动装置带动钻具的，为了结构紧凑，一般将它们设计在同一个系统中，形成所谓提升调压机构。

B 提升调压系统的分析

提升系统包括提升原动机、减速器、挠性传动装置和制动器等部件。调压系统包括调压缸、推拉活塞杆、挠性传动装置和行程转换开关等部件。两个系统共用挠性传动装置，因此它们必须互相依存、协调动作。

根据提升传动系统和调压动力装置的不同，可将提升调压系统分为以下几种类型：

（1）电机-封闭链条-气缸式；

（2）电机-封闭钢绳-气缸式；

（3）电机-封闭钢绳-自重式；

（4）气缸-活塞式；

（5）液压马达或气动马达链条式。

下面就几种典型提升调压系统进行分析。

a 电机-封闭链条-气缸式提升调压系统

电机-封闭链条-气缸式提升调压系统如图1-93所示。

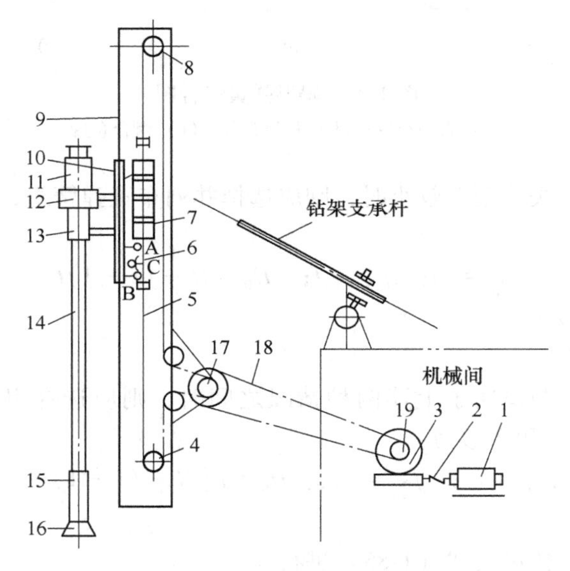

图1-93 电机-封闭链条-气缸式提升调压系统

1—提升电机；2—弹性联轴节；3—蜗轮减速器；4—底部导向轮；5，18—链条；6—活塞杆；7—调压气缸；8—顶部导向轮；9—导轨；10—滑板；11—回转电机；12—针摆减速器；13—供风回转器；14—钻杆；15—冲击器；16—钻头；17—钻架回转轴；19—链轮

位于机械间内的提升电机1通过弹性联轴节2与蜗轮减速器3连接。在蜗轮轴头上装有链轮19，用它驱动链条18，在钻架回转轴17上装有两个主动链轮，用它驱动绕经顶部及底部导向轮8和4的封闭链条5，此链条与活塞杆6的两端分别连接。调压气缸7因位置限制设计成上下双缸形式，它与滑板10用螺栓连接。回转电机11、针摆减速器12和供风回转器13用螺栓固定在滑板上。它们与调压缸一起形成了一个下滑组合体，该组合体可沿钻架上的导轨9上下滑动。开动提升电动机，通过蜗轮减速器、封闭链条和活塞杆，

即可拖动下滑组合体提升或下放，完成升降钻具的工作。当制动提升电动机，同时开动冲击器 15，即可实现正常的钻进作业。这时，如果在调压气缸 7 的下腔通入压气，就可进行加压钻进；反之，在调压缸的上腔通入压气，就可实现减压钻进（减压力值必须小于下滑组合体自重力）。行程开关 A、B 及触点 C 是为调压气缸行程的自动切换而设置的。电机-封闭链条-气缸式提升调压系统的结构特点是：

（1）提升电动机和减速器可置于机械间内，以便维护检修和提高其使用寿命；也可放在钻架底部，直接拖动底部导向轮 4，以简化传动系统。

（2）提升电动机选为起重型（JZ 型），以便增大起动力矩。

（3）提升减速器多为大传动比、低传动效率的蜗轮减速器，因为该系统属于慢速、间歇传动系统。

（4）传动系统的挠性件为套筒滚子链，且多用双排链条。系统应设有断链保险装置，以确保安全作业。

（5）采用了行程转换开关，以实现钻杆自动推进，直至一根钻杆全部钻完为止。

如果需要活塞杆推进一个行程，而使钻具获得两倍行程，则可采用带 2∶1 行程倍增器的提升调压系统，该系统应用在 KQ-200 型潜孔钻机上。

b 电机-封闭钢绳-气缸式提升调压系统

这种提升调压系统的传动原理如图 1-94 所示。它由电动卷扬装置 1、封闭钢绳 3、导向滑轮组 4 及调压气缸 9 等部件所组成。

电动卷扬装置 1 由电动机、行星减速器和卷筒组成，三者形成一个整体并装在同一轴线上。

封闭钢绳 3 的一端经导向滑轮组 4（图中共 4 个）绕顶部滑轮 15 后接到滑板 13 的上端，另一端经导向滑轮组绕底部滑轮 6 后接到导向滑板的下端。

钢绳牵引着滑板和回转供风机构 14 上下运动。需要提升钻具时，开动提升电动机使提升卷筒逆时针方向回转，这时封闭钢绳首先拉动动滑轮组，使其远离调压气缸 9。当活塞杆全部伸出并且达到上死点之后，就可快速提升钻具。当电机换向使卷筒顺时针方向回转时，则钻具即可快速下放到工作位置。

需要加压钻进时，则向调压气缸的下腔通

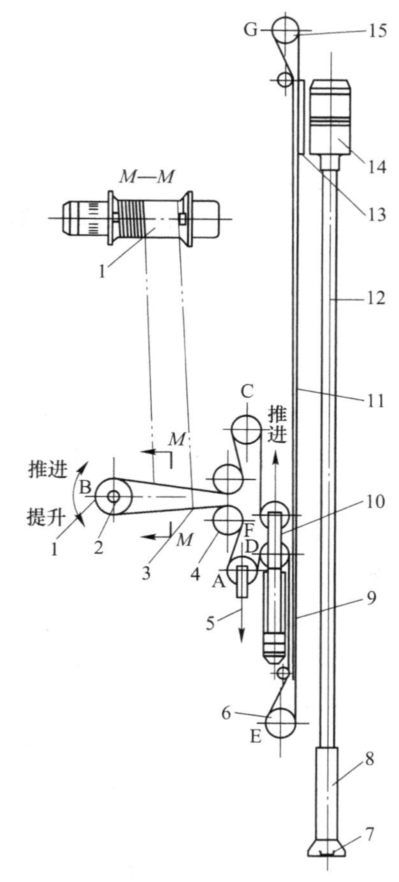

图 1-94 电机-封闭钢绳-气缸式提升调压系统

1—电动卷扬装置；2—制动闸；13—封闭钢绳；4—导向滑轮组；5—张紧装置；6—底部滑轮；7—钻头；8—冲击器；9—调压气缸；10—动滑轮组；11—导轨；12—钻杆；13—滑板；14—回转供风机构；15—顶部滑轮

压气，这时滑轮组上移，调压力通过封闭钢绳加到钻具上。反之，需要减压钻进时，则向调压气缸的上腔通压气。这时调压力通过封闭钢绳作用到钻具的上方，使钻具减压向下推进。必须指出，这时下滑组合体的自重力必须大于向上的调压力。否则，将不能实现钻进。

该系统的结构特点是：

（1）提升电机、行星减速器和卷筒是一个整体装置，它可以从厂方整体购入、整体安装和更换，便于标准化和系列化。

（2）电动卷扬装置装在机棚后方的顶部，不随钻架的升降而运动，以使钻架结构简单轻便。

（3）采用弹性好的挠性钢绳做提升调压运动件，可以减小动力冲击，保护回转机构和钻具；维修更换也比较方便。

在中、小型潜孔钻机上，多用这种提升调压传动系统。

c 电机-封闭钢绳-自重式提升调压系统

该系统的传动与布置如图1-95所示。提升电机1通过减速器3减速之后带动卷筒6旋转。钢绳7的一端绕经钻架顶部滑轮8之后，与回转供风机构10的滑板上端连接；另一端绕经钻架底部滑轮9后，与滑板下端连接。卷筒、钢绳与滑板组成了一个封闭系统。

需要升降钻具时，开动提升电机1，经过减速之后绕在卷筒6上的封闭钢绳，即可牵引回转机构及钻具上下运动。如果关闭电机，则制动器2立即动作，于是整个提升调压系统被制动，钻具停留在所需位置上。

该系统的调压原理与一般钻机不同，它只能减压而不能加压，因为轴压力来源于下滑组合体的自重力。轴压力的大小，可用电磁制动器2调整。改变电磁制动线圈电流的数值，即可改变制动力的大小，从而改变轴压力。

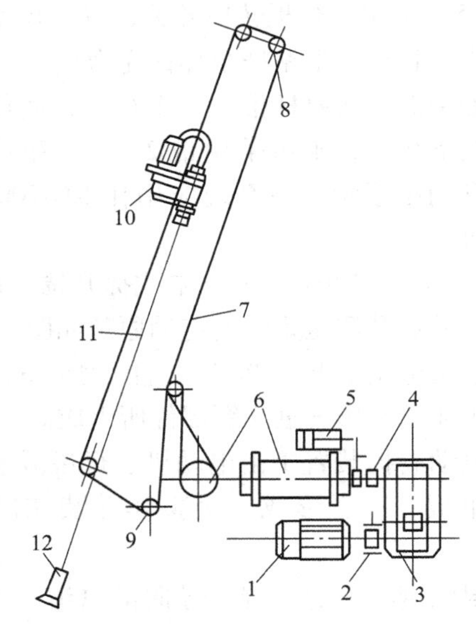

图1-95 电机-封闭钢绳-自重式提升调压系统
1—提升电机；2—电磁制动器；3—减速器；4—牙嵌离合器；5—离合器气缸；6—卷筒；7—钢绳；8—顶部滑轮；9—底部滑轮；10—回转供风机构；11—钻杆；12—冲击器

电磁制动线圈可由单相磁放大器供电，磁放大器的电流用调压电位器调节。如果将磁放大器的线路引入回转电机电流负反馈，那么当回转电机电流增大时，则电磁制动线圈电流就减小，于是制动力矩加大，轴压力相应地也减小，实现减压钻进。当回转电机电流超过额定值时，制动器将会完全闸死，钻机随之停止钻进。待电流恢复正常时，钻机重新开始工作并进入稳定运行和长时工作状态。

该系统有如下结构特点：

（1）用自重力加压，用电磁制动器的制动力减压。

（2）采用挠性钢绳作为系统的传动元件。

（3）将磁放大器的电路引入到回转电机的电路进行负反馈，可随岩石回转阻力的增加实现自动调压。

C 提升调压机构设计计算

a 提升原动机的选择与计算

提升系统原动机可为电动机和液压马达，也可为气动马达。这里仅介绍钻机提升调压机构提升电动机的选择和计算原则。

根据工作机构的提升力、提升速度和提升系统的传动效率可算出提升功率，并选择提升原动机。同时可根据钻具的提升速度确定减速装置的传动比，然后即可算出整个提升系统的载荷和运动速度。

提升原动机的功率 N 可按下式计算：

$$N = \frac{Pv}{1000\eta} \tag{1-89}$$

式中 P——提升力按式（1-76）计算；

v——提升速度；

η——提升系统传动效率。

在进行系统零部件强度校核时，要按照原动机输出的最大力矩校核静强度，按照额定输出力矩校核疲劳强度。

提升原动机的功率是选择提升电动机的主要依据。但是提升电机类型的最后确定还要考虑工作环境和使用条件。一般都将提升电机安放在钻架底部，故水土和泥砂等脏物易于侵入机体，造成电机绝缘线圈短路。所以在选型时，必须考虑电机的密封和防潮问题。另外，提升机构载荷较大，启动频繁，尤其在卡钻提升时需要很大启动力矩。因此，应选择密封条件好、过载能力强，且适于经常启动的起重型电机。

b 调压气缸的设计

调压气缸的调压力可按下式计算：

$$Q = G\sin\alpha - F - Gf\cos\alpha - R \tag{1-90}$$

式中 G——下滑组合体的自重；

α——钻架对地面的倾角，一般 $\alpha = 60° \sim 90°$；

F——孔底合理轴压力，按表 1-4 选取；

f——钢对钢及钢对岩石的综合摩擦系数，平均选取 $f = 0.25$；

R——冲击器的反跳力，其值为活塞在每一个工作循环使气缸及时返回到初始位置所需要的最小轴推力。

调压缸直径 D 根据式（1-90）所求出的调压力 Q 按下式计算：

$$kQ = \frac{\pi}{4}(D^2 - d^2)\,p_0$$

整理上式则得 D 为：

$$D = \left(\frac{4kQ}{\pi p_0} + d^2\right)^{\frac{1}{2}} \tag{1-91}$$

式中 k——行程倍增器的倍率，一般 $k = 1$，当采用双行程倍增器时，$k = 2$；

p_0——调压气缸入口压气压力，采用集中供风时，$p_0=(4\sim5)\times10^5$Pa，采用空压机直接供风时，p_0 由空压机压力而定；

d——活塞杆直径（无杆腔不考虑 d）。

调压缸行程视推进器结构与钻孔需要而定。井下潜孔钻机多为 0.5～1.1m，露天潜孔钻机多为 0.4～0.5m。钻具一次推进行程 S_T 为：

$$S_T = kS \tag{1-92}$$

式中 S——调压气缸有效行程；

k——行程倍增器的倍率。

c 提升链条的计算

提升链条在风尘与泥土交集的环境中工作，同时还承受着强烈的冲击载荷。另外，钻架的高度很大，所以链条多由数百个链节组成，一旦一个链节破坏，整个链条及固接在其上的回转机构就可能全部滑落，造成重大事故。因此，链条的设计必须十分安全可靠。即使在最大瞬时载荷作用下，链条也不应发生破坏。链条的选择和计算按下式进行：

$$Q \geqslant F_{\text{Lmax}} \tag{1-93}$$

式中 F_{Lmax}——链条最大提升载荷；

Q——链条破断载荷。

链条最大载荷一般在卡钻提升或下放钻具支车时产生。这时，电机可能因输出最大负荷而堵转。最大堵转力矩 M_{Lmax} 为：

$$M_{\text{Lmax}} = 10^4 \frac{N}{n} i\eta Z \tag{1-94}$$

式中 N——提升电机额定功率；

n——提升电机额定转速；

i——提升系统传动比；

η——提升系统传动效率；

Z——最大过载系数，一般 $Z=2.6\sim3.2$。

单链传动时，链条最大提升载荷 F_{L1max} 为：

$$F_{\text{L1max}} = \frac{2M_{\text{Lmax}}}{d}$$

式中 d——主动链轮节圆直径。

双链传动时链条最大提升载荷 F_{L2max}（N）为：

$$F_{\text{L2max}} = \frac{bM_{\text{Lmax}}}{d}$$

式中 b——链条传动不均匀系数，一般取 $b=1.1$。

另外，根据设计与使用经验得知，提升链条安全系数应选取 $K=7\sim10$，故链条的计算载荷 Q_j 为：

$$Q_j = kG$$

式中 G——提升重力。

故按式（1-93）选择的链条破断载荷 Q 还应当大于或等于计算载荷 Q_j，即

$$Q = Q_j \tag{1-95}$$

为使提升链条安全可靠的工作，在设计和使用时，必须注意下面几个问题：

（1）应该在系统中设计断链保护装置，以防断链时造成重大机械及人身事故；

（2）如果采用双排链，必须设计均衡张紧装置；

（3）链条变形伸长后，必须及时张紧；

（4）对链条必须定期加油润滑，以便减少磨损，提高使用寿命；

（5）经常检查链条使用情况，如发现有链板外裂、销轴窜出及套筒严重磨损时必须及时更换，并进行有载提拉实验。

1.4.5 钻孔设备的排碴、除尘、空气增压和净化

1.4.5.1 排碴、除尘和除尘系统

钻孔设备在破岩过程中产生大量的岩粉，随着炮孔的延伸，只有不断地将其从孔底排到地面，才能实现正常的钻进。

A 排碴

所谓排碴就是将岩粉从孔底排到地表的工作。只用压气将岩粉排到孔外，称为干式排碴；用风水混合物将岩粉湿化后排到孔外，称为湿式排碴。在排出的岩粉中、粒度在500μm以上的粗状颗粒称为岩碴；粒度在500μm以下的细颗粒称为粉尘。

正确的排碴不仅可以提高凿岩速度、减少钻具能量损失，而且还可以提高钻头的使用寿命，降低穿孔成本。

直到目前为止，国内外钻孔机械排碴所使用的动力介质主要是水和压气。风动凿岩机基本是用水，露天钻机则多使用压气或气水混合物。

要想把粒度为几毫米乃至十几毫米的岩碴排出孔外，必须有足够的风量和风速。关于排碴风量和风速的计算见式（1-135）和式（1-136）。

B 除尘和除尘系统

所谓除尘就是把排到孔外的岩粉捕集起来，然后进行处理使其不至于污染大气的工作。这项工作对保护工人健康和减少设备磨损都是非常重要的。

通过调查研究证明，对人的身体危害最大的粉尘粒度在0.2~2μm之间。因此，除尘工作的重点是解决5μm以下的细小粉尘的捕集和消除问题。

根据除尘所用介质和设备的不同，可将除尘方法分为干式除尘、湿式除尘、混合式除尘和泡沫除尘等几种方式。

a 干式除尘和干式除尘系统

干式除尘是利用沉降器、旋流器和过滤器等装置将含尘气流中的岩粉捕集起来并除掉的。干式除尘方法的应用非常广泛，在我国主要应用在露天矿山，已有定型除尘设备可供选用；在国外，不但在露天矿山广为采用，而且在井下矿也有所应用。加拿大和瑞典的一些矿山在井下大直径深孔凿岩工作中已逐步由湿式除尘转为干式除尘。干式除尘不但能提高凿岩速度（10%~15%），而且还能减少污水对凿岩工具的侵蚀，增加钻具使用寿命。国外已有很多公司专门生产集尘器、喷射器、滤尘器等干式除尘装置供给井下矿山使用，较大型者也可用于铁路交通隧道的开拓工程。

国内外潜孔钻机广泛使用各种形式的干式除尘设备。典型的除尘系统如图1-96所示。

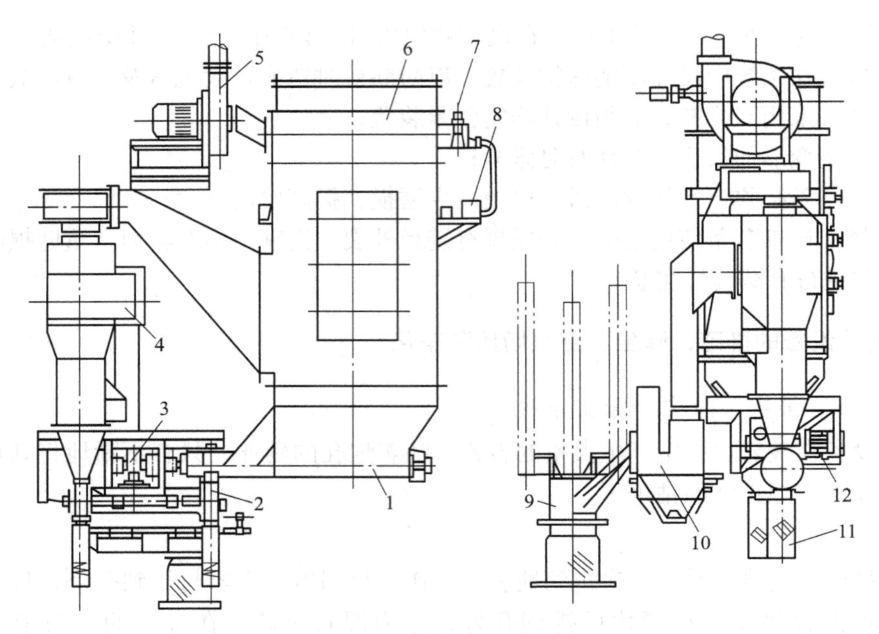

图 1-96 干式除尘系统图

1—螺旋清灰器；2—格式阀；3—减速器；4—旁室旋风防尘器；5—离心通风机；6—脉冲布袋除尘器；7—脉冲阀；8—喷吹控制器；9—捕尘罩；10—沉降箱；11—放灰胶管；12—电机

干式除尘系统的主要动力机械是离心式通风机。岩粉排出孔口后，首先在捕尘罩 9 中被捕集，大颗粒岩碴落在孔口周围。接着含尘气流进入沉降箱 10 中进行沉降，粗粒岩碴落入箱中。然后含尘气流进入旁室旋风除尘器 4，在这里进行离心分离和沉降，最后粉尘在脉冲布袋除尘器 6 中被过滤。过滤后的粉尘被阻留在除尘器内，而含有微量粉尘的气流由离心通风机 5 排至大气中。脉冲布袋中的粉尘用螺旋清灰器 1 排出。在脉冲布袋除尘器及旁室旋风除尘器的底部设有格式阀 2。当电机 12 开动后，螺旋清灰器开始清灰，同时格式阀旋转，粉尘通过格式阀、放灰胶管 11 自动地落到地面上。脉冲布袋防尘器的动作由脉冲阀 7 及喷吹控制器 8 控制。现将几级干式除尘的除尘原理分析如下：

（1）沉降法除尘原理。用沉降法除尘的除尘器有捕尘罩和沉降箱，它们是干式除尘系统中的前两级除尘器，都是靠重力作用原理来沉降粉尘的。除尘粒度在 500μm 以上，除尘效果可达到有关标准要求。

为使岩粉在沉降箱中有效地沉落，必须使岩粉从高度 h 落到底板的沉降时间小于或等于气流通过沉降箱长度 l 所需的时间。如图 1-97 所示，即必须保证：

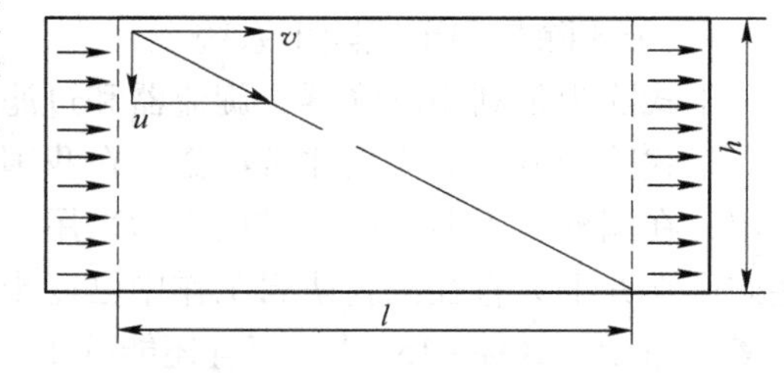

图 1-97 岩粉沉降示意图

$$\frac{h}{u} \leqslant \frac{l}{v} \tag{1-96}$$

式中 u——粉尘沉降速度；

v——含尘气流速度。

对于粒度在 5~100μm 的粉尘沉降速度 u 可按下式计算：

$$u = 1.282 \times 10^6 r^2 \sigma$$

式中 r——粉尘粒子半径；

σ——粉尘粒子的密度。

沉降箱的净化气流能力 Q 可按下式计算：

$$Q = lbu$$

式中 b——沉降箱宽度。

如果粉尘粒度大于 500μm，且在沉降相中加入适当的扰动或阻滞装置时，则会获得更好的沉降效果。

沉降效率可按下式计算：

$$\eta = \frac{g_1 - g_2}{g_1} \times 100\%$$

式中 g_1——进入沉降装置气流含尘量；

g_2——离开沉降装置气流含尘量。

（2）旋流法除尘原理。旋流法除尘的主要装置是旋流式除尘器。它是利用高速含尘气流的离心作用原理来分离和沉降粉尘的。除尘粒度为 5～500μm。它是干式除尘系统中的一级中间除尘装置，有时也单独使用。其工作原理如图 1-98 所示。

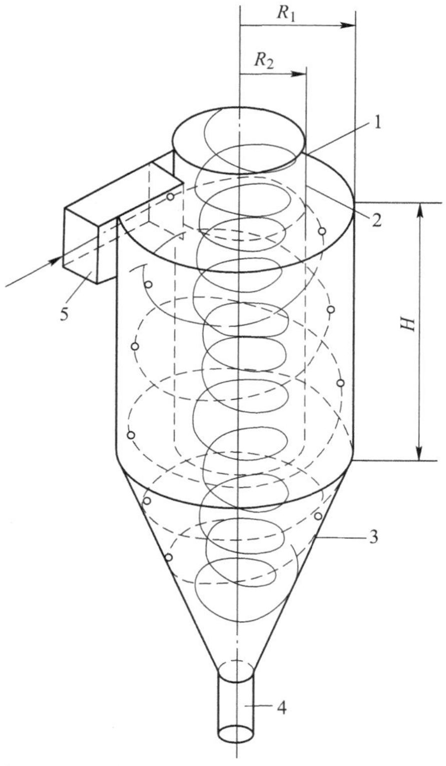

含尘气流从入风接头 5 进入外圆筒 1 与排风管 2 之间的环形空间，在离心力作用下，粉尘快速地向筒壁方向移动，同时，在自重力及气流的夹持力作用下，粉尘又急速地向筒底方向移动。亦即粉尘沿着扩展螺旋线的方向由入风口向筒底流动。沉降下来的粉尘定期从排尘口 4 排出。工作后的气流经排风管 2 的内孔又以螺旋线的形式排出筒外。

图 1-98 旋流除尘器工作原理图

1—外圆筒；2—排风管；3—圆锥体；4—排尘口；5—入风接头

旋流除尘器的外圆筒直径 D 可按下式计算：

$$D = \left(\frac{4F}{\pi} + d^2\right)^{\frac{1}{2}} = \left(\frac{4Q}{\pi v} + d^2\right)^{\frac{1}{2}} \quad (1\text{-}97)$$

式中 F——圆筒部分有效横截面积；

d——排风管直径；

Q——旋流除尘器净化空气量；

v——气流入口速度，$v = 12 \sim 14$ m/s。

旋流除尘器圆柱高度 H 可按粉尘从入风口内侧（排风管圆柱表面处）到达外圆筒筒壁的时间与到达筒底的时间相等的原则来求出。H 表达式如下：

$$H = \frac{4.5\mu g Q}{\pi^3 d_f^2 n^2 \gamma_f (R_1^2 - R_2^2)} \ln\left(\frac{R_1}{R_2}\right) \quad (1\text{-}98)$$

式中 d_f——粉尘的当量直径，m；

n——气流的旋转数；

γ_f——粉尘密度；

R_1——外圆筒半径，m；

R_2——排风管半径，m；

μ——空气绝对黏度，常温时为1.77kg·s/m²；

g——重力加速度，$g=9.8\mathrm{m/s^2}$；

Q——旋流除尘器净化空气量，m³/s。

除尘效率η可按下式计算：

$$\eta = \frac{G_1 - G_2}{G_1} \times 100\% \tag{1-99}$$

式中 G_1——除尘器入口气流含尘量；

G_2——除尘器出口气流含尘量。

（3）过滤法除尘原理。过滤法除尘是利用多孔介质的过滤作用而使尘气分离的，用于捕集0.1~0.5μm粒度的粉尘，多用在干式除尘系统的末级除尘上。常用的除尘介质为有一定厚度的纤维、布袋、纸板等。

脉冲布袋除尘器如图1-99所示，含尘气流从入口进入滤袋6，过滤后经喷嘴12、喷吹箱1及通风机出口排至大气。被布袋过滤的粉尘一部分靠重力作用落到积尘箱3中，一部分积附在滤袋上；当积尘增多时，过滤阻力加大，这时需用一种喷吹装置周期地、自动地喷吹布袋，借以吹落积尘，保证除尘系统持续地工作。

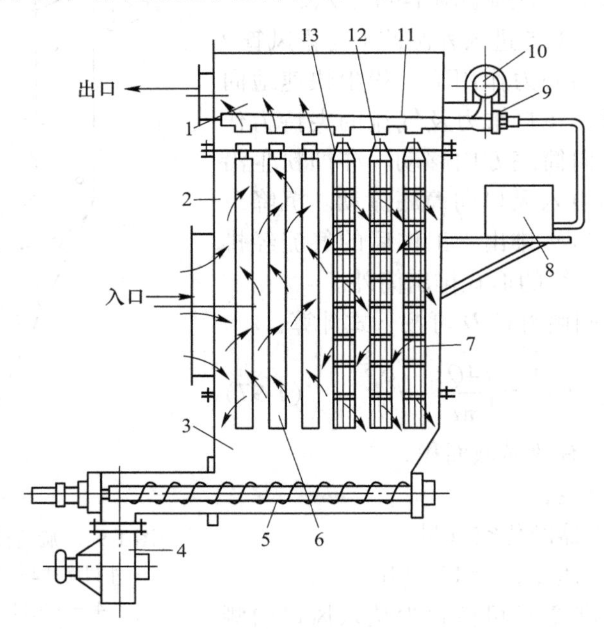

图1-99 脉冲布袋除尘器工作原理

1—喷吹箱；2—滤尘箱；3—积尘箱；4—格式阀；5—螺旋清灰器；6—滤袋；7—滤袋架；8—脉冲控制器；9—脉冲阀；10—风包；11—喷吹管；12—喷嘴；13—花板

干式除尘系统的动力机是离心式通风机。通风机的主要工作参数是风量、系统阻力和粉尘浓度。通风机风量Q一般可按下面的经验公式计算：

$$Q = (1.6 \sim 2.0)Q' \tag{1-100}$$

式中 Q'——空压压缩机的排风量。

除尘系统阻力 H 可按下式计算:

$$H = \sum_{i=1}^{n} k_i h_i = \sum_{i=1}^{n} k_i (h_1 + h_2 + \cdots + h_n) \tag{1-101}$$

式中 k_i——除尘系统附加阻力系数，$k_i = 1.1 \sim 1.2$；

h_i——各级除尘器的设备阻力。

进入通风机的粉尘浓度 G_n 可按下式求出

$$G_n = \frac{G}{Q} \tag{1-102}$$

式中 G——进入通风机的粉尘质量；

Q——通风机的排风量。

根据式（1-100）、式（1-101）、式（1-102）即可选择通风机。

b 湿式除尘和湿式除尘系统

孔底湿式除尘是利用风水混合物作除尘介质的。利用这种方法，首先在孔底把岩粉湿化，然后再将其排到地表。

由于孔底岩粉湿化后多呈黏滞状态，排碴效果低于干式除尘，钻机的钻进效率和经济效益也不如干式除尘高。但是，湿式除尘的除尘效果远优于干式除尘，所以至今这种方法仍被国内、外井下矿山广为采用。

孔口湿式除尘是指将排到孔口的干散岩粉进行喷湿和球化，以达到除尘目的的一种除尘方法。这种方法兼有干式除尘及孔底湿式除尘两种方法的优点，是一种值得进一步研究和应用的除尘方法，而且设施比较简单。

潜孔钻机采用水泵加压供水的湿式除尘系统进行湿式除尘，其供水系统如图 1-100 所示。水泵 7 将水箱 6 中的水抽出后，经调压阀 8、逆止阀 4 和控制阀 1 压入风水接头 10，在此形成风水混合物，然后将混合物通过主压气管 9 运入钻具并在孔底湿化岩粉。供水压力一般比风压高 0.05MPa。水量视排出岩粉的湿化程度而定。排出的岩粉用手抓握成团、松手后又能立即散开是理想的湿化状态。

如果将压气通入水箱中，就可取消水泵，在压气压力作用下，水按前述过程被输送到风水接头 10，雾化后再进入孔底，形成所谓压气加压供水系统。采用钻机本身自带空压机所产生的压气进行压气加压供水，可节省一套水泵动力系统，维修也比较简便，这是一种简单经济的供水方案。

c 混合式除尘

将干式除尘和湿式除尘结合起来应用，就可构成所谓干排湿除的混合式除尘系统。

d 泡沫除尘

近年来，在国外发展一种新式的除尘方法即所谓泡沫除尘法。它是将水和一定数量的聚合物起泡剂相混合形成一种起泡剂溶液，将其用泵打入凿岩用压气的进气管中并送入孔底，在孔底形成泡沫。泡沫将岩粉包住并将其举升到孔外，从而达到除尘的目的。采用这种除尘方法，不但能较好的捕集和消除粉尘，而且还可以提高排碴效果、加固孔壁，所以它是一种一举多得的除尘方法。

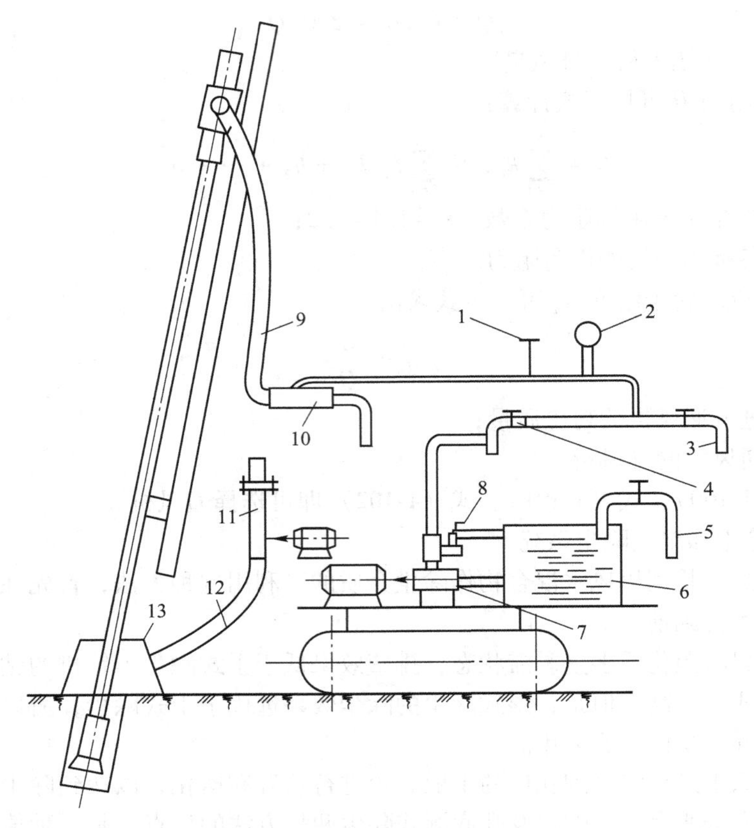

图 1-100 水泵加压供水系统图

1—控制阀；2—水压表；3—直接加水口；4—逆止阀；5—水箱加水口；6—水箱；7—水泵；8—调压阀；9—主压气管；10—风水接头；11—通风机；12—帆布管；13—捕尘罩

1.4.5.2 空气的增压和净化

尽管很多钻机都设置了除尘设备，但是还不能达到满意的除尘效果。国家规定钻孔作业点的空气最高粉尘浓度为 $2mg/m^3$，实际上多数除尘设备不能达到这个标准。为了确保钻机司机的身体健康和机电设备的安全运转，在许多钻机上都设置了空气增压净化装置，以净化司机室和机械间的空气，最后将粉尘浓度降到国家规定指标以下。这些设施的价格均较低廉。

A 司机室空气增压净化装置的组成及工作原理

一般将司机室空气增压净化装置安装在司机室的顶部，其结构组成及工作原理如图 1-101 所示。它由通风机 4、水平直进旋流器组 5、高效过滤器 6 等部分组成。

打开室外进风阀门 2，通风机便将室外的含尘气体吸入，然后送入水平直进旋流器组 5 进行前级净化，接着气流进入后级净化装置——高效过滤器 6（由氯纶和涤纶纤维组成）进行过滤。过滤后的空气经过净化管 8 送入司机室。

在冬季使用空气增压净化装置时，为了保证温度在 20℃左右，可将空气从司机座椅底部经电热器 9 加热后送进司机室。同时可将室内空气直接通过百叶窗 3 送入通风机循环使用。在夏季，可将净化空气从顶部吹风百叶窗 7 直接送入，并对司机进行适度的空气淋浴。

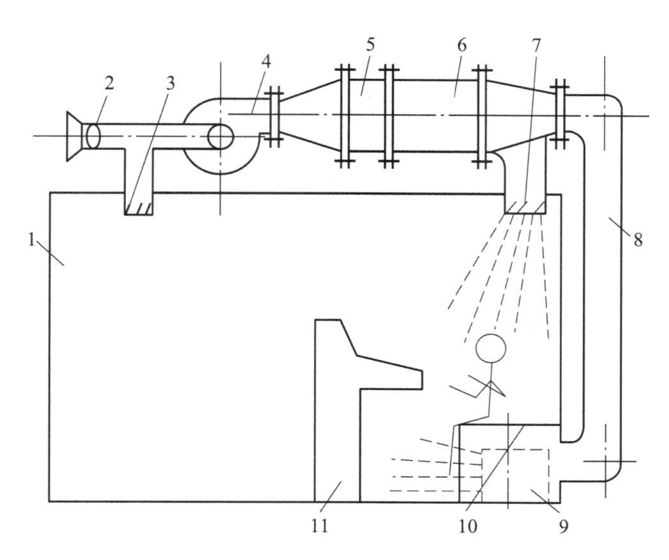

图 1-101 司机室空气增压净化装置系统图

1—司机室；2—室外进风阀门；3—室内循环百叶窗；4—通风机；5—水平直进旋流器组；6—高效过滤器；7—顶部吹风百叶窗；8—净化管；9—电热器；10—座椅；11—操作台

B 空气增压净化装置主要参数的选择与计算

为了更好地发挥空气增压净化装置的效能，应使其在规定气压范围内工作。一般室内空气压力选为20Pa，入口风速选为2~3m/s。现将净化装置的主要净化参数计算简述如下。

（1）净化效率的计算。前后两级净化效率计算如下：

$$\eta = [1 - (1 - \eta_1)(1 - \eta_2)] \times 100\% \tag{1-103}$$

式中 η_1——旋流器组的除尘效率，$\eta_1 = 0.8$；

η_2——过滤器的除尘效率，$\eta_2 = 0.98$。

（2）净化器风量的计算。净化器风量根据室内排尘及夏季空气调节两种要求确定。一般后者比前者大得多，所以计算后者即可。

根据使用经验，空气调节所需风量 $Q(\mathrm{m^3/h})$ 可按下面经验公式计算：

$$Q = kKV \tag{1-104}$$

式中 k——漏风损失系数，一般取 $k = 1.25$；

K——与司机室形状、供风方式及室内温度等有关的小时换气次数，当室外温度低于35℃时，取 $K = 150$；

V——司机室有效体积，$\mathrm{m^2}$。

（3）净化器供风阻力的计算。净化器的供风阻力 h 由旋流器阻力、过滤器阻力及管路阻力三项组成，即

$$h = \sum_{i=1}^{3} h_i \tag{1-105}$$

式中，h_1、h_2、h_3 分别为旋流器组、过滤器及管路阻力。

司机室空气的增压和净化，是大型矿山生产设备普遍关注的问题。这一问题解决得如何，不但体现了生产技术水平高低，同时也体现了人文环境的优劣，矿业工作者应予高度重视。

1.5 牙轮钻机

牙轮钻机的种类很多，按工作场地的不同，可分为露天矿用牙轮钻机和地下矿用牙轮钻机。

按技术特征的不同，牙轮钻机分类见表1-5。

按回转和加压方式的不同，牙轮钻机可分为：底部回转间断加压式（也称卡盘式）、底部回转连续加压式（也称转盘式）和顶部回转连续加压式（也称滑架式）。

表1-5 牙轮钻机按技术特征分类

技术特征	小型钻机	中型钻机	大型钻机	特大型钻机
钻孔直径/mm	≤150	≤280	≤380	>445
轴压力/kN	≤200	≤400	≤550	>650

1.5.1 牙轮钻机的工作原理及结构组成

牙轮钻头钻孔是属于旋转冲击式破碎岩石，工作情况如图1-102所示，机体通过钻杆给钻头施加足够大的轴压力和回转扭矩，牙轮钻头在岩石上边推进边回转，使牙轮在孔底滚动中连续地切削、冲击破碎岩石，被破碎的岩碴不断被压气从孔底吹至孔外，直至形成炮孔。

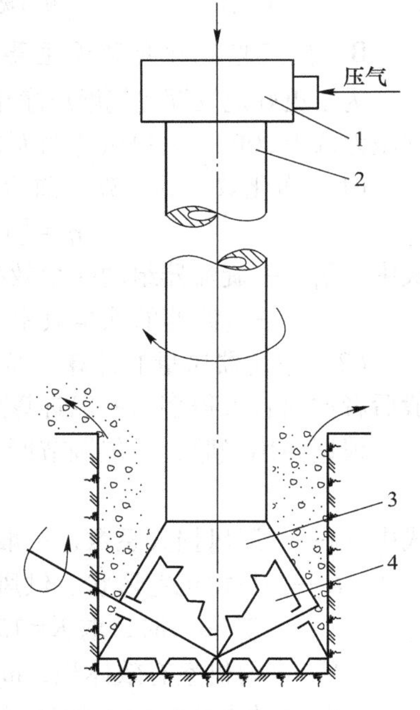

图1-102 牙轮钻机钻孔工作原理
1—加压、回转机构；2—钻杆；3—钻头；4—牙轮

由此可见，牙轮钻机在钻孔过程中，施加在钻头上的轴压力、转速和排碴风量是保证有效钻孔的主要工作参数。合理地选配这三个参数的数值称为钻机的钻孔工作制度。实践证明，如能合理地确定钻机的钻孔工作制度，就能提高钻孔速度，延长钻头寿命和降低钻孔成本。

当前，虽然国内、外牙轮钻机的种类繁多，但是根据钻孔工作的需要，它们的总体构造基本上是相似的。现以滑架式KY-310型牙轮钻机为例（如图1-103所示），说明牙轮钻机的组成。

（1）工作装置：直接实现钻孔的装置，包括钻具4、回转机构2、加压提升系统3、钻架装置1及压气排碴系统22等。

（2）底盘：用于使钻机行走并支承钻机的全部重量的装置，包括有履带行走机构9、千斤顶8、10和平台7等。

（3）动力装置：给钻机各组成部件提供动力的装置，包括直流发电机组17、变压器19、高压开关柜18和电气控制屏等。

（4）操纵装置：用于控制钻机的各部件，包括操纵台、各种控制按钮、手柄、指示仪表等。

（5）辅助工作装置：用于保证钻机正常、安全地工作，包括司机室 6、机械间 11、空气增压净化调节装置 5、干式除尘装置 25、湿式除尘装置 23、液压系统 16、压气控制系统 20 和干油润滑系统 14 等。

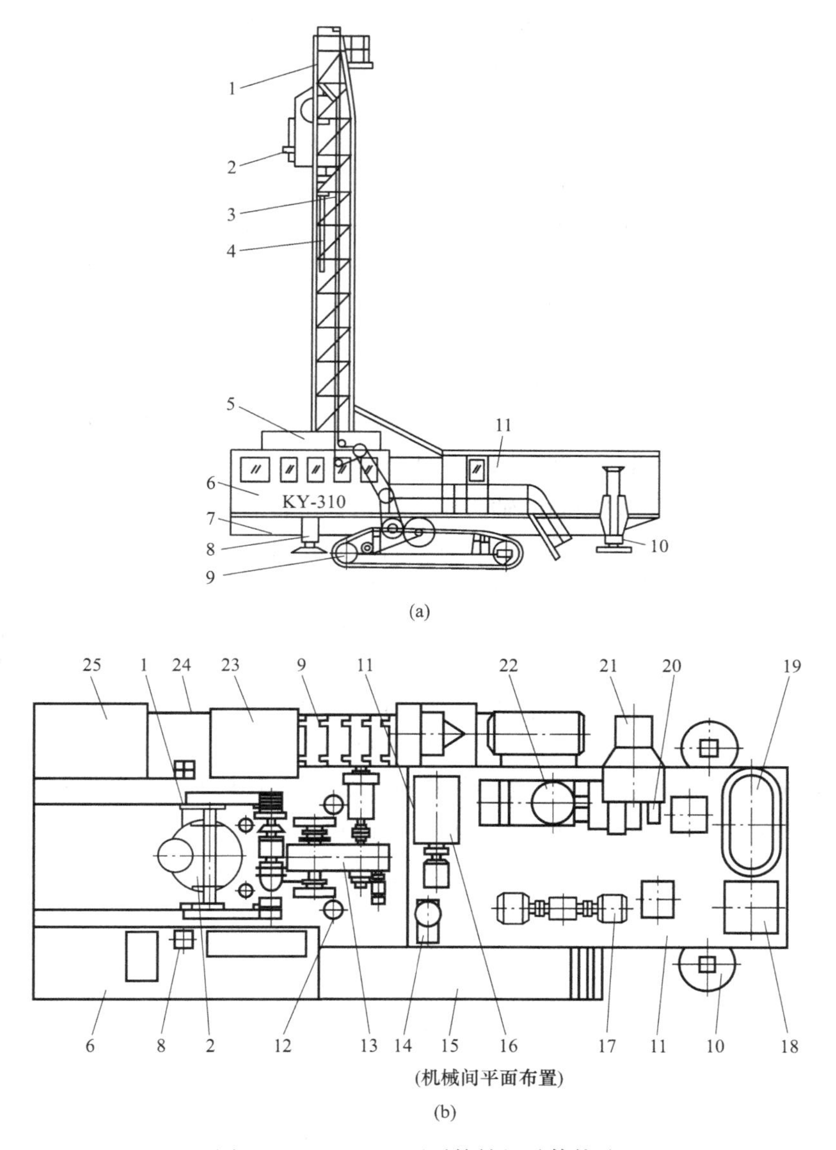

图 1-103　KY-310 型牙轮钻机总体构造

（a）钻机外形（主视）；（b）平面布置（俯视）

1—钻架装置；2—回转机构；3—加压提升系统；4—钻具；5—空气增压净化调节装置；6—司机室；7—平台；8，10—后、前千斤顶；9—履带行走机构；11—机械间；12—起落钻架油缸；13—主传动机构；14—干油润滑系统；15，24—右、左走台；16—液压系统；17—直流发电机组；18—高压开关柜；19—变压器；20—压气控制系统；21—空气增压净化量；22—压气排碴系统；23—湿式除尘装置；25—干式除尘装置

根据钻机的规格和使用要求的不同，钻机的各组成部分的内容和结构形式也不尽相同。

1.5.2 牙轮钻具的特点

牙轮钻机的钻具，主要包括钻杆、牙轮钻头两部分。它们是牙轮钻机实施钻孔的工具。

牙轮钻机在工作时，为了扩大其钻孔孔径，或者为了减少来自钻具的冲击振动负荷，钻凿出比较规整的爆破孔，在牙轮钻具上还常安装扩孔器、减振器、稳定器等辅助机具，这些都归为钻具部分。

钻杆的上端拧在回转机构的钻杆连接器上，下端和牙轮钻头连接在一起。由减速器主轴来的压气，经空心钻杆从钻头喷出吹洗孔底并排出岩碴。

钻孔时，牙轮钻机利用回转机构带动钻具旋转，并利用回转小车使其沿钻架上下运动。通过钻杆，将加压和回转机构的动力传给牙轮钻头。在钻孔过程中，随着炮孔的延伸，牙轮钻头在钻机加压机构带动下不断推进，在孔底实施破岩。

牙轮钻头的外形如图1-104所示。牙轮钻头有3个主要组成部分：牙轮、轴承和牙掌。牙轮安装在牙掌的轴颈上，其间还装有滚动体构成轴承，牙轮受力后即可在钻头体的轴颈上自由转动。牙轮钻头的破岩刃具是一些凸出于圆锥体锥面，并成排排列的合金柱齿或铣齿。这些柱齿或铣齿与相邻钻头圆锥体上的成排柱齿或铣齿交错啮合。

牙轮钻机工作时，钻杆以较高的轴向压力将钻头压在岩石上，并带着钻头转动，由于牙轮自由地套装在钻头轴承的轴颈上，并且岩石对牙轮有很大的滚动阻力，牙轮便在钻头旋转的摩擦阻力作用下绕自身的轴线自转。牙轮的旋转是牙轮钻机钻进破岩的基础。

由于牙轮旋转，牙轮表面的铣齿或镶嵌其上的柱齿不断地冲击岩石，在这种冲击力作用下使岩石发生破碎；而对破碎软岩，剪切和刮削力是提高破岩效果的重要因素，它是通过牙轮的偏心安装（图1-104），从而在岩石面上产生相对滑动而实现的。

整个钻杆是比较长的，除了要验算钻杆的强度外，还要对钻杆进行稳定性计算。钻杆的两端可以看成是上端固定、下端铰接的压杆，如图1-105所示。当钻杆受压产生挠曲后，在铰接点处产生一水平反力 R，由材料力学得知：

$$EJy^{n} = -Qy - Rx \tag{1-106}$$

则

$$y^{n} + \frac{Q}{EJ}y = -\frac{R}{EJ}x$$

经变换

$$y^{n} + k^{2}y = -C_{0}x$$

再行求解

$$Q = k^{2}EJ \approx \frac{(\sqrt{2}\pi)^{2}}{l^{2}}EJ \tag{1-107}$$

当 $Q=Q_{j}$ 时，求得：

$$Q_{j} = 2\frac{\pi^{2}EJ}{l^{2}} \tag{1-108}$$

式中 Q_{j}——钻杆稳定的临界轴压力；

E——钻杆的弹性模数；

J——钻杆截面的惯性矩；

l——钻杆长度。

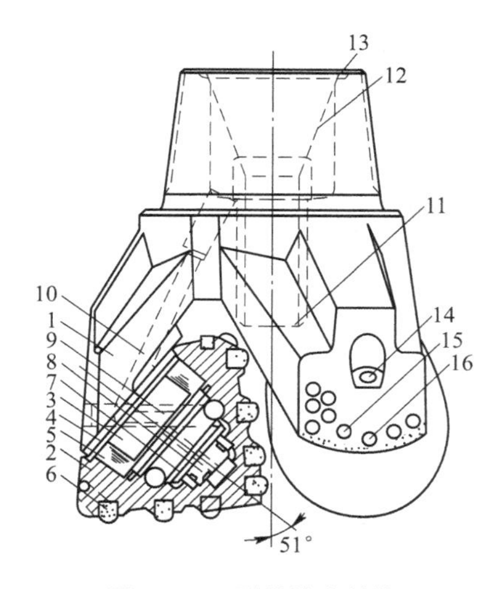

图 1-104 牙轮钻头结构

1—牙掌；2—牙轮；3—轴颈；4—滚珠；5—滚柱；
6—硬质合金柱齿；7—轴套；8—止推块；9—塞销；
10—轴承冷却风道；11—喷管；12—挡碴网；13—压圈；
14—加工定位孔；15—爪背合金柱；16—爪尖硬质合金堆焊层

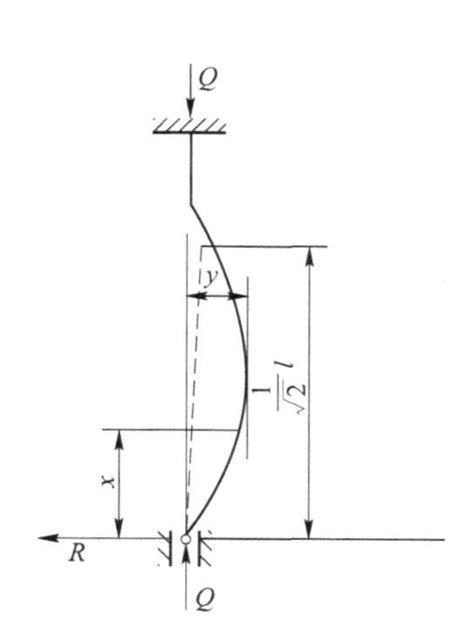

图 1-105 钻杆受压的挠曲线

钻杆的轴压力 Q 应小于临界压力 Q_j，即一般安全系数 n_a 为：

$$n_a = \frac{Q_j}{Q} = 1.8 \sim 3.0$$

潜孔钻机、旋转钻机的钻杆结构和尺寸，与牙轮钻机的钻杆基本相同。

1.5.3 牙轮钻机的整机性能指标

牙轮钻机在使用过程中表现出来的性能称为钻机的整机性能（或称使用性能），整机性能是评价钻机水平和质量的主要依据。钻孔机械的整机性能通常包括钻孔技术性能、经济技术性能、总体技术性能和一般技术性能。因此，在设计钻机时，首先必须对钻机的性能提出明确的要求，并使这些要求在钻机的总体设计和部件设计中得到实现。

钻孔技术性能是指钻机所适应的作业条件和所能发挥出来的最大工作效能，如所适应的岩石范围、钻孔直径、钻孔深度、钻孔方向和所能付出的轴压力、推进速度、回转扭矩、回转速度的排碴风量等。

整机技术性能是指钻机总体的规格和性能，如重量、重心坐标、总功率、总体尺寸、稳定性、对地比压、爬坡能力与行走速度等。

经济技术性能是指钻机发挥了最大工作效率时的钻孔生产率和钻孔成本等。

一般技术性能是指钻机工作的可靠性、司机工作的舒适性、制造的工艺性及维护保养和修理的方便性等。

设计一台钻机，首先要确定它的整机性能指标，即整机参数。这需要参考国内、外已有的同类钻机，并结合参数的计算和国内的技术水平加以确定。表 1-6 综合归纳了国内、外较先进的各种孔径钻机的整机参数，可作为设计钻机时选择参数和技术指标的参考。

表 1-6 牙轮钻机性能参数

技术参数		钻孔范围/mm					
		95~150	151~200	201~250	251~310	311~380	381~445
轴压力/kN		约 150	150~250	250~350	350~450	450~530	530~600
钻具转速/$r \cdot min^{-1}$		>140	140~125	125~120	120~115	115~110	<110
钻具扭矩/kN·m		<4	4~4.8	4.8~6.5	6.5~8	8~9.5	9.5~11.5
排碴风量/$m^3 \cdot min^{-1}$		<20	20~24	24~30	30~40	40~60	60~77
总安装功率/kW		<260	260~320	320~380	380~480	480~580	580~680
钻机重量/t		<30	30~40	40~85	85~115	115~130	130~145
外形尺寸/m（工作状态）	长	8	8~10	10~11.5	11.5~12.5	12.5~13.5	>13.5
	宽	<3.3	3.3~4.5	4.5~5.8	5.8~6	6~6.2	>6.2
	高	13.5	13.5~14	14~24.5	24.5~25.5	25.5~26.5	26.5

设计钻机时，首先根据岩石的种类、性质和采矿工艺的要求，由上级或使用部门提出的设计任务书确定钻机的用途和使用范围，即规定出该钻机所钻凿岩石的坚固性系数、钻孔直径、钻孔深度和钻孔方向。这几个参数是决定钻机主体结构、整机性能和钻机重量的主要因素，因此称其为钻机的原始设计参数。目前，国内、外牙轮钻机一般在中硬（f>6）及中硬以上的岩石中钻孔，其钻孔直径多为 130~380mm，钻孔深度多为 14~18m，钻孔倾角多为 60°~90°。

1.5.4 牙轮钻机主要工作参数的确定

牙轮钻机的工作参数，是指钻机工作时钻具作用在孔底岩石上的轴压力、钻孔速度、钻头转速、回转扭矩和排碴风量。正确地选择这些参数，不仅可以提高钻孔效率，延长钻具使用寿命，而且还可以降低钻孔成本。因此，牙轮钻机的工作参数是设计钻机的主要依据，也是合理地使用钻机的依据。

为了使设计的钻机能在各种不同性质的岩石中钻孔，并获得理想的钻孔效果，要求所设计钻机的工作参数能有一个可调的范围，以便根据不同的地质条件进行人工的或自动的调整，以便获得最佳的钻孔工作制度和最优的工作效率。

牙轮钻机有两种差别颇大的工作制度。一种是高轴压、低转速工作制度，如美国的轴压力为 300~600kN，转速小于 150r/min；一种是低轴压、高转速工作制度，如苏联的轴压力为 150~300kN，转速为 250~350r/min。近几年来的钻孔实践和新型钻机的出现都证明了高轴压、低转速和大风量排碴这一高效率的强力钻孔工作制度的优越性。

1.5.4.1 轴压力

轴压力是钻机通过钻具施加在岩石上的用以使岩石发生破碎的力。实践证明，轴压力既不能太小也不能过大，而有一个使岩石发生体积破碎的合理值。它取决于岩石的坚固性系数、钻头的直径和钻头质量。它应能使钻机达到较高的钻孔速度、较长的钻头寿命和较低的钻孔成本。

图 1-106 给出了钻头轴压力与钻孔速度的关系曲线。图中Ⅰ区称为表面破碎区，轴压力很小，钻头作用在岩石上的压力小于岩石的抗压入强度，此时靠表面磨损破坏岩石，其钻孔速度很低，随着轴压力的增加，钻孔速度也是直线地增加。Ⅱ区称为疲劳破碎区，当

钻头压力增加到一定值而又未达到岩石的抗压入强度极限时，在牙轮的多次作用下，岩石开始破碎，并且钻孔速度提高的比率大于轴压力增加的比率（成幂指数关系）。Ⅲ区称为体积破碎区，轴压力增加，牙轮与岩石接触所产生的压力等于或大于岩石的抗压入强度极限，则岩石产生大颗粒的体积破碎。岩石破碎得快，钻孔速度与轴压力成直线增加。轴压力过大时，不但钻头寿命降低，而且牙轮体与岩石接触、排碴条件不利等原因，也不能使钻孔速度再增加。从曲线的变化可知，最合理的轴压力应能使岩石形成体积破碎。设计钻机所选用的轴压力，应保证钻孔工作在体积破碎区进行。

合理轴压力的计算，除式（1-107）外，应用广泛又比较符合实际的有以下几种。

A 理论计算法

把岩石视为一均质弹性体，当钻头上的一个合金柱齿以 p 力作用在岩石上，在岩石内一小单元体上就要产生相应的应力，如图 1-107 所示。根据弹性力学可知：

$$\sigma_Z = -\frac{3p}{2\pi}Z^3(r^3 + Z^2)^{-\frac{5}{2}} \tag{1-109}$$

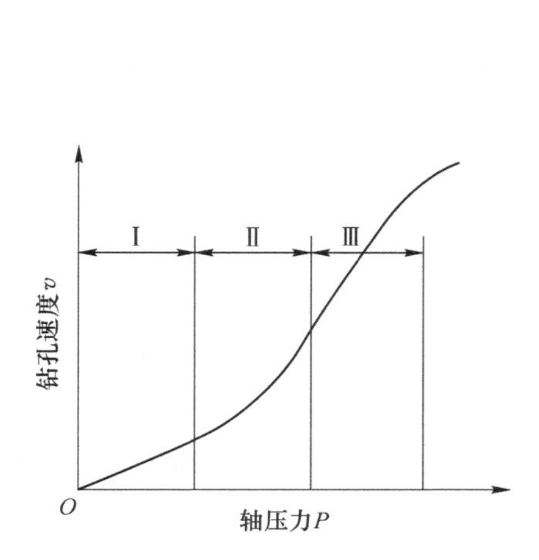

图 1-106 轴压力与钻孔速度关系曲线
Ⅰ—表面破碎区；Ⅱ—疲劳破碎区；
Ⅲ—体积破碎区

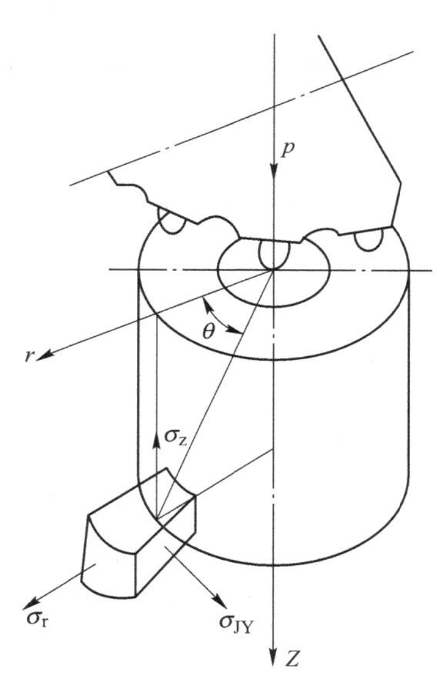

图 1-107 在合金齿作用下
岩石单元体的应力状态

当轴向应力大于所钻岩石的抗压强度极限时，岩石即从整体上破碎下来。解式(1-109)得平行于边界条件的破碎半径 r：

$$r^2 = \left(\frac{3p}{2\pi\sigma_{JY}}Z^3\right)^{\frac{2}{5}} - Z^2$$

当 $r=0$、$Z=Z_0$ 代入上式得破碎深度 Z_0 为：

$$Z_0 = \left(\frac{3p}{2\pi\sigma_{JY}}\right)^{\frac{1}{2}} \tag{1-110}$$

一个合金柱齿所破碎岩石的体积应当是

$$V_1 = \int_0^{Z_0} \pi r^2 \mathrm{d}Z = \int_0^{Z_0} \pi \left[\left(\frac{3p}{2\pi\sigma_{JY}} Z^3 \right)^{\frac{2}{5}} - Z^2 \right] \mathrm{d}Z = \frac{4\pi}{33} \left(\frac{3p}{2\pi\sigma_{JY}} \right)^{\frac{3}{2}} \tag{1-111}$$

在试验中得到p与钻机轴压力P成正比，与炮孔直径D成反比，即：

$$p = k_0 \frac{P}{D}$$

式中　k_0——比例系数，$k_0 = 57 \sim 67$。

将p代入式V_1，可得：

$$V_1 = \frac{4\pi}{33} \left(\frac{3k_0 \frac{P}{D}}{2\pi\sigma_{JY}} \right)^{\frac{3}{2}}$$

$$P = \left(\frac{33V_1}{4\pi} \right)^{\frac{2}{3}} \frac{2\pi}{3k_0} \sigma_{JY} D$$

设计中V_1值不能太小，因为太小，说明钻头不是破碎岩石，而是“研磨”岩石。实际破岩中V_1应大于某一个许可值，即不能小于$1\mathrm{cm}^3$。如取$V_1 = 1\mathrm{cm}^3$，σ_{JY}用岩石坚固性系数$f(\sigma_{JY} = 10^7 f)$表示，代入上式后整理得到钻机轴压力（单位为N）为：

$$P = (59.5 \sim 70.2) Df \tag{1-112}$$

苏联的资料中也介绍，对于露天矿牙轮钻机的轴压力P可近似计算为：

$$P = (60 \sim 70) Df \tag{1-113}$$

式中　f——普氏岩石坚固性系数；

D——钻孔直径。

可见，上述两个公式基本上是一致的。

B　经验计算法

以直径为214mm的钻头为标准进行大量的实验得知，如果作用在岩石上的压力超过岩石的抗压强度极限的30%～50%，岩石就能顺利地从原岩体中被破碎下来。对于不同直径的钻头，其轴压力P（单位为kN）和钻头直径D的关系可用如下的经验公式表达：

$$P = fk \frac{D}{D_0} \tag{1-114}$$

式中　f——岩石坚固件系数；

k——经验系数，$k = 13 \sim 15$，一般取$k = 14$；

D——设计选用的钻头直径；

D_0——试验钻头直径，$D_0 = 214\mathrm{mm}$。

总结我国多年研制和使用牙轮钻机的经验，认为式（1-112）、式（1-113）及式(1-114)计算结果相近，且与钻孔实践相符。但对硬岩，轴压力稍显偏低，因此，我国提出在硬岩中钻孔的轴压力P计算公式为：

$$P = (1.3 \sim 1.5) D \tag{1-115}$$

式中　D——设计选用的钻头直径。

1.5.4.2　钻头转速

实验表明，在一定转速范围（200r/min）内，钻孔速度与钻头转速成正比。转速太高，不但引起钻机强烈振动，而且降低了钻头寿命，使钻孔速度降低。苏联思·莫·比留科夫对合金齿破碎岩石进行了研究，认为岩石的破碎有一个过程，需要一定的时间。而牙轮钻头破碎岩石的效果与合金齿和岩石的接触时间有关，这个接触时间不能小于0.02~0.03s。否则，就不能发挥牙轮滚压破碎岩石的作用。根据这种观点，可以求出牙轮钻头的最高转速 n_T：

$$n_T = n_L \frac{d}{D} = \frac{60\, v_L}{\pi D} \tag{1-116}$$

式中 v_L——牙轮大端（直径为 d 处）的圆周线速度；

D——钻头直径；

n_L——牙轮的转速。

考虑牙轮在孔底转动时，不完全是纯滚动，速度要有所降低，因而：

$$v_L = \frac{\pi D n_T}{60} k$$

式中 k——速度损失系数，实验测得 $k=0.95$。

如果牙轮大端装嵌有 Z 个合金齿，则其齿间的弧长 L 应为：

$$L = \frac{\pi d}{Z}$$

而每个合金齿与岩石的接触时间应为：

$$t = \frac{L}{v_L}$$

或

$$v_L = \frac{L}{t} = \frac{\pi d}{tZ}$$

根据牙轮的速度公式，最后可得：

$$n_T = \frac{60d}{ktZD} = (2105 \sim 3160) \frac{d}{ZD} \tag{1-117}$$

1.5.4.3 回转扭矩

回转机构输出的功率主要用于克服牙轮滚动和滑动破碎岩石、克服钻头与孔底、钻头和钻杆与孔壁的摩擦力以及钻头轴承的摩擦力。然而这些因素都与岩石性质、钻孔直径、回转速度、轴压力、钻头的结构形式及新旧程度、孔底排碴状况等有关。足够的回转力矩是保证钻孔工作连续进行所必需的条件。其计算方法有以下几种。

A 理论计算法

在牙轮钻头钻孔时，钻杆传递的回转扭矩主要用来克服挤压与剪切岩石的总阻力 F：

$$F = h \frac{D}{2} \sigma Z \tag{1-118}$$

式中 h——牙轮齿压入岩石的深度（岩屑厚度）；

D——钻头直径；

Z——钻头上牙轮的数目；

σ——钻进时考虑挤压与剪切同时作用时，岩石的强度极限可按下式计算：

$$\sigma = 0.5(\sigma_{JY} + \sigma_{J}) \tag{1-119}$$

式中 σ_{JY}——岩石抗挤压强度极限；

σ_{J}——岩石抗剪切强度极限。

各种岩石的 σ_{JY}、σ_{J} 及 σ 值见表1-7。

表1-7 岩石的容重和强度极限

岩石名称	容重 $\rho'/t \cdot m^{-3}$	岩石坚固性系数 f	岩石强度极限/MPa		
			σ_{JY}	σ_{J}	σ
白垩、岩盐、石膏、泥灰岩、石灰岩	2.28~2.65	2~4	34~80	2.4~23	18.2~51.5
普通砂岩、砾岩、坚硬泥灰岩、石灰岩	2.65~2.72	4~6	80~100	23~25	51.5~62.5
铁矿石、砂页岩、片状砂岩、坚硬砂岩	2.72~2.84	6~10	100~140	25~32	62.5~86
花岗岩、大理岩、白云岩、黄铁矿、斑岩	2.84~2.89	10~12	140~180	32~44	86~112
硬花岗岩、角岩	2.89~2.95	12~14	180~243	44~50	112~146
很坚硬的花岗岩、石英、最硬的砂岩和石灰岩	2.95~3.00	14~16	243~272	50~52	146~162
玄武岩、辉绿岩、非常硬的岩石	3.00~3.21	16~20	272~343	52~53	162~198

牙轮切入岩石的深度 h 可按下式计算：

$$h = \frac{v}{kZn_{T}} \tag{1-120}$$

式中 v——牙轮钻机的钻孔速度；

k——考虑由于齿间岩石未完全破碎对钻孔速度的影响系数，$k=0.5$；

n_{T}——钻头转速；

Z——牙轮钻头的牙轮数。

由于牙轮传递到孔底的作用力具有三角形的分布形式，回转的总阻力 F 作用于钻头半径的三分之二处，钻头旋转所需之力矩 M 为：

$$M = F\frac{D}{3}k = \frac{1}{3}k\frac{D^{2}}{n_{T}}v\sigma \tag{1-121}$$

式中 k——考虑牙轮轴承和钻具对孔壁的摩擦系数，$k=1.12$。

B 经验计算法

美国休斯公司在实验室大量试验的基础上，经过分析得出了计算回转扭矩 M（单位为N·m）和回转功率 N（单位为kW）的经验公式：

$$M = 9360kD\left(\frac{P}{10}\right)^{1.5} \tag{1-122}$$

$$N = 0.96knD\left(\frac{P}{10}\right)^{1.5} \tag{1-123}$$

式中 D——钻头直径，cm；

P——轴压力，kN；

n——钻头转速，r/min；

k——岩石特性系数，见表1-8。

表 1-8 岩石特性常数

岩石性质	岩石抗压强度/MPa	k	岩石性质	岩石抗压强度/MPa	k
最软	—	14×10	中	56.0	8×10
软	35	12×10	硬	210	6×10
中软	17.5	10×10	很硬	475	4×10

1.5.4.4 钻孔速度

牙轮钻机的钻孔速度，是表征钻机是否先进的重要性能指标，也是钻孔工作制度是否合理的主要标志。它是由钻机的其他主要参数决定的。

A 理论计算法

可按照在静压和动载作用下牙轮钻头破碎岩石的体积，从理论上计算牙轮钻机的钻孔速度。若牙轮钻头每分钟的转数为 n_T、钻头旋转一周破碎的岩石厚度为 h，则钻孔速度 v 为：

$$v = n_T h$$

（1）钻头每转一转牙轮破碎岩石的厚度。如前所述，在轴压力作用下，一个合金柱齿破碎的岩石体积 V_1 为：

$$V_1 = \frac{4\pi}{33}\left(\frac{3p}{2\pi\sigma_{JY}}\right)^{\frac{3}{2}} \tag{1-124}$$

令

$$A = \frac{4\pi}{33}\left(\frac{3}{2\pi\sigma_{JY}}\right)^{\frac{3}{2}}$$

则

$$V_1 = A\,p^{\frac{3}{2}}$$

钻孔时，如钻杆作用在钻头上的力为 F，则 F 主要由轴压力 P 和动载荷 T（冲击载荷）两部分组成，即：

$$F = P + T$$

该力通过钻杆分别传给 3 个牙轮，平均每个牙轮所受的力为：

$$F_1 = F_2 = F_3 = \frac{F}{3} = \frac{1}{3}(P + T) \tag{1-125}$$

如果某一瞬间一个牙轮母线上有 k_I 个齿与岩石同时接触，一个合金齿上所受的力为 $p\left(p=\frac{F_1}{k_1}\right)$，则 k_1 个齿破碎的岩石体积为 ΔV_I：

$$\Delta V_I = A\left(\frac{F_1}{k_I}\right)^{\frac{3}{2}} k_I$$

一个牙轮自转一周所能破碎下来的体积应是：

$$V_I = \sum \Delta V_I = \sum_{I=1}^{m_1} A\left(\frac{F_1}{k_I}\right)^{\frac{3}{2}} k_I = \sum_{I=1}^{m_1} AF_I^{\frac{3}{2}} k_I^{-\frac{1}{2}} = AF_I^{\frac{3}{2}} \sum_{I=1}^{m_1} k_I^{-\frac{1}{2}} \tag{1-126}$$

而3个牙轮自转一周时所破碎的岩石体积是：

$$V_L = V_1 + V_2 + V_3 = AF_1^{\frac{3}{2}} \sum_{I=1}^{m_1} k_I^{-\frac{1}{2}} + AF_2^{\frac{3}{2}} \sum_{I=1}^{m_2} k_I^{-\frac{1}{2}} + AF_3^{\frac{3}{2}} \sum_{I=1}^{m_3} k_I^{-\frac{1}{2}}$$

$$= A\left(\frac{F}{3}\right)^{\frac{3}{2}} \left(\sum_{I=1}^{m_1} k_I^{-\frac{1}{2}} + \sum_{I=1}^{m_2} k_I^{-\frac{1}{2}} + \sum_{I=1}^{m_3} k_I^{-\frac{1}{2}} \right)$$

$$= A\left(\frac{F}{3}\right)^{\frac{3}{2}} (N_1 + N_2 + N_3) = AN\left(\frac{F}{3}\right)^{\frac{3}{2}} \tag{1-127}$$

式中 N——当量合金齿数和。

$$N = N_1 + N_2 + N_3 \tag{1-128}$$

$$N_1 = \sum_{I=1}^{m_1} k_I^{-\frac{1}{2}} = \frac{1}{\sqrt{k_1}} + \frac{1}{\sqrt{k_2}} + \cdots + \frac{1}{\sqrt{k_{m_1}}}$$

$$N_2 = \sum_{I=1}^{m_2} k_I^{-\frac{1}{2}} = \frac{1}{\sqrt{k_1}} + \frac{1}{\sqrt{k_2}} + \cdots + \frac{1}{\sqrt{k_{m_2}}}$$

$$N_3 = \sum_{I=1}^{m_3} k_I^{-\frac{1}{2}} = \frac{1}{\sqrt{k_1}} + \frac{1}{\sqrt{k_2}} + \cdots + \frac{1}{\sqrt{k_{m_3}}}$$

式中，m_1、m_2、m_3 为牙轮上布齿的母线数。

如图 1-108 所示为某钻头的第一牙轮的布齿规律，当量齿数 N_1 计算如下：

$$N_1 = \frac{1}{\sqrt{4}}+\frac{1}{\sqrt{1}}+\frac{1}{\sqrt{1}}+\frac{1}{\sqrt{2}}+\frac{1}{\sqrt{3}}+\frac{1}{\sqrt{2}}+\frac{1}{\sqrt{1}}+\frac{1}{\sqrt{1}}+\frac{1}{\sqrt{4}}+\frac{1}{\sqrt{1}}+\frac{1}{\sqrt{1}}+\frac{1}{\sqrt{2}}+\frac{1}{\sqrt{3}}+\frac{1}{\sqrt{2}}+\frac{1}{\sqrt{1}}+\frac{1}{\sqrt{1}}$$

$$= 12.982$$

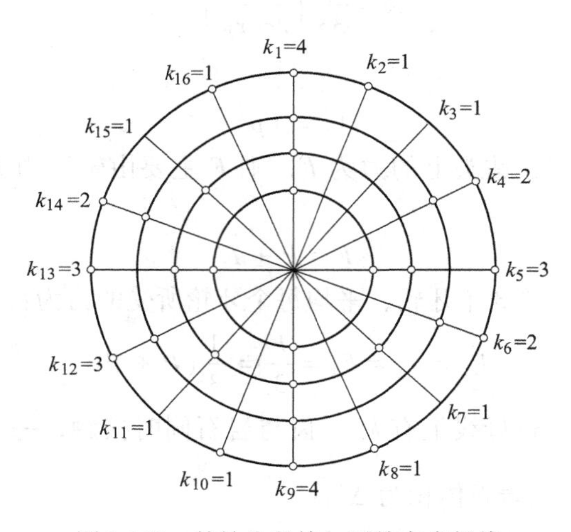

图 1-108 某钻头的第一牙轮布齿规律

若牙轮钻头孔底角 $\alpha=0$，牙轮主锥角为 2ϕ，则牙轮转速 n_L 与钻头转速 n_T 的关系为：

$$\frac{n_L}{n_T} + \frac{D}{d} = \frac{1}{\sin\phi}$$

式中 D，d——钻头与牙轮大端的直径，mm。

当钻头回转一周时，牙轮旋转 n_L 周，所破碎的岩石体积 V_T 为：

$$V_T = V_L n_{L_1} = AN\left(\frac{F}{3}\right)^{\frac{3}{2}} \frac{1}{\sin\phi}$$

钻头旋转一周时所破碎的岩石厚度 h 是：

$$h = \frac{V_T}{\frac{\pi D^2}{4}} = \frac{4V_T}{\pi D^2}$$

所以，牙轮钻头的钻孔速度 v 为：

$$v = n_T h = \frac{4V_T}{\pi D^2} n_T = \frac{4ANn_T}{\pi D^2 \sin\phi}\left[\frac{1}{3}(P + T)\right]^{\frac{3}{2}} \tag{1-129}$$

（2）动载荷的计算。动载荷 T 是由牙轮滚动时合金柱齿使钻头在轴线方向产生位移而引起的，如图 1-109 所示。通过求得假想牙轮剖到中心点 O 的位移 y 和加速度 a_{max}，而得到动载荷 T：

$$y = OA\sin(\theta + \theta_0)$$

$$a = \frac{d^2 y}{dl^2} = -OA\sin(\theta + \theta_0)\left(\frac{\omega_T}{\tan\phi}\right)^2$$

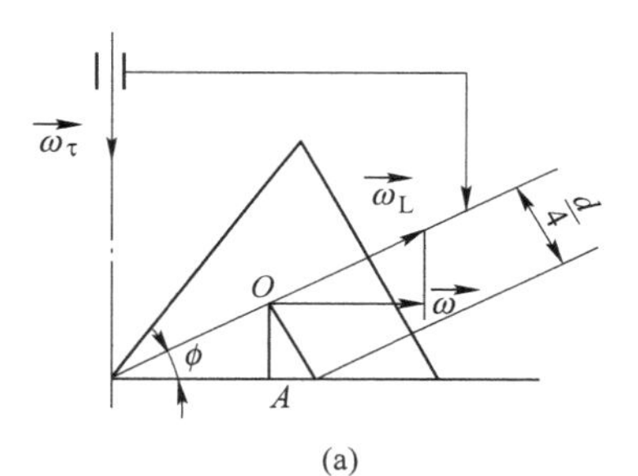

(a)

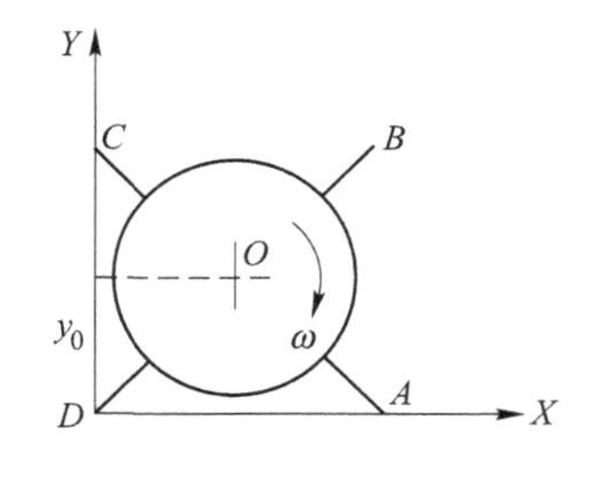

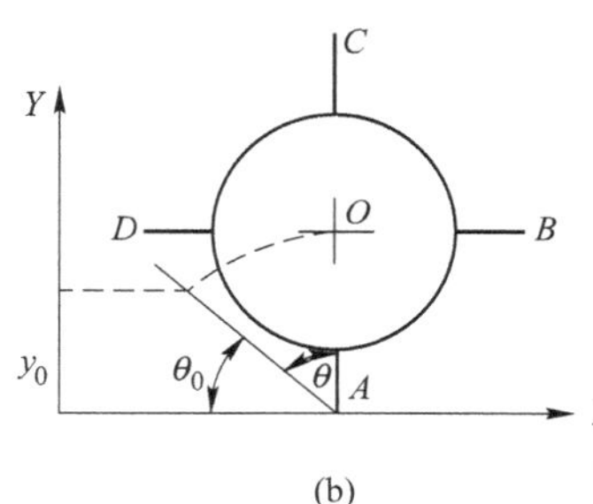

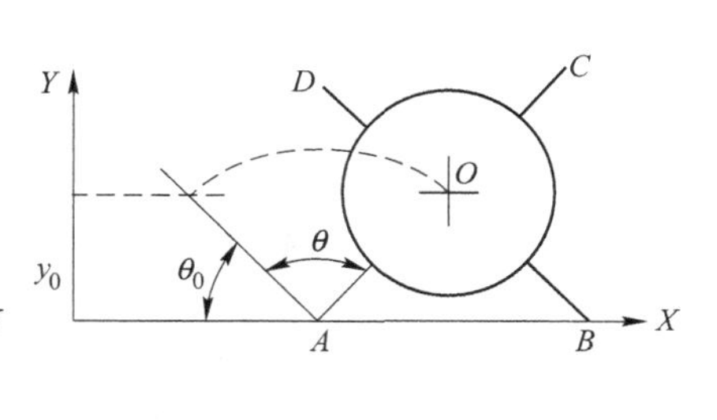

(b)

图 1-109　牙轮钻头动载荷计算

（a）钻头上的牙轮滚动；（b）牙轮上 OA 方向的剖面图（假想）

因 OA 是牙轮直径的函数，故加速度最大值为：

$$\sigma_{max} = -OA\left(\frac{\omega_T}{\tan\phi}\right)^2 = -\frac{d}{4}\cos\phi\left(\frac{\omega_T}{\tan\phi}\right)^2 = -\frac{d}{4}\cos\phi\left(\frac{\pi n_T}{30\tan\phi}\right)^2$$

于是

$$T = a_{\max} \frac{G}{g} = - \frac{G}{g} \frac{d}{4} \cos\phi \left(\frac{\pi n_{\mathrm{T}}}{30 \tan\phi} \right)^2 \tag{1-130}$$

式中　G——钻具整个移动部分的重力；

g——重力加速度。

通过分析可知，作用在牙轮上的动载荷 T（即惯性力）与轴压力方向相反。将 T、A 代入式（1-129）中，整理后得钻孔速度：

$$v = \frac{4 n_{\mathrm{T}} N}{\pi D^2 \sin\phi} \frac{4\pi}{33} \left(\frac{3}{2\pi \sigma_{\mathrm{JY}}} \right)^{\frac{3}{2}} \left\{ \frac{1}{3} \left[P - \frac{Gd}{4g} \cos\phi \left(\frac{\pi n_{\mathrm{T}}}{30 \tan\phi} \right)^2 \right] \right\}^{\frac{3}{2}}$$

$$v = 308 \times 10^{-4} \frac{n_{\mathrm{T}} N}{D^2 \sin\phi \, (\sigma_{\mathrm{JY}})^{\frac{3}{2}}} \left(P - 2.8 \times 10^{-6} Gd \frac{\cos\phi}{\tan^2\phi} n_{\mathrm{T}}^2 \right)^{\frac{3}{2}} \tag{1-131}$$

由式（1-131）可见，钻孔速度与轴压力 P^2、合金齿当量齿数和 N（与合金齿排列有关）成正比，与岩石抗压强度极限 $\sigma_{\mathrm{JY}}^{\frac{3}{2}}$ 成反比。

B　经验计算法

苏联勒·阿·捷宾格尔对露天矿牙轮钻机钻孔工作制度进行了试验研究，整理出下面的钻孔速度 v（单位为 cm/min）的经验公式：

$$v = 0.375 \frac{P n_{\mathrm{T}}}{Df} \tag{1-132}$$

式中　P——钻具的轴压力，kN；

n_{T}——钻头转速，r/min；

D——钻头直径，cm；

f——岩石坚固性系数。

根据美国以直径 250mm 钻头在固定转速 $n_{\mathrm{T}} = 60\mathrm{r/min}$ 的条件下进行工业实验得到的经验公式，经过单位换算，则可得出任意转速下的简化钻孔速度 v 的（单位为 m/min）公式为：

$$v = 0.0052 n_{\mathrm{T}} \left(\frac{10^4 P}{\sigma_{\mathrm{JY}} D_0} \right)^K \tag{1-133}$$

式中　n_{T}——钻头转速，r/min；

P——钻具的轴压力，N；

D_0——钻孔直径，cm；

σ_{JY}——岩石抗压强度极限，Pa；

K——计算常数，当岩石硬度为 15000～50000lb/in 时，$K = 1.4 \sim 1.75$。

式（1-132）、式（1-133）结构形式相似，它们简单明确，比较全面地反映了钻孔速度与钻机几个主要参数的一般关系，其计算结果比较接近实际。但事实上，影响钻孔速度的因素还有很多，如排碴介质、排碴风速、钻头形式与新旧程度、岩石可钻性等等。因此，还必须深入实际，全面了解影响钻孔速度的因素，进而准确地估算钻孔速度。

1.5.4.5　排碴风量

排碴风量的大小，直接影响钻孔速度和钻头寿命。必须保证有足够的风量才能更好地清洗孔底、排除岩碴及冷却钻头的轴承，使钻机在最优的工作制度下工作。排碴风量是牙轮钻机的主要工作参数之一。设计钻机时，必须正确地选择确定空压机的风量。排碴风量的计算有两种方法：

（1）排碴情况的好坏，主要取决于排碴风量。足够的排碴风量为提高轴压力和钻头转速、保持在合理钻孔制度下工作创造了条件。国外学者提出了表示炮孔清洗情况的指标 q，应按炮孔清洗指标确定排碴风量 Q。

$$q = \frac{Q}{W_{\max} n_{T_{\max}}} \approx 2 \times 10^{-5}$$

$$Q = qW_{\max} n_{T_{\max}} \tag{1-134}$$

式（1-134）是在钻头单位直径上的轴压力 $W_{\max}$，N/cm；钻头钻速 $n_{\max}$，r/min；Q 为排碴风量，m^3/min。

式（1-134）说明：如果排碴风量不变，增加单位轴压力 $W_{\max}$ 和钻头转速 $n_{T_{\max}}$，q 就降低，表明炮孔清洗不佳，影响钻孔速度。因此，为保持 q 不变，只有增加排碴风量，才能允许轴压力和转速的增加。

（2）合理的排碴风量，取决于钻杆与孔壁之间环形空间内有足够的回风速度，以便及时地将孔底岩碴排出孔外。这个回风速度必须大于最大颗粒岩碴在孔内空气中的悬浮速度（即临界沉降速度）。根据国外的经验，认为回风速度大约为 25.4m/s，最低不小于 15.3m/s，对于比重较大的某些铁矿，回风速度甚至超过 45.7m/s，一般可按下式计算所需的回风速度 v 和排风量 Q。

$$v = 4.7\,(d\rho')^{\frac{1}{2}} \tag{1-135}$$

式中　d——所排岩碴的最大粒度；

　　ρ'——岩石的容重。

$$Q = 15\pi(D_0^2 - d_0^2)v\alpha \tag{1-136}$$

式中　D_0——钻孔直径，m；

　　d_0——钻杆外径，m；

　　α——漏风系数，α=1.1~1.5。

另外，排碴风压对钻孔速度影响也很大，图 1-110 表明随着排碴风压的增加，孔底剩碴量急剧减少，钻孔速度显著地增加。当排碴风压大于 0.075MPa 时，孔底岩碴几乎排净，钻孔速度亦保持稳定，不再受风压影响。排碴风压是由排碴系统的压力损失决定的。设计钻机时，就是要根据钻孔时所需要的排碴风量和风压选择空压机。目前国内、外牙轮钻机多采用低风压、大风量的压气排碴，一般压气的压力为 0.35~0.4MPa。

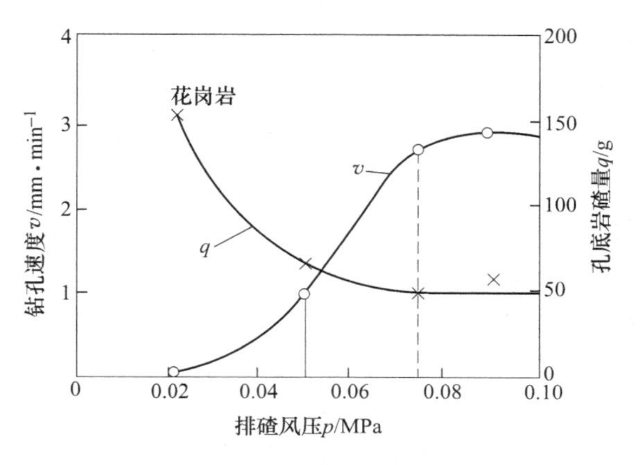

图 1-110　钻孔速度与孔底岩碴量、排碴风压的关系
v—钻孔速度；q—孔底岩碴量

1.5.5 牙轮钻机的总体设计

1.5.5.1 总体设计的依据和内容

一台牙轮钻机与其他机器一样，都是由许多零件、部件相互组合而成的整体。它的性能如何，不仅取决于各个零件、部件设计得是否合理，更主要的是决定于各部件性能相互配合与协调。因此，钻机的总体设计，对钻机的整机性能起着决定性的作用。

牙轮钻机的总体设计，要依据设计任务书中所规定的设计要求（如产品的用途、规格、性能和使用条件等）及当前我国的技术经济政策和制造条件等，从全局出发，正确合理地选择机型，确定整机性能参数及各部件的结构形式，进行总体布置，最后得到一个最佳的总体设计方案。

总体设计与各部件设计之间是全局与局部的关系。总体设计必须为各部件设计提供依据和条件；各部件设计是在总体设计的统一要求下进行的。总体设计还要协调解决各部件设计中可能遇到的问题。由此可见，总体设计是牙轮钻机设计的一个极其重要的环节。

1.5.5.2 总体结构方案的选择

为了拟定钻机的总体设计方案，在确定了牙轮钻机的原始设计参数和主要工作参数之后，就要在分析对比的基础上选定各部件的结构形式和传动方式，进行总体结构方案的初步设计。然后通过运动学和动力学论证，使其更加完善。

牙轮钻机的工作条件较差，如环境温度变化大，岩尘多，还有风、雪、雨的干扰。钻机的工作状况要经常变化，如启动频繁、外载荷波动较大、经常出现冲击振动、过载堵转等现象。这些使用环境和工作特点对钻机的各部件选用，都提出了特殊的要求。

A 动力装置的选择

牙轮钻机常用的动力装置，按动力种类可分为内燃机驱动、电力驱动及复合驱动；按整机所用原动机的数目可分为单机驱动和多机驱动；按原动机的特性可分为具有固定特性的驱动和具有可变特性的驱动。

在选择动力装置时，要考虑的因素有：钻机生产率及各机构所需功率的大小；各种工作机构对原动机提出的要求；动力装置的经济指标；动力装置的结构尺寸和重量；操纵控制方式和运行的方便程度；能源的来源及可靠程度等。应综合上述因素，根据具体条件和实施可能来确定选用的动力装置。

各种动力装置的特性曲线如图1-111所示。

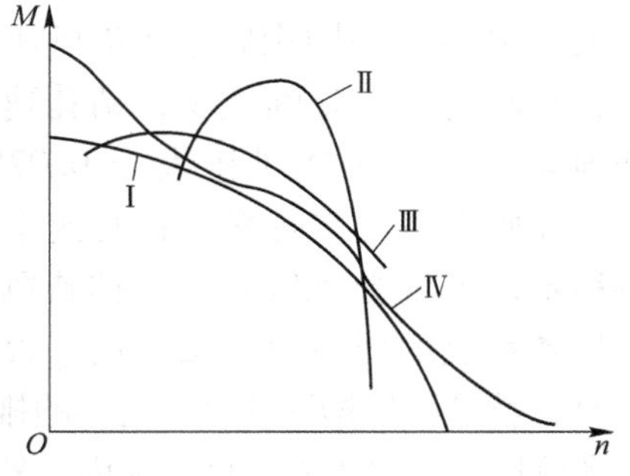

图1-111 各种动力装置的特性曲线

Ⅰ—直流电动机；Ⅱ—交流自动机；Ⅲ—内燃机；Ⅳ—柴油机-液力变矩器系统

（1）内燃机驱动：内燃机多应用于中、小型牙轮钻机上。其主要优点是钻机移动不受外界能源的限制，随时随地可以启动；效率高、体积小、重量轻、造价低。其主要缺点是不能有载起动，转速不能大幅度地调整；过载性能差，要根据机构的最大力矩来选择和确定功率，使用效率低，不能逆转；要求工人使用、操纵、维护技术水平较高。

（2）电动机驱动：电动机驱动在牙轮钻机上普遍使用。其主要特点是使用电能比较经济、方便，易于实现调速和逆转，可以采用多台电动机驱动，简化了传动系统。它可分为交流电动机驱动和直流电动机驱动。

（3）复合驱动：复合驱动有两种形式。柴油机-电动机驱动，主要用于缺少电力的场所，这种驱动的外特性与电动机一样，一般用在大、中型钻机上。柴油机（电动机）-液压传动，是一种发展较快的驱动形式，在中、小型钻机上应用较多。

（4）单发动机驱动：由一个发动机驱动多个工作机构的动作；各机构的动力接换，靠传动系统中的分动箱和各种离合器、制动器来实现。如果采用电力传动，其逆转靠电动机反转来实现。

（5）多发动机驱动：各主要工作机构都由自己独立的原动机驱动。这种驱动方式使传动系统简化，减少传动链长度，省掉了逆转器及离合器等部件。多发动机驱动的传动系统应用于大、中型钻机上，动力主要是电力。

由上述分析可知：电力驱动多应用于钻机工作地点比较固定，电源易于得到的地方。内燃机驱动多应用于流动性较大的钻机上。

B　传动系统的选择

a　常用的传动形式及其选择要求

钻孔机械中常用的传动形式有机械传动、液压传动和压气传动三种。

（1）机械传动，结构简单、传动可靠；加工及制造比较容易、成本低；但传动系统中有较大的扭振和冲击。这是钻机应用最普遍的传动形式。

（2）液压传动，结构简单、体积小；传动平稳可靠，操纵、控制方便，可以无级调速。这是钻机中应用较多的传动形式。由于泄漏、裂管等问题给使用带来一些麻烦。当前，大型钻机多用机械传动，小型钻机则较多地用液压传动。

（3）压气传动，结构简单、清洁，成本低；但工作不平稳，冲击性较大，动作不够可靠。压气传动应用在钻机辅助的操纵及控制系统。

当前，还应当以机械传动为主，逐步发展液压传动。

在钻机的总体设计中，对机械传动系统的选择要求是：集中传动时，经常动作的机构应靠近发动机；同时动作的机构应有独立的传动系统；选择适当的离合器与制动器控制各个机构，确保传动的安全可靠；传动机构的布置紧凑、检修方便；合理分配传动比，传动件要少，传动效率要高。

b　回转加压传动系统的分析

牙轮钻机的回转加压系统有底部回转间断加压、底部回转连续加压和顶部回转连续加压式三种形式。

（1）底部回转间断加压式，图1-112是由石油、勘探用钻机移植来的比较早期的一种结构形式，也称卡盘式。这种钻机有一个液压卡盘，通过油缸将钻杆卡住，两者再一起回转，并向下运动实现钻进动作。由于回转机构设在钻架底部，加压是间断的，因此称为底部回转间断加压式。这种钻机的加压是通过卡爪与钻杆之间的摩擦力传递的，因此加压能力小。又由于间断动作，所以钻机生产率比较低。这类钻机目前使用越来越少。

（2）底部回转连续加压式，如图1-113所示，这种钻机是将回转机构设在钻架底部；回转机构通过六方或带有花键的主钻杆带动钻具旋转，加压则是通过链条链轮组或钢绳滑轮组来实现的。苏制БАШ-320型、美制GD-80型牙轮钻机属于此类。这类钻机回转机构设在钻机平台上，钻架不承受扭矩，钻架结构重量轻，钻机稳定性好，维修也方便；但钻

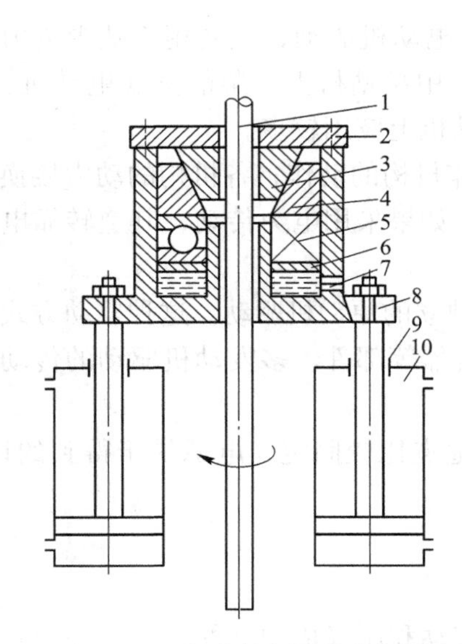

图1-112 液压卡盘加压示意图

1—钻杆；2—卡盘盖；3—卡爪；4—楔块；
5—轴承；6—滑板；7—进油口；
8—卡盘体；9—活塞杆；10—推进油缸

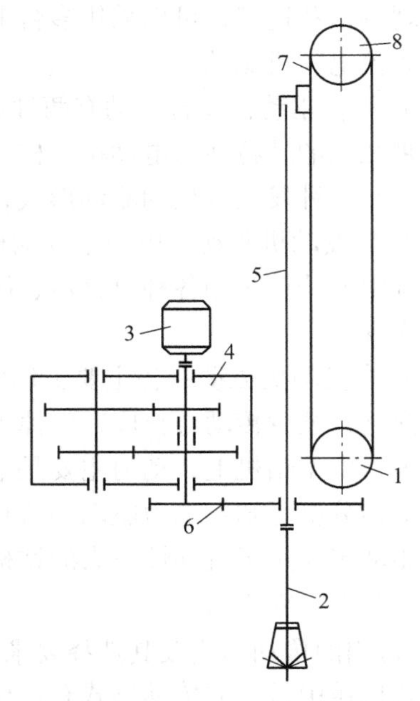

图1-113 底部回转连续加压示意图

1—主动链轮；2—钻具；3—回转电机；
4—回转减速器；5—花键轴或六方轴；
6—齿轮传动机构；7—链条；8—链轮

杆结构复杂，加工也困难。这种结构当前应用较少。

（3）顶部回转连续加压式，如图1-103所示，所谓顶部回转，就是回转机构设在钻架里面，在顶部带动钻具回转。这种钻机的特点是回转机构（即回转小车）在链条链轮组或钢绳轮组齿轮齿条的牵引下可以沿钻架的轨道上下滑动，以实现连续加压或提升，故也称它为“滑架式”。它的优点是结构简单、轴压力大、钻孔效率高，因此获得了广泛的应用。目前国内、外生产和使用的钻机主要是这一种。

c 加压、提升、行走系统的分析

按目前已有牙轮钻机的加压、提升和行走部件的结构关系，可以分为集中传动系统和独立传动系统两类。

（1）集中传动系统，如图1-114所示，加压与提升、行走分别由两个原动机（16、20）驱动，共用一套主传动机构。这是由于加压与提升、行走运动不是同时发生的，所以把它们合为一个传动系统。它多数用在电力驱动的大型牙轮钻机上。集中传动系统的离合器多、操作也复杂；但它具有结构紧凑、机件少、安装功率小等优点。如美制45-R、60-R、国产KY-250、KY-310型钻机就属于此类。

（2）独立传动系统，如图1-115所示，加压提升采用一个（机械的或液压的）传动系统，行走履带各自采用一个传动系统。独立传动系统所用机件多，占用空间大，安装功率也大，但具有机动灵活、离合机构简单、操作方便、检修容易等优点。美制M-4和M-5、苏制СВШ-250、国产KY-150和HYZ-250A型牙轮钻机均属此种类型。一般认为，中、小型钻机的各个机构以独立传动为宜。

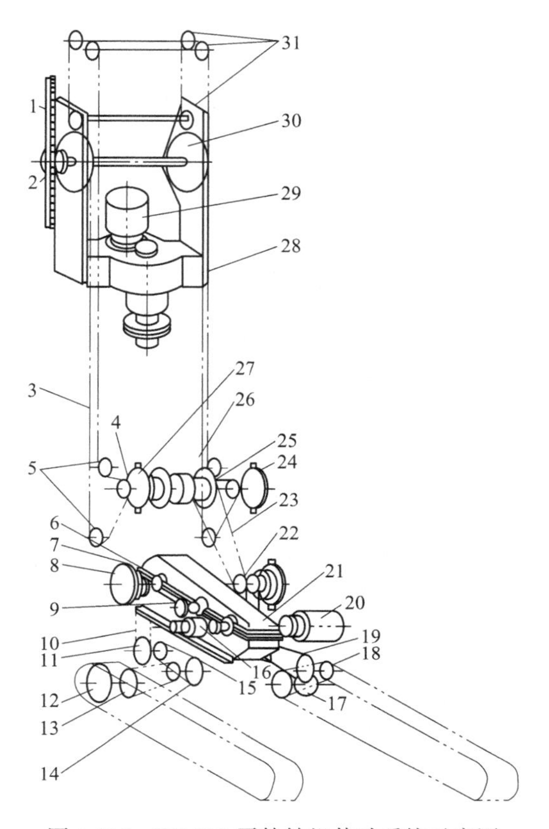

图 1-114 KY-310 牙轮钻机传动系统示意图

1—齿条；2—齿轮；3，10，17，19，23—链条；4~6，11，13~15，18，22，25，30，31—链轮；7—行走制动器；8—气胎离合器；9—牙嵌离合器；12—履带驱动轮；16—电磁滑差调速电机；20—提升和行走电机；21—主减速器；24—主制动器；26—主离合器；27—辅助卷扬及其制动器；28—回转减速器；29—回转电机

在牙轮钻机总体结构方案选定的同时，也要对各主要部件的结构进行分析、对比和选择，从而使总体方案更加充实、更加具体。

1.5.5.3 总体布置

当钻机的总体结构方案确定之后，就要进行钻机的总体布置，即合理地布置各部件在整机上的位置，以便确定各部件的位置尺寸、钻机的重量和重心坐标。

A 总体布置的原则

总体布置关系到钻机的使用性能和质量。因此在进行总体布置时，要遵循以下原则：

（1）有利于提高钻机的刚度、强度、抗振性和稳定性。钻机的重心要尽量低，重心位置要靠近钻机平面的几何中心。

（2）有利于提高钻机的作业效率，同时便于操作和维修，保证工作安全可靠。

（3）有利于提高传动效率，同时传动部件结构紧凑，传动路线尽量短。

（4）外形应美观、大方、有防护装置，同时符合运输要求。

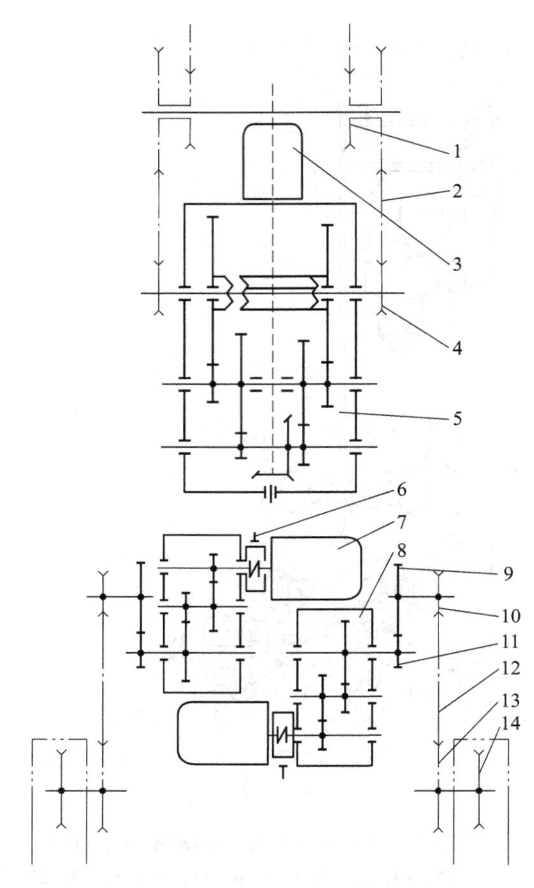

图 1-115 KY-150 牙轮钻机传动系统图

1—加压提升四链轮机构；2，12—链条；3—电磁滑差调速电机；4—主动链轮；5—变速器；6—制动器与联轴节；7—行走电动机；8—减速器；9，11—齿轮；10，13—主动、从动链轮；14—行走履带驱动轮

B 总体布置的步骤

钻机的总体布置工作大体可分以下三个阶段：

（1）选择基准与画方块图阶段，为了确定各部件在整机上的相互位置和尺寸，必须先选定尺寸基准。钻机通常的设计基准是：以平台的上缘面为各部件上下位置的基准；以机体（或平台）的纵向对称面为各部件的左右位置基准；以通过行走机构后驱动轮或钻孔中心线轴线并与平台表面垂直的平面为前后基准。钻机的前、后、左、右是以司机面向操作台的方位而确定的。

依据这些基准面布置备部件的相互位置，绘制钻机草图。即根据设计任务书的要求，参考同类钻机的技术资料和初步确定的各主要部件的结构型式、外形尺寸及在整机上的布置，把各部件简化为与其外形大体相似的方块，绘制整机方块图，估算整机参数。如无资料参考时，要按原始参数计算各部件及整机部分参数，经初步选定各部件后才能确定各部件的方块图。在方块图阶段应进行多方案比较，与此同时对各部件也要进行多方案设计，最后选定一个最优总体布置方案，作为进一步设计的依据。

（2）总布置草图（控制图）阶段，在初步确定总体设计方案以后，根据它给出的各部件的控制尺寸和重量，开始各部件的设计，同时也要开始绘制总体布置草图。从方块图逐步扩充变到有各部件的特性尺寸、相互位置、支承连接方式、操纵机构布置的总布置草图。绘制总布置草图的目的是控制和校核各部件是否协调，运动件是否互相干涉以及部件的装拆、维修、保养是否方便。设计过程中难免要修改原定的某些不合适的控制尺寸和机构，使其逐步完善。

与此同时，按各传动部件布置的位置，用单线条展开图的形式，画出表达钻机各部件传动关系的钻机传动系统机构示意图。图 1-116 是 KY-310 型牙轮钻机的传动系统图。

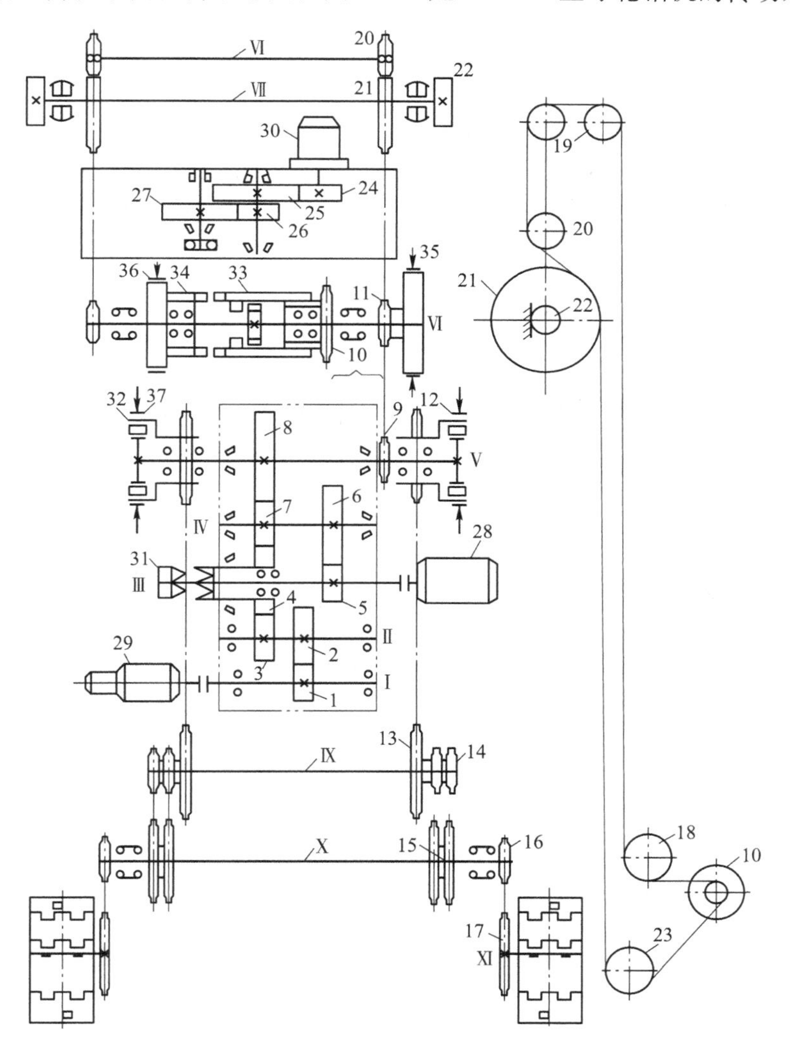

图 1-116　KY-310 型牙轮钻机传动示意图

1~8—加压提升机构齿轮；9~11，18~21，23—加压提升机构链轮；12~17—行走机构链轮；22—加压小齿轮；24~27—回转机构齿轮；28—提升电机；29—加压电机；30—回转电机；31—牙嵌离合器；32—行走气胎离合器；33—主离合器；34—辅助卷扬；35—主制动器；36—辅助卷扬制动器；37—行走制动器；Ⅰ~Ⅹ—传动轴

（3）总装配图阶段，当各部的部件图、零件图全部完成以后，根据这些图的尺寸绘制

钻机总装配图和整机尺寸链图，在图面上进行组装，再一次检查各部件的装配情况并检查有无干涉。

C 主要部件的布置

（1）动力装置的布置：对于单发动机（内燃机和电动机），动力装置采用前置方式。这样布置起着与工作装置相平衡的作用，增加了机体的稳定性，由于工作装置、行走装置的工作速度低、传动链长，所以动力装置的前置方式也有利于传动系统的布置。图1-103（b）、图1-117（a）、（b）就是直流发电机组、晶闸管直流供电装置和柴油机等动力装置的布置形式。

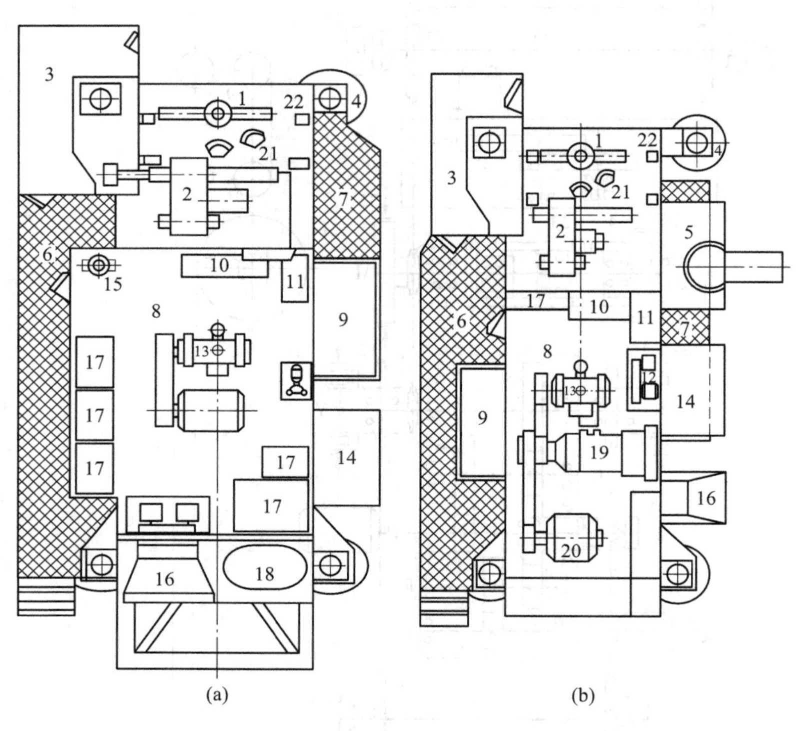

图1-117 钻机主要部件布置

（a）YZ-35钻机；（b）45-R钻机

1—钻具扳手；2—主传动机构；3—司机室；4—支撑千斤顶；5—干式除尘系统；6—右走台；7—左走台；8—平台；9—湿式除尘系统；10—油泵站；11—油箱；12—辅助空压机；13—主空压机；14—主空压机冷却水箱；15—干油泵站；16—增压净化装置；17—电控柜（晶闸管）；18—变压器；19—柴油机；20—电动机；21—钻杆架；22—钻架

在采用多发动机驱动的牙轮钻机上．原动机一般与被驱动的机构连接在一起，传动链应尽量缩短。为了工作安全，将高压电气系统（如变压器、高压开关柜、控制柜等）都安设在平台的最前端。

（2）工作装置的布置：如图1-117所示，为了增加钻机的稳定性和轴压力，支承千斤顶4要布置在平台8的边缘；钻孔中心要尽量向钻机重心位置靠近。为了钻孔工作方便，钻孔工作装置多采用后置式的，即把钻架22布置在平台后方中央，回转小车和钻杆架安放在钻架里，主传动机构2毗邻钻架安装在平台后面。考虑整机的电磁滑差调速电机平衡，主空压机13布置在平台的前方，除尘系统5应与司机室对称，设在与钻孔中心靠近的左后边。为了避免废气的循环、排气管末端要高出机械间一段距离。

（3）行走机构的布置：行走机构承受着钻机的重量和各种行走载荷，它经常行驶在高低不平的矿场上。为了增加钻机的稳定性，减少其偏斜和颠簸，改善履带的受力状态，应使钻机的重心位置靠近在履带行走机构的几何中心上。在结构上多采用平台上与履带装置三点支承、后桥驱动、刚性连接和前桥摆动的布置方式。因此，行走机构的传动系统也布置在平台的后方。

（4）司机室与机械间的布置：如图1-117所示，为了观察、操作方便，司机室应靠近工作装置，按右手操作的习惯，一般把它布置在平台的右侧后边。因为液压、压气、油滑、电气系统等都要求有个干净整洁的工作环境，所以它们都集中布置在密封的机械间内，并在机械间的侧壁上装有空气增压净化装置，机械间设在平台的中后段。为了操作和维修方便，机械间的两侧要设走台，以便把钻架、平台、司机室和机械间连接起来。低压电压控制系统要设在机械间的门边。

总之，考虑到钻机的稳定和平衡，各主要部件要按钻机的纵向均匀分布重量，并以纵向对称垂直面为基准在横向上对称布置各个部件。

1.5.5.4 总体尺寸的确定

由总体布置图上所得到的钻机工作状态和行走状态的最大外形尺寸（图1-103）总长、总宽、总高及行走机构的主要布置尺寸，就是钻机的总体尺寸。这些尺寸应当满足设计任务书中的要求，还应当按照运输部门所限定的运输尺寸标准来校核（如通过隧道的可能性等）。

因为钻孔机械属于重型机械，其外形大、机器重、行走速度低，因此它必须符合相关运输部门规定的有关运输尺寸的要求。

对于小型钻机，尽量整体运输，其外形尺寸应尽量限制在运输部门规定的运输尺寸之内（如铁路载重平板车的尺寸范围等）。

对于大、中型钻机，外形尺寸往往过大，则必须把钻机拆分成若干个部件，甚至把个别过大的部件设计成可拆卸的组合部件，以便分体运输。但是对大型部件的拆分，应当注意不要影响整机的刚度、强度。为此，应按铁路运输的尺寸要求校核钻机的总体尺寸和部件尺寸，以便于对总体布置、总体尺寸作必要的调整与修改。

1.5.6 牙轮钻机回转机构设计

回转机构（回转小车）是牙轮钻机工作装置的重要组成部分，也是牙轮钻机的主要机构之一。它的作用是：驱动钻具回转，并通过减速器把电动机的扭矩和转速变成钻具钻孔需要的扭矩和转速；配合钻杆架进行钻头、钻杆的接卸和向钻具输送压气。回转机构的类型可分为顶部回转和底部回转两种。滑架式牙轮钻机采用顶部回转机构，并把它置于钻架中；转盘式牙轮钻机采用底部回转机构，并把它安装在平台上。顶部回转机构如图1-118所示，它由电动机2、减速器4、钻杆连接器7、回转小车1和进风接头3等部件组成。在回转小车上安装有导向滚轮6、防坠制动器10及大、小链轮轴8、9和加压齿轮11等零部件。

由于钻孔工作条件（如环境、气候）比较恶劣，工作时冲击和振动较大，因此回转机构极易发生故障。为了保证钻孔工作的正常进行，对回转机构的设计除有一般要求（如回转机构及其零件的体积小、质量轻，具有足够的强度、刚度和可靠性；操作方便；保养维护简单等）外，还要求采取缓冲、减振措施，具有安全防坠装置。

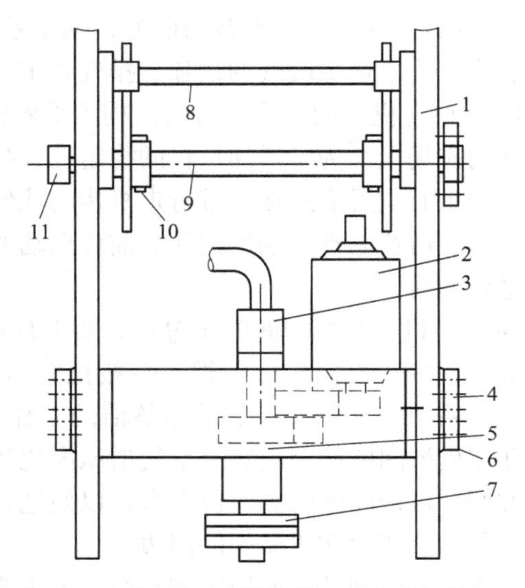

图 1-118 YZ-35 型牙轮钻机回转机构
1—回转小车；2—电动机；3—进风接头；4—减速器；5—中空主轴；6—导向滚轮；7—钻杆连接器；8，9—大、小链轮轴；10—防坠制动器；11—加压齿轮

回转机构的设计任务是根据钻机总体设计的要求和所提供的参数，选择原动机、设计减速器、钻杆连接器及回转小车等。

1.5.6.1 原动机的选择

A 原动机的类型分析

牙轮钻机回转机构的原动机有 3 种类型：交流电动机、直流电动机和液压马达。

（1）交流电动机拖动系统：这种拖动系统结构简单、成本低，使用可靠、易于维修，但不能无级调速。即使采用多速电机，也难以满足钻孔工艺的要求。这种动力装置在牙轮钻机的发展初期采用较多，后来除部分小型钻机采用多速交流电机外，大多被直流电动机所取代。然而，由于电动机技术的进一步发展，美国 B-E 公司对 60-RⅢ、60-R、55-RⅡ型钻机的电力拖动系统又作了修改，把回转机构的直流电机改用鼠笼型交流电机，配以变频调速。现在，变频调速成为电动机调速的发展方向。

（2）直流电动机拖动系统：这种拖动方式可以实现回转机构的无级调速，在国内、外应用比较广泛。直流电动机拖动系统的供电与调速方式有如下 3 种：

1）电动机-发电机组供电并调速。这是比较成熟的电控方式，可以满足钻孔工艺要求，并易于维修，但效率低、设备重、占地面积大，维护工作量也大。国产 KY-310、美制 60-RⅢ型等钻机的回转机构采用这种方式。

2）晶闸管供电并调速。这种供电调速系统具有可调性好、效率高、占地面积小等优点，但所用原件较多、线路复杂，抗干扰能力差，故障不易排除，要求维护人员具有较高的技术水平。因此，目前在牙轮钻机上应用的还不多。但在国产 YZ-35 型牙轮钻机上已采用这种拖动方式。

3）磁放大器供电并调速，它具有可靠性好、适应环境能力和过载能力强及效率高等优点。根据国内外实践表明，磁放大器供电调速装置非常适用于有强烈振动、温差变化大、粉尘多的露天条件下作业的牙轮钻机。国产 KY-250、美制 45-R 型钻机采用这种方式。

（3）液压马达拖动：液压马达可以实现无级调速，同时还具有体积小、质量轻、承载能力大的优点，因此在中、小型钻机回转机构上应用较多，如美制 M-4、M-5、GD-25C 型等钻机。但与电动机拖动系统相比，它存在有泄漏及管裂等问题。

回转机构有单电机驱动的，也有双电机驱动的。当前国内、外钻机用单电机驱动较多。采用双电机驱动，可以减小回转小车的尺寸和钻架的高度，两电机对称布置还能使回转小车重量平衡，上下运行平稳。

B 原动机功率的计算和选择

a 原动机的功率计算

根据牙轮钻机总体方案的要求和给定的钻机工作参数；钻具的回转扭矩 M 和回转速度 n_T，即可计算原动机的功率 N：

$$N = \frac{Mn_T}{10000\eta} \tag{1-137}$$

式中 η——传动效率，按回转机构的传动系统确定。

当前多数钻机的回转速度是在 0~120r/min 内无级调节；原苏联钻机的转速稍高些，为 0~150r/min。一般，钻头最高转速不应该对应于电动机的最高转速。因为牙轮钻机多用于坚硬岩石钻孔，为了充分发挥电动机的功率，应使电动机在额定转速下工作。即电动机的额定转速与在坚硬岩石上钻孔的钻具转速相适应。这个转速是钻具回转的基本转速，根据我国的具体情况，它为 70~80r/min。但为了扩大钻机的使用范围，提高牙轮钻机在软岩上的钻孔效率，一般钻具的最高转速要比基本转速高些。这时电动机的转速也比额定转速高，这可以通过减弱电动机的激磁磁场来达到。

b 原动机构选择

根据总体设计确定的回转原动机的类型和回转机构的传动形式（传动比为 i）初定原动机的转速 n：

$$n = in_T$$

按原动机的类型、功率和转速，即可选择特性相近的原动机。为了适应顶部回转机构的工作需要，这个电动机应当体积小、重量轻、耐冲击振动、可靠性好且额定转速不宜太高，否则传动比大，使减速器尺寸也大。

1.5.6.2 回转减速器的设计

A 回转减速器的作用、类型和设计要求

回转减速器是回转机构的核心部件。滑架式钻机的回转减速器安装在回转小车上。它的作用是把电动机的扭矩和转速变成适应钻孔需要的扭矩和转速。

国内、外牙轮钻机回转减速器的类型主要有两种：圆柱齿轮减速器和行星齿轮减速器。圆柱齿轮减速器应用比较广泛，其特点是制造容易、维护简单，但体积和重量大、传动效率低。国产 KY-250、KY-310、YZ-35、美制 45-R、60-R 等钻机的回转减速器基本结构相同，都是二级圆柱齿轮减速器。行星齿轮减速器的特点是体积小、重量轻、效率高、传动比大；但是结构比较复杂、加工精度高。这种减速器宜用在中、小型牙轮钻机的回转机构上，如 GD-25C、GD-45C 钻机。

根据回转机构的工作特点，对滑架式钻机回转减速器的设计要求是：减速器为立式结构；要加强密封，防止漏油；加强连接，防止松动；同时能承受较大的轴向力和冲击力；还应有连接钻杆的减振措施。

B 回转减速器的结构分析与选择

国内、外滑架式钻机的回转机构，多数采用两级圆柱齿轮减速器。虽然它们的基本形式相同，但其具体结构、布置形式却各有特点。以 HYZ-250、KY-250、KY-310、45-R、60-R 型钻机为例，对其回转减速器的结构作如下分析。减速器传动轴的排列与布置形式如图 1-119 所示。

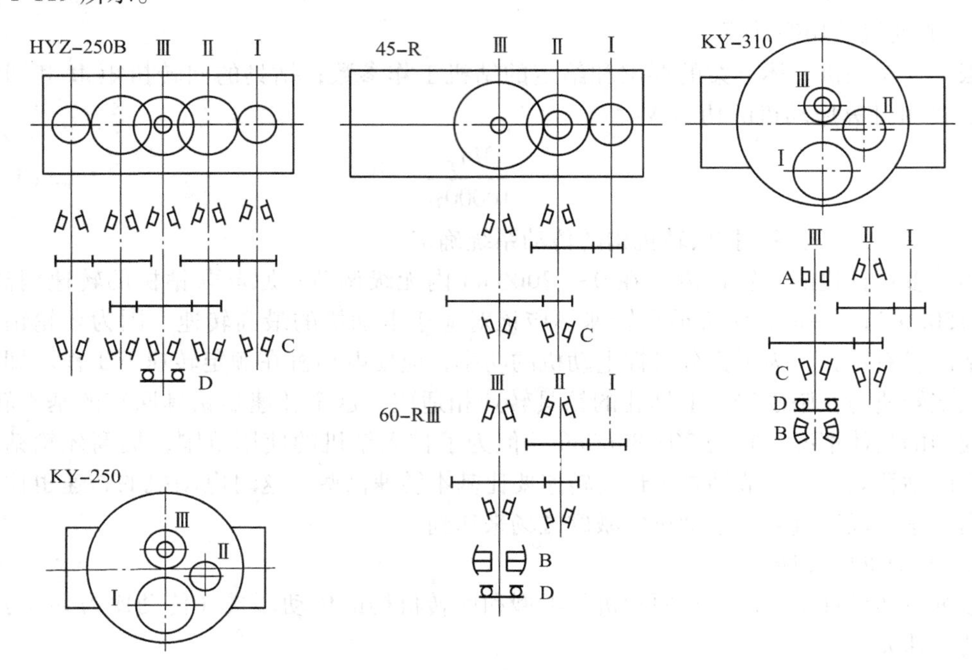

图 1-119 回转机构减速器示意图

A—42228 单列向心短圆柱滚子轴承；B—3636 双列向心球面滚子轴承；
C—7536 单列圆锥滚子轴承；D—9069436 推力向心球面滚子轴承

a 传动轴布置与箱体形式

传动轴布置和减速箱体形式相关。45-R、60-RⅢ、HYZ-250B 型钻机的传动轴Ⅰ、Ⅱ、Ⅲ呈直线式布置，采用方形上开式箱体的结构形式；KY-250、KY-310 钻机传动轴Ⅰ、Ⅱ、Ⅲ呈三角式布置，采用圆柱形上开式箱体的结构形式。HYZ-250B 的减速器宽度超过了 1.6m，KY-450 的宽度缩小为 1.5m，而 KY-310 的宽度则为 16m。可见后者结构紧凑。这就相应减小了“Π”形钻架的开口宽度，增加了钻架的稳定性。虽然这种布置使电动机略微靠前，但由于减速器和钻杆的重量超过了电动机重量，所以不会因电动机前移而影响减速器的稳定。

减速器的箱体有方形和圆形。后者比前者工艺性好，因为圆形上开箱体加工容易，并可利用圆形止口与箱体配合，保证装配精度，其箱盖的螺栓也不承受剪力，合箱处的密封性也较好。但方形箱体也具有检修方便等优点。

b 空心主轴的支承形式

45-R 钻机的输出主轴支承形式最简单，有两套单列圆锥滚子轴承。钻机加压时，通过下端轴承将压力传给钻杆；钻机提升时，通过上端轴承将钻具提起。使用中加压轴承易于损坏。60-RⅢ钻机因轴压增大，下端增设双列向心球面滚子轴承，并专门增加了一个止推轴承来传递较大的轴向压力。HYZ-250B 钻机的输出主轴采用两套单列圆锥滚子轴承，而轴压力则由一套推力滚子轴承承受。尽管如此，其推力轴承还是经常损坏。同样结构的 KY-250 钻机，由于钻杆的冲击和偏摆，使轴承受到了较大的径向附加载荷，大大降低了单列圆锥滚子轴承的寿命。经过改进，在推力轴承下部又增加一个单列向心圆柱滚子轴承，这就改善了轴承的工作条件和使用效果。KY-310 钻机的轴承结构形式和布置与改进后的 KY-250 钻机基本上是一致的。不同点是推力轴承外缘与减速器箱体之间留有 2.5mm 的间隙，保证推力轴承不受任何的径向力，从而提高了轴承的寿命。图 1-120 是 KY-310、KY-450 型钻机回转机构减速器结构图。

c 第一轴的结构形式

第一轴的结构形式有悬臂式和简支式两种。

悬臂式的Ⅰ轴（图 1-120（a）），即利用回转电动机伸出的轴头安装主动小齿轮，它与Ⅱ轴大齿轮啮合形成一级齿轮传动。Ⅰ轴的支点在电动机上，其结构简单，但受力不好。由于悬臂Ⅰ轴易于变形和歪斜，使Ⅰ、Ⅱ轴齿轮齿面接触不良，受力不均并常发生打牙现象，Ⅱ轴轴承也易于压碎；同时也会使电动机法兰盘和减速机掩体的连接螺栓折断。美制 45-R、60-R、国产 KY-310 型钻机等都采用这种结构。

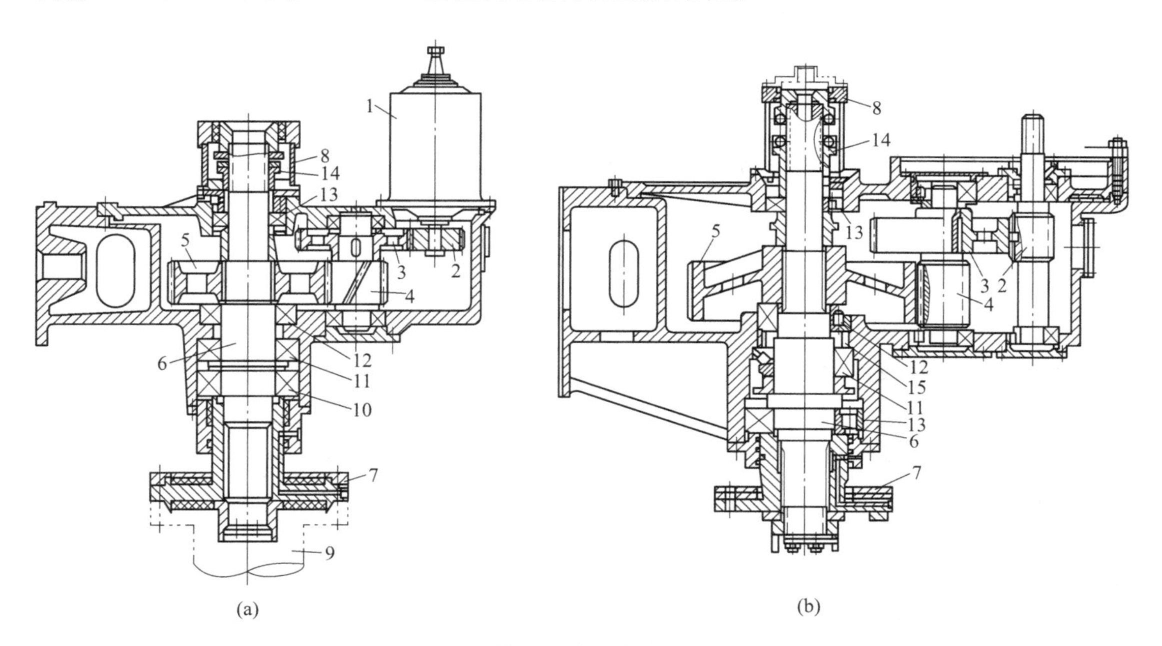

图 1-120 钻机回转机构减速器展开图

（a）KY-310 钻机回转机构；（b）KY-250 钻机回转机构

1—回转电动机；2~5—齿轮；6—中空主轴；7—钻杆连接器；8—进风接头；9—风卡头；10—双列向心球面滚子轴承；11—推力向心球面轴承；12—单列圆锥滚子轴承；13—单列向心短圆柱滚子轴承；14—调整螺母；15—弹簧

简支式Ⅰ轴结构（图 1-120（b）），是一个在减速器箱体上有双支点的轴。它和电动机输出轴用联轴器连接。这种结构改善了轴的受力和齿轮的接触情况，从而使齿轮能正常动。减少机件损坏。国产 KY-250、YZ-35 型钻机采用这种结构。

C 附加外力与弯矩的计算

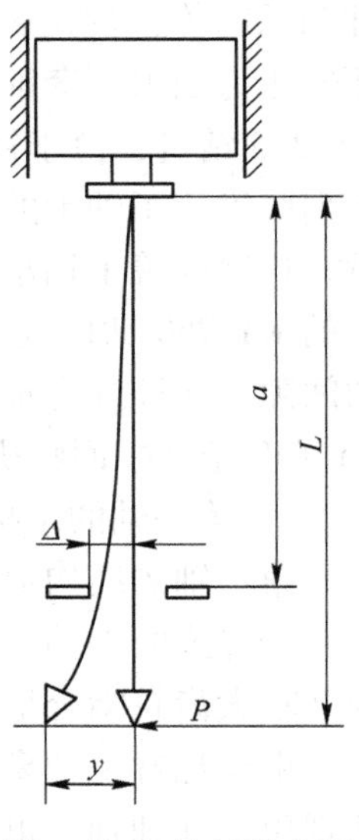

图 1-121 钻杆受力图

回转机构减速器突出的一个问题是：由于钻机在钻孔时有横向的冲击力对中空主轴产生附加的外力和弯矩。在设计减速器及钻杆连接器时，应当考虑这个问题，如图 1-121 所示。假设钻具在开孔时就受一横向力 P 的作用，使钻杆偏向一侧，当钻杆靠紧导向套后就不再偏移，设此时钻头的最大偏移为 y，则导向套处的偏移量就是钻杆与导向套的侧向间隙 Δ。若钻杆全长为 L 钻杆连接器到导向套的距离为 a，根据悬臂梁挠度计算公式，则：

$$\Delta = \frac{Pl\,a^2}{6EJ}\left(3 - \frac{a}{l}\right) \tag{1-138}$$

作用在中空主轴上的附加外力 P 和弯矩 M 应为：

$$P = \frac{6EJ\Delta}{a^2(3l - a)} \tag{1-139}$$

$$M = Pl = \frac{6EJl\Delta}{a^2(3l - a)} \tag{1-140}$$

D 回转减速器的设计计算

a 确定传动比

按照总体方案的要求，根据初步选定的原动机（额定转速为 n_H）和钻头的基本转速 n_T，计算总传动比 i：

$$i = \frac{n_H}{n_T}$$

按照所选定的减速器的结构型式和拟定的传动系统图，分配两级传动比为 i_1、i_2，并使

$$i = i_1 i_2 \quad (i_1 < i_2)$$

如 KY-310：$n_H = 1150\text{r/min}$，$n_T = 73\text{r/min}$，则 $i = \frac{1150}{73} = 15.75$，选取 $i_1 = 3.5$，$i_2 = 4.5$。最后确定齿轮的齿数，验算传动比。

b 绘制减速器传动系统图

根据所选定减速器的类型、传动的级数、箱体形式、轴和轴承的布置等，画出回转减速器的传动系统图。图 1-122 为 KY-310 钻机回转减速器传动系统图。

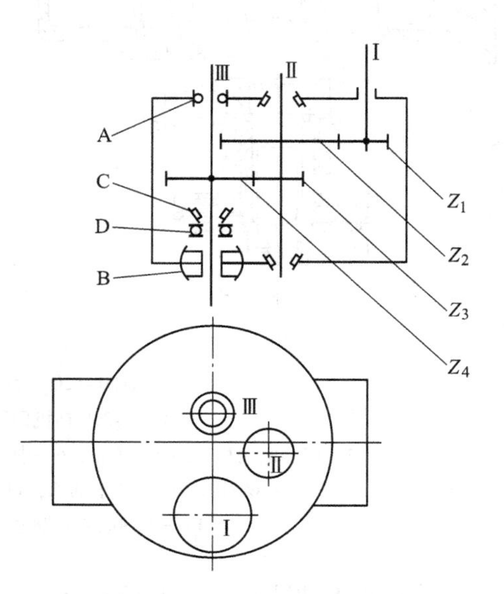

图 1-122 KY-3l0 钻机回转减速器传动系统

c 计算各轴的转速 n_x 和扭矩 M_x

$$n_x = \frac{n_H}{i_x}$$

$$M_x = 10^4 \frac{N}{n_x} \eta_x \qquad (1\text{-}141)$$

式中 i_x——原动机至 x 轴的传动比；

η_x——原动机至 x 轴的传动效率；

n_H——原动机的额定转速；

N——原动机的额定功率。

然后，根据前面制订的方案和提供的数据，与通用减速器设计一样，进行各齿轮、轴、轴承等零部件的设计计算，完成减速器的设计。应该指出的是：

（1）根据钻机回转减速器的工作特点和结构特点，要采取可靠的结构措施保证减速器的密封和润滑。

（2）中空主轴是减速器中的重要部件，它是受力大且结构复杂的静不定轴，对它必须周密地设计和计算。

1.5.6.3 钻杆连接器的设计

钻杆连接器是回转机构的主要部件，它用以连接钻杆和回转减速器的输出轴、减少钻具传来的冲击振动，起弹性联轴器的作用。目前所用的钻杆连接器按其结构可分为普通钻杆连接器、浮动钻杆连接器和减振钻杆连接器三种类型。

由于回转机构的工作条件和工作特点，对钻杆连接器的要求是：

（1）缓冲性好，能吸收钻进时产生的振动力，以保护钻机和钻头。

（2）允许钻机在各种条件下使用最大的轴压力、扭矩和转速，适应的载荷范围宽。

（3）工作可靠，维修安装方便，成本低。

钻杆连接器的结构分析与选择。

A 普通钻杆连接器

60-RⅢ型钻机的钻杆就采用这种连接器，如图 1-123 所示。上对轮 4 通过螺纹与中空主轴 3 连接，同时用螺栓与下对轮 1 连接。上、下对轮之间放有橡胶垫 2，两者靠牙嵌啮合传递扭矩。对轮的靠面作成球面，这样可以使上、下对轮的轴线相对偏转一个小的角度，起到弹性连接的作用。

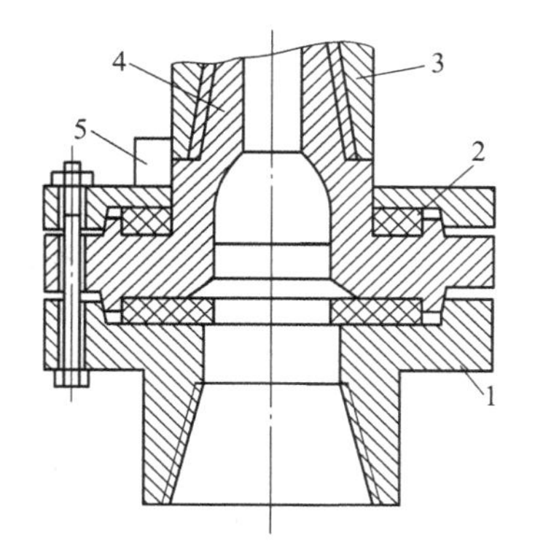

图 1-123 60-RⅢ钻机钻杆连接器
1—下对轮；2—橡胶垫；3—中空主轴；4—上对轮；5—钢板（焊接用）

KY-310 钻机的钻杆连接器如图 1-124 所示。它与 60-RⅢ的连接器结构相近，只是将上对轮 8 与中空主轴 9 的螺纹连接改为花键连接。

在 KY-310 连接器下部还装有风动卡头，它是由气缸 4、销轴 3、卡爪 5 等组成。它的作用是防止卸钻头或下部钻杆时，上部钻杆与连接器脱开。当钻孔时，也可以防止钻杆与连接器因振动而发生松动。这种结构虽然可以起到弹性连接和缓冲减振作用，但减振效果不显著。

B 浮动钻杆连接器

钻机的钻杆连接器如图 1-125 所示，其结构与 KY-310 的相同，只是把其中的固定接头改为浮动接头 5，它在下对轮 4 内伸缩浮动量为 60mm 左右。这样在接钻杆时，根据下

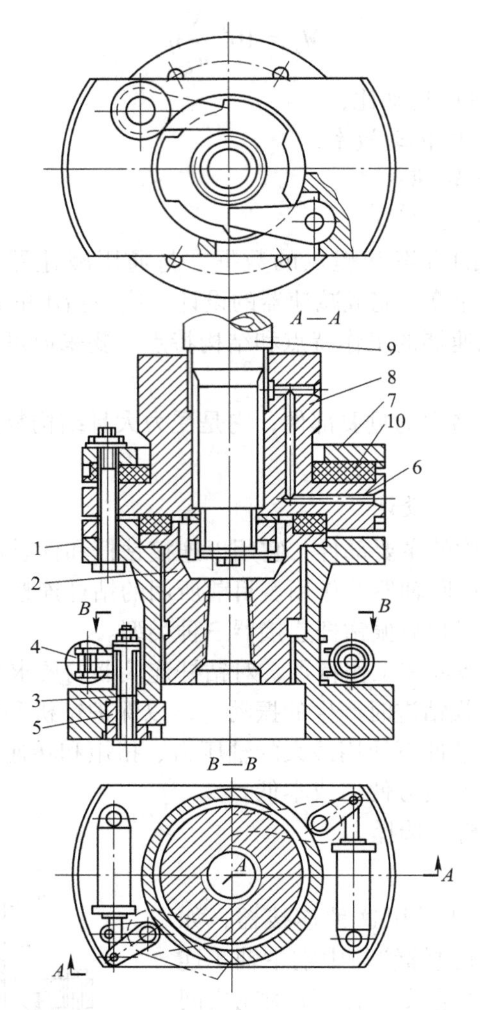

图 1-124 KY-310 钻机钻杆连接器

1—下对轮；2—接头；3—销轴；4—气缸；5—卡爪；
6，10—橡胶垫；7—压环；8—上对轮；9—中空主轴

部钻杆尾部螺纹的位置，浮动接头可以相应地上下浮动一个距离，以使螺纹部分正确旋合。这种结构除起到弹性连接钻杆作用外，还可避免接钻杆时回转机构压坏钻杆的螺纹。

C 减振钻杆连接器

KY-250A 钻机的减振钻杆连接器如图 1-126 所示。上接头 1 与中空主轴 11 连接，下接头 4 与钻杆连接。当钻杆的纵向冲击振动传至下接头时，将由主减振垫 3 吸收或减小；当扭振或横向振动由钻杆传来时，也将通过螺栓 7 和圆柱销 10 由主减振垫吸收和减小。这种连接器的减振效果好，大大改善了回转机构的工作条件，故也称它为减振器。

国内、外实践表明：由于钻机上采用了减振钻杆连接器，延长了机件和钻头的寿命，提高了钻机的利用率，降低了钻孔成本。可以肯定，减振器一定会在国内、外钻机上得到广泛的应用。

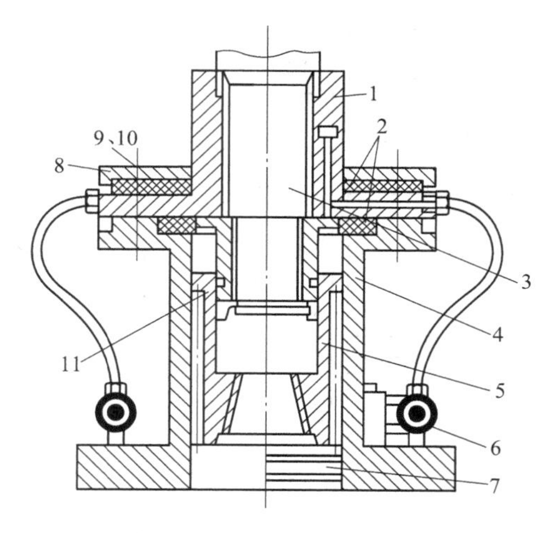

图 1-125 浮动钻杆连接器图

1—上对轮；2—橡胶垫；3—中空主轴；4—下对轮；
5—浮动接头；6—风动卡头；7—卡爪；8—压盖；
9，10—螺栓、螺母；11—密封圈

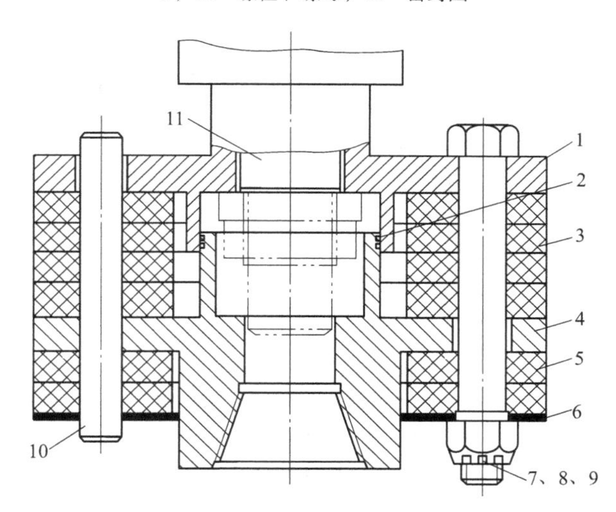

图 1-126 KY-250A 钻机减振钻杆连接器

1，4—上、下接头；2—O 形圈；3，5—主、副减振垫；6—减振环；
7，8—螺栓、螺母；9—开口销；10—圆柱销；11—中空主轴

1.5.6.4 回转小车的设计

回转小车是支承回转、加压提升机构，并使它们（连同钻具）沿钻架上下移动，从而实现回转、加压运动和升降钻具的重要部件。当前国内、外所使用的滑架式钻机的回转小车可分为两种：传动链条外置式和传动链条内置式，分别如图 1-127 中（a）、（b）所示，大部分钻机都采用后者。

回转小车支承着许多部件，承担着很大的轴压力、提升力和扭转力矩，承受着较大的冲击振动；它要沿着钻架上下移动，又受到钻架的限制。因此对回转小车的设计要求是：

（1）结构紧凑、尺寸小、重量轻，有足够的强度和刚度。

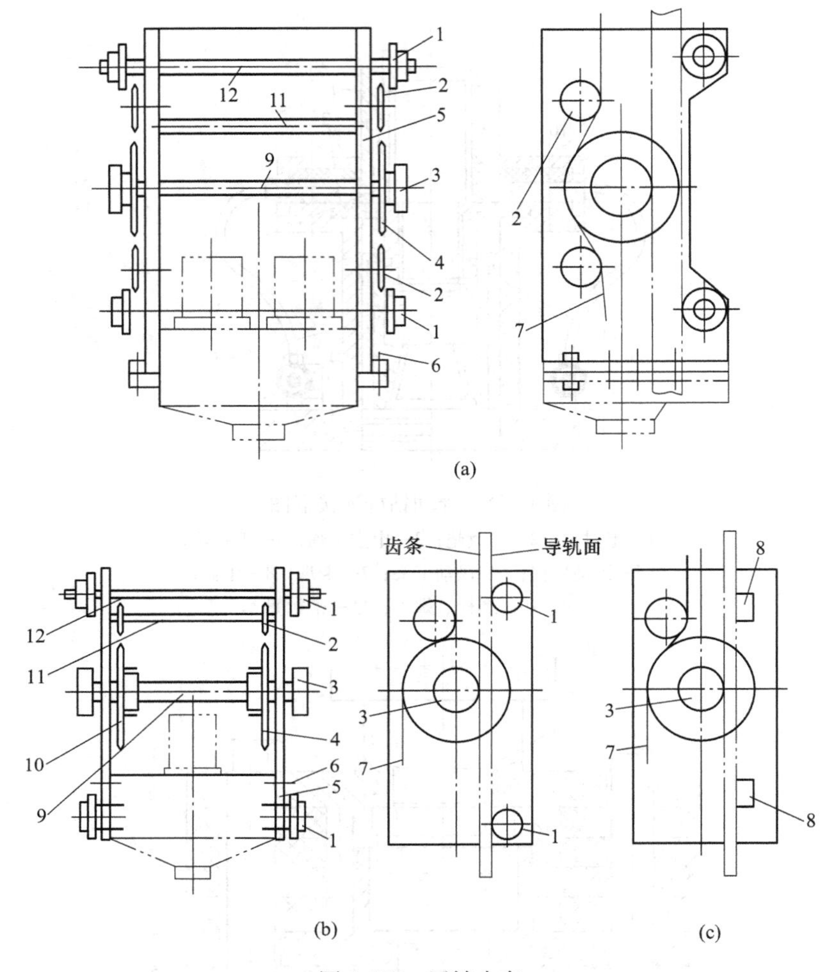

图 1-127 回转小车

（a）HYZ-250B 回转小车；（b）KY-250 回转小车；（c）KY-310（45-R、60-RⅢ）回转小车

1—导向轮；2—小链轮；3—加压齿轮；4—大链轮；5—小车体；6—连接螺栓；7—封闭链条；8—导向尼龙滑板；9—大链轮轴；10—防坠制动器；11，12—连接轴

（2）导向装置的选择布置合理、运动平稳可靠，同时要有限位缓冲装置。

（3）调整简单、装拆方便。

（4）要有断链防坠保护装置。

回转小车的部件组成如图 1-127 所示。它由小车体 5、大链轮 4、大链轮轴 9、导向小链轮 2、加压齿轮 3、导向轮 1、连接螺栓 6、防坠制动器 10 及连接轴 11、12 等组成。下面对各主要零、部件的结构选择进行分析。

A 小车体

小车体结构如图 1-128 所示，它是个可拆卸的焊接框架组合体，由左、右立板 10、11 和连接轴 19、21 及导向齿轮架 20 等组成。国内、外牙轮钻机的小车体基本上都是这种结构。这种型式的小车体，由于结构简单，已在大、中型牙轮钻机广泛采用。

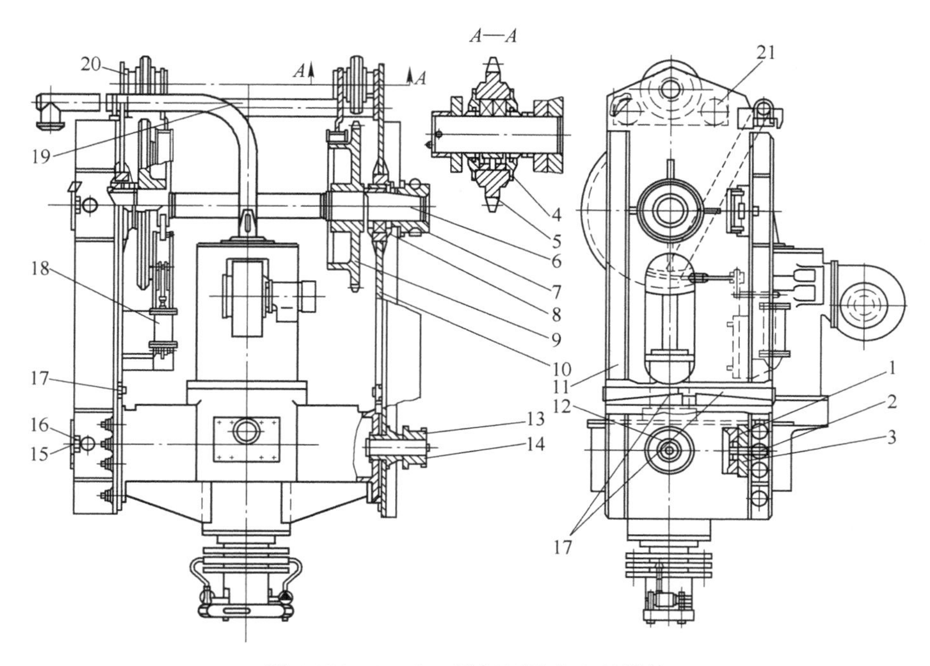

图 1-128 KY-310 钻机回转小车的结构

1—导向滑板；2—调整螺钉；3—碟形弹簧；4，8—轴承；5—小齿轮；6—小车驱动轴；7—加压齿轮；9—大链轮；10，11—左、右立板；12—导向轮轴；13—导向轮；14—轴套；15—防松架；16—螺栓；17—切向键装置；18—防坠制动装置；19，21—连接轴；20—导向齿轮架

B 大链轮

大链轮是加压提升系统的主要零件，其齿形有标准的和深齿的。国产 HYZ-250B 钻机大链轮采用标准齿形，加压时经常发生链条越齿跳链现象，既不安全，又使机体受到很大冲击振动。HYZ-250C 钻机大链轮采用深齿形，解决了加压跳链问题。当前国内、外钻机回转小车大链轮都选用深齿形。

C 导向装置

回转加压小车侧面没有导向装置，其作用是使加压齿轮沿钻架上齿条滚动时保持齿面紧密接触，同时使回转小车沿钻架立柱导轨上下移动保持平稳。回转小车移动的导向方式有滑板滑动和滚轮滚动两种。

(1) 滑板导向装置：滑板滑动导向原理如图 1-127 (c)，当加压齿轮 3 沿齿条滚动时，齿条作用在齿轮上的径向分力使回转小车上的导向尼龙滑板 8 紧紧地压在钻架的导轨上，并沿导轨滑动。滑板导向装置的结构合理，运行安全可靠，制造工艺简单. 调节容易，导向平稳，滑板磨损后更换也方便。美制 45-R、60-RⅢ、61-R、国产 KY-310 型等钻机都采用这种滑板导向装置。

(2) 滚轮导向装置：它的结构如图 1-127 (b) 所示。当加压齿轮沿齿条滚动时，回转小车的导向（橡胶）滚轮紧紧地压在钻架的导轨上，并沿导轨滚动实现导向。各种钻机导向装置的滚轮数目和布置是不同的。有 4 个滚轮导向的，如国产 KY-250、美制 GD-120 等钻机，在回转小车每个角上布置一个滚轮；有 12 个滚轮导向的，如美制 M-4、M-5 钻机，在回转小车上左右各6个，4个布置在钻架导轨正面，2个布置在导轨侧面；有16个滚轮导向的，此种较多，例如国产YZ-35、美制GD-120、45-R（后改进的）型钻机，左右各两组，每组4个滚轮（装在一个平衡支承架上）在导轨上滚动导向。这些滚轮多是用耐压聚酯橡胶制成的。为了调整滚轮与导轨的间隙，导向滚轮架设计成偏心可调的，同时也可调整加压齿轮与齿条的间隙。由于滚动导向装置的滚动接触摩擦力小，消耗能量也少。因为滚轮是聚酯橡胶制成的，它可以吸收振动。因此，这种滚轮导向装置获得了较好的使用效果。

D 连接装置

回转加压小车体与回转减速器的连接形式有纵向连接和侧向连接两种。一般是用螺栓、键和销作为定位、连接件。

（1）纵向连接：早期研制的牙轮钻机，其回转小车与回转减速器采用端面接触，如图1-127（a）所示两端面用销钉定位，用螺栓纵向连接。这种连接形式结构简单、连接可靠，螺栓只承受拉力。国产HYZ-250B、KY-250A型钻机采用这种结构。

（2）侧向连接：有些牙轮钻机的回转小车与回转减速器采用侧面接触，如图1-127（b）所示。用横向螺栓连接，螺栓承受剪力。为了改善螺栓受力状态，采用了侧面切向键加螺栓的形式连接，如图1-128的17所示。KY-310、KY450、45-R、60-R等钻机都采用侧向连接结构。这是个较好的连接形式。

E 防坠制动装置

如图1-128的9、18所示，该装置是一种断链保护装置。当发生断链时，它能及时地制动回转小车的驱动轴，防止回转小车的坠落，避免事故的发生。防坠制动装置是钻机上必备的安全装置。

国产KY-310钻机的防坠制动装置采用一对常闭带式制动器结构，如图1-129所示它是由制动轮（大链轮）、闸带1、传动杠杆5、气缸6、调整螺母3及调整螺杆4等组成。当封闭链条断开时，链条均衡装置的上链轮轴下移，触动行程开关，发出电信号，切断气缸的进气路，同时通过快速排气阀迅速排气，由于弹簧的作用，闸带立即制动大链轮，于是加压齿轮停止在钻架的齿条上，防止了回转机构下坠。这种防坠制动装置结构简单，使用可靠。

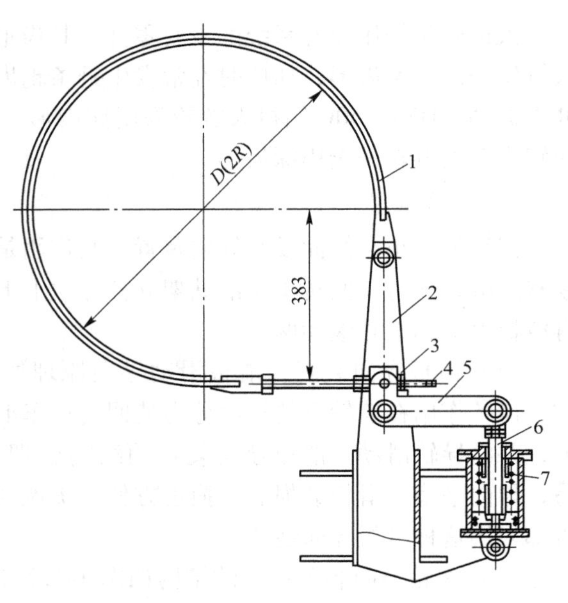

图1-129 KY-310钻机的防坠制动装置
1—闸带；2—支承架；3—调整螺母；4—调整螺杆；5—传动杠杆；6—气缸；7—弹簧

如果大链轮制动鼓半径为R、加压齿轮半径为r、回转小车质量为G，回转小车因自重引起的坠落力矩由两个防坠制动装置所克服。则回转小车坠落力矩M_Z为：

$$M_Z = Gr \tag{1-142}$$

根据起重运输机械的要求，制动力矩的安全系数 n 为 2~2.5，若制动器的效率 η 取 0.9 则每个防坠制动装置的制动力矩 M_F 和制动力 P_F 为：

$$M_F = \frac{M_Z}{2}n \tag{1-143}$$

因为：

$$M_F = P_F R\eta$$

则：

$$P_F = \frac{M_F}{R\eta} = \frac{M_Z n}{2R\eta} = \frac{Grn}{2R\eta} \tag{1-144}$$

可根据 M_F、P_F，设计防坠制动装置，但要慎重地选择合适的闸带材料。

思 考 题

1-1 试评述气动凿岩机、液动凿岩机、电动凿岩机和水压凿岩机的优缺点。

1-2 简述掘进钻车直角坐标钻臂、极坐标钻臂、复合坐标钻臂和直接定位钻臂的优缺点。

1-3 比较几种推进器的结构及性能。

1-4 比较转柱回转机构、螺旋副式转柱回转机构及齿轮齿条式回转机构的结构。

1-5 简述掘进钻车的平移机构有几种，简述其工作平移原理。

1-6 绘图说明露天潜孔钻机提升调压系统的工作原理。

1-7 简述潜孔钻机选择合理轴推力的原因。

1-8 简述牙轮钻机的稳杆器的作用及分类。

1-9 绘图说明牙轮钻机的主要工作机构及工作原理。

1-10 牙轮钻机回转减速器与一般减速器相比，在设计方面有哪些特殊要求？

第2章　煤矿采掘机械

2.1　概　　述

2.1.1　采掘机械在矿山生产中的地位和作用

巷道掘进是采煤工作的先期工作，煤巷综合机械化掘进技术是我国当前煤矿采掘中应用范围较广的一种挖掘技术，该技术在工作中需要用到的机械设备主要有转载机、掘进机、单体锚杆钻机、可伸缩带式输送机以及通风除尘设备等，在实际工作过程中，悬臂式掘进机发挥着主要作用。

井下煤矿综合机械化采煤技术是将机械化生产技术融入到采煤工作流程之中，达到减少人力投入、提高工作效率和安全生产系数目的的技术，也是现阶段我国煤炭开采事业不断发展的重要技术保障。该技术在工作中需要用到的机械设备主要有采煤机、液压支架、刮板输送机等，在工作过程中，用于实现采煤工作面落煤和装煤工序的机械称为采煤机械，用来支撑和管理顶板的自移式设备为液压支架。

随着科学技术的发展，采掘工作从装备、工艺及智能化水平等方面不断进行创新，特别是掘进机、采煤机与液压支架等关键设备的快速发展，使大部分井下煤矿实现了综合机械化掘进和采煤技术，提高了资源利用效率和生产安全性。

2.1.2　采掘机械发展概况及趋势

综合机械化煤巷掘进技术是煤炭开展中的基础工艺类型，是决定煤矿开采质量的关键技术，随着开采技术的不断发展和进步，综合机械化煤巷掘进技术也在不断更新和完善，需要将先进的工作技术融入到综合机械化煤巷掘进技术当中，提升该技术能力以及采煤效率。在实际技术改革过程中可以从以下几个环节进行改进调整。首先，在综合机械化煤巷掘进技术中融入新型的截割机构，调整支护方式，提高悬臂式掘进机的使用效果，实现掘进机的全自动控制技术。其次，完善悬臂式掘进机中各项元件设备，提高机械设备的可靠性。另外，完善后续配套系统的研究，提升机组整体的工作稳定性。最后，需要不断吸收国际先进的设备及技术类型，借鉴国际环境中的优秀技术类型，不断提升悬臂式掘进机的市场灵活性。

我国综合机械化采煤技术与装备取得了长足进步，大采高综采技术装备已经达到国际先进水平，部分装备如液压支架、大运量长运距带式输送机等已经完全替代进口。但在基础理论研究相对滞后，如高强度开采条件下围岩活动规律、深部地层煤岩体力学特性等开采基础理论研究与深部资源开采步伐的加快相比较为滞后。采煤机、液压支架等工作面设备的关键元部件，如采煤机记忆截割、煤岩界面自动识别、液压支架密封元件技术等方面还依赖进口。设备可靠性和开机率较低，自动化水平有待提高。目前除液压支架外，采煤机等高端装备还存在一定数量的进口，主要原因在于关键元部件的可靠性与国外产品尚有差距，导致单一设备和成套装备的开机率降低，影响煤炭企业生产。此外，国内煤机装备在工况检测与故障诊断、自动控制技术等方面存在较大差距。

具体设备应用技术现状与发展趋势，在本章每节后面将详细介绍。

2.1.3 采掘机械的分类

目前煤矿井下采掘机械主要有掘进机和采煤机以及其他配套设备。掘进机主要用于巷道掘进和回采工作面的准备工作，根据所掘断面的形状大小分，有部分断面掘进机和全断面掘进机；根据截割对象的性质划分，有煤巷掘进机、半煤岩巷掘进机和岩巷掘进机三种，按照截割头的布置方式划分，部分断面掘进机分有纵轴式和横轴式掘进机。

采煤机械类型有：滚筒采煤机、刨煤机、连续采煤机等多种类型。其中滚筒采煤机是目前使用最为广泛的，分为单滚筒采煤机和双滚筒采煤机。

液压支架是与采煤机配套作业的主要配套设备之一，按在采煤工作面的安装位置来划分，液压支架分为端头支架（安装在工作面的两端）和中间支架（除端头以外的所有支架）。按控制方式，可分为本架控制支架、邻架控制支架和成组控制支架。中间支架按其对顶板的支护方式和结构特点不同，可分为支撑式、掩护式和支撑掩护式三类。

2.2 掘 进 机

掘进机是具有截割、装载、转载煤岩，并能自己行走，具有喷雾降尘等功能，以机械方式破落煤岩的掘进设备，有的还具有支护功能。

2.2.1 部分断面掘进机

部分断面掘进机截割工作机构的刀具作用在巷道局部断面上，靠截割工作机构的摆动依次破落所掘进断面的煤岩，从而掘进出所需断面的形状，实现整个断面的掘进。

2.2.1.1 纵轴式掘进机

纵轴式掘进机是截割头的轴线与悬臂轴线共线或平行的一种部分断面掘进机。目前在国内外产品有很多，而且是使用最多的一种掘进机。下面以EBZ-160型掘进机为例介绍其结构原理。

A 组成与工作原理

EBZ-160型掘进机（E表示掘进机，B表示悬臂式，Z表示纵轴式）是一种能够实现连续截割、装载、运输的掘进设备，可用于煤巷或半煤岩巷以及软岩的巷道掘进，也可以在公路、铁路、水利工程等隧道掘进。

EBZ-160型掘进机由截割部、装载部、刮板输送机、机架、行走部、液压系统、喷雾冷却系统等部分组成，如图2-1和图2-2所示。

纵轴式推进机按先软后硬，由下而上的原则截割巷道断面。在煤巷中，应首先在断面的右下角钻进煤壁，达到截深后沿底板横向摆动截割，开出一个槽（该工序称为掏槽），

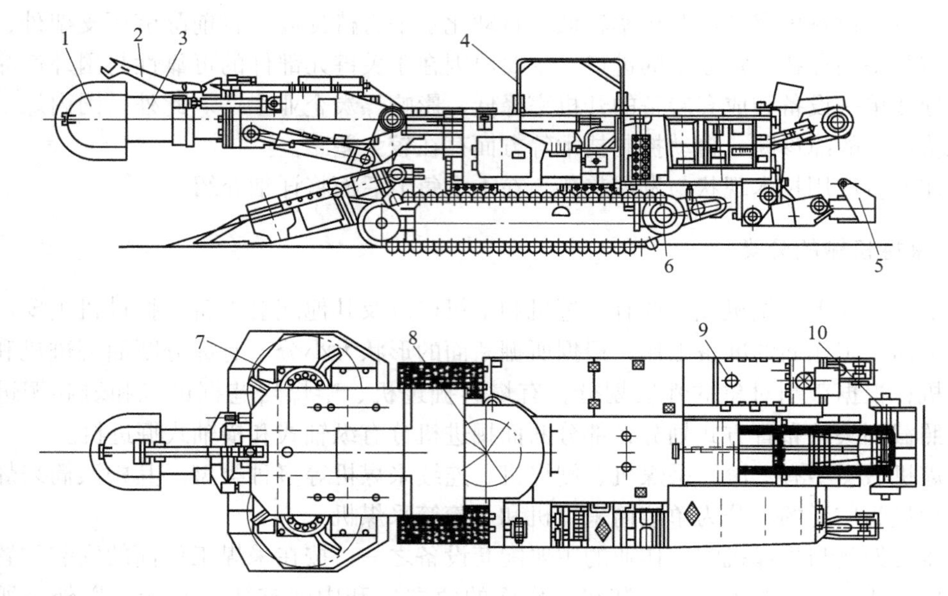

图 2-1　EBZ-160 型掘进机

1—截割头；2—托梁机构；3—悬臂工作机构；4—司机室；5—后支撑；6—行走机构；7—装载机构；8—回转机构；9—油箱；10—转运机构

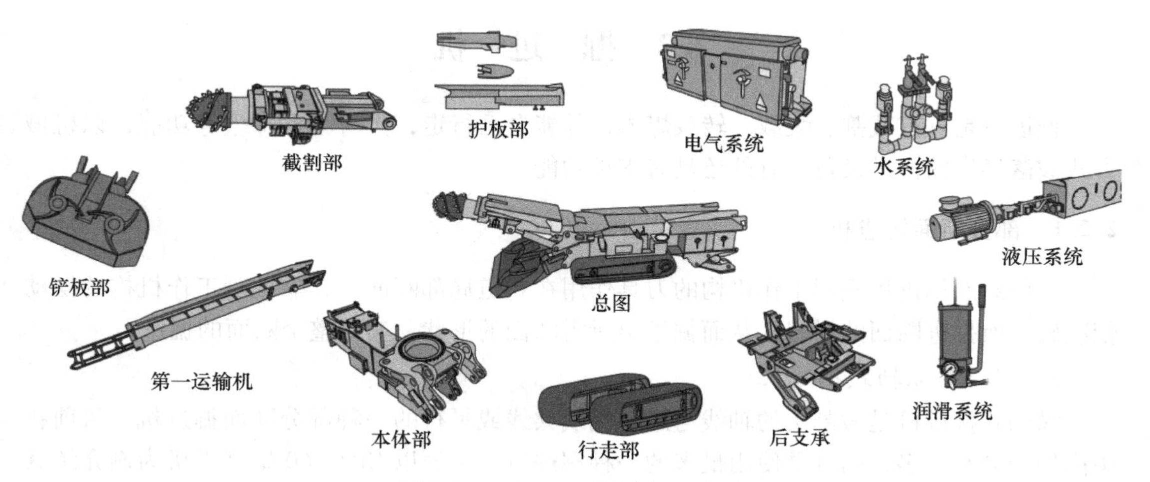

图 2-2　EBZ-160 型掘进机三维图

形成的自由面便于后续截割。接着，悬臂上抬一定高度，横扫截割第一条带，如此往复，自下而上一个条带一个条带地截割，直到巷道顶部，最后挑顶，刷帮，清底和挖柱窝，完成了一个截割循环。由于掘进机每次只截割断面的一部分，所以称其为部分断面掘进机。截割头截落的煤岩由装载机构耙装，经转运机构卸往掘进机后面的运输设备。托梁装置通过悬臂的升降，举起棚梁，减少支护架棚的劳动强度。

纵轴式推进机截割电动机为水冷电动机，有热敏保护；截割头可以伸缩，能平整巷道、挖柱窝和水沟；采用后支撑装置，提高了机器工作的稳定性；转载机构和装载机构都采用低速大扭矩液压马达直接驱动，传动系统简单，故障环节少；行走机构也采用液压马达驱动，履带由油缸张紧；刮板链的张紧采用弹簧与油缸组合的张紧装置；在液压系统中为液压锚杆钻机留有液压接口。纵轴式推进机除了各种电器保护装置外，还设有瓦斯报警断电仪和煤矿用低浓度甲烷传感器。纵轴式推进机截割效率高，机器稳定性好，操作与维护方便，运行安全可靠。

B 主要结构

a 截割机构

截割机构又称工作机构，主要由截割电动机、叉形框架、截割减速器、伸缩机构、伸缩油缸、截割头等组成，如图 2-3 所示。

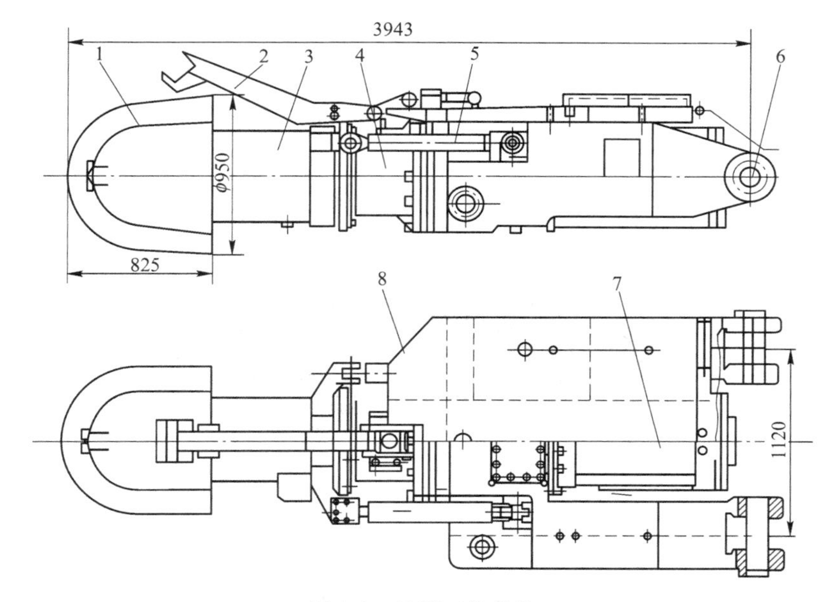

图 2-3 悬臂工作机构

1—截割头；2—托梁机构；3—伸缩机构；4—截割减速器；5—伸缩油缸；6—销孔；7—截割电动机；8—盖板

整个截割机构通过一个叉形框架、两个支撑轴铰接于回转台上，借助安装于悬臂和回转台之间的两个升降油缸，以及安装于回转台与机架之间的两个回转油缸实现整个悬臂的升降和横向摆动。截割机构由一台 160/80kW 的电动机输入动力，经二级行星减速器、伸缩部将动力传递给截割头，从而达到破碎煤岩的目的。

有两种直径的圆锥台型截割头，一种最大直径为 1120mm，另一种最大直径为 950mm，截割头通过花键套和 2 个 M30 的高强度螺栓与截割头轴相连，如图 2-4 所示。

伸缩机构位于截割头和截割减速箱中间，通过伸缩油缸使截割头具有 500mm 的伸缩行程，其结构见图 2-5。

截割减速器采用两级行星齿轮传动，它和伸缩机构用 17 个 M30 的高强度螺栓相连，如图 2-6 所示。

b 装载机构

装载机构由铲板本体、侧铲板、铲板驱动装置、从动轮装置等组成。星轮由两个液压马达驱动，实现耙装动作，把截割头截割下来的煤岩装到刮板输送机内。两个装载马达通

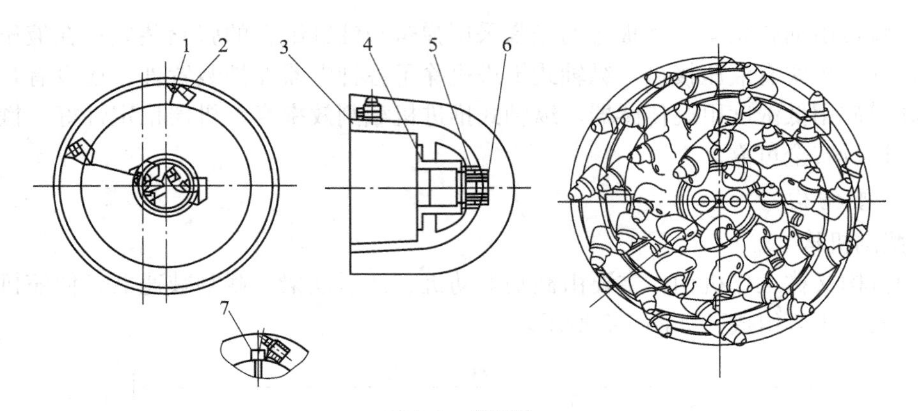

图 2-4　截割头

1—截齿；2—齿座；3—头体；4—销轴；5—螺栓；6—钢丝；7—喷嘴

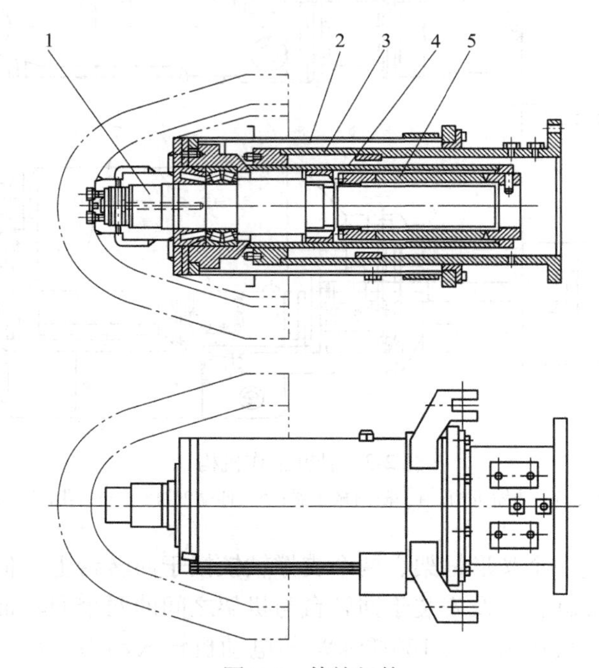

图 2-5　伸缩机构

1—截割头主轴；2—伸缩保护筒；3—伸缩外筒；4—伸缩内筒；5—花键套

过多路手动换向阀分别向两个排量为 400mL/r 的液压马达供油，确保星轮工作基本上平稳一致。铲板由侧铲板、铲板本体组成，用 M24 高强度螺栓相连，铲板在油缸作用下可向上抬起 340mm，向下卧底 300mm。

装载部件图如图 2-7 所示，其驱动装置见图 2-8。

c　转运机构

转运机构是一刮板输送机，位于机器中部，前端铰接于铲板上，后部托在机架上，刮板输送机（见图 2-9）为双边链刮板式，由液压马达驱动，主要由机前部、机后部、驱动装置（见图 2-10）、脱链器以及链条张紧装置等组成。

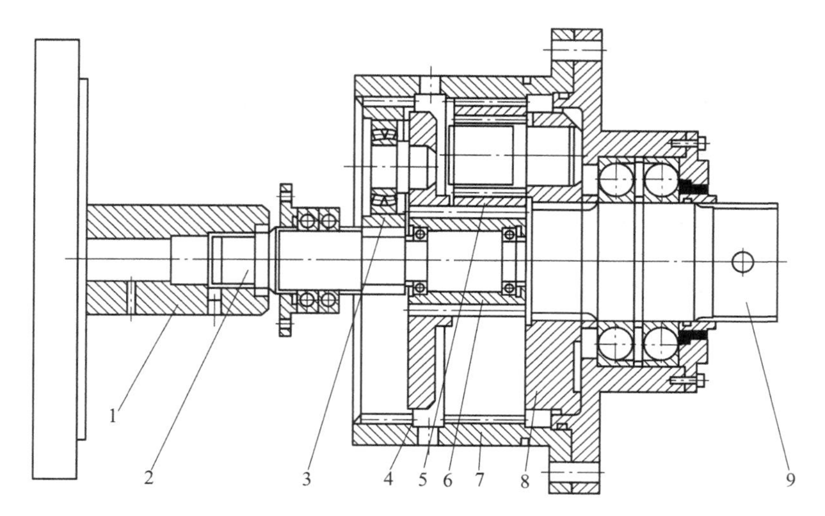

图 2-6 截割减速器

1—花键套；2—太阳轮Ⅰ；3—行星轮Ⅰ；4—行星架Ⅰ；5—行星轮Ⅱ；6—太阳轮Ⅱ；7—内齿轮；8—行星架Ⅱ；9—输出轴

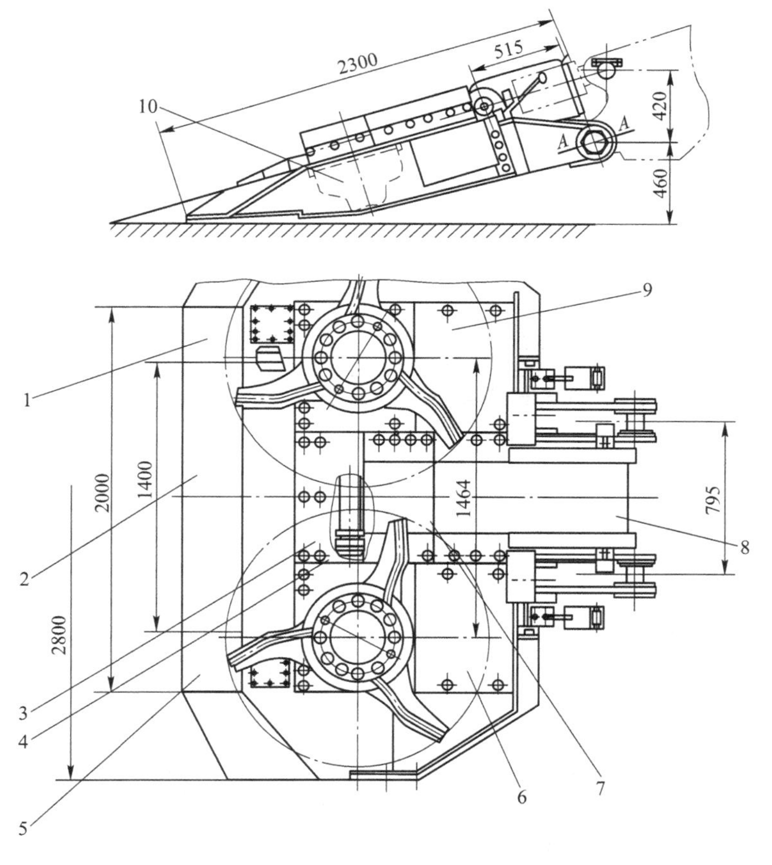

图 2-7 装载机构

1，5—侧铲板；2—铲板主体；3，7，8—连接板；4—转运机构从动装置；6，9—铲板；10—驱动装置

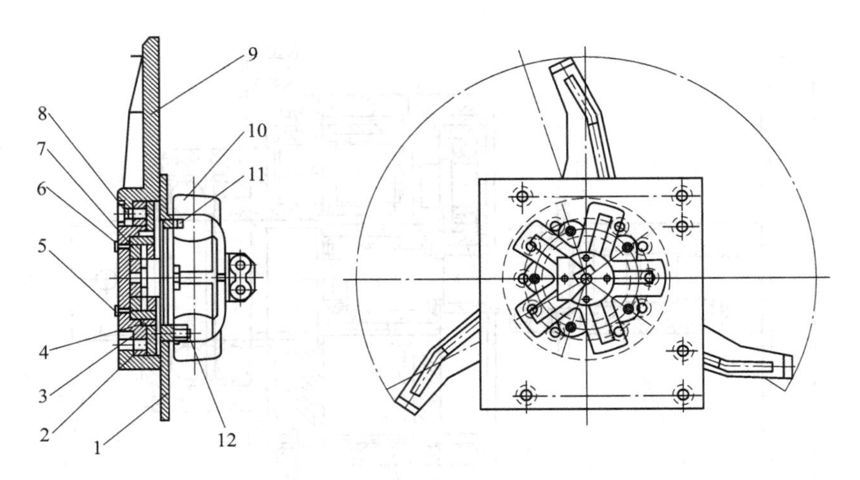

图 2-8　装载机构驱动装置

1—马达座；2，11—销；3—转盘座；4—浮动环与 O 形密封；5—螺塞；6—油杯；7—轴承；8，12—螺栓；9—三星马达；10—马达

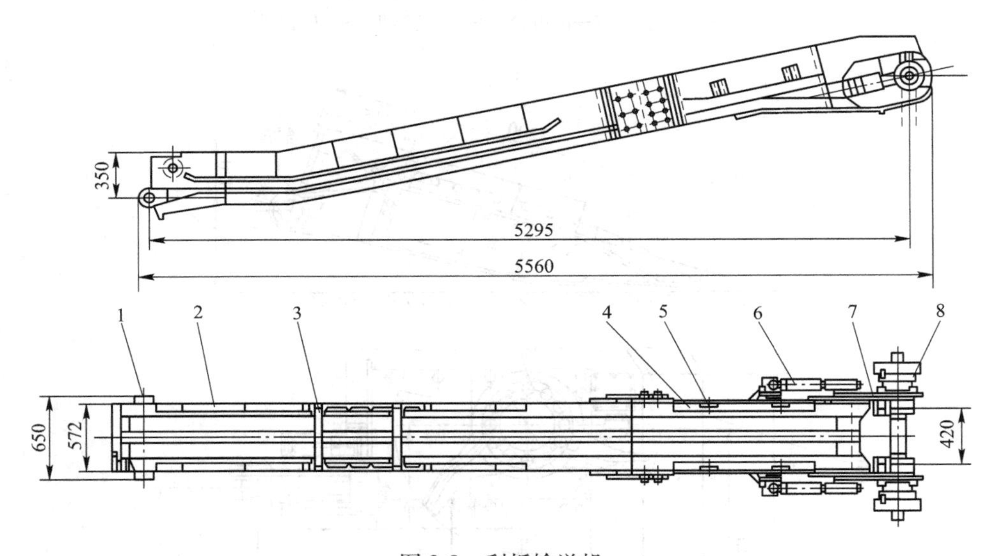

图 2-9　刮板输送机

1—从动链轮轴；2—机前部；3—刮板链；4—机后部；5—压链板；6—紧链油缸；7—主动链轮；8—驱动马达

d　机架和回转台

机架是整个机器的基础和骨架，如图 2-11 所示，承受机器的重力、截割载荷及其他作用力。机架为组焊件，机器的各部件采用螺栓或销轴与机架相连。

回转台主要用于支撑、连接，并实现截割机构的升降和回转运动，结构如图 2-12 所示。回转台位于在机架上，与机架用 ϕ1100 止口、36 个高强度螺栓相连；工作时，在回转油缸的作用下，带动截割机构水平摆动，截割机构的升降是通过回转台支座上左、右耳轴铰接相连的两个升降油缸实现的。

e　行走机构

纵轴式推进机采用履带式行走机构，左右对称布置，各由 10 个螺栓与机架相连，左

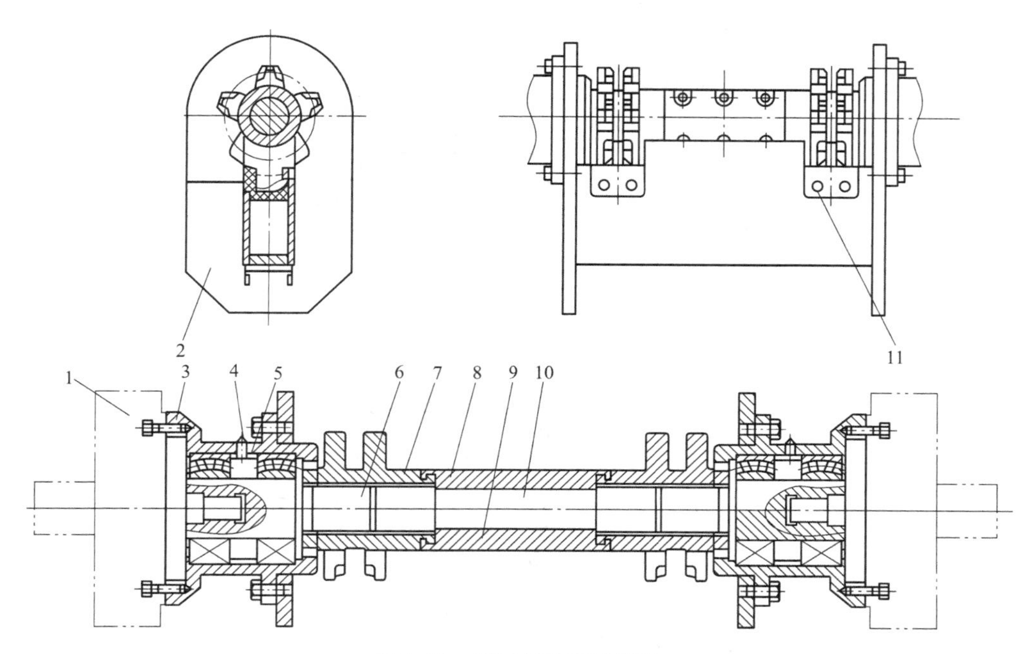

图 2-10 转运机构驱动装置

1—马达；2—驱动架；3—马达座；4—油杯；5—距离套；6—小轴；7—链轮；8—上盖；9—下盖；10—中轴；11—脱链器

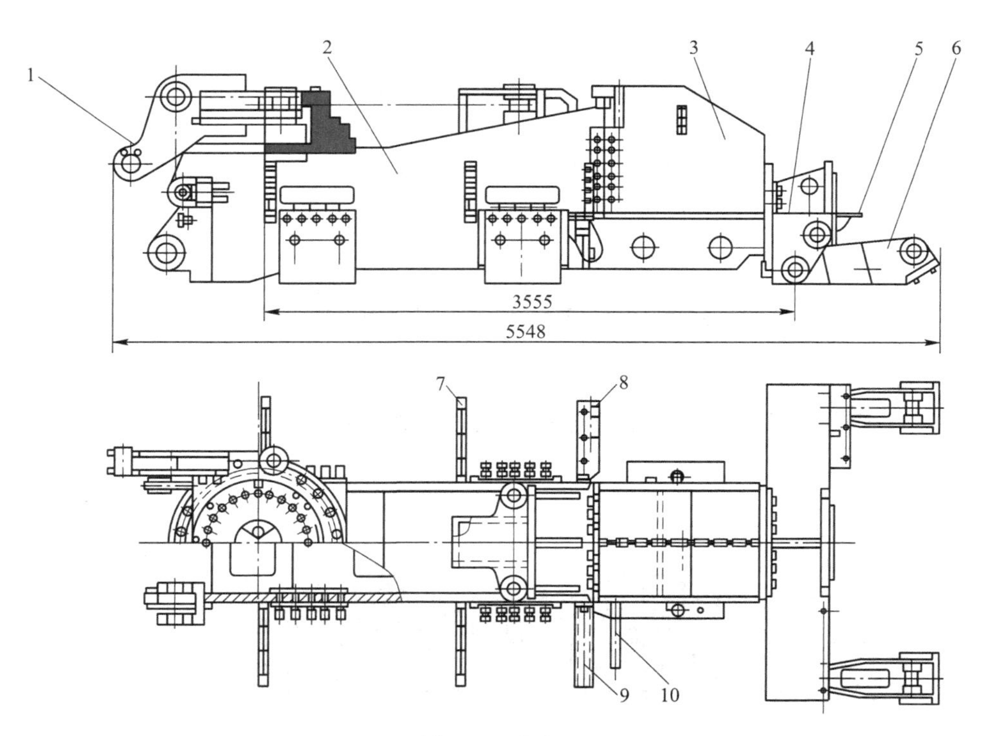

图 2-11 机架

1—回转台；2—机架体Ⅰ；3—机架体Ⅱ；4—横梁；5—托架；6—后支撑腿；7~10—支撑架

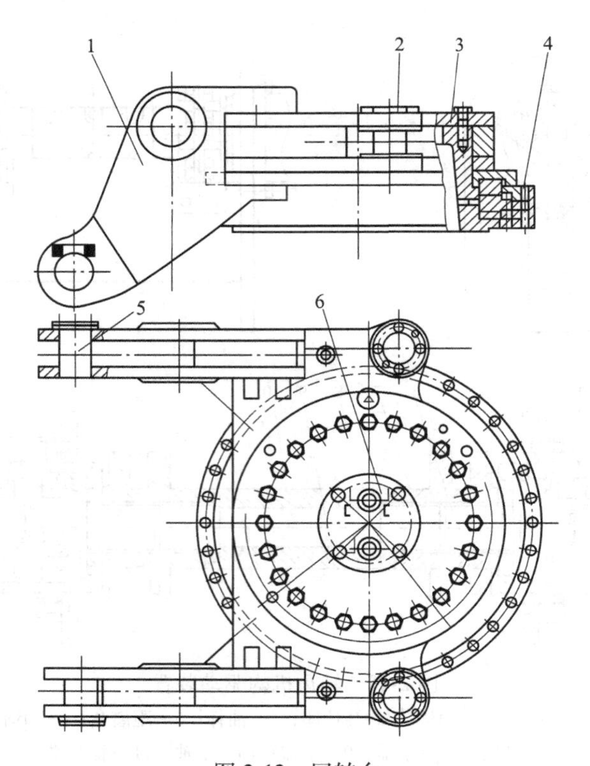

图 2-12 回转台

1—回转耳架；2，5—销；3—连接套；4—回转支撑；6—盖

右行走机构由两台液压马达分别驱动，经四级圆柱齿轮和二级行星齿轮减速，将动力传给主动链轮。

左行走机构的组成部分及传动系统如图 2-13 所示，主要由导向张紧装置、左履带支

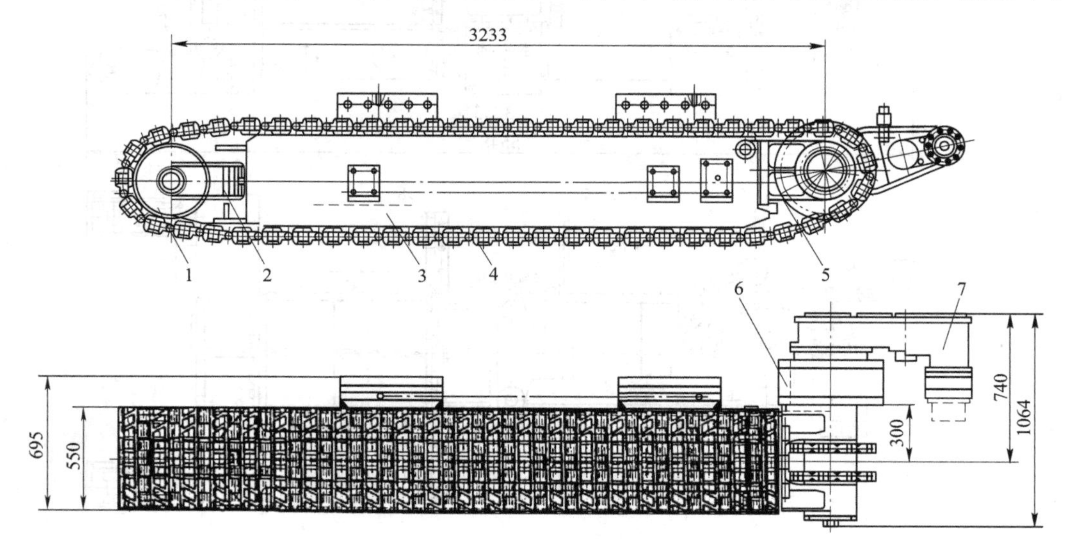

图 2-13 左行走机构

1—导向轮；2—张紧装置；3—左履带支架；4—履带链；5—主动链轮；6—左行走减速器；7—马达

架、履带链、左行走减速器（如图 2-14 所示）等组成。

行走部工作速度为 0~5.9m/min，履带链采用液压油缸张紧，通过油管向油缸注油对履带链张紧，再装入锁板，泄掉油缸内压力。

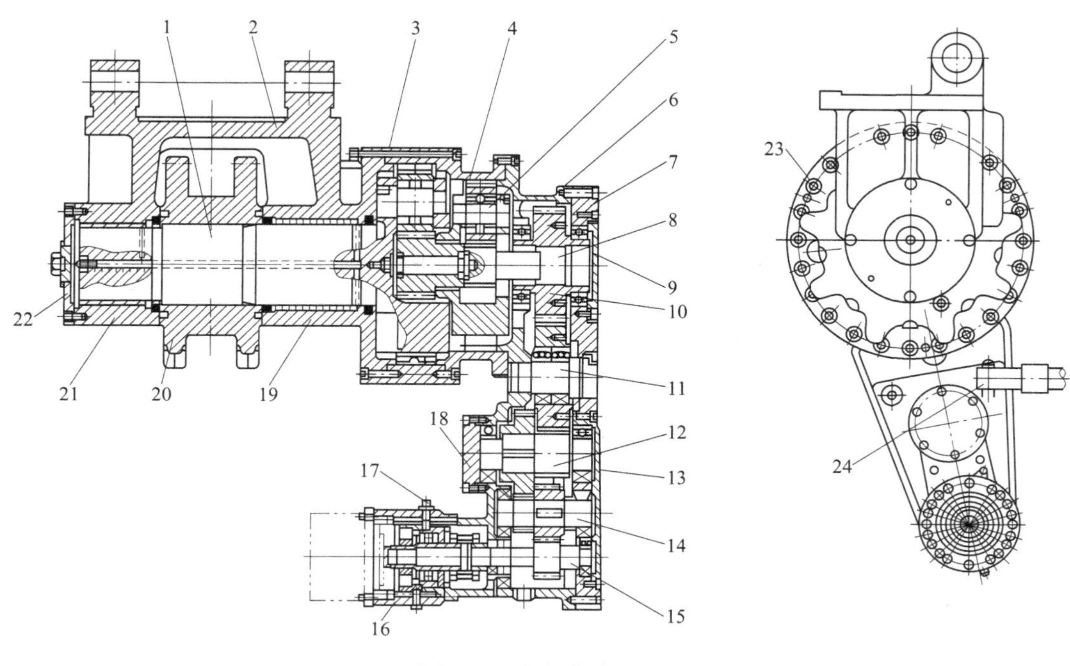

图 2-14 左行走减速器

1—输出轴；2—链轮支撑架；3—内齿圈Ⅱ；4—内齿圈Ⅰ；5—第四级行星架；6—箱体；7—箱盖；8—五轴；9，13，18，22—端盖；10—齿轮；11—四轴（惰轮轴）；12—三轴，14—二轴；15—一轴；16—制动装置；17—油封；19，21—铜套；20—链轮；23—销；24—接头座

f 油缸

纵轴式推进机共有 7 套油缸，悬臂升降油缸（见图 2-15）、回转油缸、伸缩油缸、铲板升降油缸、支撑油缸、履带张紧油缸、刮板链张紧油缸（见图 2-16）。除伸缩油缸、升降油缸、履带张紧油缸、刮板链张紧油缸外，其余油缸结构相同。

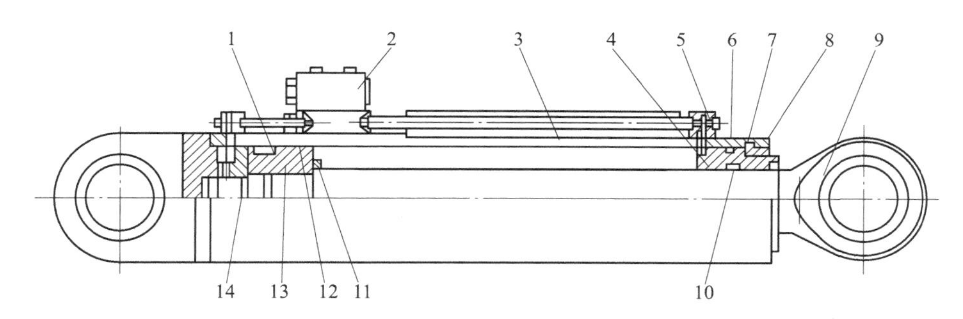

图 2-15 悬臂升降油缸

1—导向环；2—液控单向阀；3—缸体；4—支撑环；5—工艺螺孔；6—导向套；7，10—挡圈；8—卡环；9—活塞杆；11—套；12—滑动环；13—活塞；14—压紧螺母

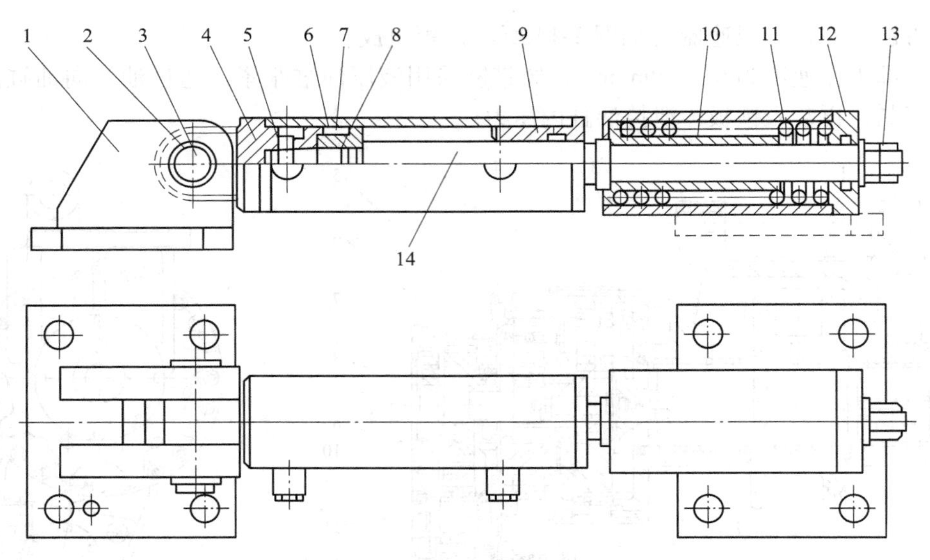

图 2-16　刮板链张紧油缸

1—缸座；2—套；3—销轴；4—缸盖；5，13—螺母；6—导向环；7—活塞；8—挡圈；9—导向套；10—短套；11—弹簧；12—导向架组；14—活塞杆

g　喷雾冷却系统

纵轴式推进机的冷却喷雾系统主要用来喷雾降尘、冷却掘进机油箱及截割电动机、泵站电动机、截齿，提高工作面能见度，改善工作面环境，喷雾冷却系统如图 2-17 所示。

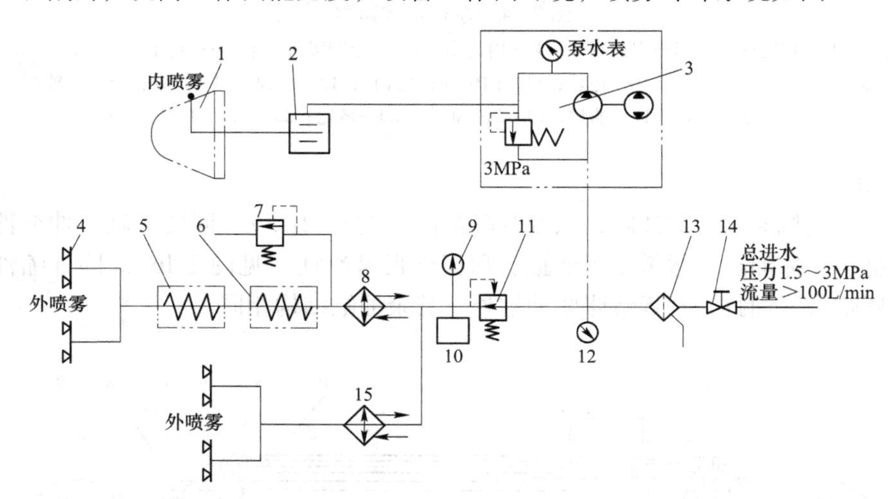

图 2-17　喷雾冷却系统

1—截割头；2—水密封；3—喷雾水泵总成；4—喷嘴；5—截割电动机；6—油泵电动机；7—溢流阀；8—板式冷却器；9—耐振压力表；10—变送器；11—减压阀；12—水表；13—反冲洗过滤器；14—球阀；15—油箱冷却器

水从井下输水管道经过总进液球阀进入过滤器进行粗过滤，然后分两路进入机组，一路经减压阀减压后进入截割水冷电动机；另一路经减压阀减压后进入油箱冷却器、泵站水冷电动机到前后喷嘴架冷却截齿，压力为 1. 5MPa。最后一路直接进入内喷雾到截割头，冷却截齿。该机装有 PAA-1. 6/60 雾状喷嘴 63 个。

2.2.1.2 横轴式掘进机

横轴式掘进机的截割头轴线与悬臂轴线相垂直，工作时先进行掏槽截割，掏槽进给力来自行走机构，最大掏槽深度为截割头直径的2/3。掏槽时，截割头须做短幅摆动，以截割位于两个截割头中间部分的煤岩，因而操作较为复杂。掏槽可在工作面的上部或下部进行，但截割硬岩时应尽可能在工作面上部掏槽。摆动方式与纵轴式相同。

横摆截割时，截齿齿尖的运动轨迹近似为空间螺旋线。截割力的方向沿着悬臂的轴线，进给力的方向和截割力的方向一致，与摆动方向近乎垂直，摆动力不作用在进给方向上，进给力主要取决于截割力。所以，掏槽截割时所需要的进给力较大，横摆时需要的进给力较小。由于进给力来自于行走履带，所以行走机构需要较大的驱动力，且需频繁开动，磨损加剧。

由于截割反力使机器产生向后的推力以及作用在截割头上向上的分力可被机器的重力所平衡，因而不会产生倾覆，机器工作时的稳定性较好。

横轴式截割头的形状近似为双半球形，不易切出光滑轮廓的巷道，也不能利用截割头开水沟和挖柱窝。横轴式截割头上多安装镐形截齿，齿尖的运动方向和煤的下落方向相同，易将切下的煤岩推到铲板上及时装载运走，装载效率高；由于截齿较多，且不被煤岩体所包埋，因而产生尘量较多。

下面以EBH-132型掘进机为例介绍横轴式掘进机的组成原理。

A 组成和工作原理

EBH-132型掘进机（E表示掘进机，B表示悬臂式，H表示横轴式，132表示截割功率kW）主要由截割机构、回转机构、装运机构（包括刮板输送机）、转载机构、行走机构、电控箱、液压系统、喷雾降尘系统等8部分组成，如图2-18所示。

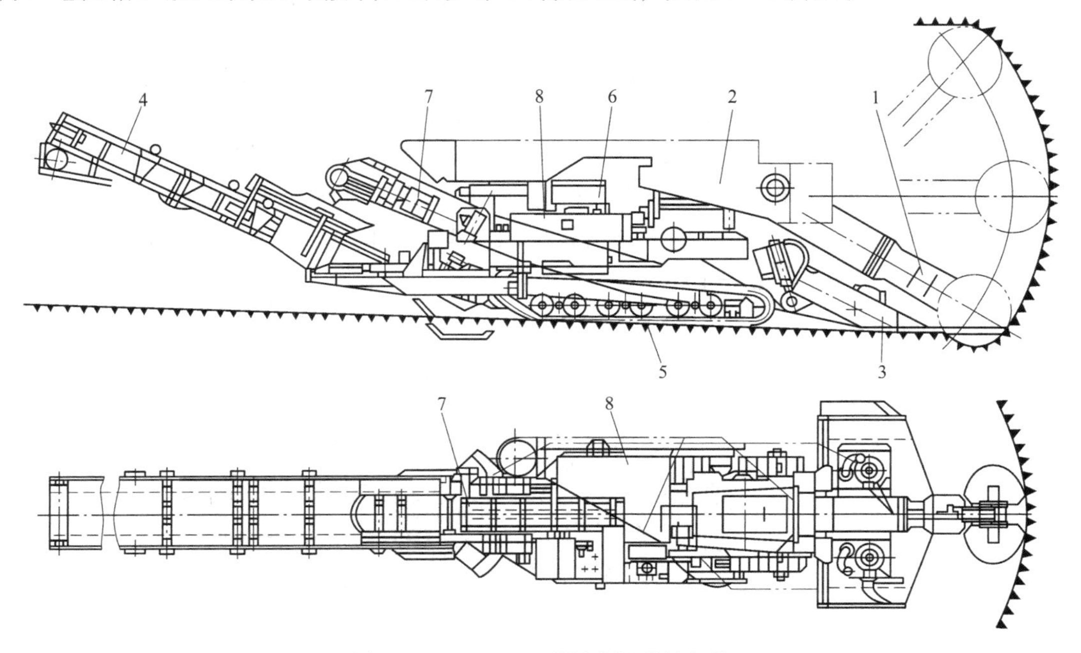

图2-18 EBH-132型掘进机总体机构

1—截割机构；2—回转机构；3—装运机构；4—转载机构；5—行走机构；
6—电控箱；7—刮板输送机；8—液压系统

B 主要结构

a 截割机构

截割机构是掘进机工作过程中截割煤岩的执行机构，属轴向截割外伸缩式，主要由电动机、框架、减速箱和左右截割头等组成，如图2-19所示。

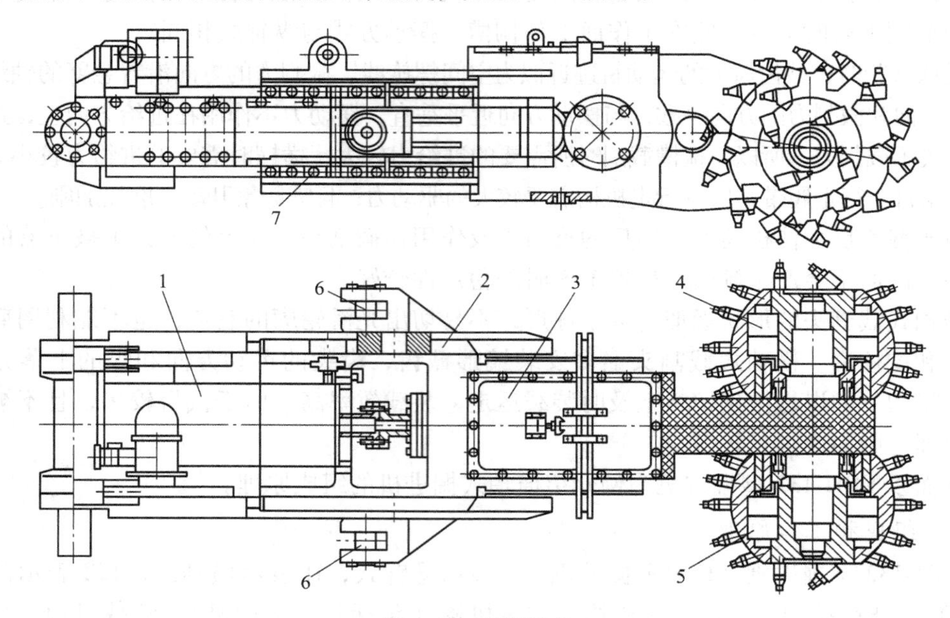

图2-19 截割机构

1—电动机；2—框架；3—减速箱；4—左截割头；5—右截割头；6—伸缩油缸连接销；7—滚子

电动机1通过减速箱3驱动截割头4、5旋转，利用装在截割头上的截齿破碎煤岩。截割头借助于升降、回转、伸缩油缸使其在垂直、水平、轴线方向运动，完成整个巷道的截割。框架2由左右导轨和后悬臂组成，它同电动机、减速箱组成直线运动副，在两个伸缩油缸的作用下实现轴向给进运动。电动机为13kW隔爆型外水冷式四级电动机。

减速箱由箱体、圆弧伞齿轮副、斜齿轮副和直齿轮副构成，如图2-20所示。$Z_1=14$，$Z_2=33$，$Z_3=13$，$Z_4=49$，$Z_5=13$，$Z_6=42$（为惰轮），$Z_7=27$，其传动比为18.45，使其寿命不低于1000h。

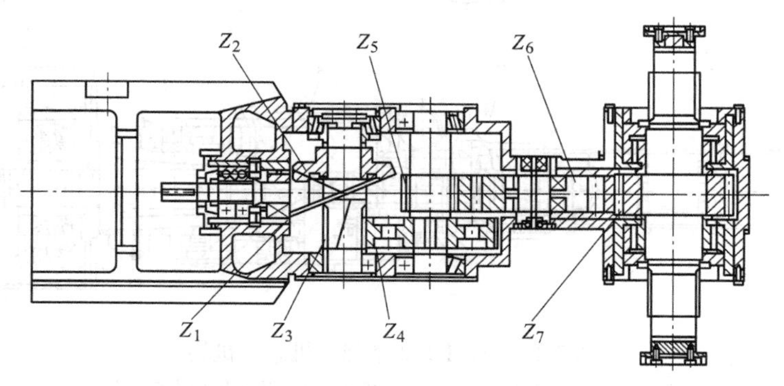

图2-20 截割机构减速箱图

左右截割头为对称布置的旋转体，其上均匀地布置了 46 把镐型截齿，如图 2-21 所示。

b 回转机构

回转机构是使工作机构左右摆动和垂直升降的支撑机构，它承担工作机构截割煤岩时产生的较大载荷和倾覆力矩。其结构主要由回转臂、回转轴承和回转座组成，如图 2-22 所示。回转臂 1 与截割机构通过耳子铰接，在回转油缸的推动下，可左右摆动，实现截割头左右偏摆割煤。

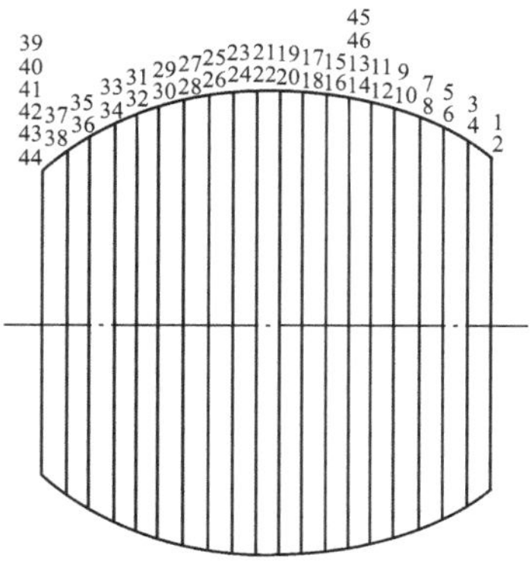

图 2-21 截齿布置示意图

c 装运机构

该机采用星轮式装运机构，用以将截落的煤片收集并耙装到刮板输送机上。装运机构和刮板输送机采用分动驱动方式，它由装载铲板、回转装置、耙爪、刮板输送机等组成，如图 2-23 所示。它可借助于铲板油缸的作用以升降装载铲板。装载铲板是个平面，左右耙爪分别在低速大功率马达的驱动下作等速正反向回转，耙装煤岩。

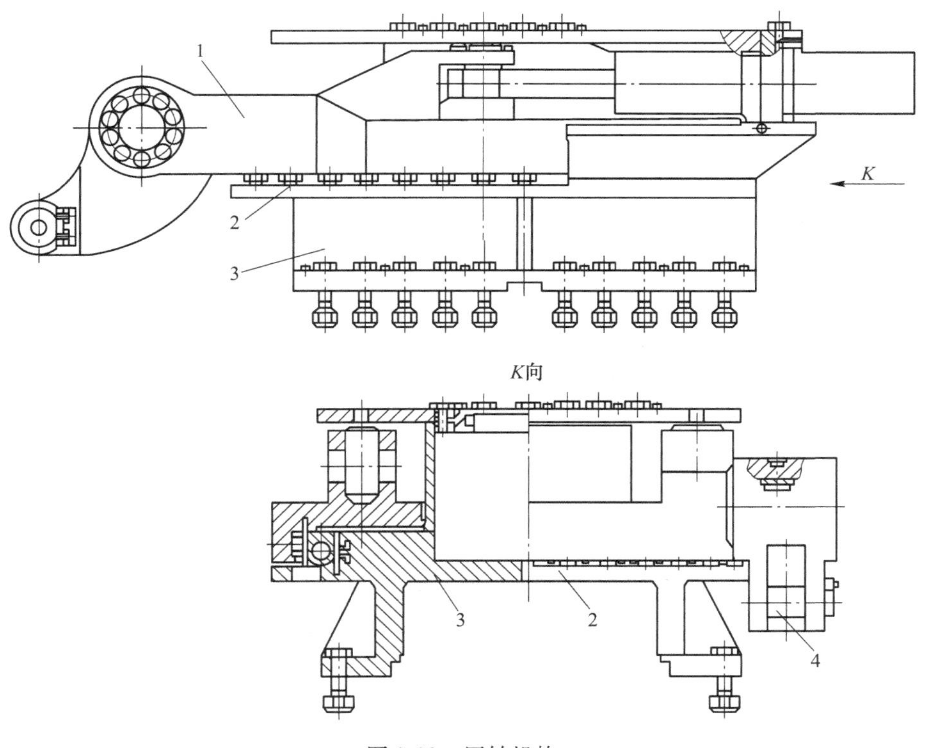

图 2-22 回转机构

1—回转臂；2—回转轴承；3—回转座；4—回转油缸连接销

d 行走机构

行走机构是掘进机行走的执行机构，也是整机连接支撑的基础，用于驱动悬臂式掘进机前进、后退和转弯，并能在掘进作业时使机器向前推进。EBH-132 型掘进机的两条履带分别由 A2F160W2P2 液压马达驱动，它由左右减速器、左右张紧装置、左右履带架、履带、驱动轮、后支撑及导轨组成。行走机构传动系统如图 2-24 所示。

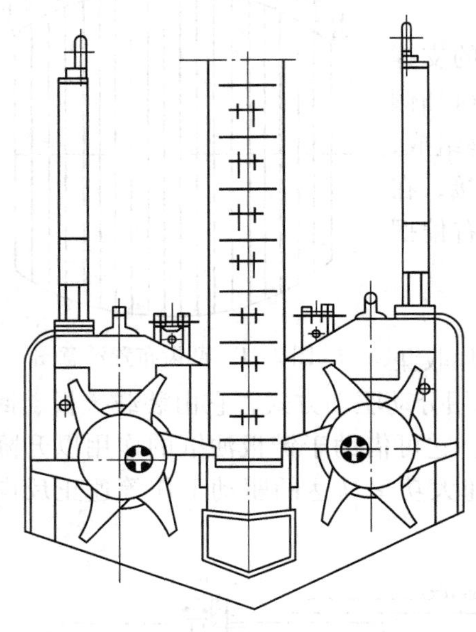
图 2-23　星轮式装运机构图

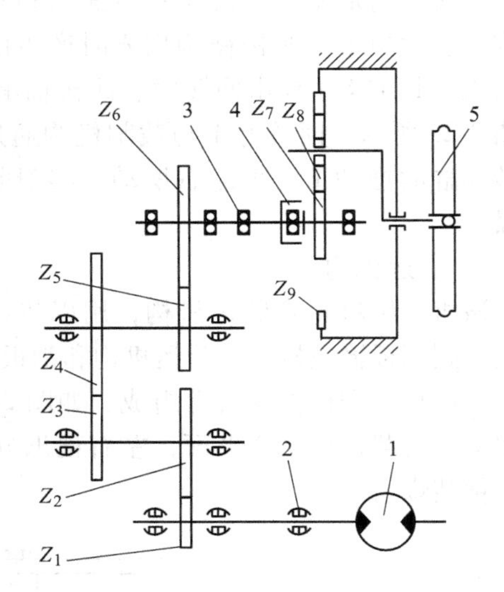

图 2-24　行走机构传动系统
1—液压马达；2—液压摩擦减速器；3—齿轮联轴器；4—中心轮浮动装置；5—驱动轮

左右减速器为由箱体、三级直齿、一级行星传动所组成的四级减速器。$Z_1=19$，$Z_2=51$，$Z_3=21$，$Z_4=56$，$Z_5=21$，$Z_6=54$，$Z_7=13$，$Z_8=22$，$Z_9=59$，其传动比为 99.934，使用寿命正反向均不低于 400h。

左右张紧装量由伸缩头、柱塞、导向轮、轴、轴套和浮动密封等组成，它是履带的张紧装置。伸缩头有空腔，空腔内装有一个柱塞。柱塞顶于履带架固定板上，伸缩头装在可活动的履带架导向槽内。当空腔内注入润滑脂时伸缩头在压力作用下伸出，在其后装上张紧垫铁，以张紧履带链，如图 2-25 所示。左右履带架包括机架和履带架体，履带由履带板、轴和销构成。

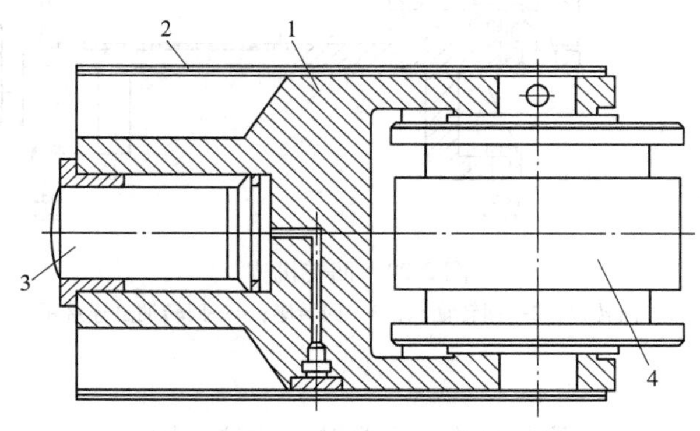

图 2-25　履带张紧装置
1—履带架；2—伸缩头；3—柱塞；4—导向轮

e 转载机构

转载机构为后转载输送机，布置在机器中间部位，由驱动轴、改向轴、机前部、机后部和刮板链组成，由一台 NHM11-700I 液压马达驱动。液压马达置于机后部架上的滑道中，机架由后支撑支撑。该向轴固定在铲板上，链速为 1.3m/s。

转载机构的结构如图 2-26 所示，驱动轴 3 上的链轮 2 为齿链轮，刮板链 4 采用圆环链，其规格为 $\phi18 \times 64$。采用这种刮板链形式，能有效地运输煤岩，无卡链现象。输送机与回转台底面之间的通过断面为 350mm × 450mm，能够满足较大煤岩的运输要求。刮板链的张紧用机后部的丝杆调整。

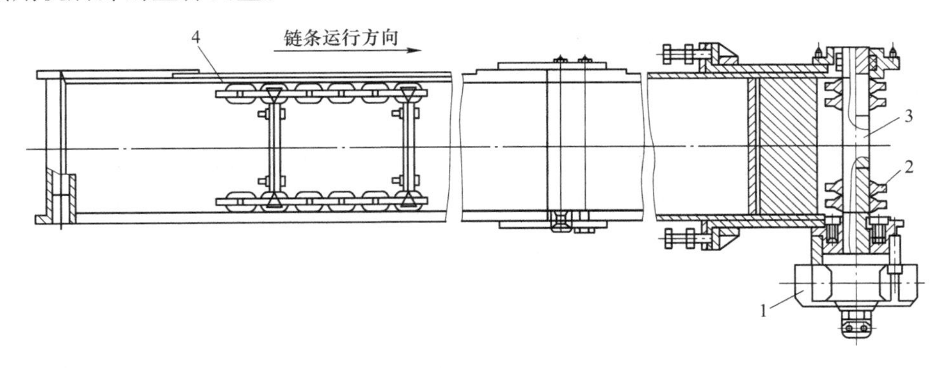

图 2-26 转载机构

1—液压马达；2—链轮；3—驱动轴；4—刮板链

f 喷雾降尘系统

图 2-27 所示为 EBH-132 型掘进机的喷雾降尘系统，包括内喷雾、外喷雾和冷却一引射喷雾 3 部分。

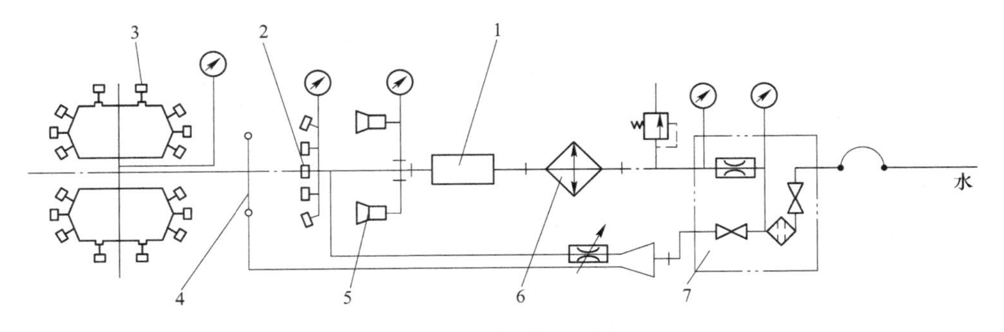

图 2-27 喷雾降尘系统

1—截割电动机；2—外喷雾；3—内喷雾；4—悬臂；5—引射喷雾器；3—冷却器；7—水门

水泵输出的压力水经水门后分成以下 3 条水路同时工作：

（1）水→水门→冷却器→电动机→引射喷雾器。

（2）水→水门→三通→节流阀→外喷雾装置。

（3）水→水门→三通→工作臂→内喷雾装置。

2.2.1.3 掘进机选型

掘进机机型是满足综合掘进速度需要、取得良好经济效益的前提。选择机型时要考虑的主要因素有：煤岩的种类及特征、巷道断面的大小和形状、巷道支护形式、巷道底板和倾角、巷道弯曲程度等。

A 煤岩的种类及特征

考虑煤岩的可截割性，必须考虑煤岩的特性：抗压强度、抗拉强度、比能耗、抗磨蚀性、坚固性系数（普氏系数f），以及层理、断层、岩层厚度等。

B 巷道断面大小及形状

各种机型都有截割尺寸范围，及其断面大小，应满足下列条件：

$$S_{1\min} \leqslant S_2 \leqslant S_{1\max} \tag{2-1}$$

式中 $S_{1\min}$——机型可掘最小断面，m^2；

$S_{1\max}$——机型可掘最大断面，m^2；

S_2——巷道断面，m^2。

关于断面形状，煤巷掘进断面通常为梯形或矩形，各种掘进设备均可适用。但因矿井深部开采或围岩较弱，从支护角度需要较大的支撑强度，则巷道布置为拱形断面，因此有必要选用能截割出大小不同的拱形断面巷道的机型。

C 巷道支护系统

巷道需要支护，掘进机必须具有装备适合支护系统的结构和与支护系统相适应的截割工艺过程。如巷道支护为锚杆支护系统，那么掘进机应当装备有供锚杆钻机作业的动力源，如果是金属支架，掘进机必须截割出正确的巷道断面形状，以利于支护架的安装。除此之外，掘进机应该配备有助于支护金属梁的机构（如在悬臂上附加托梁器等）。当然最好是采用掘锚机组，它本身具有掘、支、运综合功能。

D 巷道底板和倾角

掘进机非作业状态的履带接地比压称为工程比压，即计算平均比压，但机器在作业时的真实比压常常是公称比压的3~5倍。所以，在设计中应按机器作业情况校验其真实比压，使它小于或等于工作巷道底板允许的最大比压值，按MT138-91标准规定，一般接地比压量不大于0.14MPa，否则，遇到松软地板，应向掘进机制造厂提出特殊要求，选择加宽履带类型的机型。

掘进机要适用掘进上、下山的坡度，在不同倾角下作业，按我国标准，要求其爬坡能力在正负16°范围内。若超过此值，掘进行走马达的功率要特殊设计，并且要校核工作稳定性。

E 巷道弯曲程度

巷道的拐弯半径必须与所选机型拐弯半径相吻合。伸缩带式输送机的最小铺设长度为80m，在初始80m巷道中只能采用矿车或其他简易的输送方式。当巷道长度越过80m时，方能安装伸缩带式输送机，或其他输送设备。

2.2.2 全断面掘进机

全断面掘进机的工作机构通过旋转和连续推进，能将巷道整个断面的岩石或煤破碎。它按掘进断面的形状和尺寸将刀具布置在截割机构（刀盘）上，通过刀具破岩并实现装岩、转载、支护等工序平行连续作业。主要用于掘进煤矿岩石大巷、水电水利隧洞、铁路公路隧道，也可用于掘进煤矿斜井井巷。掘进断面一般为圆形，如加设截割底角机构，掘进断面可近似拱形。

2.2.2.1 破岩原理

全断面掘进机是通过盘形滚刀对岩石进行挤压与剪切来破碎岩石的，其工作原理如图2-28所示。当盘形滚刀1受到推压力P时，首先把刀刃前面的岩石破碎，形成处于三向挤压状态的粉碎区3，并使其周围的岩石内部产生裂纹。在推压力的作用下，裂纹伸长加大，使岩石碎裂，形成小块的岩石破碎体，并同粉碎区内的岩粉一起，沿滚刀刀刃两侧进出。由于滚刀有楔形的刀刃，若适当布置滚刀间距L，相邻滚刀之间的岩石就可因裂纹的不断扩大而成片的被剪崩落。

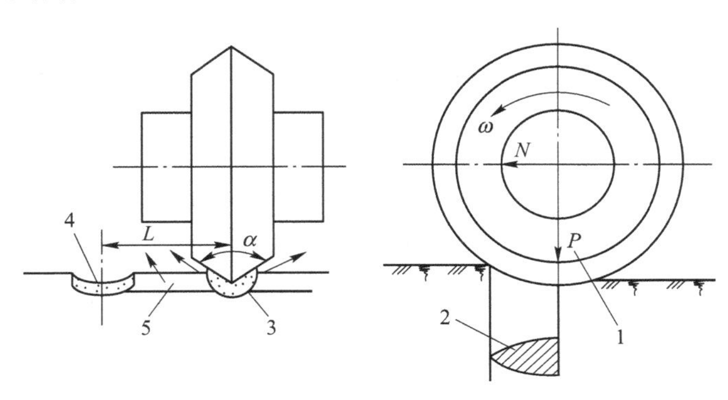

图2-28 盘形滚刀破岩机理

1—盘形滚刀；2—挤压痕；3—粉碎区；4—相邻滚刀中心；5—破碎区

试验证明，滚刀间距是一个重要参数。在具体条件下，存在着破岩最多，能耗最少，掘进速度最快，能够充分发挥机器效能的最佳间距。在一定的滚刀几何形状、推压力和岩石种类等条件下，最佳间距是一定的。当刀具变钝、岩石情况有变化时，可以通过调整推压力保证刀具破岩较多、能耗较少。为了达到较好的破岩效果，盘形滚刀的推压力必须足够大，而且应根据具体工作条件适当加以调整。

2.2.2.2 TBM32型掘进机

TBM32型掘进机主要由刀盘工作机构、传动与导向机构（机头架）、水平支撑与推进机构、大梁、液压锚杆钻机、主皮带机、操纵室、后支撑等部分组成，如图2-29所示。

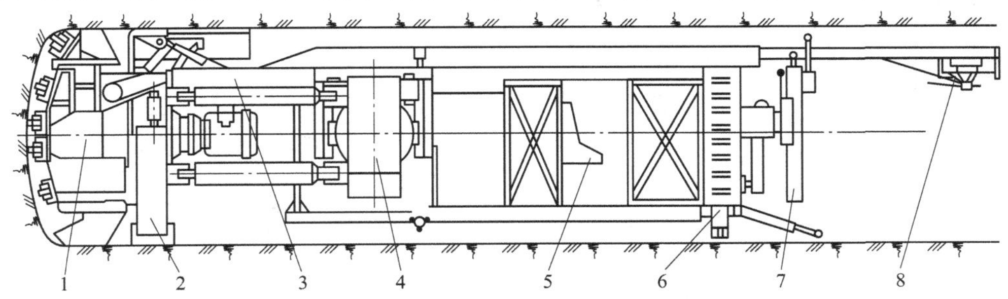

图2-29 TBM32型掘进机

1—刀盘工作机构；2—传动与导向机构；3—大梁；4—水平支撑与推进机构；5—操纵室；6—后支撑；7—液压锚杆钻机；8—主皮带机

2.2.2.3 刀盘工作机构

岩石掘进机一般采用滚压方法破碎岩石，使用的刀具有盘形滚刀和球齿滚刀两类，其中盘形滚刀使用比较广泛。

TBM32 型岩石掘进机使用的是盘形滚刀结构（正滚刀），如图 2-30 所示。刀圈 1 和刀体 5 采用紧配合连接，通过钢球 2 和滚子 3 等组成的轴承装在心轴 4 上，心轴固定在工作机构刀盘的刀座上，刀体两端采用双边金属浮动型断面密封。

刀具一般采用强度高、耐磨、有一定韧性、能承受冲击载荷的材料制造。TBM32 型岩石掘进机的滚刀刀圈采用 3Cr4W2Mo2V 合金钢制造。

刀盘结构如图 2-31 所示，刀盘 9 的球形表向上按螺旋线形状，以一定的间距布置 31 把盘形滚刀。其中中心刀 4 把，刀圈直径 280mm；正刀 19 把，边刀 8 把，正刀与边刀结构相同，刀圈直径 300mm。刀盘后部与组合轴承 6 的内齿圈 7 通过螺栓连接成一体。内齿圈同时也是组合轴承的内座圈。组合轴承的外座圈用螺栓固定在机头架上。工作时，刀盘在机器推进力的作用下将盘形滚刀紧压在岩壁上，同时由电动机通过减速器和内齿圈带动刀盘旋转，使岩壁被滚刀碾压出一系列同心圆的凹槽，凹槽之间的岩石也不断地被剪切破碎成碎片；刀盘外缘均匀地装有 6 个铲斗。当铲斗 4 转到工作面底部时将破碎的岩碴装入斗内，然后提升到顶部，卸入主皮带机受料槽而运出工作面。刀盘表面上布置有喷嘴，由刀盘中心的供水管 8 引入压力水，供喷雾灭尘。在刀盘和机头架的相对运动表面处，设置有组合密封圈，以防止煤渣和水进入刀盘内部。

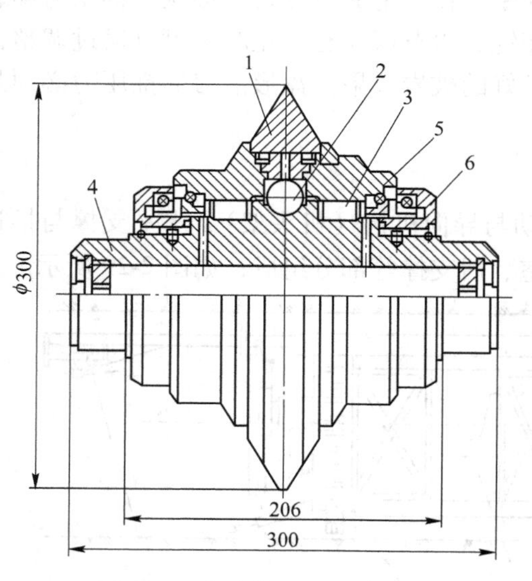

图 2-30 盘形滚刀（正滚刀）

1—刀圈；2—钢球；3—滚子；4—心轴；5—刀体；6—端面密封环

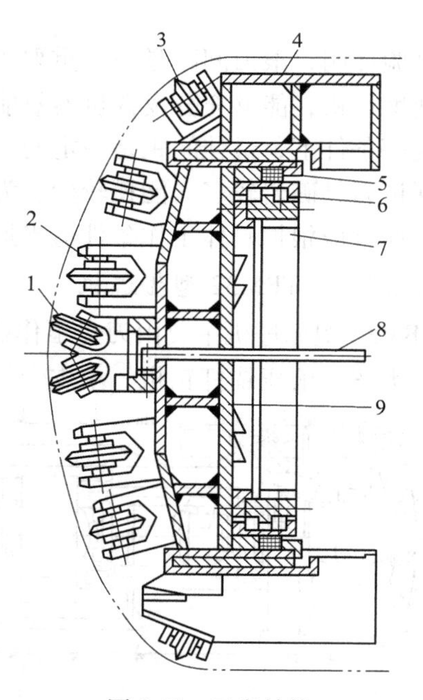

图 2-31 刀盘结构

1—中心刀；2—正刀；3—边刀；4—铲斗；5—密封圈；6—组合轴承；7—内齿圈；8—供水管；9—刀盘

2.2.2.4 传动与导向机构

传动与导向机构的作用是将电动机功率经减速器传送到刀盘上，产生回转扭矩，并组成机器的前支撑部，对刀盘工作起定位和稳定作用。

A 刀盘传动系统

刀盘由装在传动与导向机构中壳体上的两台 125kW 电动机和减速器共同驱动，其传动系统如图 2-32 所示。减速器由两级行星齿轮传动组成，用螺栓和圆锥销固定在导向壳体上，减速器输出轴上的齿轮 Z_7与刀盘内出圈 Z_8 啮合，驱动刀盘旋转。两台电动机中有一台为双出轴，装有液压驱动的摩擦离合器和油马达组成的刀盘点动装置，供刀盘空转、定位之用。利用点动装置可实现刀盘的微动，以找准刀盘入口位置，使操作者可进入刀盘前面进行检查及更换刀具。

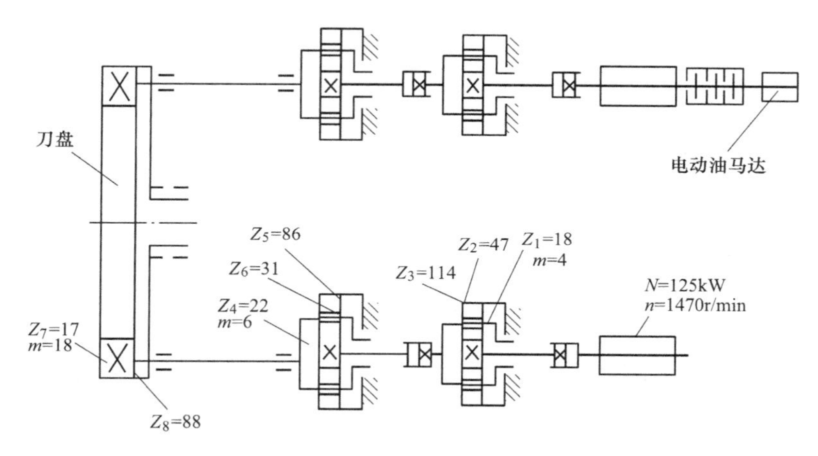

图 2-32 刀盘传动系统

B 导向机构

导向机构的结构如图 2-33 所示，导向壳体 9 前面通过组合轴承支撑刀盘，后面与掘进机大梁连接，并与下支撑板 1 和侧支撑扳 3 及护顶板 6 构成一个圆形支撑环。导向壳体与下支撑板间用螺栓紧固，成为固定支撑。必要时也可去掉螺栓，借助下油缸 2 使导向壳体相对下支撑板作上下移动，使掘进头可以升降。左右侧支撑板 3 主要对刀盘起稳定作用，掘进过程中可以通过楔形油缸 11 使侧支撑板作微量调整，然后用锁定油缸 4 锁定，以便于司机准确操作。护顶板 6 主要起临时支护顶板的作用，工作时带压前移，以保证支护的良好，通过护顶油缸 7 和四连杆机构 8，可使护顶板平行升降。

2.2.2.5 水平支撑与推进机构

水平支撑与推进机构给刀盘工作机构以所需的推进力，并使掘进机实现液压迈进行走，其结构如图 2-34 所示。

A 水平支撑

水平支撑油缸 7 可把水平支撑板 3 撑紧在巷道两帮上，其活塞杆端与支撑板间用球头连接，以适应巷道两帮不平行和不平整的情况。鞍座 4 与水平支撑油缸 7 之间通过 4 个斜油缸 2 和十字销相连接。掘进机大梁上的滑轨插入鞍座上的滑道内，使整个水平支撑与推进机构可沿大梁的尾部上下、左右移动，或使大梁左右回转。

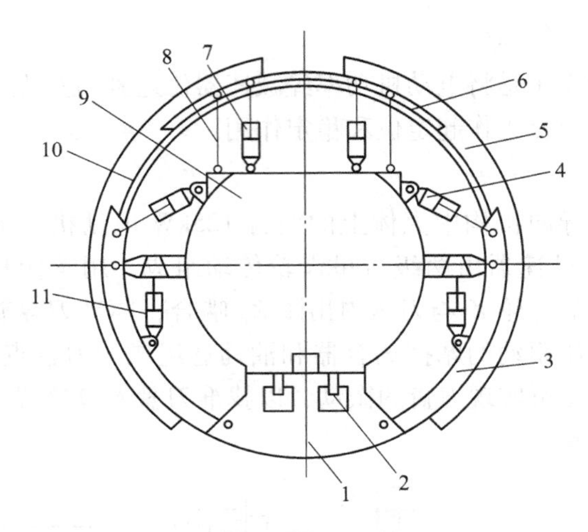

图2-33 导向机构

1—下支撑板；2—下油缸；3—侧支撑板；4—锁定油缸；5—密封橡胶板；6—护顶板；7—护顶油缸；8—四连杆机构；9—导向壳体；10—防尘板；11—楔形油缸

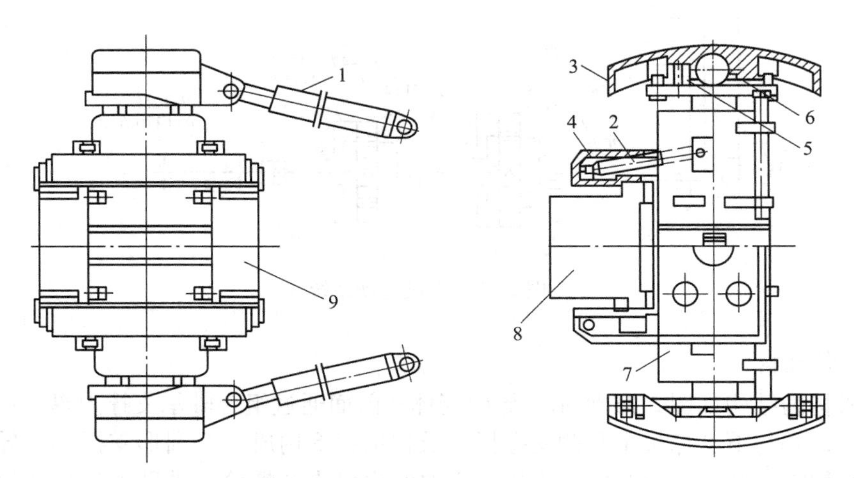

图2-34 水平支撑与推进机构

1—推进油缸；2—斜油缸；3—水平支撑板；4—鞍座；5—复位弹簧；6—球头压盖；7—水平支撑油缸；8—滑道；9—导向壳体

B 推进机构

机器的推进工作由4个推进油缸1完成，每个油缸的两端分别与水平支撑板和导向壳体铰接。掘进机工作时，水平支撑油缸把支撑板撑紧在巷道两帮，支撑住掘进机后半部的重量，然后收缩掘进机后部的支撑油缸，再利用推进油缸把机头架、大梁、司机室等和刀盘一起推进工作面。借助推进油缸的推进力和刀盘的旋转，使机器向前掘进。当一个推进行程结束时，将掘进机后部的支撑油缸活塞杆伸出，支撑住机器后半部的重量，然后收缩水平支撑油缸，再收缩推进油缸，使水平支撑机构向前移动一个行程，完成一个迈步行走过程。不断重复上述过程，机器即以液压迈步的方式向前掘进。

C 工作控制

掘进机的推进方向直接影响到掘进机的正常工作，TBM32 型岩石掘进机采用激光定位器来指示和检测掘进方向。当发生有偏差时，可利用浮动支撑机构进行纠偏，以确保掘进机按预定方向和规定坡度向前推进。

掘进机的调向纠偏主要依靠 4 个斜油缸和水平支撑油缸完成，其操作有以下三种方式：

（1）水平调向。在水平支撑油缸撑紧（即中间活塞腔进压力油）时，如在左活塞杆腔送入低压油，右活塞杆腔放出低压油，则缸体向左移，并带动鞍座和大梁，使大梁以机头架下支撑板为支点向左转功，掘进方向右转弯（图 2-35（a））；反之，则向左转弯（图 2-35（b））。

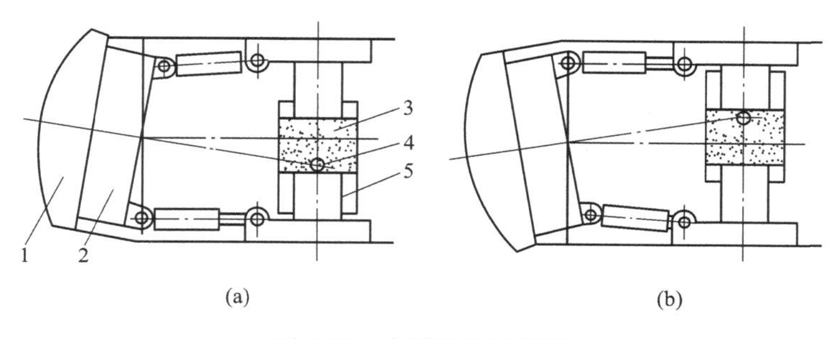

图 2-35 水平调向示意图

（a）掘进方向右转弯；（b）掘进方向左转弯

1—刀盘；2—机头导向机构；3—活塞；4—缸体上铰链；5—缸体

（2）垂直调向。在水平支撑油缸撑紧的情况下，上面两个斜油缸：同时伸（或缩），下面两个斜油缸同时缩（或伸），鞍座带动大梁腰部上升（或下降），使掘进轴线向下（或向上）倾斜，可掘出下坡或上坡巷道。

（3）机器运行中轴线偏转的调整。机器在掘进过程中，因刀盘旋转截割岩石而产生的反扭转常导致机器绕其纵轴（图 2-35）偏转。出现这种情况时，可操作左右两侧的斜油缸反向动作，使鞍座绕十字销带动大梁回转，即可纠正机器的向左或向右倾斜。

2.2.2.6 其他结构

TMB32 型掘进机的大梁是用钢板焊成的中空结构件，其前端固定在导向壳体上，中间的滑轨与鞍座上的滑道相滑配，使大梁支撑在鞍座上。大梁后段主要用于悬挂操作室和后支撑机构。大梁中空部分安置通风管道，大梁上部铺设主皮带机。主皮带机由液压马达驱动，可调速，用于将工作面破碎的岩石运出。

操作室内装有液压和电气控制装置，如液压系统泵站、机器控制台等，操作室后面没有支撑机构，主要由两个油缸组成，用于机器迈步行走或停机时支撑机器的重量。

主机机身后部还设置了一台液压锚杆钻机，可在岩石硬度 $f<7$ 的条件下钻凿锚杆孔。

2.2.2.7 配套系统

除主机外，TBM32 型岩石掘进机工作时还需要其他一些配套设备，如皮带转载机、除尘器、水泵以及移动变电站和电动机控制开关箱等。

皮带转载机紧接主皮带机，岩碴通过转载机装入矿车。转载机全长约40m，其机架下面设有电动机控制开关箱、除尘器及其风机、喷雾水泵等机电设备。另外，机架下面还可存放10~20辆$11m^3$的矿车，利用电动机车，可一次将掘进机一个行程所破碎的岩碴运出。

TMB32型岩石掘进机采用综合除尘措施，以降低巷道中空气的含尘浓度。除采用专用喷雾泵站供水，在刀盘处喷雾降尘外，在机头架处设有一道隔尘板，它的周围与硐壁贴紧，把含尘空气阻留在它的前方，并利用轴流式通风机将其经抽风管抽出。抽出的含尘空气经一台卧式旋风水膜除尘器和过滤层净化后排入巷道，另一台轴流式通风机则经送风管不断地将新鲜空气送入工作面。

供电系统把由中央变电所引来的万伏级高压电送入TMB32掘进机的电气系统，由高压供电和低压供电两级组成。高压供电部分由高压真空配电装置（安装在地面硐口或井下机电硐室）、屏蔽高压电缆、高压电缆连接器、变电站（放在配套设备上）主负荷的高压侧开关等组成。随着主机向前推进，高压电缆需不断延伸，在主机机尾处设电缆卷筒，以便快速连接电缆和延伸电缆。低压供电部分由变电站的低压侧、真空启动器、多回路组合开关和其他电气设备组成，给各电动机、照明系统、信号系统供不同电压等级的低压电。

供水系统通过铺设到工作面的水管，提供电动机和液压系统冷却、刀具喷雾降尘、喷射混凝土和注浆用水。

在含瓦斯的岩层中掘进，需设瓦斯报警断电仪等安全装置，以便在瓦斯含量达到一定程度时发出警报并切断总电源。

2.2.3 掘进机应用技术现状与发展趋势

2.2.3.1 掘进机应用技术现状

A 国外现状

国外先进掘进机广泛用于硬度低于f8的半煤岩采准巷道的掘进，并扩大到岩巷。国外新推出的掘进机可以实现推进方向和断面监控、电机功率自动调节、离机遥控操作及工况监测和故障诊断等机电一体化功能，机电一体化已成为掘进机发展趋势。掘进机主机可以配套机载锚杆钻臂系统、支护系统以及除尘系统等，掘进机多功能一体化也是一种发展趋势。近年来，掘进机已向综合机组发展，并已显示出卓越的高产高效功能，发展日新月异。

B 国内现状

我国掘进机研究始于20世纪60年代，主要经历了引进、消化吸收和自主研制3个阶段。20世纪90年代以来是我国掘进机的自主研发阶段，也是我国掘进机发展最为快速的一个阶段。这一阶段我国中型掘进机发展日趋成熟，重型掘进机大批出现，掘进机的设计与加工制造水平已比较先进，已能够独立研制截割硬度≤80MPa，机重60t左右，截割功率160~220kW的重型掘进机，并且具备了根据矿井条件实现个性化设计的能力，形成了多个系列的产品，EBJ(Z) 系列、S系列、EBZ系列型掘进机。

经过50多年的发展，我国已经建立《悬臂式掘进机通用技术条件》等完备的掘进机整机及零部件的研制标准和相应的检验条件。

与国际先进水平相比。国内掘进机在破岩能力、适应性及可靠性方面还存在一定的差距，尤其在重型掘进机方面表现最为突出。重型国产掘进机与国外先进设备的差距，除总体性能参数偏低外。在基础研究方面也比较薄弱，适合我国煤矿地质条件的截割、装运及行走部载荷谱没有建立，没有完整的设计理论依据，计算机动态仿真等方面尚处于起步阶段：在元部件可靠性、自动控制技术、截割技术、除尘系统等核心技术方面有较大差距。如图 2-36 所示为悬臂式掘进机。

图 2-36 悬臂式掘进机

2.2.3.2 掘进机发展趋势

A 重型化和大功率

大功率、重型掘进机具有截割范围大、破岩能力强和机身稳定性好等优势，能够满足矿井产量的增长及巷道断面的不断扩大，是掘进机发展的一个必然趋势。从国内成功研制的第 1 台 55kW 掘进机到现在 418kW 的掘进机，我国掘进机的发展过程也是从轻型向中、重型发展。国内各生产厂家也是向大功率化和重型化研发生产，如石家庄煤机厂研制的 EBH350、佳木斯煤机厂研制的 EBH350。三一重型装备有限公司研制的 EBZ318、EBH360、EBH418 等，大功率、重型掘进机成为掘进机厂家研发水平和制造能力的一个衡量标准。与国际先进水平相比，国内掘进机在破岩能力、适应性及可靠性等方面还存在一定差距，基础研究也相对薄弱，在重型掘进机方面表现尤其突出。大功率、重型掘进机研究重点包括整机稳定性研究、高性能截齿和硬岩截割头设计研究，冲击重载工况下大功率、小体积截割减速器的研究和硬岩物料装运机构的研究等。

B 高截割效率与低截齿损耗

高效截割是掘进机关键性能指标，也是客户重点关注要求的性能。截割效率及截齿消耗的影响因素主要包括：截割头线速度（转速）、截割横摆速度、横摆力、截割深度、截割头外形、截齿排列、截齿参数、煤层和岩层硬度等。

截割头转速是影响掘进机掘进能力和截齿寿命的重要参数。低速截割具有截深大、岩屑粗、粉尘生成量少、齿尖温度低、磨损量小、功率利用率高等优点，但低速截割降低了掘进机的掘进能力。截齿排列是截割头设计的重要内容，也是掘进机截割性能的有力保证。截齿排布直接影响着截割能力、工作载荷、截齿损耗、切削物料大小和粉尘等问题。

截齿上硬质合金刀头的几何形状非常重要，刀头的直径越大，截齿截割硬岩的能力就越强。目前常用的硬质合金刀头的直径为22mm和25mm。截齿仰角对截割力也有影响，理想的截齿仰角范围应为45°~50°。

合理选择上述参数可以使掘进机获得高效截割效率及低截齿效率，因此对截割参数优化选择是掘进机的重要研究方向。

C 高可靠性和安全稳定性

掘进机在巷道中工作，维修较困难，且设备停机维修影响巷道进尺。因此，提高掘进机的可靠性至关重要。提高掘进机可靠性及稳定性主要从以下几方面考虑：（1）广泛地应用可靠性技术，简化机械结构、增大零部件的设计安全系数，提高零部件的可靠性与整机的寿命。（2）对关键部件实施过载保护、状态检测、故障自动诊断等功能。例如：实施截割电机过载保护、回转机构、减速机故障自动诊断、轴承状态检测、油温状态检测和保护等。以确保掘进机正常运行，提高掘进机的可靠性。（3）综合除尘技术。掘进时产生的粉尘不仅严重危及采掘工作面工作人员的身体健康。也破坏了设备的工作环境，降低操作者的视觉能见度，增加事故发生率，而且煤尘达到一定浓度时，很容易引起煤尘爆炸和瓦斯爆炸，因此除尘技术对巷道掘进有重要作用。目前，掘进机设有内、外喷雾装置，但内喷雾喷嘴堵塞严重，粉尘降尘效果差。仅能达到60%~70%。因此，掘进机高效除尘技术成为巷道掘进的一个重要趋势。高效除尘技术可以从以下几个方面考虑：1）研究截割头、截齿排布等，减少截齿截割煤岩产生的粉尘。2）改进内、外喷雾除尘装置。改进内喷雾结构、喷嘴结构，同时增大外喷雾除尘装置，从而提高内、外喷雾除尘效率。3）配置负压除尘风机。三一重装硬岩掘进机配备的长压短抽除尘系统经过工程应用，可实现巷道除尘效率90%左右。

D 自动化与智能化

现代掘进机最重要的发展方向是自动化、智能化、信息化和无人化。提高掘进机的自动、智能化水平是国内外采煤行业追求的目标。国家设立了863重点项目“煤矿井下采掘装备遥控关键技术”，其中课题“掘进机远程控制技术及监测系统”以掘进机远程监测和控制的关键技术为核心，重点研究煤巷悬臂式掘进装备可视化远程监控等技术。

（1）截割断面成形控制。截割断面成形控制，可获得规整的断面形状尺寸，减少无用的掘进量和充填量，提高掘进效率，降低巷道掘进成本。德国艾柯夫公司研制的微机轮廓和导向及机器运行状况监测系统于1983年开始在ET-160和ET-110掘进机上使用。国内设立863课题研究断面成型控制，并应用于石家庄煤机厂EBH350掘进机。

（2）掘进机运行姿态定位及掘进定向技术。掘进机运行姿态定位及掘进定向技术实现掘进机沿目标巷道中心线自动掘进。基于视觉的导航技术虽然可以高精度地测量掘进机机身位姿，但基于可见光的视觉测量不适合井下高粉尘、昏暗的环境；井下环境会对基于激光的导航技术的测量精度受到影响，同时难以完全实现掘进机自主定位；惯性导航技术是无源导航技术，环境适应能力强，但时间累积误差大。采用多传感器融合技术是解决目前井下生产装备精确定位的趋势。将惯导与激光测距仪、里程计等传感器信息进行融合，实现悬臂式掘进机在井下巷道中的定位问题是目前研究的热点，但是需要解决截割振动影响下的传感器稳定性问题，惯导平台减震和鲁棒性好的算法研究是今后的研究重点。

（3）感应自适应技术感应自适应技术是在截割断面时，使用力传感器及光电等方法收集巷道断面岩性分布数据，根据反馈数据控制下一断面的截割路线及悬臂进给速度。从而实现根据巷道断面煤岩特性的分布状况合理规划掘进头的截割轨迹，使截割更加轻便、省力。

（4）记忆截割技术掘进机的记忆截割是指在掘进机司机按照操作规程先进行断面截割的一个循环操作，然后掘进机自动按照前面预定的操作轨迹进行截割，从而提高掘进效率，降低巷道掘进成本。

（5）掘进机远程遥控技术掘进机远程遥控技术可以实现掘进工作面远距离监控、遥控操作，主要包括：掘进机远程遥控系统、视频传输系统和掘进机工作状态显示系统等。

E 个性定制

我国煤矿地质条件较为复杂，而掘进机在设计方面更多的是适应北方地质结构，南方底板松软、水多、巷道窄小等巷道条件很有可能不适于常规掘进机。根据调研国内 167 家煤矿，3565 个巷道工作面，其中没有使用掘进机的工作面为 2232 个，占 63%。主要由于地质条件较差，断面窄小、巷道坡度大、岩石太硬等原因，不宜使用机械化掘进。因此特殊巷道的个性化零部件成为掘进机的一个重要发展方向，例如针对岩石巷道，截割头、截齿的特殊定制，窄小巷道设计窄、矮型掘进机，上下坡度大的巷道设计大坡度掘进机等实现未来特殊巷道、特殊工况机械掘进，提高巷道机械化率。

F 多功能复合设计

随着巷道掘进技术发展，掘进机不单单具有掘进功能，开始与其他功能复合，实现一机多用。例如：掘进+支护、掘进+掘钻、掘进+锚护等，掘进机正在朝着多功能复合化发展。

（1）机载超前支护机：机载超前支护机利用掘进机截割部作为主支撑。利用截割部的升降、摆动功能及超前支护机本身的功能实现对巷道顶板的支护。掘进时，超前支护机收缩折叠于掘进机截割部。机载超前支护实现掘进、支护两种功能，如图 2-37 所示。

图 2-37　掘进机超前支护示意图

（2）掘钻机：掘钻机通过在掘进机上面增加液压钻机，实现巷道掘进和钻探 2 种功能，掘进设备的掘、钻一体化，如图 2-38 所示。

图 2-38　掘钻机示意图

（3）掘锚一体机：掘锚一体机是将掘进与锚杆支护有机地结合的一体化设备，克服了掘进机的众多缺点。具有效率高、成本低和节约人力等优点。我国掘锚一体机起步较晚，目前国内多家掘进机公司和科研单位对掘锚一体机进行了研制。如三一重型装备公司、石家庄煤机、佳木斯煤机厂和煤科总院太原分院等都对掘锚一体机进行了相应研究，也生产销售一定的掘锚一体化机组。但是在矿井下实际使用效果并不十分理想，不能有效提高煤巷掘进速度，只能改善作业环境，降低工人劳动强度，因此没有在市场上大范围推广。掘锚一体机期望的工作方式是边掘边锚，而现在掘锚一体机为掘进锚杆交替作业，不能展示掘锚一体掘进机真正的优势，因此掘锚一体机的发展要基于掘进工艺的不断改进。同时液压锚杆钻机是整机的核心，是掘锚一体机技术发展的重点。随着新材料新工艺的发展，未来的液压锚杆钻机将会更可靠，边掘边锚的工作方式也会在未来实现。

G　创新截割机理

俄罗斯经过大量的岩石截割试验认为，截割法破碎仅能有效地用于截割硬度低于 $f5$ 的低磨蚀性岩石，如硬度增大，截齿磨损严重，寿命会明显缩短。目前实际应用中，硬岩掘进机在截割硬度超过 $f10$ 的岩石时，截齿磨损严重，机身振动剧烈。俄罗斯首创了惯性振动式截割掘进机，其原理是在主扭矩上叠加一个附加扭矩，实现变力截割，可应用于任意硬度的岩石，因此采用惯性冲击机构是硬岩巷道掘进的一个发展方向。高压水射流辅助截割破碎岩石，提高截割能力，因此高压水射流辅助截割在掘进机上应用也是一个发展趋势。

H　快速拆卸、维修技术

巷道掘进完后，有时需要对掘进机拆卸，进行巷道工作面的转移，因此掘进机快速拆卸技术可实现掘进机快速巷道转移，同时方便零部件的维修拆卸，提高掘进机工作效率。快速拆卸、维修技术可以从以下几方面讨论：

（1）掘进机模块化：掘进机模块化设计使掘进机的拆卸类似堆积木，提高掘进机拆卸速度。

（2）键连接替代螺栓联接：螺栓联接一方面数量多，拆卸复杂，另一方面需要额定力矩，采用键连接可以提高掘进机拆卸便捷性。

（3）液压快速接头；液压管路采用快速接头，高液压管路拆卸的方便性。

2.3 滚筒式采煤机

世界各国生产的采煤机械有滚筒采煤机、刨煤机、连续采煤机等多种类型。其中，刨煤机对煤层地质条件要求较严，特别是在煤质松软，顶、底板条件好时的薄煤层应优先采用；连续采煤机是房柱式（短壁）采煤法的主要设备，它适应于截高 0.8~6.0m 的煤层；滚筒采煤机能适应较复杂的顶、底板地质条件，调高范围大，特别是随着综合机械化采煤的发展，双滚筒采煤机成为国内外采煤机械的主要类型。

现代滚筒式采煤机具有如下特征：装机功率能满足采煤生产率要求；截割机构能适应煤层厚度变化而可靠工作；牵引机构能在工作过程中随时根据需要改变牵引速度，并能实现无级调速，以适应煤质硬度的变化，正常发挥机器效能；机身所占空间尽量小，对薄煤层采煤机尤为重要；可拆成几个独立的部件，便于拆装、检修、入井和运输；所有电气设备都具有防爆性能，能在有煤尘瓦斯爆炸危险的工作面内安全工作；电机、传动装置和牵引部等具有超负荷安全保护装置；具有防滑装置，以防采煤机沿煤层倾向自动下滑；具有内外喷雾灭尘装置；工作稳定可靠，操作简便，操作手把和按钮尽量集中，日常维护工作量小而容易。滚筒式采煤机如图 2-39 所示。

2.3.1 采煤机总体结构

采煤机总体结构、采煤机的适用条件和可能达到的技术性能，基本上是由总体结构和基本参数决定的。

2.3.1.1 滚筒采煤机的组成

滚筒采煤机类型繁多，但除布置方式稍有不同之外，其基本组成部分大致相同，一般由电动机、截割部、行走部和辅助装置等组成。现以 MG500/1130-WD 型交流电牵引双滚筒采煤机（图 2-40）为例说明，主要由左、右截割电动机 1，左、右摇臂 2，左、右滚筒 3，机身框架及连接 4，左、右行走部 5，行走箱 6，左、右牵引电动机 7，变频器箱 8，变压器箱 9，开关箱 10，左、右调高泵箱 11，调高泵电动机 12，拖缆装置 13 等组成。该机采用横向多电动机驱动，交流变频调速；采用积木式布置方式，使所有部件均可从采空区侧抽出，还可派生出 MG400/930-WD、MG300/730WD 型等机型与相应的液压支架、刮板输送机配套。可用于煤层厚度 1.80~3.76m，倾角≤40°，煤质硬或中硬的煤层，实现综合机械化采煤或放顶煤综采。

采煤机由采空区侧的两个导向滑靴和煤壁侧的两个平滑靴分别骑在工作面刮板输送机销轨和铲煤板上起支承和导向作用。当行走机构（又称为牵引机构）的驱动轮转动时，经齿轨轮与销轨啮合，驱动采煤机移动，同时滚筒旋转进行落煤和装煤。采煤机采过后，滞后 15m 左右开始推移刮板输送机，紧接着移液压支架，直至工作面全长。将前、后滚筒对调高度位置，反转弧形挡板，然后反向行走割煤。采煤机可用斜切法自开切口，沿工作面

(a)

(b)

(c)

图 2-39　滚筒式采煤机

（a）双滚筒采煤机；（b）刨煤机；（c）连续采煤机

全长截割一刀即进尺一个截深。

采煤机的机身框架为无底托架，由左、右行走部和连接框架三段经液压拉杆连接而成。左、右摇臂，左、右连接架用销轴与左、右行走部铰接，并通过左、右连接架与调高液压缸铰接。两个行走箱左右对称布置在行走部的采空区侧，可分别由两台 55kW 电动机经左、右行走部减速箱驱动，实现双向行走。利用导滑靴保证齿轨轮和销轨有良好的导向和啮合性能。

开关箱、变频器箱、调高泵箱和变压器箱 4 个独立的部件分别从采空区侧装入连接框架内。

摇臂采用左、右通用的直摇臂结构形式，输出端用方形出轴与滚筒连接。滚筒叶片和端。盘上装有截齿，滚筒旋转时用截齿落煤，靠螺旋叶片将煤输送到工作面刮板运输机上。

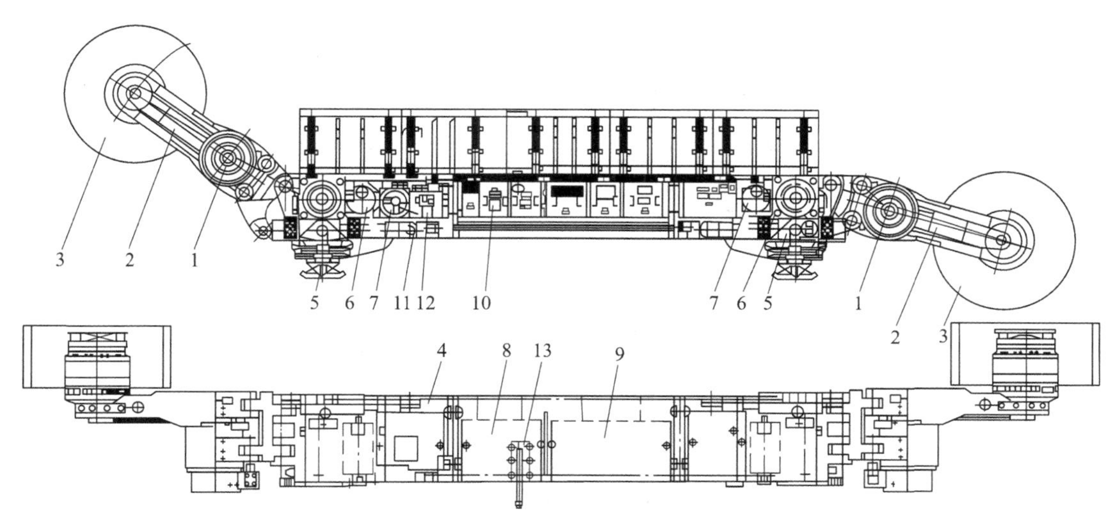

图 2-40　双滚筒采煤机

1—左、右截割电动机；2—左、右摇臂；3—左、右滚筒；4—机身框架及连接；5—左、右行走部；6—左、右行走箱；7—左、右牵引电动机；8—变频器箱；9—变压器箱；10—开关箱；11—调高泵箱；12—泵电动机；13—拖缆装置

采煤机电动机包括两台 500kW 的截割电动机、两台 55kW 的牵引电动机和一台 20kW 的液压泵电动机，总装机功率为 1130kW。

采煤机电气控制由开关箱、变频器箱和变压器箱 3 个独立的电控箱共同组成。其中，开关箱为整个采煤机提供 3300V 电源；变频器箱采用水冷式冷却，由采煤机的控制，可以控制采煤机的左、右行走速度，左、右滚筒的升降，左、右截割电动机的分别启动和停止；变压器箱将 3300V 电压变为 400V 电压，为变频器提供电源。系统上采用了可编程控制器（PLC）、直接转矩（DTC）变频调速技术和信号传输技术共同控制采煤机的运行状态，使其控制和保护性能完善，功能齐全、简易智能监测、查找故障方便。

采煤机的操作可以由在采煤机中部电控箱上或两端左、右行走部上的指令器进行，具有手控、电控、遥控操作。在采煤机中部可进行开、停机，停输送机和行走调速换向操作。采煤机在两端用电控或无线遥控均可进行停机、行走调速换向和滚筒调高。

2.3.1.2　采煤机的工作原理

采煤机通过螺旋滚筒上的截齿对煤壁进行切割实现割煤功能，并利用滚筒螺旋叶片的轴向推力，将从煤壁上切割下的煤抛到刮板输送机溜槽内运走，从而实现装煤功能。

单滚筒采煤机滚筒一般位于采煤机下端（图 2-41(a)、(b)），以使滚筒割落下的煤不经机身下部就运走，从而可降低采煤机机面（由底板到机身上表面）高度。单滚筒采煤机上行工作（图 2-41(a)）时，滚筒割顶部煤并把落下的煤装入刮板输送机，同时跟机悬挂铰接顶梁，割完工作面全长后，将弧形挡煤板翻转 180°；机器下行工作（图 2-41（b））时，滚筒割底部煤及装煤，并随之推移刮板输送机。这种采煤机沿工作面往返一次进一刀的采煤法称为单向采煤法。

双滚筒采煤机（图 2-41(c)）工作时，前滚筒割顶部煤，后滚筒割底部煤。因此，双滚筒采煤机沿工作面牵引一次，可以进一刀，返回时，又可进一刀，即采煤机往返一次进

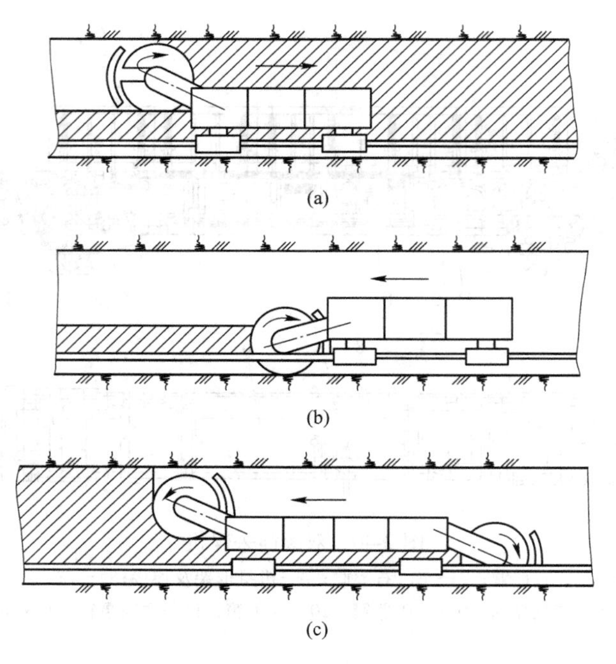

图 2-41　滚筒采煤机的工作原理

两刀，这种采煤法称为双向采煤法。

但是，为了使滚筒落下的煤能装入刮板输送机，滚筒上螺旋叶片的螺旋方向必须与滚筒旋转方向相适应，对顺时针旋转（人站在采空区侧看）的滚筒，螺旋叶片方向必须右旋；逆时针旋转的滚筒，螺旋叶片方向必须左旋，可归结为“左转左旋，右转右旋”。

2.3.2　采煤机截割部

滚筒式采煤机的截割部一般包括割煤滚筒、摇臂、固定减速箱等工作机构。割煤滚筒承担截煤和装煤任务，是采煤机截割部的主要部件之一。一个完善的割煤滚筒应满足以下要求：能适应不同的煤层和有关地质条件；能充分利用煤壁的压张效应，降低能耗，提高块煤率，减少煤尘；能装煤和自开切口；载荷均匀分布，机械效率高；结构简单，工作可靠，拆装、维修方便。

2.3.2.1　螺旋滚筒

螺旋滚筒是目前采煤机使用最广泛的截割机构。这种工作机构简单，工作可靠，但截煤的块度小，煤尘较多。

A　基本结构

螺旋滚筒的基本结构如图 2-42 所示。在螺旋叶片的顶端及端盘周边上装有许多截齿，轮毂与滚筒轴固定在一起。滚筒转动时截齿截割和剥落煤体，螺旋叶片将碎煤运至滚筒的采空侧，装入输送机。在叶片上和端盘上齿座的旁边还装有内喷雾用的喷嘴。

大多数采煤机采用焊接滚筒，一般用 20~30mm 厚的 45Mn 或 16Mn 钢板锻压成螺旋叶片，再和齿座、轮毂、筒毂等焊接而成。若采用铸造滚筒，则齿座是在加工后焊到叶片上的。

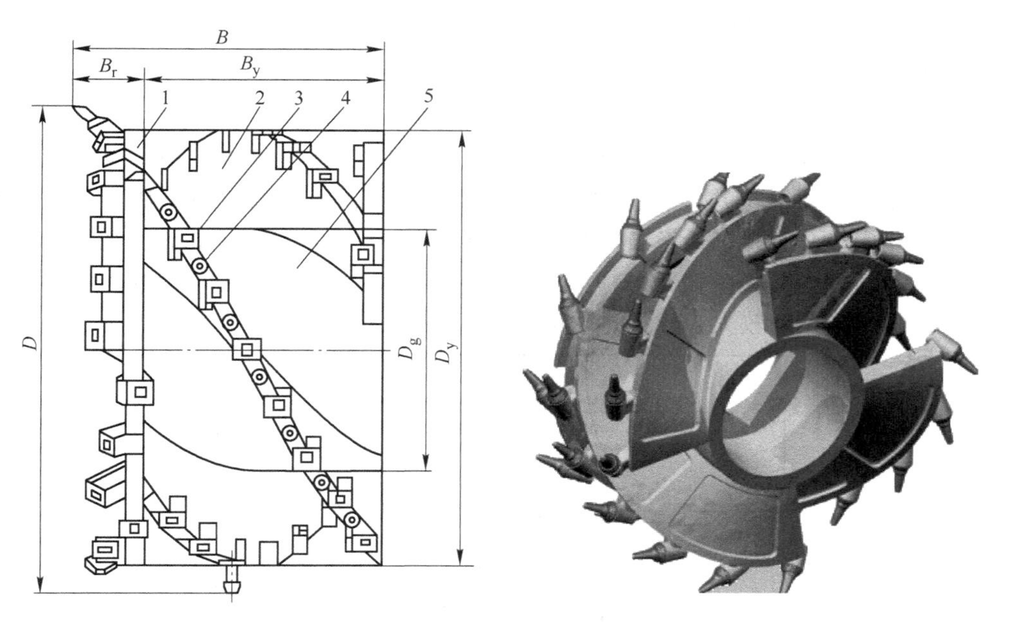

图 2-42 螺旋滚筒
1—端盘；2—螺旋叶片；3—齿座；4—喷嘴；5—筒毂

B 滚筒的转向

滚筒旋转方向对截煤过程来说有顺转和逆转两种。

（1）顺转，转向与牵引方向相同，如图 2-43（a）所示。大部分煤被螺旋叶片从滚筒轮毂下面带到滚筒后面，挡煤板把煤挡住，按自然安息角 φ 堆积。

（2）逆转，转向与牵引方向相反，如图 2-43（b）所示。截落的煤不断被螺旋叶片向工作面输送机推送，大部分煤按自然安息角 φ 堆积在滚筒前半部。

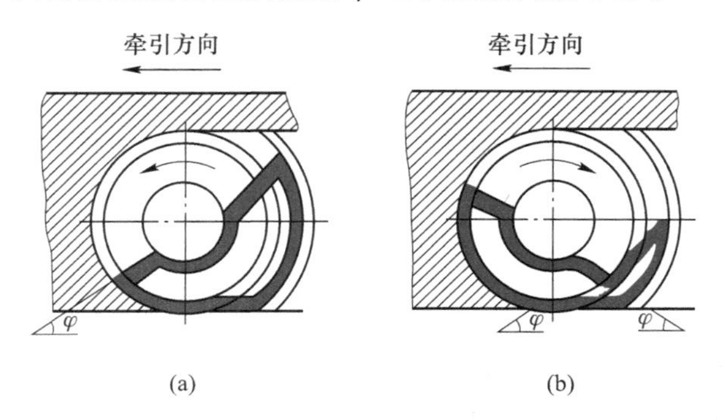

图 2-43 滚筒旋转方向与装煤关系示意图

顺转时，煤在装载过程中二次破碎较严重，装煤能耗较大。采煤机后面滚筒不仅担负截割前滚筒余留的煤，而且要将这些煤连同前滚筒未装出的煤全部装入输送机。为了有较好的装煤效果，一般将后滚筒定为向上截煤的旋转方向，而将前滚筒定为向下截煤的旋转方向。对于单滚筒采煤机，一般在左工作面用右螺旋滚筒，在右工作面用左螺旋滚筒。

C 滚筒与滚筒轴的连接方式

滚筒与滚筒轴的连接结构有：锥形轴端与平键连接，内齿轮副与锥形盘复合连接，轴端凸缘与楔块连接，方头连接（中、大功率的采煤机多用）等。

较小功率的采煤机采用其他三种连接结构。图2-44所示为MLS_3-170型采煤机的连接结构。滚筒中部是圆锥套1，其内孔有1∶6的锥度，圆锥盘2由挡板6和螺钉5固定在滚筒轴上，并用卡环9和螺钉8将其与圆锥套1锁紧在一起。圆锥盘2由内齿轮3与滚筒轴连接。高压水通过内喷雾接口7和内喷雾分流器4进入喷嘴实现内喷雾。由于配合圆锥较短，锥角和配合直径都较大，故滚筒拆装方便，连接可靠。

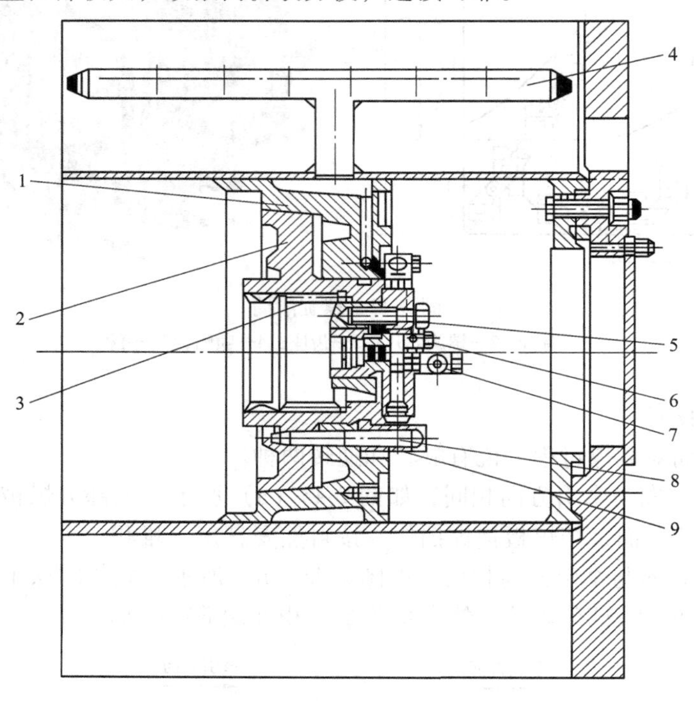

图2-44 内齿轮副与锥形盘复合连接结构

1—圆锥套；2—圆锥盘；3—内齿轮；4—内喷雾分流器；5，8—螺钉；6—挡板；7—内喷雾接口；9—卡环

D 滚筒的结构参数

a 滚筒的三个直径

滚筒的三个直径是指滚筒直径D、叶片直径D_y和筒毂直径D_g（图2-42）。

滚筒直径是截齿齿尖的截割圆直径。目前采煤机的滚筒直径大都在0.65~2.3m范围内。单滚筒采煤机的滚筒直径应按煤层厚度来选择，一般比煤层厚度小0.1~0.2m。双滚筒采煤机则按采高来选择，滚筒直径应稍大于最大采高的一半，以便采煤机能够一次采全高。

筒毂直径D_g愈大，则滚筒内容纳碎煤的空间愈小，碎煤在滚筒内循环和重复破碎的可能性愈大。在满足筒毂安装轴承和传动齿轮的条件下，应保持叶片直径与筒毂直径适当的比例。对于$D>1$m的大直径滚筒，$\frac{D_y}{D_g}\geqslant 2$；对于$D<1$m的小直径滚筒，$\frac{D_y}{D_g}\geqslant 2.5$。

b 滚筒宽度

滚筒宽度 B 为端盘宽度 B_t 和叶片导程 B_y 之和，应等于或大于采煤机的截深。滚筒的宽度一般为 0.6~0.8m。对于较薄的煤层，为了提高采煤机的生产率，滚筒宽度可为 0.8~1.0m；对于较厚的煤层，为了改善顶板的支护性能，滚筒宽度可取 0.5m。

c 螺旋升角

单头螺旋叶片及其展开后的形状如图 2-45（a）（b）所示。D_y 和 D_g 分别表示螺旋叶片的外径和内径，B_y 为螺旋叶片的导程。不同直径上的螺旋升角不同，螺旋叶片的外缘升角和内线升角分别为 α_y 和 α_g。显然，螺旋叶片在外缘的升角小于内缘的升角，即

$$\alpha_y = \arctan^{-1}\frac{B_y}{\pi D_y} < \alpha_g = \arctan^{-1}\frac{B_y}{\pi D_g} \tag{2-2}$$

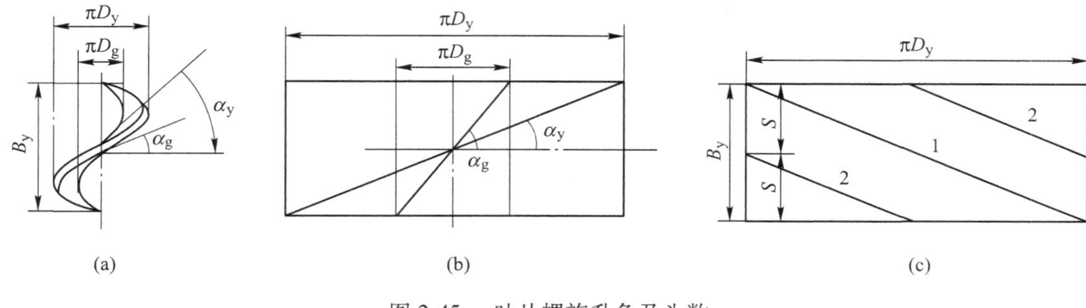

图 2-45 叶片螺旋升角及头数

螺旋升角的大小直接影响滚筒的装煤效果。升角较大时，排煤能力强，装煤速度快，但升角过大会把煤抛到溜槽的采空侧；升角过小，煤在螺旋叶片内循环，造成煤的重复破碎。

国内外对螺旋升角曾进行过大量试验，我国一般认为 $\alpha = 20°$，$\frac{\alpha_y + \alpha_g}{2} = 30° \sim 35°$ 时装煤效果较好。对于双头螺旋叶片（图 2-45（c）），螺旋升角为

$$\alpha = \arctan^{-1}\frac{nS}{\pi D_y} \tag{2-3}$$

式中 n——螺旋头数；

S——螺距。

螺距的大小应保证煤从滚筒中顺利排出，一般为 0.25~0.4m。螺旋叶片头数主要是按截割参数的要求确定的。直径 $D<1250$mm 的滚筒一般用单头，$D<1400$mm 的滚筒可用双头或三头，$D<1600$mm 的滚筒可用三头或四头。

2.3.2.2 截齿

截齿装在螺旋滚筒上，是采煤机截煤的刀具。由于煤质软硬不同和煤层所含夹矸情况，截齿截煤时受力就有所不同，采用的截齿几何形状和尺寸就应有区别，对制造所用材料和工艺也有相应的要求。对截齿的基本要求是：强度高，耐磨性好，截割比能耗低，能适应较多的煤层条件，在齿座上安装可靠，易于拆装。

A　截齿类型

目前采煤机使用的截齿主要有扁形截齿和镐形截齿两种。

扁形截齿的刀体是沿滚筒的半径方向安装的，故常称为径向截齿。这种截齿适用于截割各种硬度的煤，包括坚硬煤和粘性煤，使用较多。其刀体端面呈矩形，固定方式如图 2-46（a）所示。图 2-46（a）中，销钉和橡胶套装在齿座侧孔内，装入截齿时靠刀体下端斜面将销钉压回，对位后销钉被橡胶套弹回至刀体窝内而将截齿固定；图 2-46（b）中，销钉和橡胶套装在刀体孔中，装入时，销钉沿斜面压入齿座孔中而实现固定；图 2-46（c）中，销钉和橡胶套装在齿座中，用卡环挡住销钉并防止橡胶套转动，装入时，刀体斜面将销钉压回，靠销钉卡住刀体上缺口而实现固定。

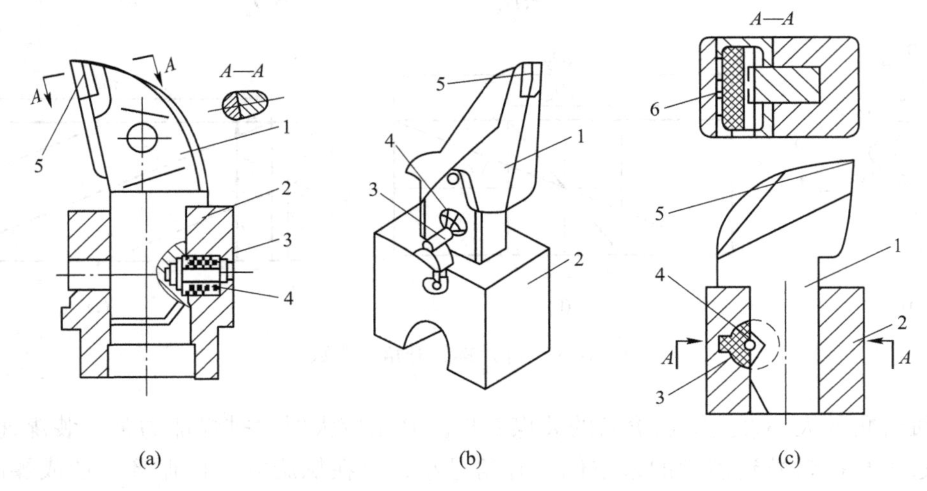

图 2-46　扁形截齿及其固定方式

1—刀体；2—齿座；3—销钉；4—橡胶；5—硬质合金头；6—卡环

镐形截齿的刀体安装方向接近于滚筒的切线，又称为切向截齿。这种截齿一般在脆性煤和节理发达的煤层中具有较好的截割性能。工作时，截齿在截割阻力作用下可在齿座内回转，达到自动磨锐齿尖的效果。其截齿形状及固定方式如图 2-47 所示。它的下部为圆

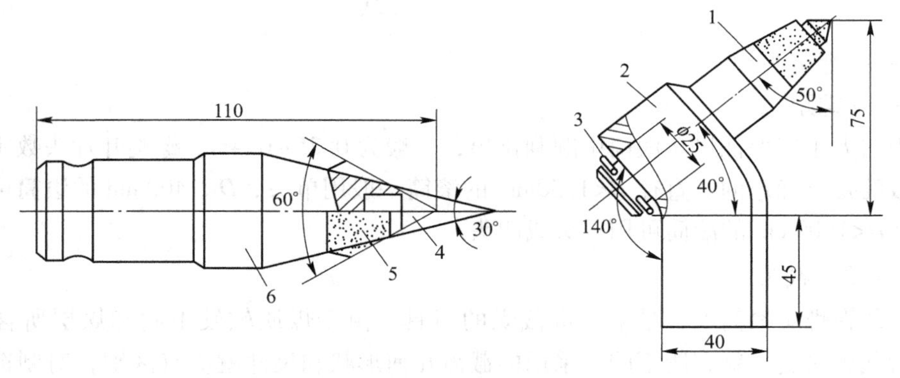

图 2-47　镐形截齿及其固定方式

1—镐形截齿；2—齿座；3—弹簧圈；4—硬质合金头；5—碳化钨合金层；6—刀体

柱形，上部为圆锥形（或带有扁刃）。将截齿插入齿座后，只要在尾部环槽内装入弹簧圈即可固定。

B　截齿在滚筒上的配置

螺旋滚筒上截齿的排列规律称为截齿配置。基本要求是：截割块煤多，煤尘少，截割比能耗小，滚筒受力较均衡，所受载荷变动小，机器运行稳定。

截齿在螺旋滚筒上的配置情况常用截齿配置图来表示。图 2-48 为 MG500/1130-WD 型采煤机截齿配置图，它是截齿齿尖所在圆柱面的展开图。水平直线表示齿尖的运动轨迹（截线），相邻截线之间的距离就是截线距（简称截距）。竖线表示截齿座的位置坐标。圆圈表示 0°截齿的位置，黑点表示安装角不等于 0°的截齿。截齿向煤壁倾斜为正方向，向采空区倾斜为负方向。叶片上截齿按螺旋线排列，属顺序式截槽。滚筒端盘截齿排列较密，为减少端盘与煤壁的摩擦损失，截齿倾斜安装，属顺序式配置，其方向与叶片上截齿排列的方向相反。紧靠被截煤壁的截齿倾角最大，属半封闭式截槽。靠里边的煤壁处顶板压张效应弱，截割阻力较大，为了避免截齿受力过大，减轻截齿过早磨损，端盘截齿配置的截线加密，截齿加多，端盘截齿一般为滚筒总截齿数的 50%左右，端盘消耗功率一般约占滚筒总功率的 1/3。

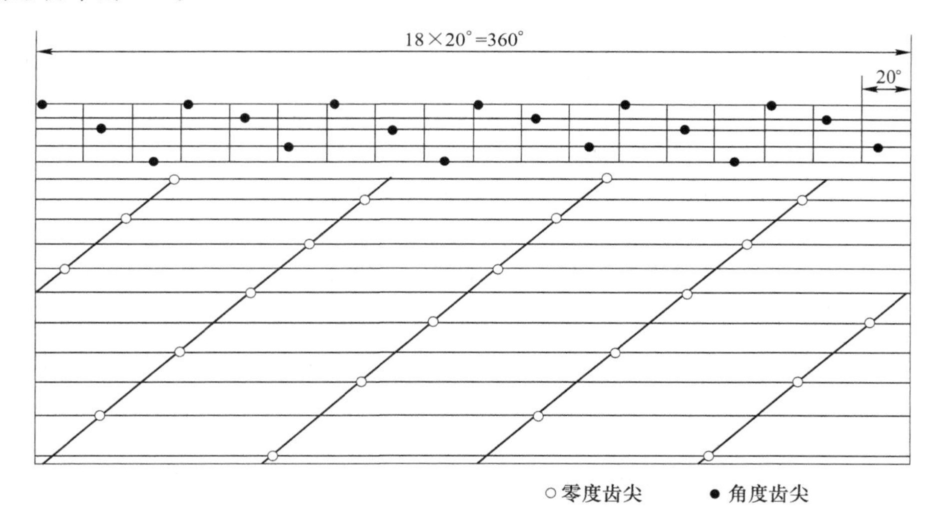

图 2-48　截齿配置图

不同螺旋头数和不同结构参数的螺旋滚筒，采用同一种截齿排列模式，其切屑图是相似的。要把被截割的煤全部破落下来，必须进行合理的截齿配置。首先要合理地选择截距 t 和切削厚度 h，以及它们的合理比值 t/h。若以比能耗最小为优化目标，其最佳截距为：

当 $h \geqslant 10$mm 时

$$t_{opt} = K(b_p + 1.25h + 1.2) \tag{2-4}$$

当 $h<10$mm 时

$$t_{opt} = K\left[\frac{7.35h}{h+1.3} + 0.4h + (b_p - 1)\right] \tag{2-5}$$

式中　b_p——截齿实际切削宽度；

K——考虑煤炭脆性程度影响的系数，$K=\dfrac{1.47B}{B+1.2}$；

B——脆性程度指标。

实验表明，锥形截齿配置的t_{opt}比扁形截齿减少15%~20%，因为锥形截齿截割煤的崩裂角减小。考虑到顶板压力对煤层压酥程度的影响，为使滚筒受力均衡，可采用变截距滚筒，自煤壁向采空区逐渐增大，其变化范围在（0.85~1.15）t_{opt}。

端盘截齿配置原则：

（1）端盘截齿处在滚筒中是最恶劣的工作位置，因而，端盘截齿要布置多些，其数量主要取决于煤质硬度和滚筒直径。若煤质硬度大或滚筒直径大，截齿数就多一些；反之，可少一些。

（2）端盘截齿的排列应保证各截齿受力尽量均衡，以免过多发生掉齿现象。

（3）端盘截齿在圆周方向上的间距要尽量均衡，使之与螺旋叶片的截齿相匹配。

端盘上的截齿密度很大，是指单从几何方面考虑可能容纳的最多截齿。在确定端盘的最多齿数时，应考虑齿座之间或齿座与喷嘴之间是否干涉。端盘截齿数初步确定后，就可确定端盘截线数，并在每条截线上进行截齿的分配。端盘第一条截线（从煤壁侧算起）上的截齿工作条件最差，故配置的截齿最多。从煤壁到采空区侧各条截线上的截齿数相对有所减少，但最少不少于叶片头数。当截割硬煤或夹矸较多的煤层时端盘截齿应排列得较密；而截割软煤或夹矸较少的煤层时，端盘截齿应排列得较疏一些。将截齿数分配完后，截线数也就确定了。但截线数不宜过多，一般为6条左右。

端盘截齿齿尖应排成弧形，最边缘截线上截齿安装角为53°~55°，以利斜切煤壁。最边缘截线上的截齿工作条件最差，故配置的截齿最多。靠煤壁侧的截刃最好倾斜为8°~10°与煤壁间留有间隙。端盘截距较小，平均截距约比叶片上截线截距小1/2。每条截线上的截齿数，一般比叶片上多2~3个截齿。端盘截齿一般分为2~4组，每组有一个0°齿，2~6个倾斜安装的截齿。倾角应顺滚筒转向从小到大顺序排列，截距应从煤壁向外逐渐增大。每组截齿中还可设几个向采空区倾斜20°~30°的截齿，以抵消一部分滚筒轴向力。端盘截齿的配置对整个滚筒的工作有不容忽视的影响。

总之，截齿配置选用原则是截割载荷均匀、比能耗低、有利于装煤和机器运行稳定。

C　截齿伸出长度

截齿在齿座上的伸出长度必须符合截割工况，以防止齿座与煤体接触而发生齿座磨损和挤煤，增大截割阻力，因此，截齿径向伸出长度l_p应大于截煤时的最大煤屑厚度h_{max}下，可按下式确定：

$$l_p = kh_{max} \tag{2-6}$$

$$h_{max} = \frac{1000v_{qmax}}{nm}$$

式中　k——储备系数，径向截齿$k=1.3\sim1.6$，切向截齿$k=1.0\sim1.2$；

v_{qmax}——最大牵引速度，m/min；

n——滚筒转速，r/min；

m——同一截线上的截齿数。

D 截齿材料

截齿刀体的材料一般为40Cr、35CrMnSi、35SiMnV等合金钢，经调质处理后获得足够的强度和韧性。扁形截齿的刀头镶有硬质合金核或片，镐形截齿的刀头堆焊硬质合金层。硬质合金是一种碳化钨和钴的合金。碳化钨硬度极高，耐磨性好，但性质脆，承受冲击载荷的性能差。在碳化钨中加入适量的钴，可以提高硬质合金的强度和韧性，但硬度稍有降低。截齿上的硬质合金常用YG-8C或YG-11C，YG-8C适用于截割软煤或中硬煤，而YG-11C适于截割坚硬煤。

E 截齿的失效形式及寿命

截齿的失效形式有磨损、弯曲、崩合金片、掉合金层、折弯、丢失等，其中主要是磨损。截齿磨损程度主要取决于煤层及夹矸的磨蚀性，磨损后齿端与煤的接触面积增大，截割阻力急剧上升。一般规定截齿齿尖的硬质合金磨去1.5~3mm或与煤的接触面积大于$1cm^2$时应及时更换。其他失效形式出现时，也必须及时更换。

截齿的消耗量一般为每千吨煤10~100个，在生产中应尽量修复截齿，降低消耗。

2.3.2.3 传动方式及传动特点

滚筒采煤机截割部传动装置的作用是将来煤机电动机的动力传递到滚筒上，以满足滚筒转速及扭矩的需要；同时传动装置还要适应滚筒调高的要求，使滚筒保持适当的工作位置。

采煤机截割部的功率消耗占装机功率的80%~90%，并且承受很大的负载及冲击载荷，因此，要求截割部传动装置具有高的强度、刚度和可靠性，以及良好的润滑、密封、散热条件和高的传动效率等。

A 传动方式

采煤机截割部大多采用齿轮传动，主要有以下四种方式（图2-49）：

（1）电动机—机头减速箱—摇臂减速箱—滚筒（图2-49（a））。这种传动方式应用较多，DY-150，MZS2-150，BM-100，SIRUS-400等型采煤机都采用这种传动方式。它的特点是传动简单，摇臂从机头减速箱端部伸出（称为端面摇臂），支承可靠，强度和刚度好，但插臂下限位置受输送机限制，挖底量较小。

（2）电动机—机头减速箱—摇臂减速箱—行星齿轮传动—滚筒（图2-49（b））。由于行星齿轮传动比较大，因此可使前几级传动比减小，系统得以简化，并使行星齿轮的齿轮模数减小。但行星齿轮的采用使滚筒筒毂尺寸增加，因而这种传动方式适应在中厚煤层以上工作的大直径滚筒采煤机，大部分中厚煤层采煤机如AM-500、BJD-300、MLS3-170、MXA-300、MCLE-DR65656等都采用这种方式。这里摇臂从机头减速箱侧面伸出（称为侧面摇臂），所以可获得较大的挖底量。

在以上两种传动方式中都采用摇臂调高，获得了好的调高性能，但摇臂内齿轮较多，要增加调高范围必须增加齿轮数，加长摇臂。由于滚筒上受力大，摇臂及其与机头减速箱的支承比较薄弱，所以只有加大支承距离才能保证摇臂的强度和刚度。

（3）电动机—机头减速箱—滚筒（图2-49（c））。这种传动方式取消了摇臂，而由电动机、机头减速箱和滚筒组成的截割部来调高，使齿轮数大大减少，机壳的强度、刚度增大，可获得较大的调高范围，还可使采煤机机身长度大大缩短，有利于采煤机开切口等工作。

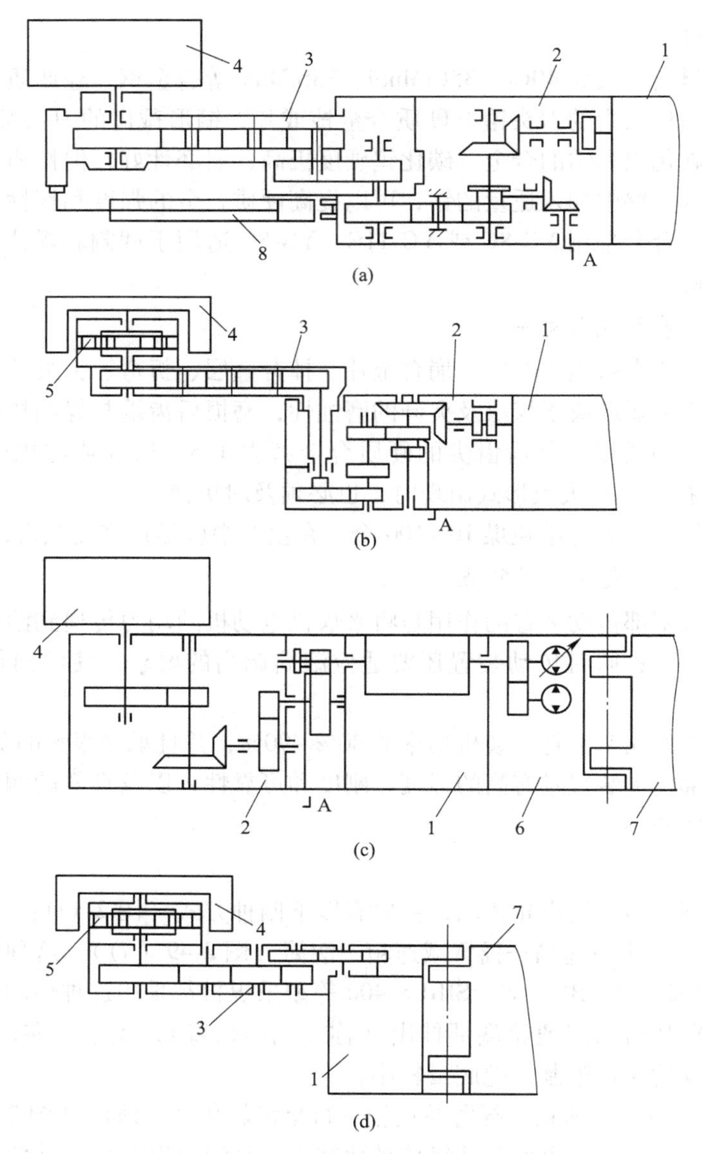

图 2-49 截割部传动方式

（a）DY-150 型；（b）MZS2-150 型；（c）BM-100 型；（d）SIRUS-400 型

1—电动机；2—固定减速箱；3—摇臂；4—滚筒；5—行星齿轮传动；

6—泵箱；7—机身及牵引部；8—调高油缸；A—离合器把手

（4）电动机—摇臂—行星齿轮传动—滚筒（图 2-49(d)）。这种传动方式主电动机采用横向布置，使电动机轴与滚筒轴平行，取消了承载大、易损坏的锥齿轮，使截割部更为简化。采用这种传动方式可获得较大的调高范围，并使采煤机机身长度进一步缩短。新型的电牵引采煤机，如 3LS、EDW-150-2L、R550 等都采用这种传动方式。

B 传动特点

（1）采煤机截割部的电动机多采用四级电机，其转速为 $n_d = 1460 \sim 1475\text{r/min}$，即滚筒

转速为 $n=20\sim50\text{r/min}$，因此截割部总传动比为

$$i=\frac{n_{\mathrm{d}}}{n}=\frac{1460\ \sim\ 1475}{20\ \sim\ 50}=75\ \sim\ 30 \tag{2-7}$$

一般采用3~5级齿轮减速。由于采煤机机身高度受到严格限制，所以各级传动比不能平均分配，一般前级传动比较大，而后级逐渐减小，以保持尺寸均匀。各圆柱、圆锥齿轮的传动比一般不大于3~4，当末级采用行星齿轮传动时，其传动比可达5~6。

（2）采煤机电动机轴心与滚筒轴心垂直时，传动装置中必须装有圆锥齿轮。为减小传递扭矩和便于加工，圆锥齿轮一般放在高速级（第一或第二级），并采用弧齿锥齿轮。两锥齿轮在安装时应使两轮的轴向力将两轮推开，以增大齿侧间隙，避免轮齿楔紧造成损坏。弧锥齿轮的轴向力方向取决于齿轮转向及螺旋线方向。

（3）采煤机电动机除驱动截割部外还要驱动牵引部时，截割部传动系统中必须设置离合器，使采煤机在调动工作或检修时将滚筒与电动机脱开。离合器一般放在高速级，以减小尺寸和便于操纵。

（4）为适应不同煤质要求，滚筒有两种以上转速，因此截割部应有变速齿轮（常利用离合手把A来变速）。没有变速齿轮时，至少应当设置配对变换齿轮，以获得两种以上转速。

（5）为加长摇臂、扩大调高范围，摇臂内常装有一串惰轮，从而使截割部齿轮数较多。

（6）由于行星齿轮传动为多齿啮合，传动比大，效率高，可减小齿轮模数，故末级采用行星齿轮传动可简化前几级传动。

（7）因采煤机承受大的冲击载荷，为保护传动件，某些采煤机（如MG-300及MCLE-DR6565）的传动系统设置了安全剪切销。当外载荷到了3倍额定载荷时，剪切销被剪断，滚筒停止工作。剪切销一般放在高速级。

2.3.2.4 截割部减速箱

液压牵引采煤机的截割部一般包括机头减速箱和摇臂减速箱。但也并非所有的采煤机都包括这两个部分，如MG-475型液压牵引采煤机和MG300/720-AWD型电牵引采煤机，只有摇臂减速箱而无机头减速箱。

A 机头减速箱

MG-300型液压牵引采煤机截割部机头部固定减速箱如图2-50所示。

机头减速箱的箱体为一铸造矩形结构，箱体内主传动轴承孔、离合器安装孔、放油孔、放气孔、加油孔与底托架的定位孔、螺栓孔等位置都是上、下对称的。因此，在减速箱进行组装时，箱体没有左、右之分，可以翻转180°使用。但已经装好的左、右机头减速箱不能互换。

Ⅰ轴：锥齿轮轴Ⅰ装入轴承杯中，由轴承3613及7524（两个）支撑，联轴节压紧7524轴承的内圈。采用这种结构是为了使轴锥齿轮处于两支座的中间，可改变其受力状态。轴承杯上开有缺口，使小锥齿轮外露，确保大、小锥齿轮的啮合。轴承3613只承受径向力，而轴承7524不仅承受径向力还要承受轴向力，左轴承受拉，右轴承受推，依靠调整垫来调整两轴承的轴向间隙保持在0.08~0.15mm之间。

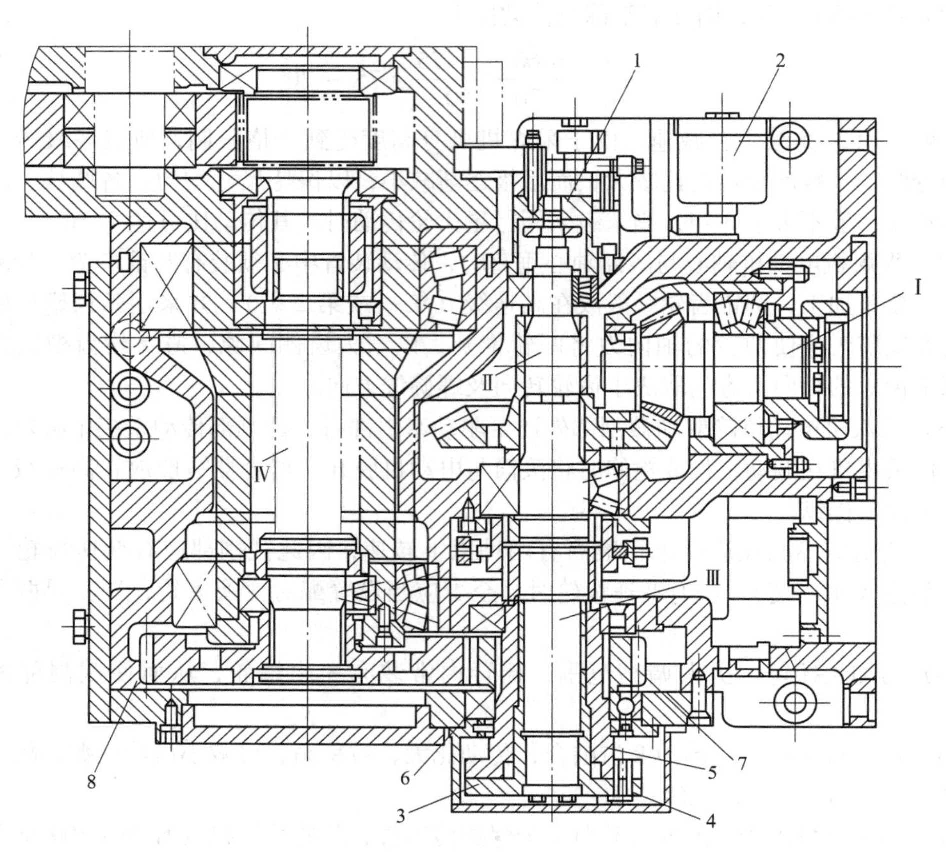

图2-50　机头部固定减速箱

1—润滑泵；2—冷却泵；3—过载保护套；4—安全销；5—轴套；
6—轴承；7，8—齿轮；Ⅰ~Ⅳ—轴件

Ⅱ轴：大锥齿轮通过矩形花键安装在轴上，而轴由轴承3613和3622支撑在箱体内。轴承3613只承受径向力，而轴承3622承受径向力和轴向力。锥齿轮副的间隙保证在0.3~0.4mm之间，由左、右垫片来调整。轴的上端安装一对直齿圆柱齿轮（$m=3$，$Z_1=37$，$Z_2=15$）来驱动润滑泵。轴的下端为渐开线花键，并有花键滑套。花键上有滑环嵌在拨叉的拨块里，滑环通过平键及挡圈与花键套固定。当拨叉拨动时，花键套向下或向上移动，使Ⅱ轴与Ⅲ轴脱开或啮合，以达到离合的目的。

Ⅲ轴：该轴下端是剪切盘，上端是渐开线花键轴。花键与过载保护套3连接，中间部分装入轴套5中，轴套与齿轮7用花键连接，两端靠轴承42232及42140分别支撑在箱体和大盖上。过载保护套及轴套之间装有过载剪切销4。电动机动力靠齿轮离合器传到Ⅲ轴，经过载保护套、剪切销传给轴套，再由轴套与花键连接的齿轮传到Ⅳ轴。当滚筒过载严重时，剪切销剪断，从而保护电动机及传动部件。过载保护装置位于采空区侧箱体外，轴承42232及42140的轴向间隙保证在0.2~1.3mm之间。

Ⅳ轴：该轴由轴承32226和3524支撑在摇臂内，下端齿轮通过矩形花键与轴连接；上端为渐开线花键，上有花键套。该轴组件要在摇臂与固定减速箱连接后再装入。

B 摇臂减速箱

MG-300型液压牵引采煤机摇臂减速箱如图2-51所示。该机采用弯摇臂整体结构的摇臂套，有利于装煤。摇臂壳外还焊有一水套层，用以冷却摇臂。左、右摇臂不能互换。

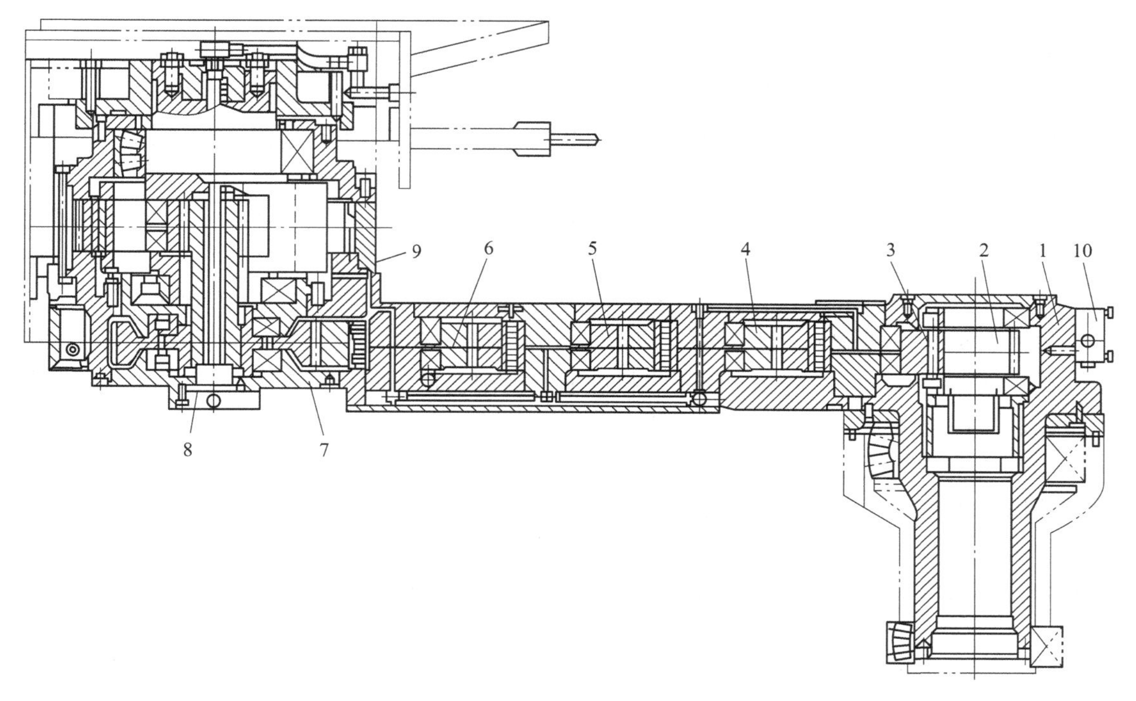

图2-51 摇臂减速箱

1—壳体；2—齿轮轴，3~6—惰轮；7—大齿轮；8—内外喷雾装置；9—行星传动装置；10—转向阀

摇臂减速箱由壳体1，齿轮轴2，惰轮3~6和大齿轮7，内外喷雾装置8，行星传动装置9及转向阀10等组成。

动力由机头减速箱的Ⅳ轴传入摇臂齿轮，而齿轮轴由两个轴承42230和42528支撑在摇臂壳体上。装配时应保持轴承端面间隙在0.15~0.20mm之间。动力经惰轮3~6传到大齿轮7及行星传动装置9来驱动滚筒。大齿轮7由两个轴承32236分别通过轴承套及大端盖固定在摇臂壳上，应保持两个轴承端面间隙在0.15~0.20mm之间。行星齿轮传动装置的中心轮是浮动结构，它通过中心轮花键侧隙来保证浮动。行星齿轮装置的内齿圈及轴承架用16根M24螺栓及6根ϕ30圆柱销紧固在摇臂箱上。

2.3.3 采煤机牵引部

2.3.3.1 牵引部的组成及功能

采煤机的牵引部是采煤机的重要组成部件，它不但负担采煤机工作时的移动和非工作时的调动，而且牵引速度的大小直接影响工作机构的效率和质量，并对整机的生产能力和工作性能产生很大影响。

牵引部由传动装置和牵引机构两大部分组成。传动装置的重要功能是进行能量转换，即将电动机的电能转换成传动主链轮或驱动轮的机械能。牵引机构是协助采煤机沿工作面行走的装置。传动装置装于采煤机本身的为内牵引，装在采煤工作面两端的为外牵引。绝大部分采煤机采用内牵引，仅在薄煤层中为了缩短机身长度才采用外牵引。随着高产高效工作面的出现以及采煤机功率和牵引力的增大，为了工作面更加安全可靠，无链牵引机构逐渐取代了有链牵引。

对牵引部的要求：

（1）传动比大。在液压传动或机械传动的牵引部中，因为采煤机牵引速度一般为 $v=0\sim10m/min$，所以传动装置的总传动比在 300 左右。如果采用可调速的电动机，则传动比可相对减小。

（2）牵引力大。随着工作面生产能力的提高，采煤机必须具有很大的牵引力。为了提高牵引力，在液压牵引方式中常采用双牵引方式，即液压泵向两个液压马达同时供油，但牵引速度随之下降；而在电牵引采煤机中则无此问题，牵引力最大可达 1050kN。

（3）能实现无级调速。采煤机在割煤时，外载荷在不断变化，要求牵引速度能随着截割载荷的变化而变化。在液压牵引采煤机中通过控制变量泵的流量来实现；在电牵引采煤机中则通过控制牵引电动机的转速来实现。

（4）能实现正反向牵引和停止牵引。在液压牵引采煤机中常采用单电动机，即截割和牵引共用一台电动机，因此牵引方向的改变或停止牵引是通过液压泵供油方向的改变或停止供油来实现的。电牵引采煤机采用多电动机驱动，截割电动机和牵引电动机是分开的，因此易于实现牵引部正反向牵引和停止牵引，而且在采煤机各种工况下的操作方法也大为简化。

（5）有完善可靠的安全保护。在液压牵引采煤机中，主要根据电动机的负荷变化和牵引阻力的大小来实现自动调速或过载回零（停止牵引），先进的液压牵引采煤机中还设有故障监测和诊断装置。在电牵引采煤机中主要是通过对牵引电动机的控制来保证牵引部的安全可靠运行。

（6）操作方便。牵引部应有手动操作、离机操作及自动调速等装置。

（7）零部件应有高的强度和可靠性。虽然牵引部只消耗采煤机装机功率的 10%～15%，但因牵引速度低、牵引力大、零部件受力大，所以必须要有足够的强度和可靠性。

2.3.3.2 牵引机构

A 链牵引机构

虽然采煤机的装机功率不断增大，对牵引机构的要求越来越高，而且链牵引本身也存在断链、卡链和反链敲缸、速度脉动等一些缺点，但链牵引作为一种牵引机构，现在仍被广泛应用。

链牵引机构包括牵引链、链轮、链接头和紧链装置等。链牵引的工作原理如图 2-52 所示。

牵引链 3 与牵引部传动装置的主动链轮 1 相啮合，并绕过导向链轮 2 与紧链装置 4 连接，两个紧链装置分别固定在工作面刮板输送机的机头和机尾上。紧链装置的作用是使牵引链具有一定的初拉力，使吐链顺利。当主动链轮逆时针方向旋转时，牵引链从右段绕入，这时左段链为松边，其拉力为 P_1，右段链为紧边，其拉力为 P_2，因而作用于采煤机的牵引力为：

$$P = P_2 - P_1 \tag{2-8}$$

采煤机在此力作用下，克服阻力向右移动；反之，当主动轮顺时针旋转时，则采煤机向左移动。根据链轮的安装位置不同，可分为立链轮牵引和平链轮牵引，其工作原理是相同的。

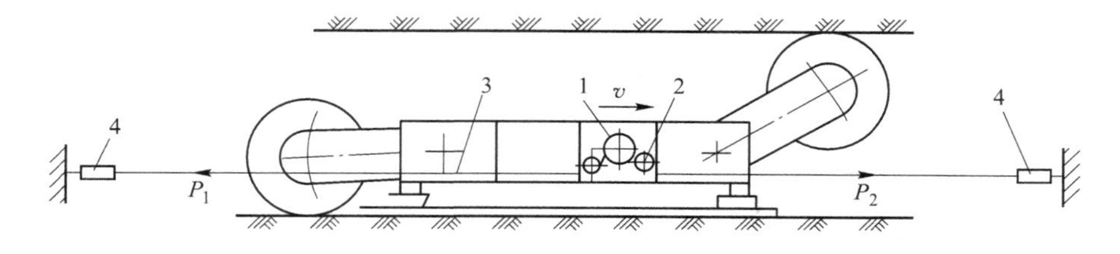

图 2-52 链牵引工作原理

1—主动链轮；2—导向链轮；3—牵引链；4—紧链装置

a 牵引链及其接头

牵引链采用高强度（C 级或 D 级）矿用圆环链（图 2-53），它是用 23MnCrNiMo 优质钢棒料压弯成型后焊接而成的。采煤机常用的牵引链为 ϕ22mm ×86mm 圆环链。

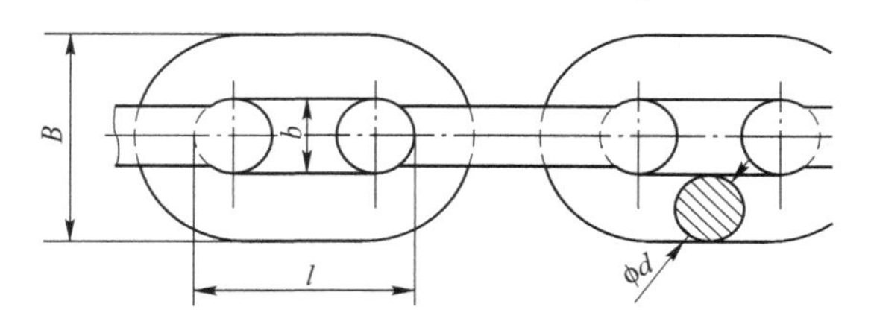

图 2-53 矿用圆环链

圆环链一般为奇数个链环组成的链段，以便于运输，使用时将这些链段用链接头（图 2-54）连成所需的长度。链接头由两个半圆环 1 侧向扣合而成，用限位块 2 横向推入并卡紧，再用弹性销 3 紧固。这种接头破断拉力大，是我国常用的一种。此外，还有锯齿式、插销式、卡块式等链接头。

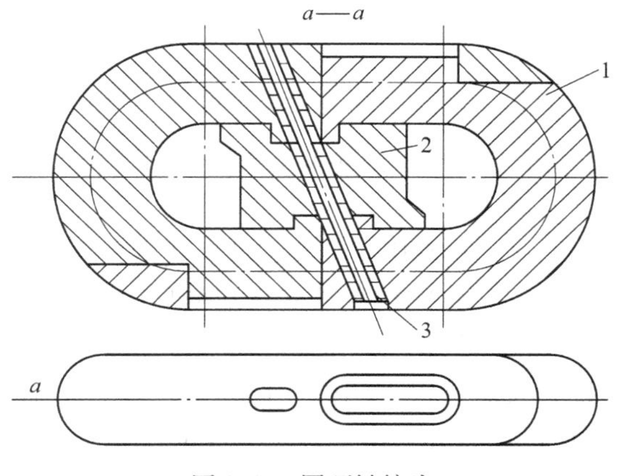

图 2-54 圆环链接头

1—半圆环；2—限位块；3—弹性销

b　链轮

图 2-55 所示的链轮形状比较特殊，通常用 35CrMnSi 钢制成。圆环链缠绕到链轮上后，平环链棒料中心所在的圆称为节圆（其直径为 D_0），各中心点的连线在节圆内构成了一个内接多边形。若链轮齿数为 Z，则内接多边形边数为 $2Z$，边长分别为（$t+d$）和（$t-d$）。故链轮旋转一圈，绕入的圆环链长度为

$$Z(t+d)+Z(t-d)=2Zt \tag{2-9}$$

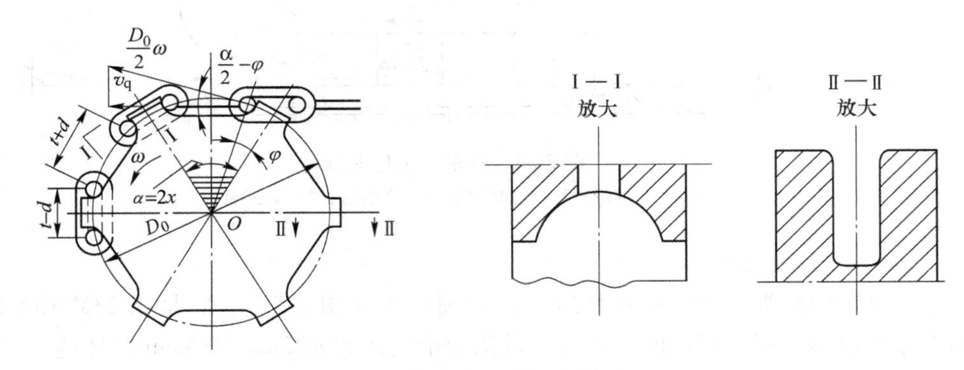

图 2-55　链轮结构及其啮合关系

因此链牵引采煤机的平均牵引速度为

$$v_q=\frac{2Ztn_s}{1000} \tag{2-10}$$

式中　v_q——牵引速度，m/min；

Z——链轮齿数；

t——回环链节距，mm；

n_s——链轮转速，r/min。

链牵引的缺点是牵引速度不均匀，从而导致采煤机负载不平稳。牵引速度的变化如图 2-56 所示。齿数越少，速度波动越大。主动链轮的齿数一般为 5~8。

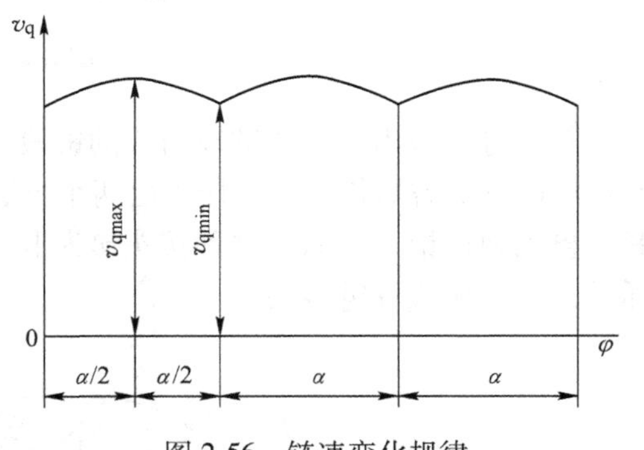

图 2-56　链速变化规律

c　紧链装置

牵引链通过紧链装置固定在输送机两端。紧链装置产生的初拉力可使牵引链拉紧，并可缓和因紧边链转移到松边时弹性收缩而增大紧边的张力。

液压紧链器（图 2-57（a））是利用支架泵站的乳化液工作的。高压液经截止阀 4、减压阀 5、单向阀 6 进入紧链缸 3，使连接在活塞杆端的导向轮 2 伸出而张紧牵引链。其预紧力为活塞推力的一半。将紧边液压缸活塞全部收缩，松边液压缸使牵引链达到顶紧力（图 2-57（b））。紧边因拉力大而有很大的弹性伸长量，随着机器向右移动，紧边的弹性伸长量逐渐转向松边，使松边拉力大于预紧力，一旦拉力大到使液压缸内的压力超过安全阀 7 的调定压力，则安全阀开启，从而使松边链保持恒定的初拉力 P_0。

$$P_0=1/2P_a\times 1/4\pi D^2 \tag{2-11}$$

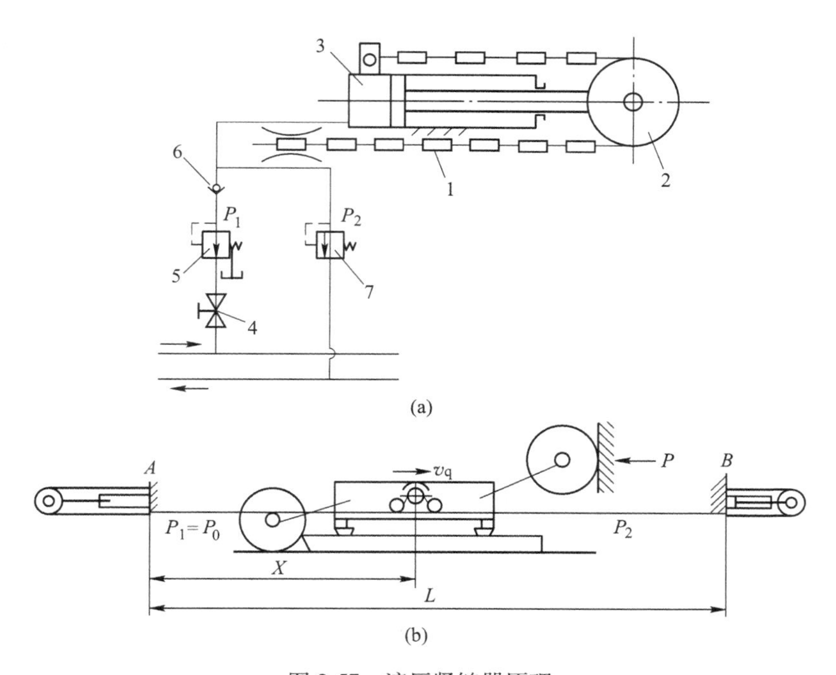

图 2-57 液压紧链器原理

1—牵引链；2—导向轮；3—紧链缸；4—截止阀；5—减压阀；6—单向阀；7—安全阀

式中 D——液压缸缸径。

调节安全阀压力 P_a，可使初拉力达到 30~60kN。

液压紧链器的优点是松边拉力恒为常数（$P_1=P_0$），从而紧边压力（$P_2=P_0+P$）也能维持较稳定的数值。

B 无链牵引机构

采煤机向大功率、重型化和大倾角方向发展以后，链牵引机构已不能满足需要，因此，从 20 世纪 70 年代开始，链牵引已逐渐减少，无链牵引得到了很大发展。

a 工作原理和结构形式

无链牵引机构取消了固定在工作面两端的牵引链，以采煤机牵引部的驱动轮或再经中间轮与铺设在输送机槽帮上的齿轨相啮合，从而使采煤机沿工作面移动。无链牵引的结构形式很多，主要有以下四种：

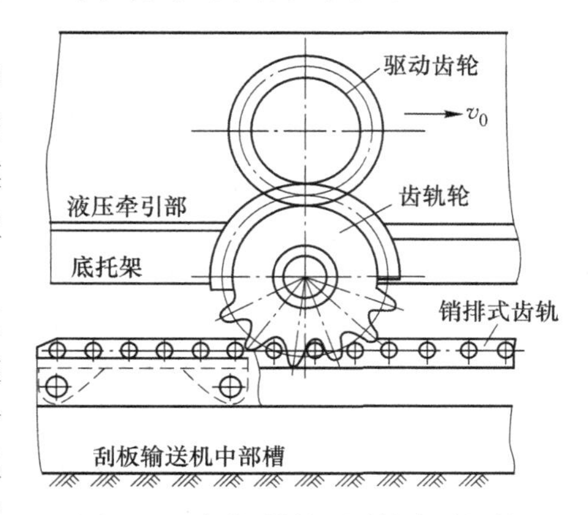

图 2-58 齿轮-销轨型无链牵引机构

(1) 齿轮-销轨型。这种无链牵引机构是以采煤机牵引部的驱动齿轮经中间齿轨轮与铺设在输送机上的圆柱销排式齿轨（即销轨）相啮合（图 2-58）使采煤机移动。驱动轮的齿形为圆弧曲线，中间轮为摆线齿轮。销轨由圆柱销（直径 55mm）与两侧厚钢板焊成节段（销子节距 125mm），每节销轨长度是输送机中部槽长度的一半（750mm），销轨接口与溜槽接口相互错开。当相邻溜槽的偏转角为 α 时，相邻齿软的偏转角只有 α/2，以保证齿轮和销轨的啮合（图 2-59）。如 MXA-300 型和 EDW-300-L 型采煤机就是采用的这种牵引机构。

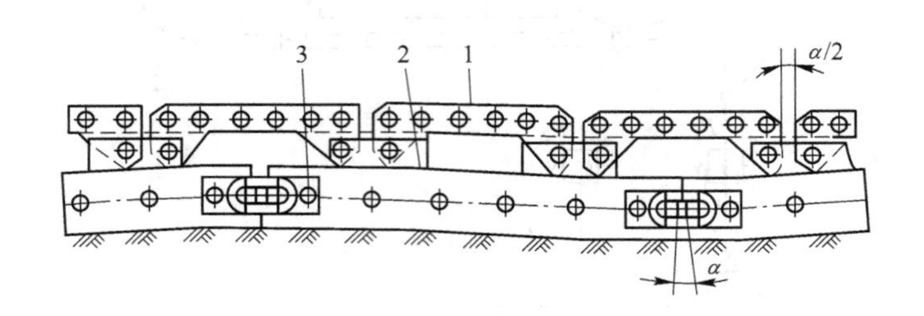

图 2-59　销轨及其安装

1—销轨；2—销轨座；3—输送机溜槽

（2）滚轮-齿轨型。这种无链牵引机构（图 2-60）由装在底托架内的两个牵引传动箱分别驱动两个滚轮（即销轮），滚轮与固定在输送机上的齿条式齿轨相啮合而使系煤机移动。滚轮由 5 个直径为 100mm 的圆柱销组成。牵引部主泵经两个液压马达分别驱动牵引传动箱，因此，这是一种无链双牵引系统。这种牵引机构的牵引力大，可用于大倾角煤层工作。MG-300 型和 AM-500 型采煤机都采用这种无链牵引机构。

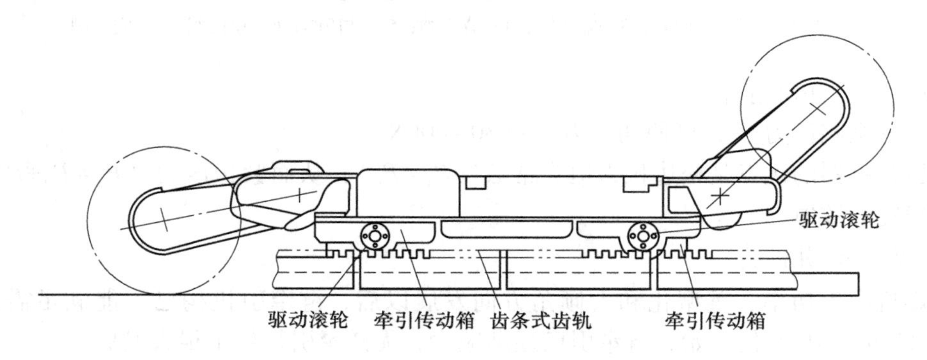

图 2-60　滚轮-齿轨型链牵引机构

（3）链轮-链轨型。图 2-61 所示的这种牵引机构由牵引部传动装置 1 的驱动链轮 2 与铺设在输送机采空侧挡板 5 内的圆环链 3 相啮合而移动采煤机。与链轮同轴的导向滚轮 6 支撑在链轨架 4 上用以导向。底托架 7 两侧用卡板卡在输送机相应槽内定位。这种牵引机构因采用了挠性好的圆环链作齿轨，允许输送机溜槽在垂直面内偏转 6°，水平面偏转 1. 5°，而仍能正常啮合，故适合在底板起伏大并有断层的煤层条件下工作，是一种有发展前途的无链牵引机构，已用于 EDW-300L 等型采煤机中。

（4）复合齿轮齿条型。如图 2-62 所示，复合齿轮齿条式无链牵引机构在采煤机牵引部 1 的出轴上装一套双四齿交错齿轮 2，以驱动装在底托架上的双六齿交错齿轮 3，后者与固定在输送机煤壁侧的交错齿条 4 啮合而移动采煤机。

这种机构齿部粗壮、强度高、寿命长，交错齿轮啮合运行平稳，齿轮端面互相靠紧，能起横向定位和导向作用。齿条间用螺栓连接，其下部由扣钩连接，以适应输送机垂直和

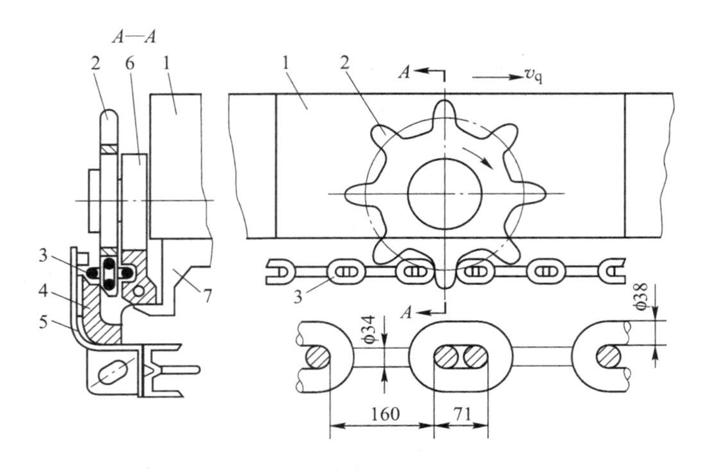

图 2-61　链轮-链轨型无链牵引机构

1—传动装置；2—驱动链轮；3—圆环链；4—链轨架；5—侧挡板；6—导向滚轮；7—底托架

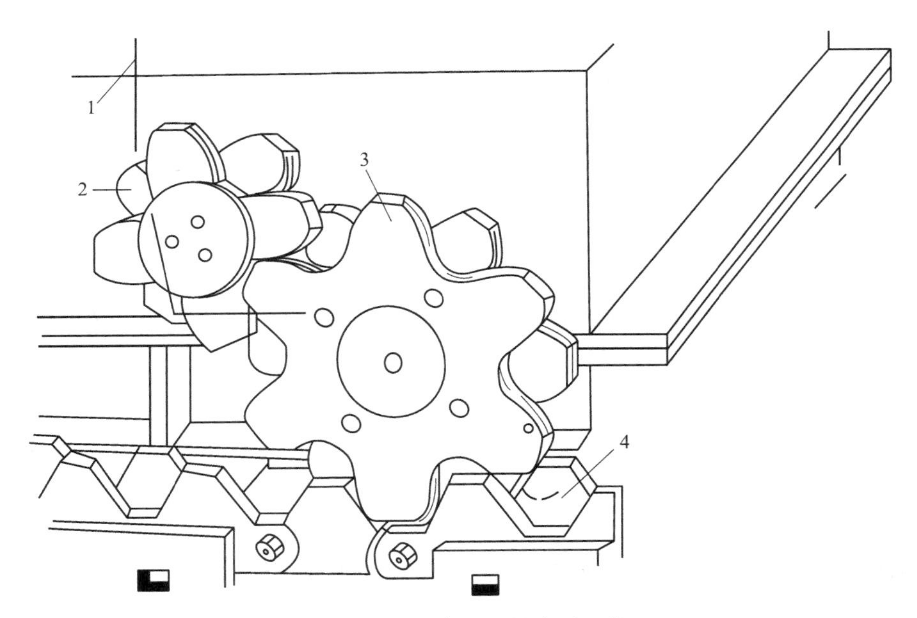

图 2-62　复合齿轮齿条型无链牵引机构

1—牵引部；2—双四齿交错齿轮；3—双六齿交错齿轮；4—交错齿条

水平偏转。英国 BJD 系列采煤机采用这种机构。

b　无链牵引的优缺点

无链牵引具有以下优点：

(1) 采煤机移动平稳，振动小，降低了故障率，延长了机器使用寿命。

(2) 可采用多级牵引，使牵引力提高到 400~600kN，实现在大倾角（最大达 54°）条件下工作（但应有可靠的制动器）。

(3) 可实现工作面多台采煤机同时工作，提高了产量。

（4）消除了断链事故，增大了安全性。

无链牵引的缺点是：对输送机的弯曲和起伏不平要求高，输送机的弯曲段较长（约15m），对煤层地质条件变化的适应性差。此外，无链牵引机构使机道宽度增加约100mm，加长了支架的控顶距离。

2.3.3.3　牵引部传动装置的类型

牵引部传动装置的功用是将采煤机电动机的动力传到主动链轮或驱动轮并实现调速。现有的牵引部传动装置按传动形式可分为：机械牵引、液压牵引和电牵引三类，如图2-63所示。

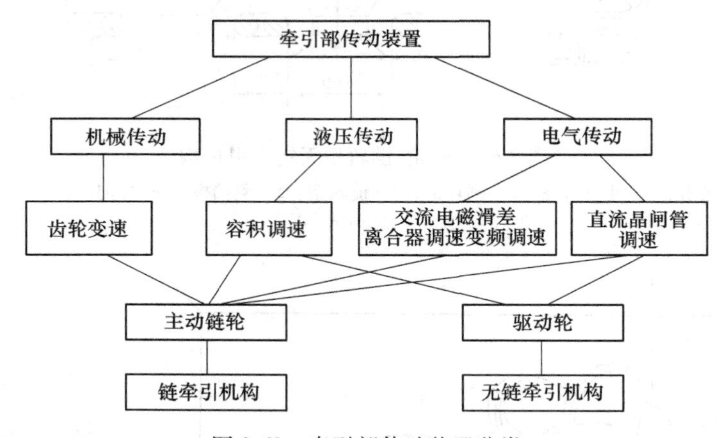

图2-63　牵引部传动装置分类

A　机械牵引

机械牵引是指全部采用机械传动装置的牵引。其特点是工作可靠，但只能有级调速结构复杂，目前已很少采用。

B　液压牵引

液压牵引是利用液压传动来驱动的牵引。液压传动的牵引部可以实现无级调速，变速、换向和停机等操作比较方便，保护系统比较完善，并且能随负载变化自动地调节牵引速度。

液压牵引传动装置由泵、马达和阀等液压元件组成，将压力油供给液压马达，马达到链轮采用机械传动。

C　电牵引

电牵引是对专门驱动牵引部的电动机调速从而调节速度的牵引。

2.3.4　采煤机辅助装置

采煤机辅助装置包括调高和调斜装置、底托架、降尘装置、拖缆装置、破碎装置、挡煤板、防滑装置和辅助液压装置等。根据滚筒采煤机的不同使用条件和要求，各辅助装置可以有所取舍。

2.3.4.1　调高和调斜装置

为适应煤层厚度的变化，在煤层高度范围内上下调整滚筒的位置称为调高。为了使滚筒能适应底板沿煤层走向的起伏不平，调整采煤机机身绕其纵轴摆动称为调斜。调斜通常采取调整在底托架下靠采空区侧的两个支撑滑靴上的液压缸来实现。

采煤机调高有摇臂调高和机身调高两种类型，都是依靠液压缸来实现滚筒位置的改变。采用摇臂调高时，多数将调高千斤顶装在采煤机底托架内，通过小摇臂与摇臂轴使摇臂升降，也有将调高千斤放在端部或截割部固定箱内的；采用机身调高时，调高千斤顶有安装在机身上部的，也有安装在机身下部的。

2.3.4.2 挡煤板

挡煤板配合螺旋滚筒以提高装煤效果、减少煤尘飞扬。采煤机工作时，挡煤板总是离截齿一定距离紧靠于滚筒后面，根据机器的不同牵引方向，需将其转换至滚筒的另一侧。挡煤板有门式挡煤板和弧形挡煤板两种结构形式。门式挡煤板为平板状，不能翻转，但可绕垂直轴折叠成与机身平行的形状，早期的滚筒采煤机曾使用过门式挡煤板。弧形挡煤板为圆弧形，可绕滚筒轴线翻转 180°。有专用翻转机构和无翻转机构两种翻转方法。这是目前广泛使用的一种结构形式。

弧形挡煤板安装在摇臂上，翻转时，可利用装在摇臂采空区侧的两个液压油缸来实现。液压油缸的活塞与滚子链相连，带动连接块，连接块通过离合装置与弧形挡煤板的轮毂相连。翻转结束后，使离合装置脱开。

2.3.4.3 底托架

底托架是滚筒采煤机机身和工作面输送机相连接的组件，由托架、导向滑靴、支撑滑靴等组成。电动机、截割部和行走部组装成整体固定在托架上，通过其下部的 4 个滑靴（分别安装在前后左右）骑在工作面输送机上，并沿输送机滑行。靠采空区侧的两个滑靴称为导向滑靴，套装在工作面输送机中部槽的导轨或无链牵引的行走轨上，防止机器运行时掉道。靠煤壁储的滑靴称为支撑滑靴，用以支撑采煤机，亦起导向作用，有滑动式和滚轮式两种。底托架与工作面输送机中部槽之间需具有足够的空间，以便于煤流从中顺利通过。有的滚筒采煤机机身（主要是薄煤层采煤机）通过导向滑靴和支撑滑靴直接骑坐在工作面输送机上，以增大机身下的过煤空间。

2.3.4.4 破碎装置

破碎装置用来破碎将要进入机身下的大块煤，安装在迎着煤流的机身端部，由破碎滚筒及其传动装置组成。由截割部减速箱带动或专用电动机传动两种驱动方式。

2.3.4.5 冷却喷雾装置

喷嘴在滚筒以外部位的喷雾方式，称为外喷雾。喷嘴配置在滚筒上的喷雾方式，称为内喷雾。来自泵站的高压水（250L/min）由软管经拖缆装置进入安装在左行走部的水开关阀，经过滤后进入安装在左行走部煤壁侧的水分配阀，分六路引出。

2.3.4.6 拖缆装置

拖缆装置为夹板链式，用一组螺栓将拖缆架固定在采煤机中部连接框架的上平面。采煤机的主电缆和水管从平巷进入工作面。从采面端头到中点的这一段电缆和水管固定铺设在刮板输送机电缆槽内，为避免电缆和水管在拖缆过程中受拉受挤，将其装在一条电缆夹板链中。从采面中点到采煤机之间的电缆和水管则需要随采煤机往返移动。此外，还有直接式拖缆装置，这是利用强力电缆本身的铠装层来承受拖动拉力和保护电缆的一种拖缆装置。

2.3.5　采煤机工作参数

采煤机的工作参数规定了滚筒采煤机的适用范围和主要技术性能，它们既是设计采煤机的主要依据，又是综采成套设备选型的依据。

2.3.5.1　生产率

采煤机的工作条件不同，其生产率也不相同。技术特征给出的值是指可能的最大生产率，即理论生产率 Q_t 应大于实际生产率。

$$Q_t = 60HBv_q\rho \tag{2-12}$$

式中　Q_t——理论生产率，t/h；

H——工作面平均采高，m；

B——截深，m；

v_q——采煤机割煤时的最大牵引速度，m/min；

ρ——煤的实体密度，$\rho = 1.3 \sim 1.4 \mathrm{t/m^3}$，一般取 $1.35\mathrm{t/m^3}$。

实际平均生产率要与配套运输设备的运输能力相适应，用下式计算：

$$Q = k_1k_2Q_t \tag{2-13}$$

式中　k_1——采煤机辅助工作时间（如调动机器、更换截齿、开切口、检查机器和排除故障等）折算系数，一般取 0.5～0.7；

k_2——停机时间（如处理输送机和支架的故障、处理顶底板事故等）折算系数，一般取 0.6～0.65。

2.3.5.2　采高

采煤机的实际开采高度称为采高，采高的概念不同于煤层厚度。分层开采厚煤层，或有顶煤垮落，或有底煤残留时，煤层厚度就大于采高；反之，在薄煤层中，由于截割顶板或底板，采高也可能大于煤层厚度。考虑煤层厚度的变化、顶板下沉和浮煤等会使工作面高度缩小，因此煤层（或分层）厚度不宜超过采煤机最大采高的 90%～95%；不宜小于采煤机最小采高的 110%～120%。采高对确定采煤机整体结构有决定性影响，它既规定了采煤机适用的煤层厚度，也是与支护设备配套的一个重要参数。

双滚筒采煤机的采高范围主要决定于滚筒的直径，但也与采煤机的某些结构参数有关，如机身高度、摇臂长度及其摆动角度范围等。对于双滚筒采煤机，其最大采高一般不超过滚筒直径的 2 倍。双滚筒采煤机的采高范围计算如图 2-64 所示。

最大采高：

$$H_{max} = A - \frac{C}{2} + L\sin\alpha_{max} + \frac{D}{2} \tag{2-14}$$

最小采高：

$$H_{min} = A - \frac{C}{2} + L\sin\alpha_{min} + \frac{D}{2} \tag{2-15}$$

最大挖底量：

$$E_{max} = \frac{C}{2} + L\sin\beta_{max} + \frac{D}{2} - A \tag{2-16}$$

最小挖底量：

$$E_{min}=\frac{C}{2}+L\sin\beta_{min}+\frac{D}{2}-A \tag{2-17}$$

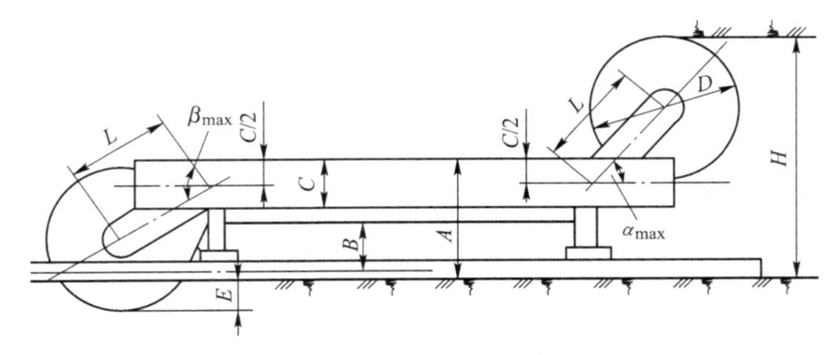

图 2-64 双滚筒采煤机的采高范围计算图

A—机面高度；B—过煤高度；C—机箱厚度；D—滚筒直径；E—挖底量；H—采高；L—摇臂长度；α_{max}—摇臂上摆最大角；β_{max}—摇臂下摆最大角

对于一定直径的滚筒，采煤机的采高范围是一定的。如果需要在较大范围内改变采高，则必须改变滚筒的直径，必要时还需相应的改变机身的高度（即改变底托架的高度）和改变摇臂长度及其摆角范围。

在选用采煤机时，为了满足采高的要求，需要合理地选择滚筒直径和机身高度，还要考虑挖底量要求，挖底量一般为 100~300mm。

2.3.5.3 截深

采煤机截割机构（如滚筒）每次切入煤体内的深度 B 称为截深。它决定工作面每次推进的步距，是决定采煤机装机功率和生产率的主要因素，也是支护设备配套的一个重要参数。

截深与煤层厚度、煤质软硬、顶板岩性以及支架移架步距有关。在薄煤层中，由于工作条件困难，采煤机牵引速度受到限制，为了保证适当的生产率，宜用较大的截深（可达 0.8~1.0m）；反之，在厚煤层中，由于受输送机能力和顶板易冒顶片帮条件的限制，宜用较小的截深。

采煤机截深应与支护设备的推移步距相适应，以便于顶板控制。当用液压支架支护时，要求采煤机截深略小于液压支架的移架步距（考虑片帮影响），保证采煤机每采完一个截深后液压支架可以推进一个步距。当用单体支柱支护顶板时，金属顶梁的长度应是采煤机截深的整倍数。

滚筒采煤机的截深一般小于 1m，多数采用 0.6m，大功率采煤机可取 0.8m 左右。

2.3.5.4 截割速度

滚筒上截齿齿尖所在圆周的切线速度称为截割速度。截割速度决定于截割部传动比、滚筒直径和滚筒转速，对采煤机的功率消耗、装煤效果、煤的块度和煤尘大小等有直接影响。为了减少滚筒截割时产生的细煤和粉尘，增多大块煤，应降低滚筒转速。滚筒转速对滚筒截割和装载过程的影响都比较大，但是对粉尘生成和截齿使用寿命影响较大的是截割速度，而不是滚筒转速。截割速度一般为 3.5~5.0m/s，少数机型只有 2.0m/s 左右。滚筒转速是设计截割部的一项重要参数，新型采煤机直径2.0m左右的滚筒转速多为25~40r/min左右，直径小于1.0m的滚筒转速可高达80r/min。截割速度可用下式计算：

$$v_j = \frac{\pi D n}{60} \tag{2-18}$$

式中 v_j——截割速度，m/s；

D——滚筒直径，m；

n——滚筒转速，r/min。

2.3.5.5 牵引速度

采煤机截煤时的运行速度称为牵引速度。采煤机截煤时，牵引速度越高，单位时间内的产煤量越大，但电动机的负荷和牵引力也相应增大。为使牵引速度与电动机负荷相适应，牵引速度应能随截割阻力的变化而变化。当截割阻力变小时，应加快牵引，以获得较大的切割厚度，增加产量和增大煤的块度；当截割阻力变大时，则应降速牵引，以减小切割厚度，防止电动机过载，保证机器正常工作。为此，牵引速度应采用无级调速，至少是多级调速，并且能随截割阻力的变化自动调速。目前，液压牵引采煤机的牵引速度一般为5~6m/min，双滚筒电牵引采煤机的最大截割牵引速度可达10~12m/min，电牵引采煤机最大牵引速度高达18~25m/min；而较大的牵引速度只用于调动机器和装煤。

选择工作牵引速度时，应考虑采煤机的负荷、生产能力，以及运输设备的运输能力。

例如某工作面采高$H=2.5$m，采煤机的截深$B=0.6$m，实体煤的密度$\rho=1.4\text{t/m}^3$，运输设备的运输能力500t/h（SGD-730/250型刮板输送机），则采煤机的最大牵引速度

$$v_{qmax} = \frac{Q}{60HB\rho} = \frac{500}{60 \times 2.5 \times 0.6 \times 1.4} \approx 4\text{m/min} \tag{2-19}$$

另外，选择牵引速度时还应考虑滚筒截齿的最大切削厚度。对于一定的滚筒转速和允许的截齿切削厚度，可用下面公式求出允许的工作牵引速度：

$$v = \frac{mnt}{1000} \tag{2-20}$$

式中 v——工作牵引速度，m/min；

t——采煤机允许的截割切削厚度，mm；

m——滚筒每一截线上的截齿数；

n——滚筒转速，r/min。

设滚筒转速$n=50$r/min，每条截线上的截齿数$m=2$，允许的切削厚度$t=50$mm，则允许的工作牵引速度为

$$v = \frac{2 \times 50 \times 50}{1000} = 5\text{m/min} \tag{2-21}$$

为不使输送机过载，采煤机的牵引速度应取较小值4m/min。

2.3.5.6 牵引力

牵引力是牵引部的另一个重要参数，是由外载荷决定的。影响采煤机牵引力的因素很多，如煤质、采高、牵引速度、工作面倾角、机器自重及导向机构的结构和摩擦系数等。采煤机的工作条件又很不稳定，因而精确计算采煤机所需要的牵引力既不可能，也没必要。据统计，装机功率P不超过200kW的有链牵引采煤机牵引力T约为$1\sim1.3P$(kN)，

无链牵引采煤机的牵引力约为 2~2.5P(kN)；装机功率 P 超过 300kW，有链和无链牵引采煤机的牵引力分别约为 1P 和 2P(kN)。

牵引力与牵引速度的关系为

$$T = C + kv_q \tag{2-22}$$

式中 C——牵引阻力的不变分量，它取决于采煤机质量、倾角、摩擦系数及由结构引起的附加阻力状况；

k——系数，取决于煤质及压张程度，煤越硬，k 值越大。

2.3.5.7 装机功率

采煤机所装备电动机的总功率，称为装机功率。装机功率越大，采煤机可采越坚硬的煤层，生产能力也越高。滚筒采煤机总装机功率 P 包括截割消耗功率P_j、牵引消耗功率 P_q、辅助泵站等消耗功率P_f 三部分，即为

$$P = P_j + P_q + P_f \tag{2-23}$$

2.3.6 滚筒式采煤机应用技术现状与发展趋势

2.3.6.1 极端煤层开采

采煤机向“两头”（极薄、特厚煤层）方向发展，薄煤层采煤机朝着采高 1m 以下甚至 0.7m 的方向发展。装机功率、机面高度和过煤空间，三者之间的矛盾是研制大功率薄煤层采煤机的主要技术难题，因此研发新结构和新技术的采煤机仍是一条有效途径，如新型高效电动机摇臂的薄煤层采煤机、四滚筒薄煤层采煤机等，如图 2-65 所示。

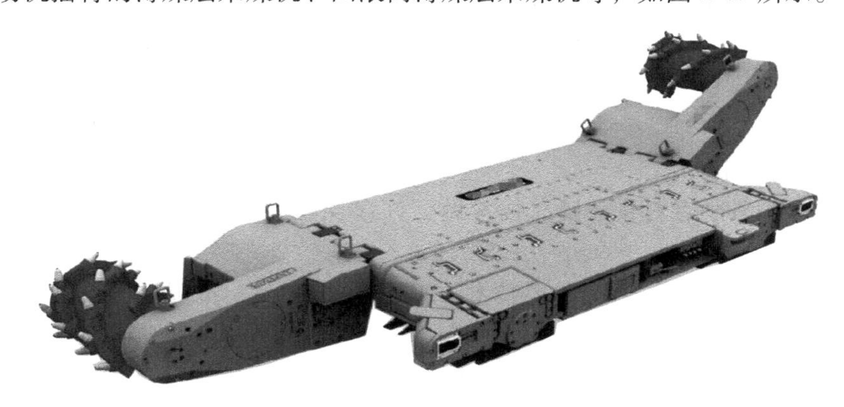

图 2-65 摇臂薄煤层采煤机

厚煤层采煤机朝着采高 7~7.5m 甚至 8m 的方向发展，有效解决采高、机面高度和机身质量三者之间的矛盾是研制大功率厚煤层采煤机的技术关键。在实施厚煤层高效集约化生产的最佳有效快捷的技术途径就是在煤层储存条件许可下，采用一次采全高的生产方式，这种方式依靠的是可靠的综采工作面成套装备。在国产大功率电气调速采煤机技术成熟之前，国外先进的采煤机生产企业（JOY 公司、Eicohuff 公司和 DBT 公司）已经分别进入我国大型煤炭生产企业，如神华集团、同煤集团、晋城无烟煤集团等。自 2005 年起天地科技股份有限公司上海分公司、西安煤矿机械厂、鸡西煤矿机械有限公司、太原矿山机械有限公司和三一重型装备有限公司纷纷推出大采高电气调速采煤机产品，目前大采高大

功率的煤机市场，竞争日趋激烈。图 2-66 为中国煤炭科工集团上海有限公司最新宣布推出其自主研发设计制造的煤机装备 MG1100/3050-WD 型系列采煤机，实现了 9m 煤层的一次采全高智能化开采。

图 2-66　MG1100/3050-WD 型系列采煤机

在我国的西南部地区煤层开采过程中经常用到急倾斜煤层采煤机，我国西南部地区的煤层条件较为复杂，多为瓦斯含量高，倾斜度大的煤层矿井，而我国目前大部分采煤机的适宜角度多为 45°左右。因此急倾斜煤层采煤机必将成为我国采煤机的主要研究方向之一。

2.3.6.2　自动化、智能化采煤机

采煤机运行自动化是提升工作面开采效率、降低工人劳动强度、提高煤矿安全生产水平的主要技术途径。采煤机的自动化与智能化核心要素是滚筒采高控制、行走位置控制、与配套设备的协同运行控制、采煤机自身工况及故障监测等。

A　自动调高方面

a　直接调高技术

多年来，国内外学者对直接调高技术做了许多探索和研究，汇总起来主要有下列几方面：

（1）利用人工 γ 射线的煤岩分界技术。20 世纪 60 年代，英国最先提出了利用人工射线探测顶煤厚度的方案，此后的几年间，采用该方案在英国的巴拜煤矿进行了实验。直到 10 年以后，依据此方案的自动调高系统才应用到采煤机上，并在该矿区的 M25S 工作面上进行了实验。由于要使用到接触式传感器，所以该方案对探头和顶板的接触效果有着较高要求，然而在实践中几乎很难满足这个要求，故这种方案并没有得到广泛应用。

（2）利用天然 γ 射线的煤岩分界技术。20 世纪 80 年代，西方发达国家的学者提出了新的探测方法，就是利用天然 γ 射线测量煤层厚度。该方法经实际工况检测获得煤岩分界线，最先用于 7000 系统，鉴于新的要求，之后英国采矿研究院又研制出更为完善的 PATHFINDER 系统、MDIAS 系统、DLAM 系统，但即使如此，受到工作原理的因素影响，利用天然 γ 射线的煤岩分界技术仅仅适用于具有满足要求的 γ 射线辐射强度的顶底板的工作面中，所以，最后也未得到推广。后来，英国的斯科钦斯基矿业学院与矿山机械设备科学公司进行了深一步合作，提出了新的测量煤层厚度的方案，在英国的一些煤矿中局部试用。几乎与英国采矿研究院提出利用天然 γ 射线的同时，1980 年末，中国矿业大学也对

利用天然 γ 射线的煤岩分界技术展开了深入探究，总结出了 γ 射线在穿过上部煤层后强度减弱的规律，这为 γ 射线在采煤过程中的应用提供了理论上的支持。由于探测器本身还存在一些技术缺陷，约束了这种方法应用到实际中，且这种方法并不能准确测出上部煤层的厚度，因此该方法也未能普及。

（3）利用振动法的煤岩分界技术。美国曾根据采煤机在工作时的振动频率和振动波形，开发出了一种自适应判断（ASD）系统，该方法具有一定的先进性，但是由于该方法对煤岩界面的探测器抗震性能要求过高，所以鉴于当时技术有限而无法实现。另外，作为当时的工业强国之一，德国的一家科技公司（Marco 公司）也对振动探测法进行了大量研究，最终研发出一套称为 SKA 的样机系统，该系统的原理和 ASD 系统相似。

（4）利用红外探测法的煤岩分界技术。随着传感器技术的发展，人们开始探索截割齿及其附近温度的变化，并试图利用温度传感器进行定向测量，其中有代表性的是工业发展处于前列的美国矿业局，他们的实现方法是通过分析截煤过程中滚筒温度变化来确定煤岩分界面，但截齿的温度变化与多种因素有关，包括被截割物的物理特性、采煤机的运动状态（如牵引速度、调高速度等）等，并且在同一采煤工作面上，煤与岩石的力学特性差异不大，单单就煤来说，其各处的力学性能可能也有区别，所以该方法在工程上很难准确判别出煤岩界面。

（5）利用雷达探测法的煤岩分界技术。除了上述研究，随着计算机技术的发展，人们还就调频以及等幅波、影像脉冲、多普勒脉冲技术展开了研究，探索其在煤岩界面方面的应用，最终出现了一些成果，这些成果的原理均以电磁波传递为基础，在这个思想的指导下最终研究出多种雷达探测传感器。再后来的进一步实验中，发现煤矿井下的恶劣工作环境对电磁波的传播有干扰作用，所以该方法具有一定的局限性。20 世纪 90 年代末，国内提出了天线互阻抗法煤岩分界识别传感机理，并且取得了一定的成效，不过，由于各种原因至今没能应用于实际。

（6）利用多传感器数据融合的煤岩分界技术。一些发达国家和地区考虑到每一种煤岩界面探测法都有一定的应用局限，正研制多传感器信息融合探测系统，代表有英国煤管局、美国矿业局科索尔、德国 Ruhkrhoel 等公司。其原理是通过检测割煤过程中产生的多个信号进行对煤岩界面的识别，一般多传感器系统检测的信号主要包括摇臂振动信号、截割电动机功率信号、截割扭矩信号、煤和岩的声信号。就目前来说，测量煤岩界面的方法多达几十种，除上述方法外，还有超声波、噪声、无线电波传感器、紫外线和同位素传感器等探测方法。而这其中的某些技术已经在煤矿生产中得到了普及，另一些则没有实现广泛意义上的应用突破，还有的仍然处于实验和研究阶段。

b 间接调高技术

在解决采煤机自动化割煤问题的过程中，近年来，有些专家学者避开直接对煤岩分界识别的各种问题，开始研究实现滚筒自动调高的新方法，这些方法可称为间接调高技术。目前最具有代表性的间接调高技术是基于位置传感器和计算机技术的记忆截割调高技术，这种技术是利用安装在采煤机上的行走位置测量传感器、油缸行程传感器和倾角测量传感器等检测各种参数，计算机不定时提取数据，并存储在存储器中，然后通过相关计算，并结合自动控制技术，实现采煤机自动调高的目的。随着科技的不断进步，计算机和传感器技术也在日趋成熟，计算机软件可以对传感器所收集的数据进行综合分析和处理，并利用科学的计算方式对采煤机进行实时控制，及时发出滚筒高度和卧底量指令，形成传感器煤岩分界识别技术与记忆智能程控相结合的方法，而这有望成为解决问题的新办法。这种方法不仅解决了在单独使用传感器时煤岩分界面识别过程中遇到的问题，提高了原来的精度、可靠性以及稳定性，还将同时减少记忆程控对人工操作的过度依赖，进而避免了随机性和操作不及时的漏洞。因此，采煤机的滚筒自动调高技术将发展成以仿形截割为主、传感器煤岩分界为辅的综合技术。

在提高采煤工作面开采效率、提高煤质、降低生产成本和安全采煤的大形势下，国外学者专家对采煤机滚筒自动调节系统的研究已有半个世纪的历史，各国还在加大力度，破除困难，采用联合研发的工作模式，相信采煤机自动调高技术的研究会在不久的将来出现新的成果。就目前看来，煤炭仍是我国的主要工业资源，作为煤炭生产大国，如何不断提高工作面的煤炭开采效率和保障安全生产作业，仍然是煤炭机械行业现在所遇到的两大问题，采煤机开采自适应控制技术也是我国采煤机械技术发展的趋势。要想实现工作面无人化和煤炭开采自动化，采煤机自适应控制技术的研发和应用是关键，而记忆截割技术则是此技术的切入点。在开发研究大功率采煤机的同时，大力发展煤炭综采智能控制系统及装备是煤炭综采智能化发展的需要，也是我国煤炭行业实现高效生产的要求。

B　监控技术方面

准确的采煤机状态信息是控制采煤机的基础，又是采煤机故障诊断的依据。国外先进的采煤机监控系统均具备较完善的状态监测和故障诊断功能，具代表性的美国 JOY 公司和德国 Eickhoff 公司的产品。与之相比，国内采煤机则有较大差距。

JOY 的 JNA 控制系统和 Eickhoff 的 IPC 控制系统均采用工业控制计算机，可以实现采煤机状态信息的采集、处理、存储，以文字、数据、曲线、图形等多种方式显示采煤机运行状态，并通过监测网络远程传输至顺槽和地面。监测参数较全面，主要有采煤机的位置（工作面中的实际位置和相对液压支架的位置）、姿态、摇臂角度、牵引速度、牵引方向；各电机运行状态（包括2台牵引电机、2台截割电机、泵站电机和破碎电机等）的电压、电流、温度；整机电压、关键部位温度、冷却水流量和压力、润滑油温度等。并可根据获得的状态信息进行故障诊断，诊断内容有电气故障、液压故障和机械故障。

国内采煤机控制系统采用 PLC 或工控机，监测的参数方面与国外已经差距不大，已能够监测电气系统、液压系统、位置姿态等方面的大部分参数。但故障诊断功能较弱，只具备基本的电气（电机、变频器）和液压系统诊断功能。国内外先进采煤机均采取牵引电机“一拖一”变频控制，截割电机恒功率控制方式，可以实现工作面手动控制、端头遥控器控制和自动记忆截割。此外，国外采煤机还具有远程控制功能，即在顺槽和地面遥控采煤机工作。而国内现有机型均无顺槽和地面遥控功能，部分具有顺槽监测功能。

人工智能技术在采煤机控制和故障诊断上的应用，如神经网络、模糊理论、专家系统等，将使采煤机可以根据采煤环境（包括工作面环境和采煤机自身设备状态）的变化自动精确定位、自诊断和自动截割，从而实现其自主运行；远程控制技术的发展使在顺槽以及地面设立监控中心，通过工业控制网络，远程监测采煤机运行状态参数并实现自动截割，使操作人员远离危险区域，既是矿井安全的保证，也是无人工作面实现的前提。

采煤机智能化应该是在现有数字化的基础上，融合数据的宽度，挖掘数据的深度，使采煤机具有类似于人类一样的视觉、触觉、嗅觉，具有对环境多维度深层次的感知，能自动执行示教的流程，并能通过大数据分析、推理机制，实现环境变化时的自我调节，自主学习并升级。还需要研究智能化采煤机与智能化液压支架、智能化运输机等工作面其他设备之间的智能通讯，最终实现工作面智能化生产及智能化管理。近年来，采煤机智能化方面取得了很大进展，在采煤机位置精确定位、自学习智能轨迹规划、基于智能决策或煤岩识别的滚筒自动调高、自动记忆割煤、防碰撞安全避险、故障自诊断，以及具有基于产量需求、输送机设备负荷、工作面环境等信息的智能决策调速、采高自动控制、远程可视化控制等方面取得了长足发展。围绕全面感知、智能决策与安全可靠执行等方面，采煤机智能化系统技术层面上还需发展，包括：

（1）不断提升传感、控制与执行系统之间相互协调的能力，以保证系统的安全性、可靠性和易维护性。

（2）进一步研究并综合运用振动（噪声）分析、视频图像分析及透地雷达等技术手段，发展基于煤岩界面自动识别的采煤机自动调高技术。

（3）发展基于特征振动、噪声实时分析（声纹分析）等技术的传动系统的健康状态在线监测与早期故障预警等技术。

（4）发展采煤机视觉、触觉（碰撞与挤压探测）等技术，实现对设备运行中存在的障碍、干涉等异常的自动识别与智能化处理。

（5）运用人工智能等技术发展采煤机自适应智能控制及自诊断技术。

（6）运用VR技术构建人、机、环有机结合的虚拟综采工作面，实现综采过程远程控制、设备碰撞等。

通过在这些关键技术领域的不断探索积累，最终实现采煤机向智能化采煤机器人的技术飞跃。

C　定位技术方面

（1）采煤机常规定位技术。采煤机常规定位技术有：

1）红外定位技术。通过红外对射信号进行采煤机定位，具体原理是：在采煤机机身安装红外发射装置，在液压支架上安装红外接收装置，采煤机运行过程中红外发射装置定向发射广角脉冲，液压支架上红外接收装置接收信号，对接收信号的强弱进行分析，从而判断采煤机具体位置。受底板不平整、粉尘及遮挡等影响，红外接收装置有时会接收不到采煤机上红外发射装置发出的脉冲信号，在自动化采煤过程中造成“跳架”现象。红外定位技术在动态测量方面有很大局限性，并且安装复杂，总体定位精度不高，实际应用受到限制。

2）超声定位技术。将超声波发射装置安装在工作面巷道中，当采煤机经过时机身将反射超声波，根据各位置超声波传感器监测状态可确定采煤机位置。但煤矿井下环境恶劣，如果工作面较长，超声波声衰较大，造成回波误差大，甚至无法收到回波，导致采煤机定位失效。

3）齿轮计数定位技术。对采煤机行走齿轮的转动圈数进行计数，将圈数乘以齿轮周长，计算出采煤机行程，然后根据液压支架间距推算出采煤机位于何处液压支架，从而确定采煤机在工作面的位置。齿轮计数法只能检测采煤机一维运动，而采煤机实际运动轨迹是三维的，所以该方法只能估测采煤机在工作面的大致位置，并且齿轮计数误差会累加，加上无法准确获知液压支架间距，因此，该方法不能满足采煤机实时定位精度要求。

4）无线定位技术。无线定位技术是通过对接收的电磁波参数（包括传输时间、到达角、幅度和相位等）进行测量，采用特定算法来判断被测物体位置。受煤矿恶劣环境影响，无线定位技术应用时存在定位数据不稳定的问题。此外，井下无线信道模型还不完善，无法获得采煤机精确位置。

（2）采煤机捷联惯导定位技术。捷联惯导系统（Strapdown Inertial NaVigationSystem，SINS）83是一种不依赖任何外部信息的自主式导航系统。它将三轴陀螺仪和三轴加速度计等惯性敏感器件直接固定在运动载体上，利用陀螺仪和加速度计实时测量运动载体的三轴角速度和三轴加速度，并结合运动载体初始惯性信息，通过高速积分获得运动载体的姿态、速度及位置等信息。基于捷联惯导的采煤机定位原理如图2-67所示。SINS具有安装简便、可靠，能够利用载体自身惯性信息进行定位，不向外辐射能量等特点，因此，许多学者对SINS用于采煤机定位的可行性进行了深入研究。

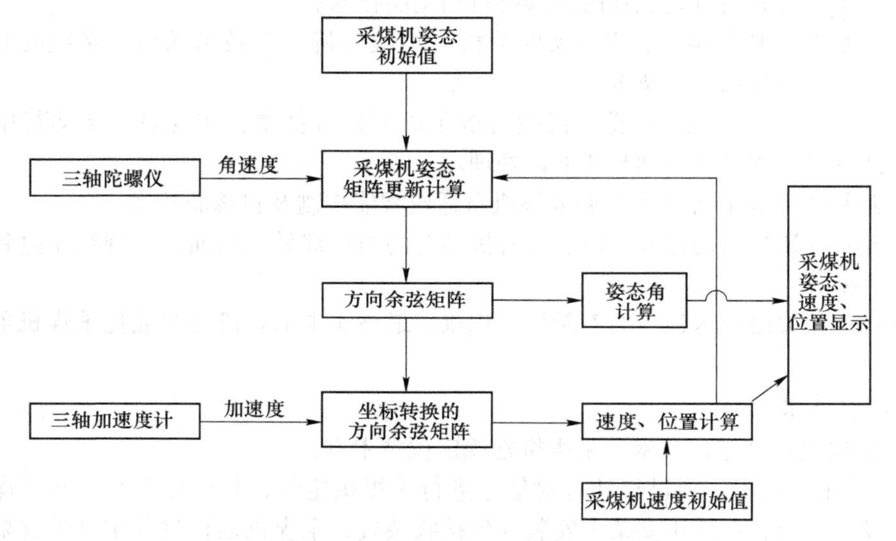

图2-67 基于捷联惯导的采煤机定位原理

捷联惯导定位技术具有完全自主性、保密性特点，随着激光、光纤陀螺技术的发展，SINS已经日渐完善，而且在初始对准、位姿解算和误差补偿方面取得了大量成果，但SINS存在的固有缺陷，如累积误差和位置漂移等是难点问题。因此，SINS不能长时间独立工作，而且初始对准所需时间较长。通常解决这一问题的途径有2个：通过误差补偿来提高SINS算法解算精度；采用组合定位技术。

采煤机定位技术是实现综采工作面少人化或无人化开采的关键。当前采煤机定位技术仍存在精度低、可靠性差、自动化程度不高等问题，因此，采煤机定位技术未来的发展趋势和研究重点将主要集中在以下方向：

（1）开展捷联惯导在复杂、高动态环境下的定位解算策略研究，探寻捷联惯导定位系统中外界动态参数对解算累积误差的影响机理，进一步提高捷联惯导的定位精度。

（2）在深入研究WSN定位机制的过程中，探寻WSN与捷联惯导更深层次的紧耦合融合策略，利用相对稳定的捷联惯导来反馈校正WSN的解算机制，进一步提高组合定位的稳定性和容错性。

（3）井下环境恶劣，设备振动干扰复杂，WSN 多径效应明显，仍有很多相关因素对组合定位精度产生影响，需进一步研究复杂振动及多径效应下采煤机空间定位技术，提高组合定位精度。

2.3.6.3 高速高可靠性

在同等采高等工作面参数情况下，产量要求越来越高，因此对采煤机的牵引速度提出了要求。针对同系列采煤机，通过改变传动系统的传动比来提高牵引速度。同时，由于牵引速度的提高，采煤机受力增大，关键零件的使用寿命降低，可靠性遇到了挑战。

采用现代设计和分析方法是提升采煤机设计可靠性的必要手段。重点完善和提高系统装置的抗振、散热和防潮等性能；随着计算机与虚拟样机技术的快速发展，通过三维造型，对产品进行虚拟装配、制造、试验、有限元仿真技术，可提高产品的设计质量，优化工艺过程，缩短新产品的研制周期，采用先进的制造技术，通过材料优选与工艺优化，开发出长寿命、高可靠性产品。

2.4 液 压 支 架

液压支架是在金属摩擦支柱和单体液压支柱等基础上发展起来的，以高压液体作动力，由液压缸、液压控制阀与金属构件组成的一种用来支撑和管理顶板的自移式设备，它不仅能实现支撑、切顶和隔离采空区，而且还能使支架本身前移和推移刮板输送机。液压支架具有支护性好、强度高、移设速度快、安全可靠等优点，与可弯曲刮板输送机和采煤机一起组成了采煤工作面的综合机械化设备。目前，液压支架在大中型煤矿中已得到广泛的应用。

2.4.1 液压支架工作原理

液压支架主要由顶梁、立柱、底座、推移千斤顶、操纵阀和安全阀等组成（如图 2-68），能可靠而有效地支撑和控制工作面顶板，隔离采空区，防止矸石窜入工作面，保证作业空间，并且能够随着工作面的推进而机械化移动，不断地将采煤机和输送机推向煤壁，从而满足工作面高产、高效和安全生产，其基本动作包括升柱、降柱、移架和推溜。

2.4.1.1 支架的升降

支架的升降依靠立柱的伸缩来实现。

A 初撑

将操纵阀 8 置于升柱位置，由泵站排出的高压液体经管路、操纵阀 8 和液控单向阀 6 进入立柱 2 的下腔，同时立柱上腔回液。立柱升起撑紧在顶、底板之间。当立柱下腔压力达到泵站工作压力时，初撑阶段（对应图 2-69 中 t_0 时间）结束。这时，支架所有立柱对顶板产生的支撑力（即支架的初撑力）为

$$p_c = 1000 \times \frac{\pi}{4} D^2 p_b n \cos\alpha \qquad (2\text{-}24)$$

式中 D——立柱的缸径，m；

p_c——液压支架的初撑力，MPa；

p_b——乳化液泵站的工作压力，MPa；

n——每架支架的立柱数；

α——立柱对顶板垂线的倾斜度，(°)。

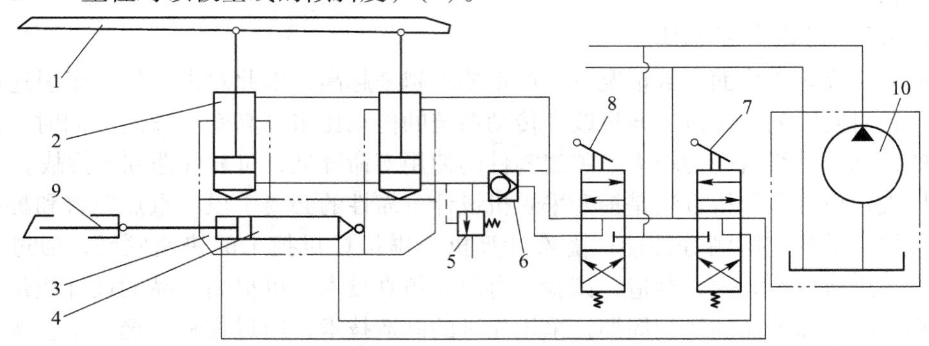

图 2-68 液压支架工作原理

1—顶梁；2—立柱；3—底座；4—推移千斤顶；5—安全阀；6—液控单向阀；7，8—操纵阀；9—输送机；10—乳化液泵

B 承载

初撑结束后，将操纵阀手把置于中间位置，立柱下腔的工作液体被液控单向阀 6 封闭。随着顶板下沉，立柱下腔液体压力升高，立柱的推力（即支架对顶板的支撑力）也随之增大。这是支架的增阻阶段（图 2-69 中 t_1 时间）。当立柱下腔液体的压力达到安全阀 5 的调定压力 p_a时，安全阀开启溢流，立柱收缩，支架随顶板下降。当立柱下腔压力低于 p_a时，安全阀即关闭。这就是支架的恒阻阶段（图 2-69 中 t_2 时间）。这时，支架所有立柱对顶板的支撑力（称液压支架的工作阻力）为

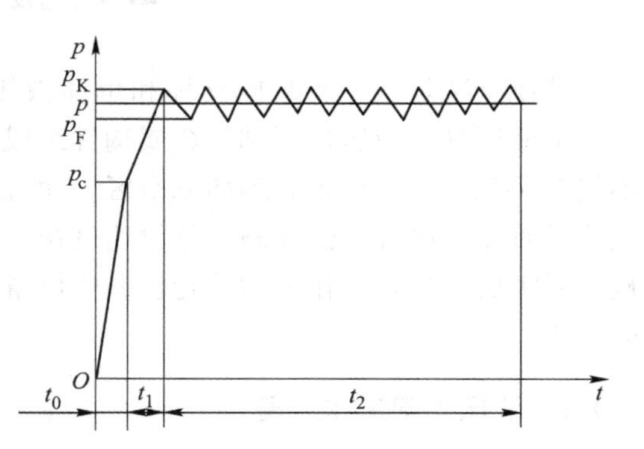

图 2-69 液压支架的特性曲线

p_K，p_F—恒阻阶段内安全阀出现脉动卸载时的最大和最小压力值

$$p = 1000 \times \frac{\pi}{4} D^2 p_a n \cos\alpha \tag{2-25}$$

式中 p——液压支架的工作阻力，MPa；

p_a——安全阀调定压力，MPa。

支架特性曲线（见图 2-69）表式工作阻力随时间的变化的情况。增阻阶段 t_1 的长短与顶板下沉速度、支架初撑力大小及初撑质量有关。较大的初撑力和较好的初撑质量可以较快地达到工作阻力，延缓顶板的下沉，增加顶板的稳定性。液压支架的恒阻特性保证支架构架在给定的强度范围内工作。

液控单向阀和安全阀一般集成为一个阀，称为控制阀。

C 卸载

将图 2-68 中操纵阀 8 置于降柱位置，高压液体进入立柱上腔，同时打开液控单向阀

6，立柱2下腔回液，支架下降，使顶梁1脱离顶板。

以上表明，液压支架在低于额定工作阻力下工作时，具有增阻性，以保证支架对顶板的有效支撑作用；在达到额定工作阻力时，具有恒阻性；为使支架恒定在此最大支撑力，又具有可缩性，即支架在保持恒定工作阻力下，能随顶板下沉而下缩。增阻性主要取决于液控单向和立柱的密封性能，恒阻性与可缩性主要由安全阀来实现。因此，安全阀、液控单向阀和立柱是保证支架性能的三个重要元件。

2.4.1.2 移架和推移刮板输送机

支架和输送机的前移，都是由底座3上的推移千斤顶4来完成的。当需要移架时，先降柱卸载，然后通过操纵阀使高压液体进入推移千斤顶的活塞杆腔，活塞腔回液，以输送机为支点，缸体前移，把整个支架拉向煤壁。当需要推移输送机时，支架支撑顶板后，使高压液体进入推移千斤顶的活塞腔，另一腔回液，以支架为支点，使活塞杆伸出，把输送机推向煤壁。

2.4.2 液压支架分类

2.4.2.1 支撑式支架

支撑式支架（如图2-70所示）利用立柱与顶梁直接支撑和控制工作面的顶板。其特点是：立柱多，支撑力大，且作用点在支架中后部，故切顶性能好；对顶板重复支撑的次数多，容易把本来完整的顶板压碎；抗水平载荷的能力差，稳定性差；护矸能力差，矸石易窜入工作空间；支架的工作空间和通风断面大；适应于缓倾斜、顶板稳定的薄与中厚煤层。支撑式支架又有垛式（图2-70（a））和节式（图2-70（b））之分。

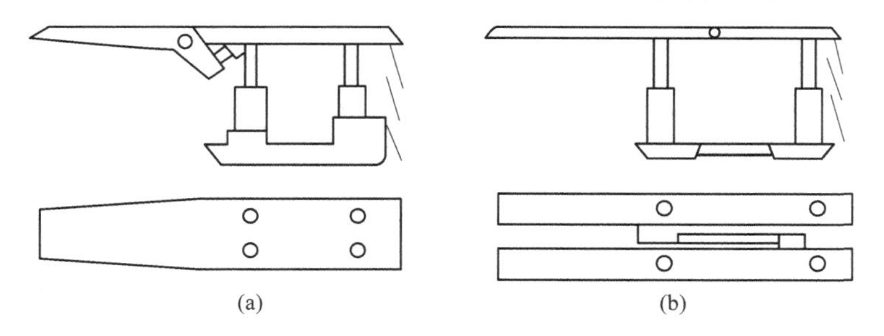

图2-70 支撑式支架的结构形式

节式支架由2~4个框架组成，用导向机构相互联系，交替前进。因其稳定性差，目前已很少使用。

垛式支架整个支架为一整体结构，整体移动，通常有4~6根立柱，可以支撑坚硬与极坚硬的顶板。

2.4.2.2 掩护式支架

掩护式支架（见图2-71）利用立柱、短顶梁支撑顶板，用掩护梁来防止岩石落入工作面。其特点是：立柱少、切顶能力弱；顶梁短，控顶距小；由前、后拉杆和底座铰接（如图2-71中（b）~（e））构成的四杆机构使抗水平力的能力增强，立柱不受横向力；而且使顶梁前端的运动轨迹为近似平行于煤壁的双纽线，梁端距变化小；架间通过侧护板密封，掩护性好；调高范围大，适用于松散破碎的不稳定或中稳定的顶板。对顶板反复支撑的次数少，能带压移架；但由于顶梁短，立柱倾斜布置，故作业空间和通风断面小。

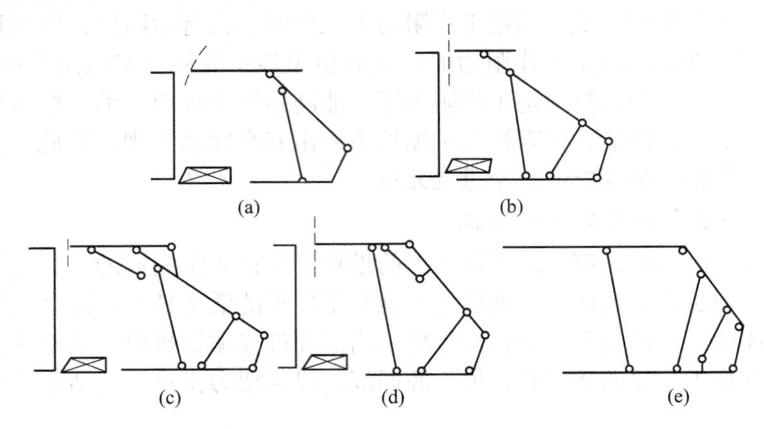

图 2-71　掩护式支架的结构形式

根据支架底座是否插入输送机溜槽下面，掩护式支架分有插底式（见图 2-71（b））和非插底式（见图 2-71（a）~（e））。按照立柱上端的支撑位置，掩护式支架可分为支顶式（支撑在顶梁L，见图 2-71（d））、支掩式（支撑在掩护梁上，见图 2-71（a）~（c））和支顶支掩式（分别支撑在顶梁和掩护梁上，见图 2-71（e））。支顶式掩护支架的顶梁和掩护梁间必设一平衡千斤顶，以保证结构稳定。在立柱上工作阻力相同的条件下，支顶式比支掩式的支撑力大。

2.4.2.3　支撑掩护式支架

支撑掩护式支架（见图 2-72）具有支撑式的顶梁和掩护式的掩护梁，它兼有切顶性能和防护作用，适于压力较大、易于冒落的中等稳定或稳定的顶板，周期压力强烈，底板软硬均可，煤层倾角一般不大于 25°，煤层厚度 1~4.5m，瓦斯涌出量适中的采煤工作面。根据使用条件，支撑掩护式支架的前、后排立柱可前倾或后倾，倾角大小也可不同前、后排立柱交叉布置的支架（见图 2-72（d））适用于薄煤层。

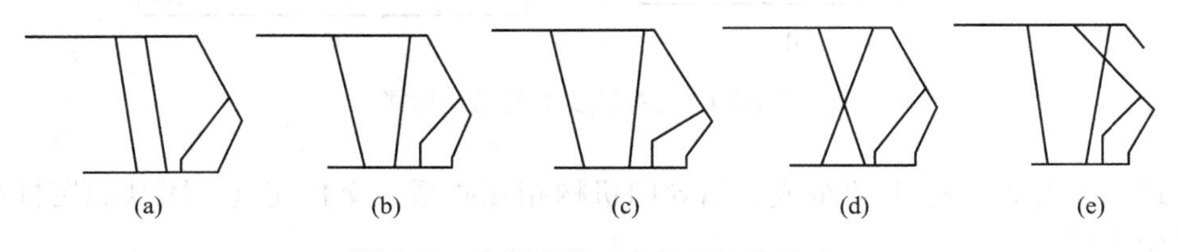

图 2-72　支撑掩护式支架的结构形式

2.4.3　液压支架组成部分

根据液压支架各部件的功能和作用，其组成可分为以下四个部分：

（1）承载结构件，如顶梁、掩护梁、底座、连杆、尾梁等。其主要功能是承受和传递顶板和垮落岩石的载荷。

（2）液压缸，包括立柱和各类千斤顶。其主要功能是实现支架的各种动作，产生液压动力。

（3）控制元部件，包括液压系统操纵阀、单向阀、安全阀等各类阀，以及管路、液压、电控元件。其主要功能是操纵控制支架各液压缸动作及保证所需的工作特性。

（4）辅助装置，如推移装置、护帮（或挑梁）装置、伸缩梁（或插板）装置、活动侧护板、防倒防滑装置、连接件、喷雾装置等。这些装置是为实现支架的某些动作或功能所必需的装置。

2.4.3.1 顶梁

顶梁是支架的主要承载部件之一，支架通过顶梁实现支撑和管理顶板。顶梁的结构形式如图 2-73 所示。为了适应顶板要求，支架顶梁有整体刚性、铰接分体、伸缩铰接式几种。

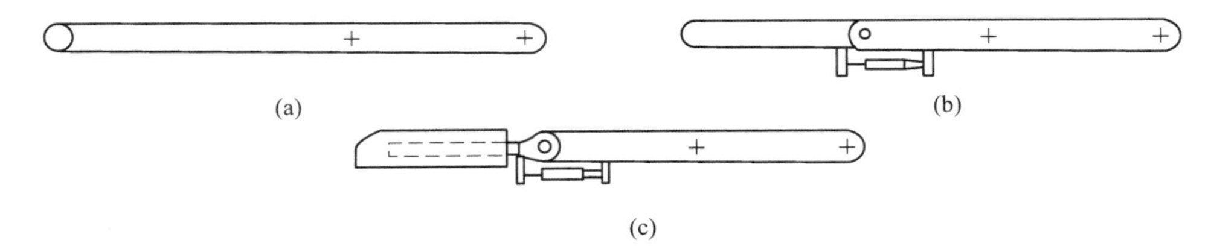

图 2-73 顶梁的结构形式

（1）整体刚性顶梁（如图 2-73（a）所示）。这种顶梁结构简单、质量较轻，但对顶板不平的适应能力差，接顶不够理想，多用于顶板比较平整、稳定，很少出现片帮现象的采煤工作面。

（2）铰接分体顶梁（如图 2-73（b）所示）。这种顶梁分为前梁和后梁两部分，前梁在前梁千斤顶作用下可绕销轴上下各摆动 20°左右。这种顶梁的接顶性能好，也加大了靠近煤壁顶板的支撑能力。

（3）伸缩铰接顶梁（如图 2-73（c）所示）。它是在铰接分体顶梁的前梁上又套上（或插入）一个可伸缩的梁，这种顶梁具有铰接分体顶梁的优点外，还可超前支护，防止片帮。

2.4.3.2 底座

底座是支架的又一主要支撑部件，支架通过底座将顶板压力传至底板。底座也是组成四连杆机构的构件之一。支架还通过底座与推移机构相连，以实现自身的前移和推动输送机。底座的结构形式如图 2-74 所示。

（1）整体刚性底座（如图 2-74（a）所示）。底座用钢板焊接成箱形结构，底部封闭。具有强度高、稳定件好、底板比压小的特点；缺点是排矸性能差。该底座适用于底板比较松软、采高与倾角较大以及顶板稳定的采煤工作面。

（2）分式刚性支座（如图 2-74（b）所示）。底座分左右对称的两部分，上部用过桥或箱形结构将左右部分固定连接。这种底座在刚性、稳定性和强度等方面基本与整体刚性底座相同，由于安装推移装置通道的底座不封闭，故排矸性能好。该底座适用于各类支架，在底板比压允许的条件下，广为采用。

（3）左右分体底座（如图 2-74（c）所示）。底座由左右两个独立而对称的箱形结构件组成，两部分之间用铰接过桥或连杆连接，并可在一定范围内摆动。对不平底板适应性较好，排矸性能好；缺点是底座底面积小、稳定性差，故不宜用于底板松软、厚煤层、倾角大的条件。

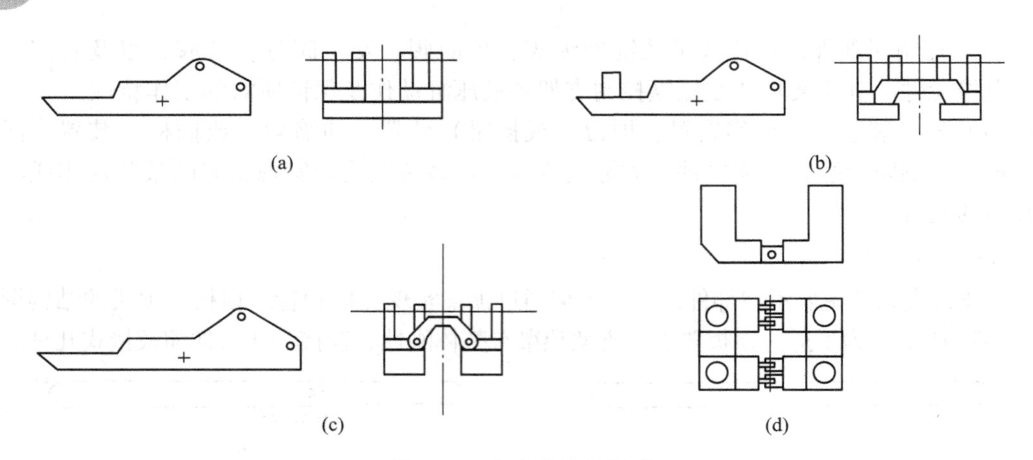

图2-74　底座的结构形式

(4) 前后分体底座（如图2-74 (d) 所示）。底座由前后两个独立的箱形结构件组成，用铰接或连板相连。对底板的适应性好，多用于多排立柱、支撑掩护式、垛式支架以及端头支架等。

2.4.3.3　掩护梁

掩护梁只有掩护式和支撑掩护式支架才安设。其主要功能是隔离采空区、阻止采空区冒落矸石涌入工作面，并承受采空区冒落矸石的载荷和基本顶来压时的冲击载荷。掩护梁与前后连杆、底座共同组成四连杆机构，承受支架的水平分力。掩护梁的结构形式如图2-75所示。

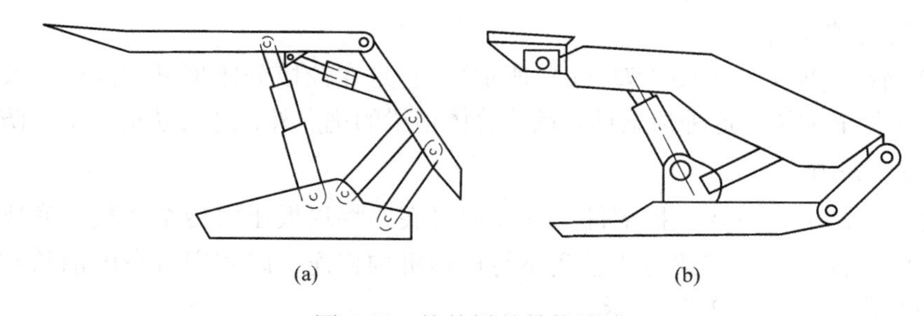

图2-75　掩护梁的结构形式

(1) 整体直线形掩护梁（如图2-75 (a) 所示）。掩护梁一般都为整体箱形结构，这类掩护梁整体性能好，强度大。从侧面看，掩护梁上轮廓线形状为直线形，目前应用最为广泛。

(2) 整体折线形掩护梁（如图2-75 (b) 所示）。从侧面看，掩护梁上轮廓线为折线形，相对地增大了工作空间，但当支架歪斜时架间密封性差，加工工艺差，目前应用较少。

2.4.3.4　连杆

连杆是掩护式和支撑掩护式支架上的部件。它与掩护梁、底座组成四连杆机构，既可承受支架的水平力，又可使顶梁与掩护梁的铰接点在支架调高范围内作近似直线运动，使支架的梁端距基本保持不变，从而提高了支架控制顶板的可靠性，如图2-76所示。

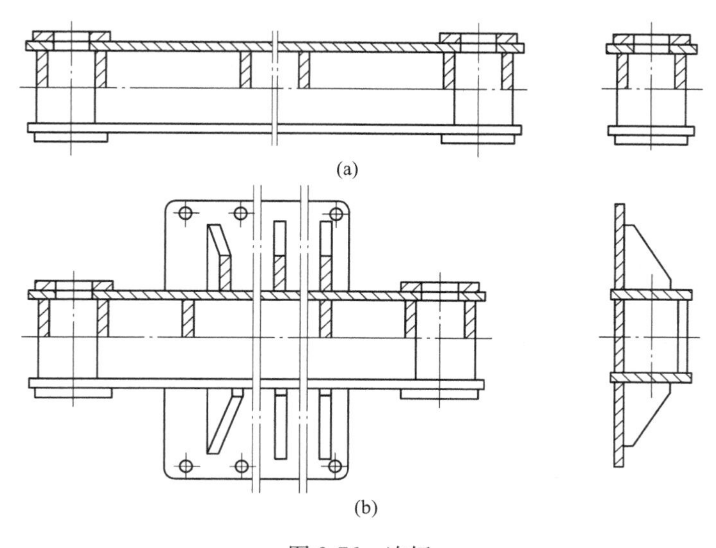

图 2-76 连杆

图 2-76 中（a）为前连杆，（b）是后连杆。前后连杆一般采用分体式箱形结构，即左右各一件。后连杆往往用钢板将两个箱形结构连接在一起，可增加挡矸性能。

2.4.3.5 立柱

立柱是液压支架承载与实现升降动作的主要液压元部件。液压支架上常用的立柱的结构形式如图 2-77 所示。

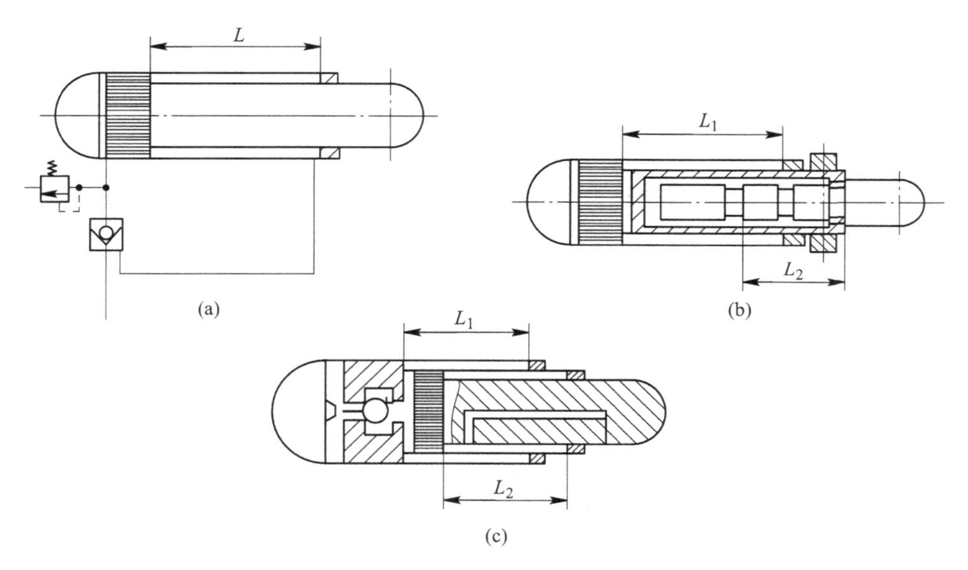

图 2-77 立柱的结构形式

（1）单伸缩双作用立柱（如图 2-77（a）所示）。只有一级行程，伸缩比一般为 1.6 左右，这类立柱结构简单、调整高度方便，缺点是调高范围小。

（2）单伸缩机械加长杆立柱（如图 2-77（b）所示）。总行程为液压行程 L_1 与机械行

程 L_2 之和，这类立柱的调高范围较大，可在较大范围内适应煤层厚度的变化。但机械行程只能在地面根据煤层的最大厚度调定。这类立柱造价比双伸缩立柱低，应用广泛。

（3）双伸缩双作用立柱（如图 2-77（c）所示）。两级行程都由液压力操纵，总行程为L_1+L_2，可在较大范围内适应煤层厚度的变化，而且可在井下随时调节，其伸缩比可达3。这类立柱造价高、结构复杂。

2.4.3.6 千斤顶

千斤顶是完成支架及其各部位动作、承载的主要元件，大多属于单伸缩双作用活塞式液压缸。千斤顶按用途分，有推移千斤顶、前梁千斤顶、伸缩梁千斤顶、平衡千斤顶、侧推千斤顶、调架千斤顶、防倒千斤顶、防滑千斤顶、护帮千斤顶等。千斤顶与立柱都是活塞式动力油缸，因此其工作原理、基本组成以及对零部件的要求等大体相同。但是，与立柱相比，千斤顶仍具有一些区别，如立柱受力大，千斤顶受力小；立柱压力高，千斤顶压力低；立柱主要承受推力，拉力较小，推拉力相差较大，而千斤顶推拉力均有要求，一般相差不大，有时还要求拉力大于推力（采用浮动活塞千斤顶等结构）。

2.4.3.7 推移装置

支架推移装置是实现支架自身前移和输送机前移的装置，一般由推移千斤顶、推杆或框架等导向传力杆件以及连接头等部件组成。其中推移千斤顶形式有普通式、差动式和浮动活塞式。普通式推移千斤顶通常是外供液普通活塞式双作用油缸；差动式推移千斤顶则利用交替单向阀或换向阀的油路系统，使其减小推移输送机力；浮动活塞式推移千斤顶的活塞可在活塞杆上滑动（保持密封），使活塞杆腔（上腔）供液时拉力与普通千斤顶相同，但在活塞腔（下腔）供液时，使压力的作用面积仅为活塞杆断面，从而减小了推移输送机力。推移装置的结构形式如图 2-78 所示。

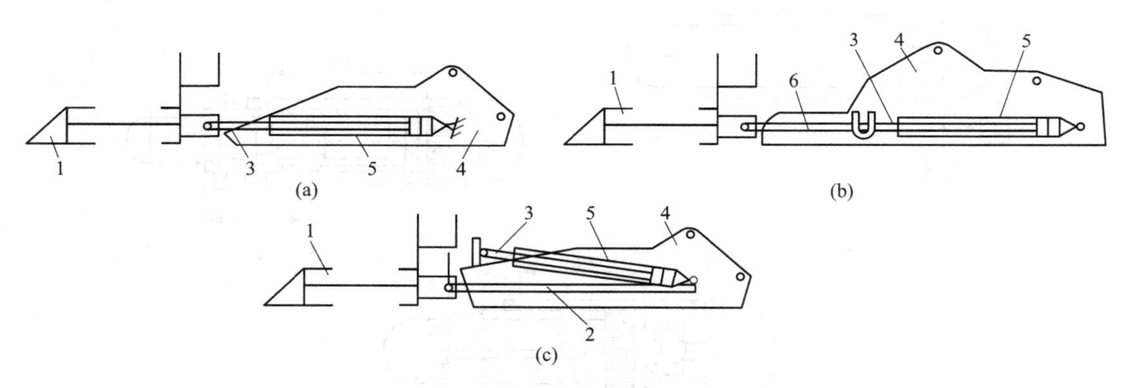

图 2-78　推移装置的结构形式

1—输送机槽；2—框架；3—千斤顶活塞杆；4—支架底座；5—千斤顶缸体；6—短拉杆

（1）直接式推移装置（如图 2-78（a）所示）。采用普通式或差动式千斤顶，千斤顶的两端直接通过连接头、销轴分别与输送机和支架底座相连。支架移动时必须有专门的导向装置，而不能直接用千斤顶导向。这种推移装置可用于底座上有专门导向装置的插腿式等支架，目前应用较少。

（2）平面短推杆式推移装置（如图 2-78（b）所示）。通过推杆，千斤顶分别与输送机、支架相连，千斤顶多采用浮动活塞式，以减小推移输送机力。由于平面短推杆与千斤顶位于同一轴线，故受力较好，同时，用推杆作导向装置，抗弯强度高，导向性能好。这种推移装置推拉力合理，导向简单、可靠，应用广泛。

（3）反拉长框架式推移装置（如图 2-78（c）所示）。框架一端与输送机相连，另一端与推移千斤顶的活塞杆或缸体相连，推移千斤顶的另一端与支架相连。用框架来改变千斤顶推拉力的作用方向，用千斤顶推力移支架，用拉力推输送机，使移架力大于推移输送机的力，移架力最大。框架一般用高强度圆钢制成，作为支架底座的导向装置。由于框架长，框架的抗弯性能差，易变形，装卸不方便，重量较大，成本较高，不宜在短底座上采用。这种推移装置只需用普通千斤顶，推拉力合理，应用广泛。

2.4.3.8 活动侧护板

活动侧护板安装在掩护式和支撑掩护式支架的顶梁和掩护梁的侧面，其作用如下：

（1）可改善顶梁与掩护梁的护顶、防矸性能，隔离控顶区与采空区，防止冒落矸石窜入工作面。

（2）在移架时起导向作用。

（3）活动侧护板增强了支架侧向稳定性，其上设置的弹簧与千斤顶都起防止支架降落后倾倒和调整支架间距的作用。

活动侧护板的基本形式有直角式和折页式。直角式活动侧护板的类型如图 2-79 所示。上伏式活动侧护板（如图 2-79（a）所示）的盖板直接平置于顶梁（或掩护梁）上方，直接承受顶板或冒落矸石的压力，受载大，结构简单。嵌入式活动侧护板（如图 2-79（b）所示）的盖板虽然也在梁面上方，但一般低于梁面，因而承载小。下嵌式活动侧护板（如图 2-79（c）所示）的盖板位于顶梁上梁面下方，下嵌入顶梁体内，不承受顶板压力，侧护板容易伸缩，有利于防倒与调架，但结构复杂。

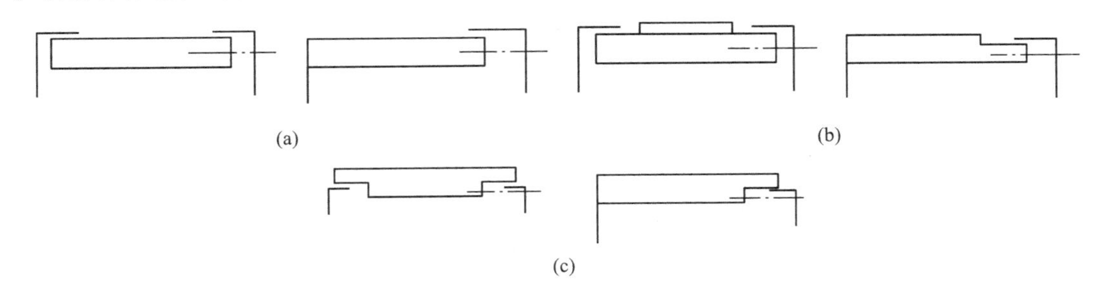

图 2-79 直角式活动侧护板的类型

2.4.3.9 护帮装置

一般情况下，当采高大于 2.5m 时，支架都应配护帮装置。护帮装置设在顶梁前端或伸缩梁的前部，使用时将护帮板推出，支托在煤壁上，起到护帮作用，防止片帮现象发生。护帮装置的基本形式有下垂式和普通翻转式，如图 2-80 所示。

（1）下垂式护帮装置（如图 2-80（a）、（b）所示）。由护帮板、千斤顶、限位挡块等主要部件组成，结构简单。但护帮板由垂直位置起向煤壁的摆动值一般较小，因此实用性差，一般用于采高为 2.5~3.5m，片帮不十分严重的工作面。

（2）普通翻转式护帮装置（如图 2-80（c）所示）。除具有下垂式特点外，其摆动值

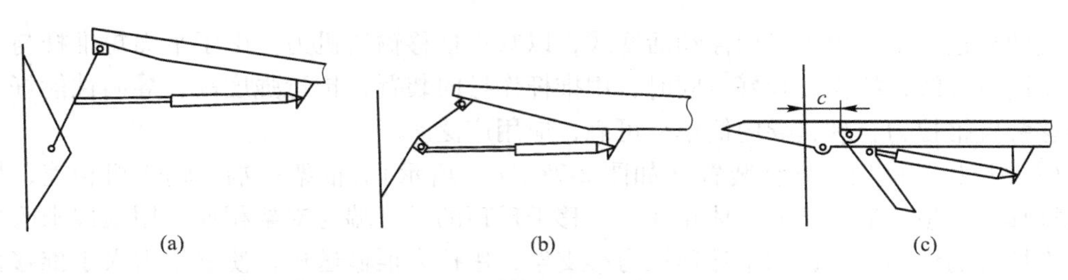

图 2-80 护帮装置的基本形式

大，可回转 180°，因此对梁端距变化与煤壁片帮程度的适应性强，适用于顶板比较稳定的采煤工作面。

2.4.3.10 防倒、防滑装置

为使液压支架能正常工作，当工作面倾斜角度大于 15°时，液压支架必须采取防倒、防滑措施。其具体办法是：利用装设在支架上的防倒、防滑千斤顶在调架时产生的一定的推力，以防支架下滑、倾倒，并进行架间调整。

几种防倒、防滑装置如图 2-81 所示。图 2-81（a）所示是在支架的底座旁设置一个与防滑撬板 3 相连的防滑调架千斤顶 4。移架时，千斤顶 4 伸出，推动撬板顶在邻架的导向板上，起导向防滑作用，而顶梁之间装有防倒千斤顶 2 防止支架倾倒。图 2-81（b）是两个防倒千斤顶 2 装在底座箱的上部，通过其动作，达到防倒、防滑和调架的作用。图 2-81（c）所示是在相邻两支架的顶梁（或掩护梁）与底座之间装一个防倒千斤顶 2，通过链条或拉杆分别固定在各支架的顶梁和底座上，千斤顶 2 防倒，千斤顶 4 调架。

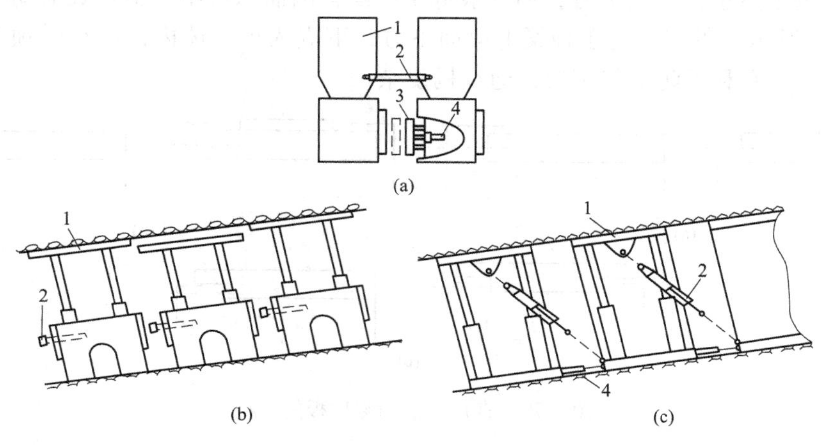

图 2-81 防倒、防滑装置

1—顶梁；2—防倒千斤顶；3—防滑撬板；4—防滑调架千斤顶

2.4.4 典型液压支架

2.4.4.1 ZY8600-24/50D 型掩护式支架

ZY8600-24/50D 型掩护式支架是一种中厚煤层支架，该支架技术先进，性能良好，结构简单合理。其型号含义为：Z 表示液压支架；Y 表示掩护式；8600 表示工作阻力，kN；24 表示液压支架最小高度 2.4m；50 表示液压支架最大高度 5m；D 表示电液控制。

A 适用范围

该支架的适用范围是煤层厚度为5m，倾角小于15°，随采随落的破碎或中等稳定的顶板，直接顶较完整，底板平整，允许用于煤底，但底板的抗压强度要足够。

B 结构特点

ZY8600-24/50D型掩护式支架的结构特点如下：

(1) 液压支架配备一个整体底座、底座的两个相互连接的座箱被底座中间的过桥分开。

(2) 掩护梁是一个整体钢结构件，通过四连杆与底座相连。

(3) 支架立柱的支撑载荷通过顶梁传送到顶板，顶梁通过销轴和一个平衡千斤顶与掩护梁连接，所有顶梁都配备有护帮板。

(4) 程序化的计算方法保证了支架最佳的承载能力和垂直高度的调整范围。

(5) 采用双伸缩双作用立柱，在一级缸活塞上装有单向阀使一级缸和二级缸所承受的载荷相同。

(6) 掩护梁与底座的连接采用四连杆机构，四连杆是一种机械机构，其作用是在支架升降过程中使顶梁前端至煤壁的距离近似恒定值。

(7) 液压支架配备使用PM3电液控制器来实现邻架电液控制系统所需要的所有液压元件。

C 主要结构

ZY8600-24/50D型掩护式支架的结构如图2-82所示。

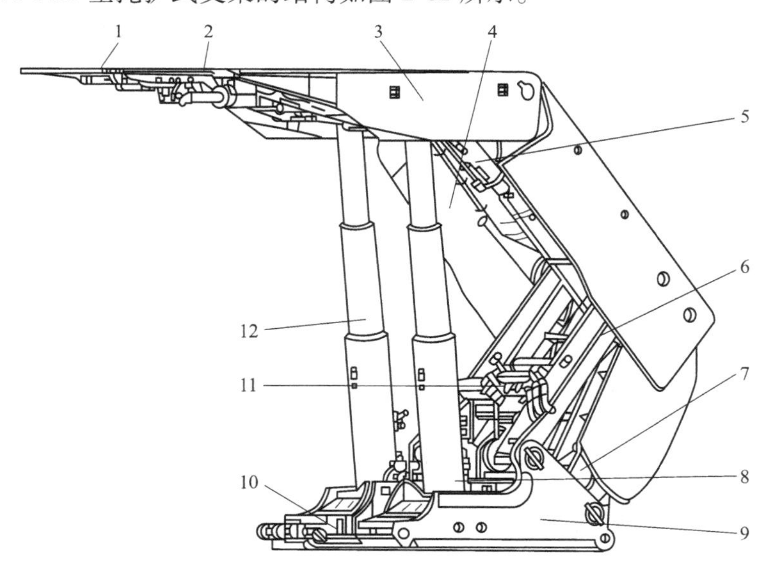

图2-82 ZY8600-24/50D型支架

1—二级护帮；2—一级护帮；3—顶梁；4—掩护梁；5—平衡千斤顶；6—前连杆；7—后连杆；8—推移千斤顶；9—底座；10—推杆；11—阀组；12—立柱

(1) 顶梁。顶梁是整体式箱形结构（见图2-83），它直接与顶板接触，将顶板的压力直接传给该支架的立柱。顶梁内部装有侧推千斤顶、弹簧及弹簧导杆等，它是与侧护板、护帮板、掩护梁、立柱等部件连接的载体。顶梁下面以球形铰接方式连接着两根立柱，把立柱的支撑点传输到顶板。顶梁通过固定的销轴与掩护梁连接，并通过平衡千斤顶保持铰接点的平衡。

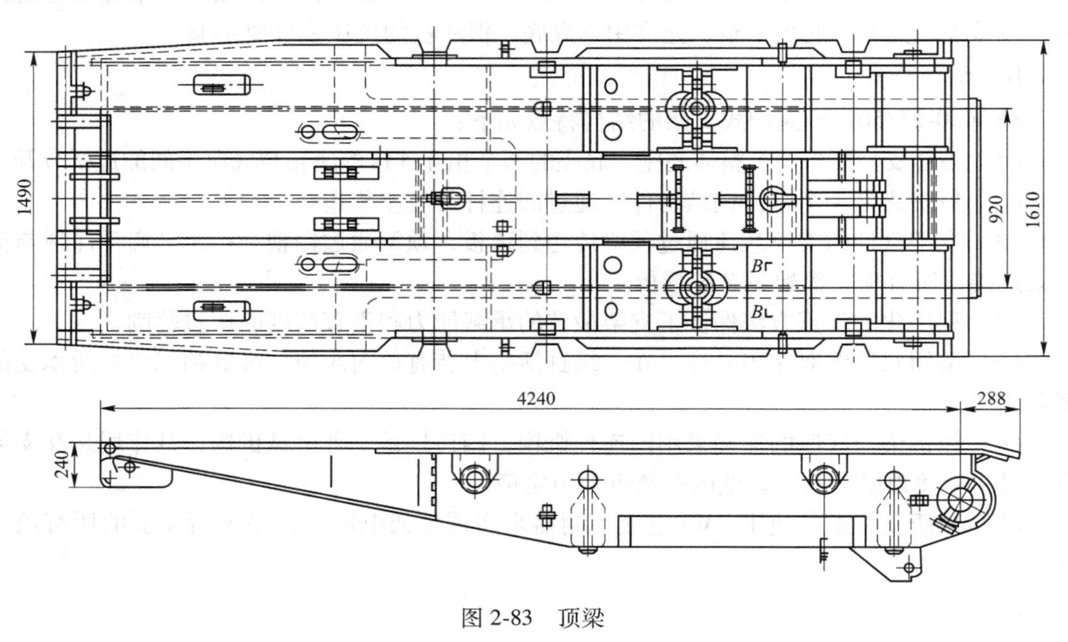

图 2-83　顶梁

（2）底座。底座是一个半分体式箱形结构件，如图 2-84 所示。底座有前后过桥抬架

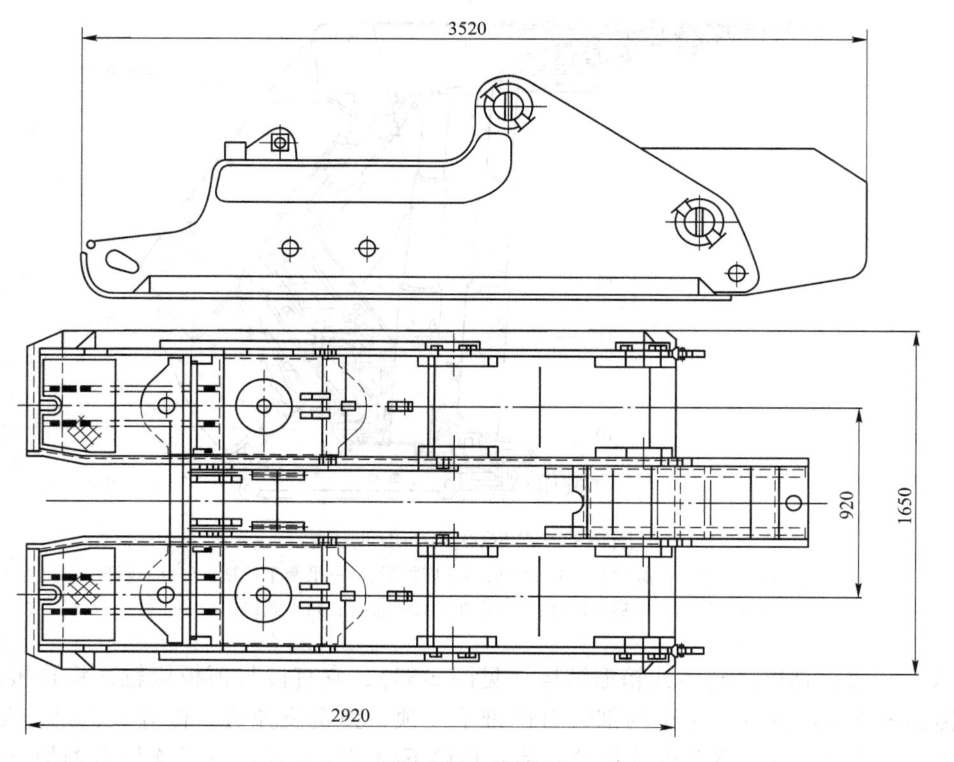

图 2-84　底座

结构，直接与底板接触，承受通过顶梁、立柱传递过来的顶板的垂直压力，也承受由底板显现作用的向上作用力，及四连杆传递的拉压、扭曲力，是与四连杆、推移框架、推移千斤顶等部件连接的载体。底座配备有倒装式推移装置，推移千斤顶通过推移杆向输送机传输力量，其导向装置布置在两个底座之间。倒装式推移千斤顶利用活塞腔进液实现移架，利用活塞杆腔进液实现推溜。千斤顶用万向接头与输送机连接。支架前移时提底座千斤顶把底座从松软底板里提出。

(3) 掩护梁。掩护梁是一个箱形结构（如图 2-85 所示），其内部安装有侧护千斤顶、弹簧及弹簧导杆，是与顶梁、四连杆（或尾梁）等部件连接的载体。掩护梁结构形式为双向活动侧护板结构，前端与顶梁铰接，后端与四连杆铰接，并通过四连杆和底座构成液压支架中不可缺少的四连杆机构。

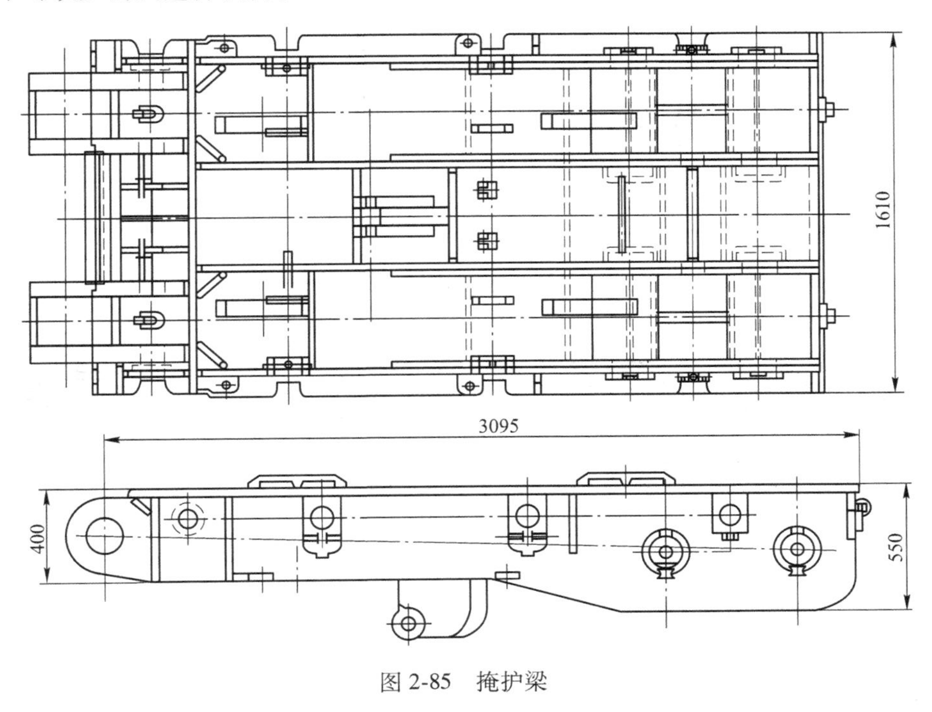

图 2-85　掩护梁

(4) 前后连杆。前后连杆均为分体单连杆形式，其中后连杆带双侧固定侧护板，如图 2-86 所示。连杆与底座、掩护梁铰接，构成液压支架中最核心的四连杆机构，从而满足液压支架具有的合理稳定的运动机构。连杆是一个箱形结构，在液压支架中承受拉、压及水平力而产生扭曲力。

(5) 推移装置。推移装置是一种整体式箱形结构，如图 2-87 所示。推移装置的主要功能是：部件前端通过连接头和输送机耳子铰接，后部和推移千斤顶铰接，布置在支架底座中部空间内，由推移千斤顶的伸出、收回完成推刮板输送机和移架功能，是支架推刮板输送机、移架机构中的连接载体。

(6) 立柱。该支架采用双伸缩立柱（如图 2-88 所示），立柱的顶部和底部设计为球形连接头，使立杆、顶梁和底座呈球形铰接连接。在二级缸底部没有底阀，当一级缸行程用完后，高压液体打开二级缸底部的底阀进入二级缸，使二级缸伸出。

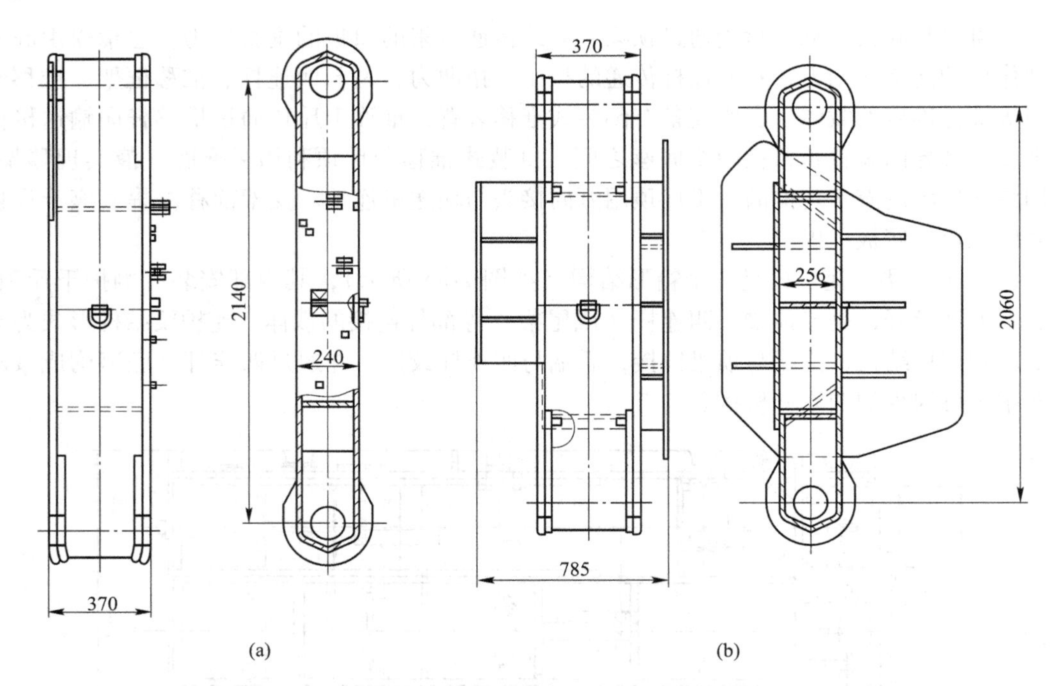

图 2-86 前后连杆

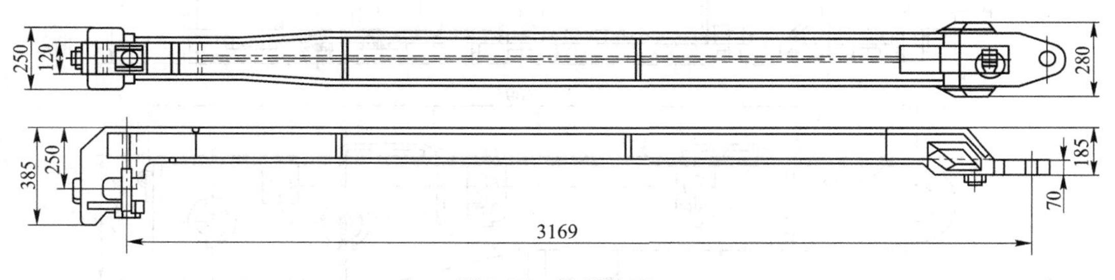

图 2-87 推移装置

当底板受压时，通过液压支架的顶梁将该压力传给立柱二级缸，该底阀将二级缸活塞腔封闭，压力升高，同时一级缸压力升高，使一、二级缸工作阻力相等但压力不等。降柱时，等一级缸行程为零时，底阀和一级缸底接触靠一级缸底部的顶杆将二级缸底部的单向阀顶开，使二级缸活塞腔的液体通过底阀、一级缸活塞腔回液。

（7）推移千斤顶。该千斤顶为双作用外供液式结构，如图 2-89 所示千斤顶的缸径为 160mm，行程为 960mm，推力为 633kN，拉力为 361kN。

（8）一级护帮千斤顶。该千斤顶为双作用外供液式结构，如图 2-90 所示。每台支架安装两个千斤顶，千斤顶的缸径为 165mm，柱径为 100mm，推力为 812kN，拉力为 436kN。

（9）二级护帮千斤顶。该千斤顶为双作用内供液式结构，如图 2-91 所示。安装在支架的一级护帮板和二级护帮板之间，千斤顶的缸径为 80mm，柱径为 60m，推力为 191kN，拉力为 69kN。

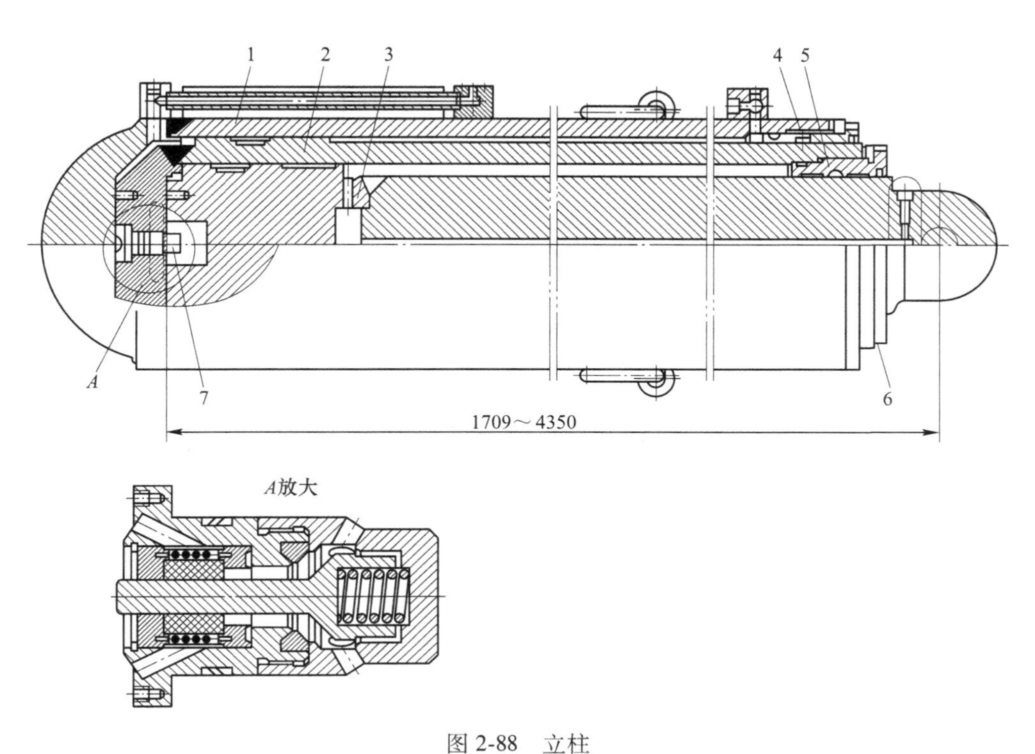

图 2-88 立柱

1—缸体；2—二级活塞；3—一级导向套；4—四级导向套；5—二级导向套；6—二级活塞杆；7—单向阀

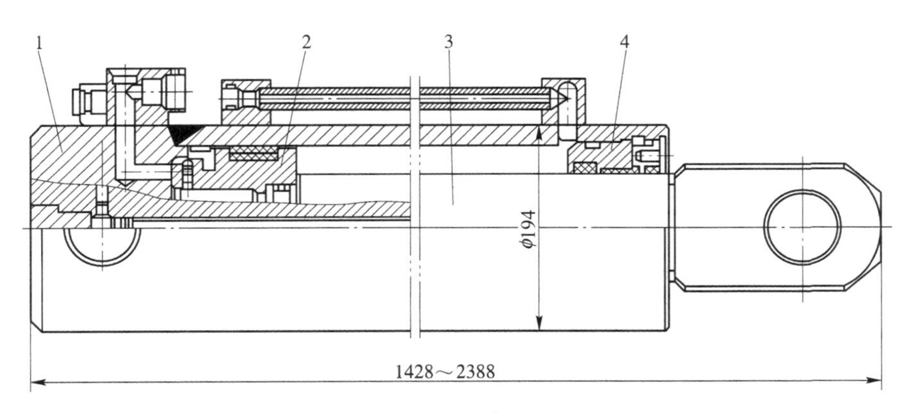

图 2-89 推移千斤顶

1—缸体；2—活塞；3—活塞杆；4—导向套

（10）侧推千斤顶。侧推千斤顶采用双作用内注式供液结构，如图 2-92 所示。支架上共安装有 4 个这样的千斤顶，在顶梁和掩护梁上各安装有两个。千斤顶的缸径为 80mm，行程为 200mm，推力为 159kN，拉力为 69kN。

（11）抬底千斤顶。抬底千斤顶如图 2-93 所示，其主要功能是防止底座下沉，或下沉后利用该千斤顶将底座抬起便于支架前移。抬底千斤顶上腔与立柱下腔通过截止阀连接，当抬底千斤顶专用截止阀关闭时不允许操作抬底千斤顶。

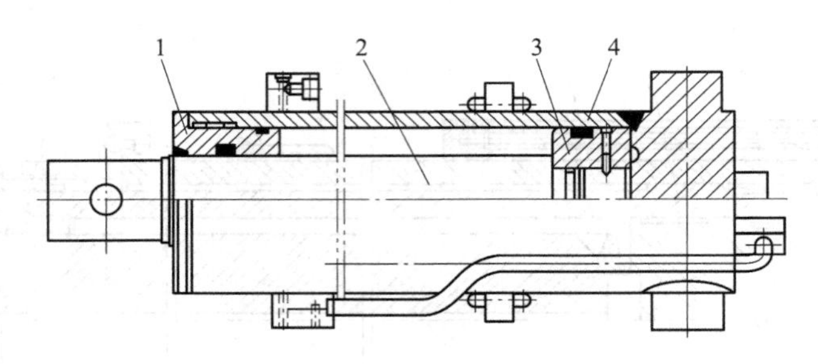

图 2-90　一级护帮千斤顶

1—导向套；2—活塞；3—活塞杆；4—缸体

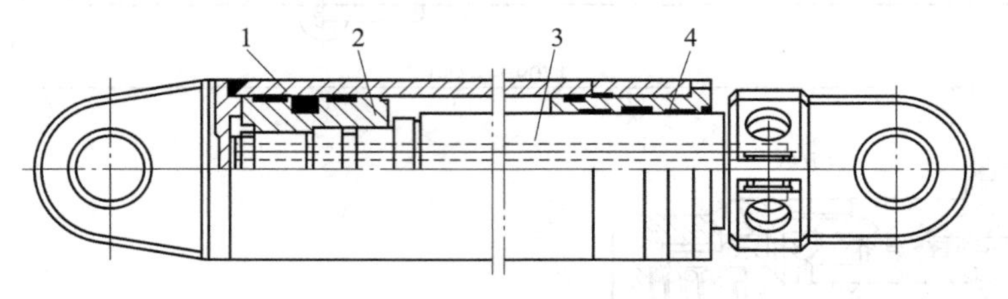

图 2-91　二级护帮千斤顶

1—导向套；2—活塞；3—活塞杆；4—缸体

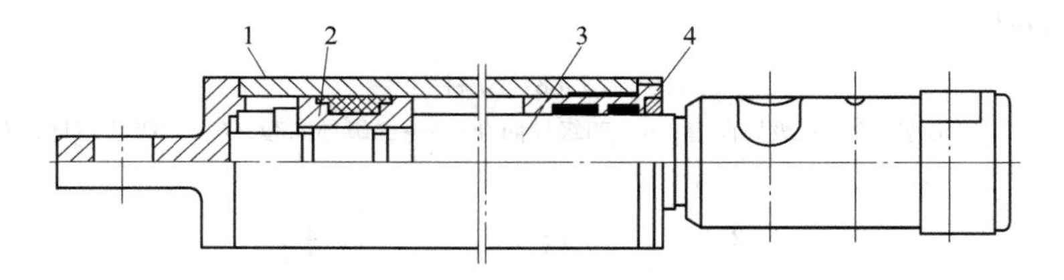

图 2-92　侧推千斤顶

1—导向套；2—活塞；3—活塞杆；4—缸体

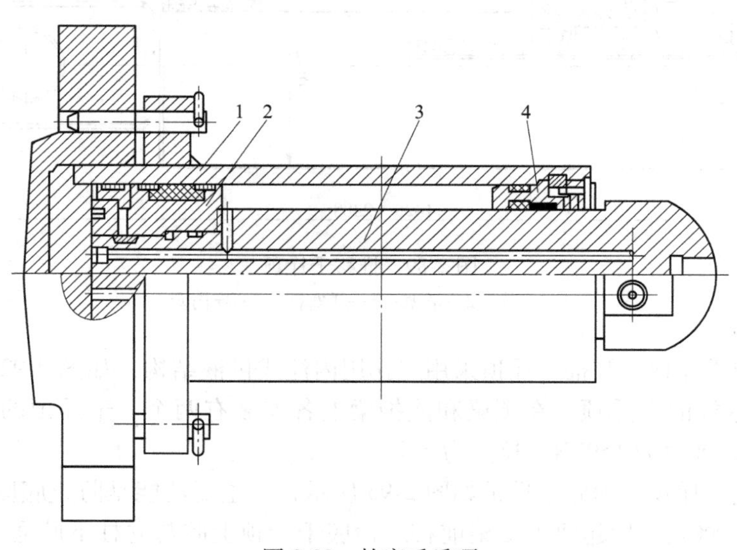

图 2-93　抬底千斤顶

1—导向套；2—活塞；3—活塞杆；4—缸体

2.4.4.2 ZZ4000/17/35 型支撑掩护式支架

ZZ4000/17/35 型支撑掩护式支架是我国自行研制的支架，主要零部件强度经过优化设计，重量较轻，性能好。

A 适用范围

ZZ4000/17/35 型支撑掩护式支架是四柱直接撑顶的支架，适用于煤层厚度为 2.0～3.3m，倾角小于 25°，顶板中等稳定或稳定，底板允许比压不小于 2MPa 的地质条件。

B 结构特点

ZZ4000/17/35 型支撑掩护式支架主要有以下几方面特点：

（1）工作阻力大，支护强度高，切顶能力强；两排立柱都向前倾斜布置，有利于切顶。

（2）采用带机械加长杆的单伸缩立柱，调高范围较大。

（3）采用分式铰接结构顶梁，由千斤顶控制前梁，可向上摆动 15°，向下摆动 19°，顶梁前部有较好的支护性能。

（4）顶梁、掩护梁都装有双侧可换装活动侧护板，由千斤顶和弹簧控制，具有挡矸、防倒及调架性能。

（5）采用四连杆机构，使端梁距变化小，变化量仅为 42mm。

（6）采用长框架推移装置，有较大的移架力。

C 主要结构

ZZ4000/17/35 型支撑掩护式支架的结构如图 2-94 所示。

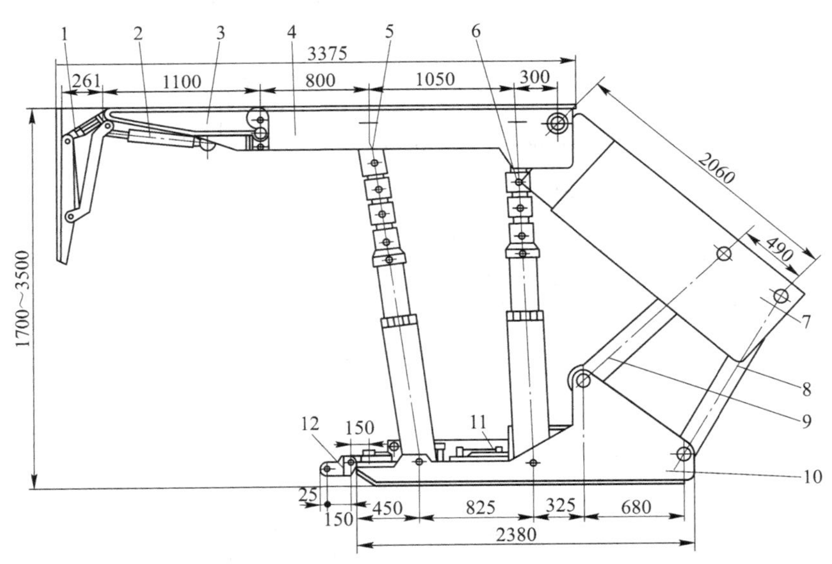

图 2-94 ZZ4000/17/35 型支撑掩护式支架

1—护帮装置；2—护帮千斤顶；3—前梁；4—主顶梁；5—前立柱；6—后立柱；7—掩护梁；8—后连杆；9—前连杆；10—底座；11—推移千斤顶；12—框架

a 梁和底座

（1）前梁。前梁为一钢板焊接件，如图 2-95 所示，它可向上摆动 19°，向下摆动 15°，从而改善了前梁与顶板的接触状况。在前梁前端有护帮装置，该装置采用四连杆机构，主要由上连杆 5、下连杆 3、护帮板 4 和顶梁上的支座 1、2 组成。

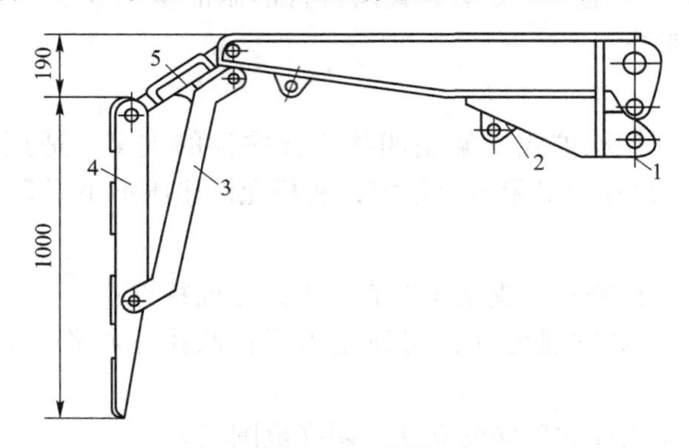

图 2-95　前梁
1—前两千斤顶支座；2—护帮千斤顶支座；3—下连杆；4—护帮板；5—上连杆

（2）主顶梁。主顶梁为焊接箱式结构（如图 2-96 所示），中间的两根主骨架 1 为主体，在主骨架中焊接 4 个柱窝 7，在顶梁两侧装有侧护板 2 和 8，根据工作面方向不同可使一侧固定，另一侧活动。要使侧护板固定，只需把弹簧套筒收回，用销子锁在销孔 6 中。为了防止销子脱出，用挡板进行固定；如果不销住，侧护板就在弹簧作用下伸出。

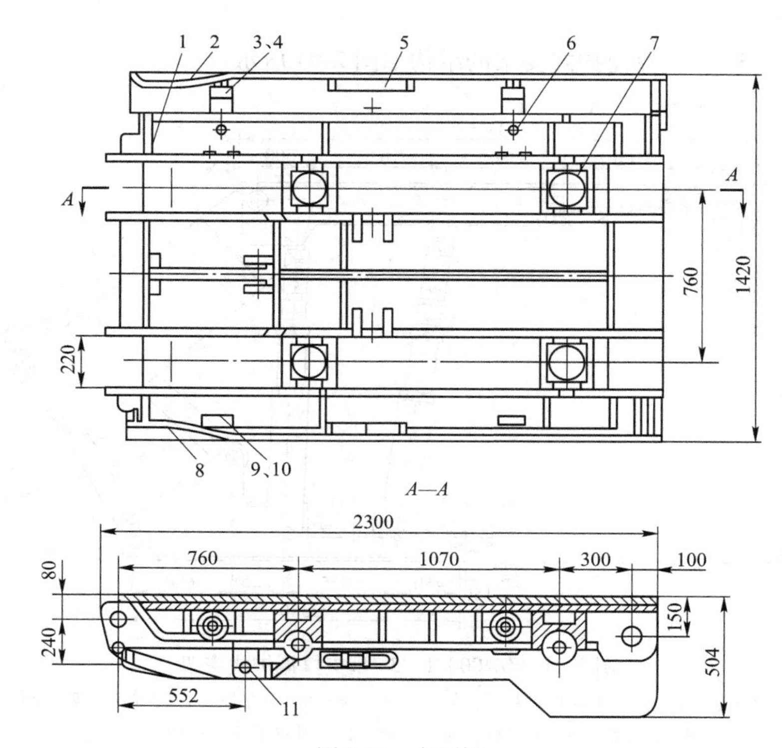

图 2-96　主顶梁
1—主骨架；2—左侧护板；3—弹簧套筒；4—销轴；5—侧护板千斤顶支座；6—销孔；7—柱窝；8—右侧护板；9—挡板；10—销；11—前梁千斤顶支座

（3）掩护梁。掩护梁焊接方式与顶梁相似，如图 2-97 所示。掩护梁上端铰接座 1 与顶梁铰接，下端通过前连杆 2、后连杆 3 与底座铰接。掩护梁上的侧护板 4、5 的装配方法与顶梁侧护板的装配方法相同。

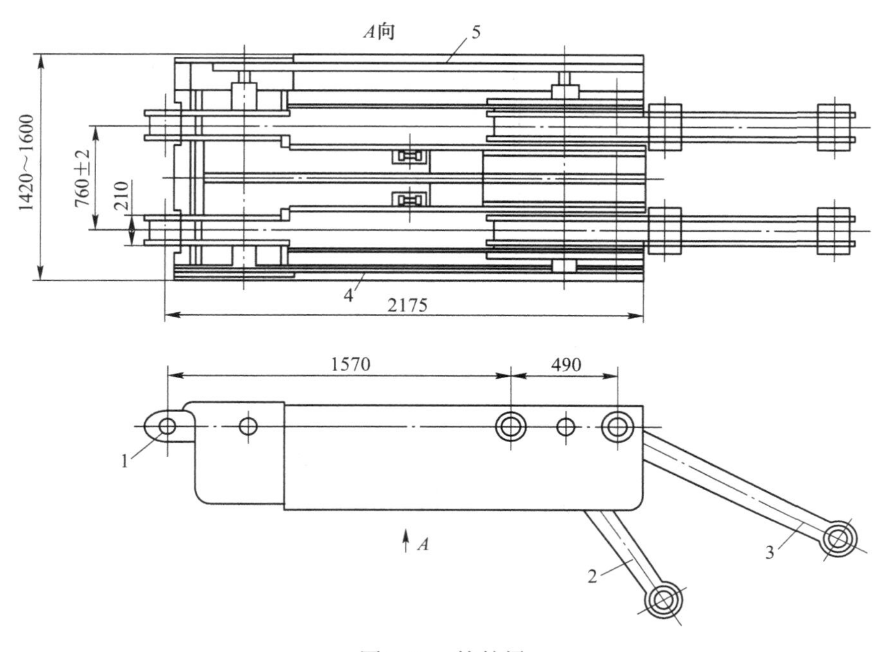

图 2-97 掩护梁

1—铰接座；2—前连杆；3—后连杆；4，5—侧护板

（4）底座。底座由钢板焊接成箱形整体结构（如图 2-98 所示）。在底座前端两侧焊有千斤顶转架 1，在底座前端中间有推移千斤顶支座 2，在中部有平台 4，可以安装阀组框架，人员可在平台上进行操作。

（5）导向梁。导向梁如图 2-99 所示，其作用是为支架前移导向。导向梁安设在相邻两支架之间，其前端与工作面输送机相连。

b 立柱和千斤顶

（1）立柱。该支架的立柱是带有机械加长杆内导向套式的单伸缩立柱（如图 2-100 所示），它采用外供液方式，缸口连接为钢丝连接，活塞组件的连接固定方式为卡键连接固定。千斤顶的缸径为 200mm，柱径为 185mm，机械加长杆分为 5 段，每段长度为 150mm，工作阻力为 1800kN，降柱力为 158kN。立柱两端为凸起球面，分别与顶梁柱帽和底座柱窝连接。

（2）推移千斤顶。推移千斤顶为活塞式双作用外供液式结构。千斤顶的缸径为 140mm，行程为 700mm，推溜力为 142kN，拉架力为 225kN。

（3）前梁千斤顶。前梁千斤顶（短柱）为活塞式双作用外供液式结构。千斤顶的缸径为 140mm，行程为 140mm，推力为 225kN，拉力为 98kN，工作阻力为 588kN（安全阀额定工作压力为 38MPa）。该千斤顶的导向套与缸体之间用钢丝挡圈连接，活塞与活塞杆之间利用压紧帽通过螺纹连接。

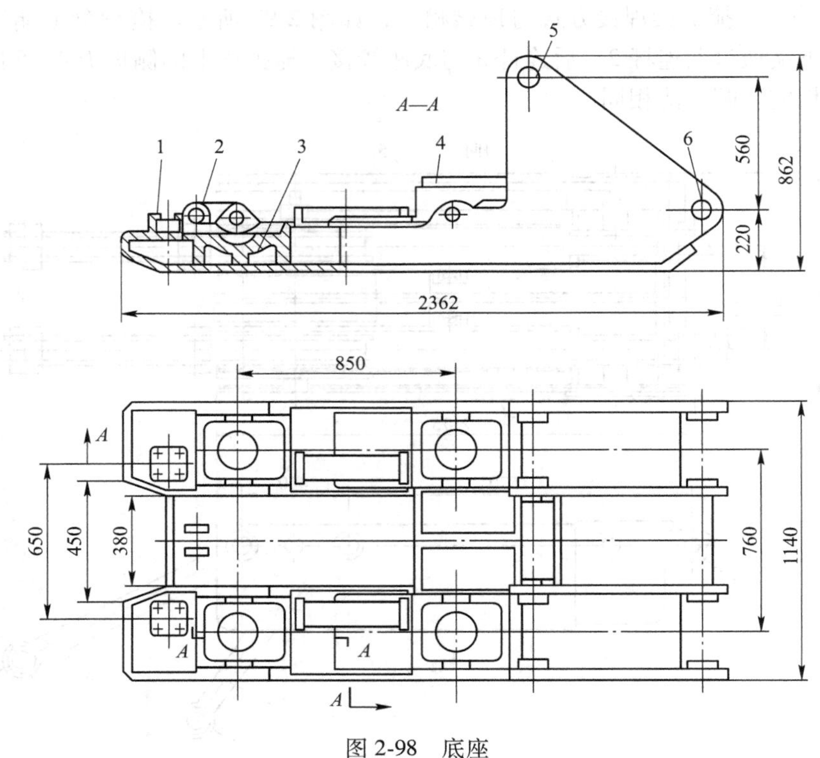

图 2-98 底座

1—千斤顶转架；2—推移千斤顶支座；3—柱窝；4—平台；5，6—销孔

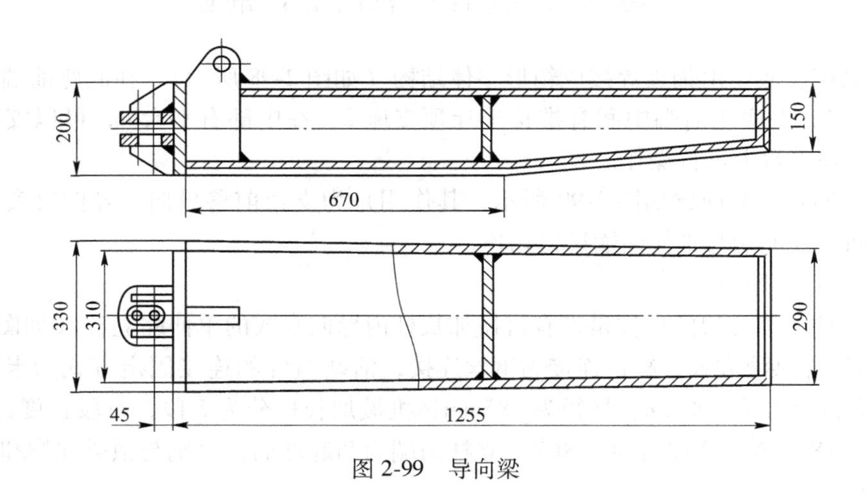

图 2-99 导向梁

（4）侧推、护帮和防倒千斤顶。这3个千斤顶均为活塞式双作用外供液式结构。侧推千斤顶如图 2-101 所示。千斤顶的缸径为 80mm，柱径为 45mm，推力为 74kN，拉力为 50kN。

c 辅助装置

（1）推移机构。推移机构采用长框架的形式，如图 2-102 所示。它主要由连接头 1、圆杆 2、连接耳 4 和销轴 5 等组成。框架连接耳通过立装销轴与推移千斤顶连接，框架连

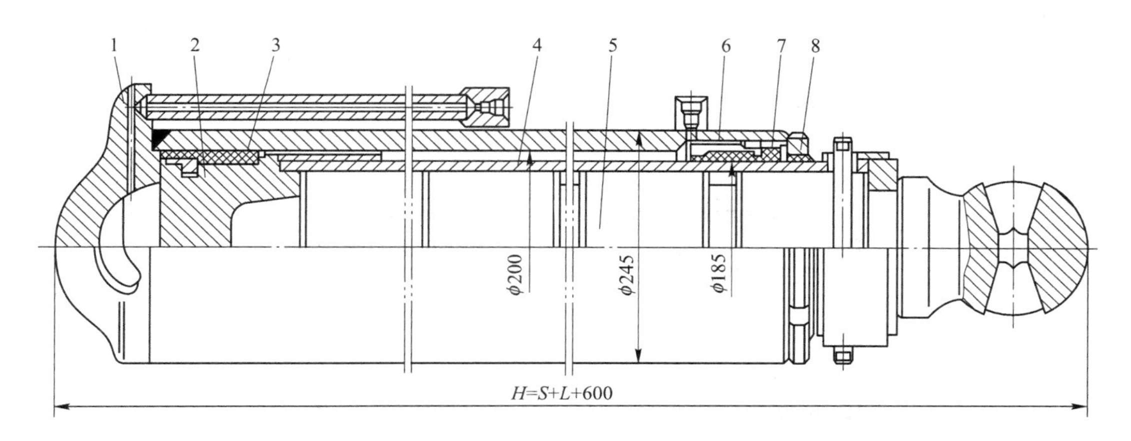

图 2-100 立柱

1—缸体；2—活塞；3—鼓形密封圈；4—活塞杆；5—加长杆；6—导向套；7—蕾形密封圈；8—防尘圈

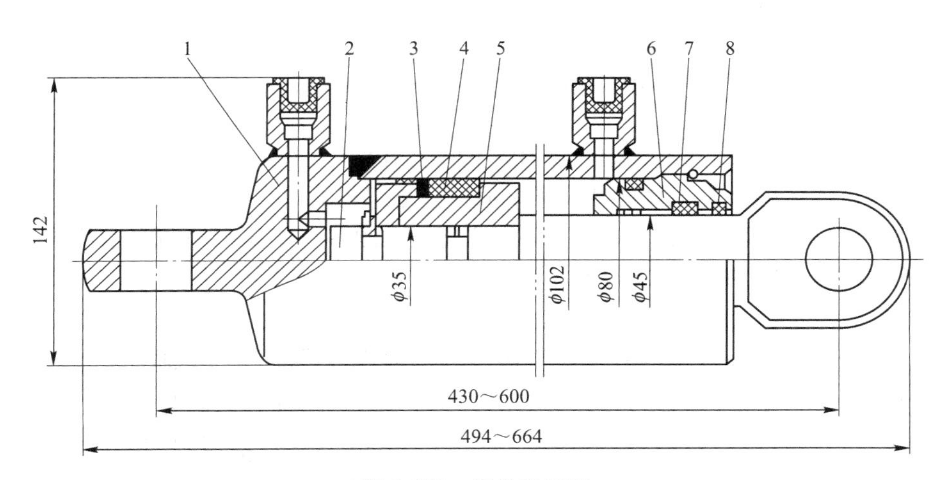

图 2-101 侧推千斤顶

1—缸体；2—活塞杆；3—导向环；4—鼓形密封圈；5—活塞；6—导向套；7—蕾形密封圈；8—防尘圈

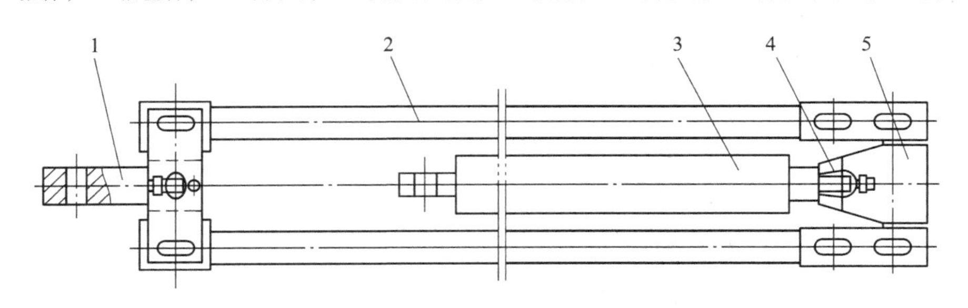

图 2-102 长框架推移机构

1—连接头；2—圆杆；3—推移千斤顶；4—连接耳；5—销轴

接头则通过横装销轴同输送机连接。

（2）侧推机构。该支架在顶梁和掩护梁的两侧均装有可伸缩的活动侧护板，如图 2-103 所示。使用时，根据需要用销轴将一侧活动侧护板固定，而另一侧保持活动，以起到挡矸和调架的作用。正常情况下，靠弹力使活动侧护板向外伸出；需要调架时，可通过侧推千斤顶使侧护板伸缩。支架在运输过程中，其两侧的侧护板可回收到最小尺寸并用销轴固定。

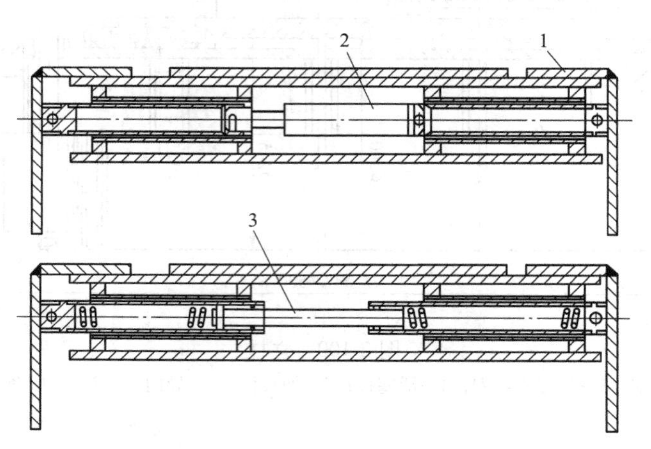

图 2-103　直角式活动侧护板结构
1—活动侧护板；2—侧推千斤顶；3—弹簧组件

（3）护帮机构。采用下垂式护帮装置，它设置在前梁前端，根据工作需要，护帮机构可摆动 90°与煤壁紧贴，也可摆回到前梁下面，让采煤机通过。

（4）防滑防倒装置。如图 2-104 所示，该支架在倾斜工作面中的防滑措施采用排头导向梁 5 的方法，它的一端与输送机连接，另一端用单体支柱固定，并支撑住顶板，从而保

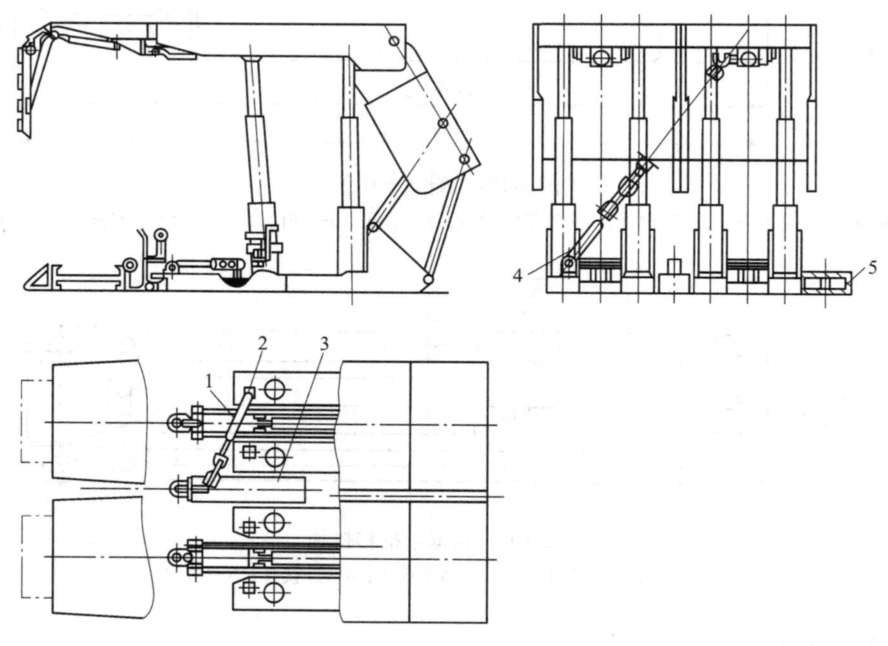

图 2-104　防滑防倒装置
1—防滑千斤顶；2—转架；3—导向梁；4—防倒千斤顶；5—排头导向梁

证首架不下滑。推溜前，首先撤去单体支柱，使排头导向梁随着输送机推移而前移，并与输送机保持垂直的位置。推溜结束后，再用单体支柱支撑住排头导向梁。移架时，支架就能沿着排头导向梁前移而防止下滑。

输送机防止下滑的措施是采用防滑千斤顶。在工作面中每 10 架配置一个防滑千斤顶 1，千斤顶的缸底与支架底座上的转架 2 相连，活塞杆端的圆环链与两架之间的导向梁 3 相连（与输送机相连）。平时活塞杆收缩，链条稍微张紧，推溜时由于推溜力大于防滑千斤顶的拉力，导向梁前移时将千斤顶的活塞也拉出，此时活塞杆腔油路系统中的大流量安全阀在一定的调定压力下溢流，使圆环链始终保持有一定的拉力，防止输送机下滑。移架后，防滑链松弛，待升柱后再拉紧防滑链。

为了防止排头支架倾倒，采用了防倒千斤顶 4，将为首的两架支架连在一起，当前架移架时，通过圆环链拉伸活塞杆，油路系统中的安全阀起作用，使链条保持一定的拉力，拉住首架不使其倾倒，待首架升柱撑顶后再移上架，同时收缩防倒千斤顶拉紧锚链。

2.4.5 液压支架参数计算

2.4.5.1 支架高度

一般应首先确定支架适用煤层的平均截高，然后确定支架高度。

支架最大结构高度

$$H_{max} = M_{max} + S_1 \tag{2-26}$$

支架最小结构高度

$$H_{min} = M_{min} - S_2 \tag{2-27}$$

式中 M_{max}，M_{min}——分别为煤层最大、最小截割高度，mm；

S_1——考虑伪顶冒落的最大厚度。对于大采高支架取 200~400mm，对于中厚煤层支架取 200~300mm，对于薄煤层支架取 100~200mm；

S_2——考虑周期来压时的下沉量，移架时支架的下降量和顶梁上、底板下的浮矸厚度之和。对于大采高支架取 500~900mm，对于中厚煤层支架取 300~400mm，对于薄煤层支架取 150~250mm。

支架的最大高度与最小高度之差为支架的调高范围。调高范围越大，支架适用范围越广。但过大的调高范围给支架结构设计造成困难，可靠性降低。因此，支架最大高度和最小高度取值应符合规定。

支架的最大结构高度与最小结构高度之比称为支架的伸缩比

$$K_s = H_{max}/H_{min} \tag{2-28}$$

伸缩比反映了支架对煤层厚度变化的适应能力。一般采用单伸缩立柱时，伸缩比为 1.6 左右。若要进一步提高伸缩比，需采用带机械加长杆的立柱或双伸缩立柱。薄煤层支架可达 3。

2.4.5.2 梁端距和顶梁长度

梁端距指移架后顶梁端部至煤壁的距离。梁端距是考虑由于工作面顶板起伏不平造成输送机和采煤机的倾斜，以及采煤机割煤时垂直分力使摇臂和滚筒向支架倾斜，为避免割顶梁而留的安全距离。支架高度越大，梁端距也应越大。

当采用即时支护方式时，一般大采高支架梁端距应取 350~480mm，中厚煤层支架梁端距应取 280~340mm，薄煤层支架梁端距应取 200~300mm。

顶梁长度受支架类型、配套采煤机截深（滚筒宽度）、刮板输送机尺寸、配套关系及立柱缸径通道要求、底座长度、支护方式等因素的制约。减小顶梁长度，有利于减小控顶面积，增大支护强度，减少顶板反复支护次数，保持支架结构紧凑，减轻重量。

2.4.5.3　支护强度和工作阻力

支架有效工作阻力与支护面积之比定义为支护强度。顶板所需的支护强度取决于顶板的等级和煤层厚度。我国已制订了不同顶板等级的支护强度标准，支护强度除可按规定选用外，还可按经验公式估算，即

$$q = KM\rho \times 10^{-5} \tag{2-29}$$

式中　K——作用于支架上的顶板岩石厚度系数，一般取 5~8；

M——截割高度，m；

ρ——岩石密度，一般取 $2.5 \times 10^3 \text{kg/m}^3$。

支架支撑顶板的有效工作阻力为

$$R = 1000qF \tag{2-30}$$

式中　F——支架的支护面积，m^2。

$$F = (L + C)(B + K) \tag{2-31}$$

式中　L——支架顶梁长度，m；

C——梁端距，m；

B——支架顶梁宽度，m；

K——支架间距，m。

2.4.5.4　底座宽度和底座比压

底座宽度一般为 1.1~1.2m。为提高横向稳定性和减少对底板的比压，厚煤层可加大到 1.3m 左右。底座中间安装推移装置的槽宽，与推移装置的结构和千斤顶缸径有关，一般为 300~380mm。

支架的底板比压也是确定支架性能的一个重要参数，特别是遇到软底板煤层时，对底板比压应予以重视。架型结构和底座结构要随之产生相应变化。

2.4.5.5　中心距和宽度

A　支架中心距

支架中心距一般等于工作面一节溜槽长度。目前，液压支架的中心距大部分采用 1.5m。大采高支架为提高稳定性，中心距可采用 1.75m；轻型支架为适应中小煤矿工作面快速搬家的要求，中心距可采用 1.25m。

B　支架宽度

支架宽度是指顶梁的最小和最大宽度。宽度的确定应考虑支架的运输、安装和调架要求。支架顶梁一般装有活动侧护板，侧护板行程一般为 170~200mm。当支架中心距为 1.5m 时，最小宽度一般取 1400~1430mm，最大宽度一般取 1570~1600mm。当支架中心距为 1.75m 时，最小宽度一般取 1650~1680mm，最大宽度一般取 1850~1880mm。当支架中心距为 1.25m 时，如果顶梁带有活动侧护板，则最小宽度取 1150~1180mm，最大宽度取

1320~1350mm；如果顶梁不带活动侧护板，则宽度一般取1150~1200mm。

2.4.5.6 初撑力

初撑力大小［计算见式（2-24）］对支架的支护性能和成本都有很大影响。较大的初撑力能使支架较快达到工作阻力，降低顶板的早期下沉速度，增加顶板的稳定性。但对乳化液泵站和液压元件的耐压要求提高，一般取初撑力为0.6~0.8倍的工作阻力。

2.4.5.7 移架力和推溜力

移架力与支架结构、质量、煤层厚度、顶板性质等有关。一般薄煤层支架的移架力为100~150kN；中厚煤层支架为150~300kN；厚煤层支架为300~400kN。推溜力一般为100~150kN。

2.4.6 液压支架应用技术现状与发展趋势

2.4.6.1 液压支架应用技术现状

A 国外现状

液压支架的研究首先是1954年由英国研制的垛式液压支架开始的，而后法国研制的节式液压支架给液压支架的研究带来了革命性的突破，20世纪60年代由苏联研制的具有四连杆机构的OMKT型掩护式支架将液压支架研究带入了一个新的设计时代。20世纪70年代液压支架的研究主要集中在“立即支护”上，20世纪70年代中期，为提高深产能力，降低生产成本，英国首先开始研制电液控制液压支架，但由于技术原因，应用效果不理想。20世纪80年代中期，由英国研制的两按钮式微机控制液压支架投产使用，效果良好。1995年底英国原道锑公司又研制出全工作面集中电液控制系统，以此为起点，电液控制系统已经发展为综采全套设备可视化集成控制阶段。

随着近年来对煤层开采厚度和深度的不断增加，采煤工作面的长度也在相应增加，这就要求液压支架具备快速便捷的移架设计，所以在液压支架的设计中有增加了高压大流量乳化液泵技术，可实现8S/架左右的工作面成组成排快速移架，同时支架的平均工作阻力、支架宽度也较以前有了很大的提升，支架平均工作阻力6470kN，最大工作阻力可达到9800kN，支架中心距达到1.75m，有效地减少了作业面液压支架架数，同时缩短了缩短移架时间、增加有效工作时间和提高单产。

B 国内现状

在国内，液压支架的研究起步比国外晚了20多年，主要经历了四个阶段：

（1）学习起步阶段。我国的液压支架的研究从20世纪70年代初开始，基础差、底子薄，不仅要完成支架的设计，同时还要试验支架制造所需要的板材、液压管胶等原材料。1964年的70型迈步式自移支架太原分院和郑州煤机厂设计生产，标志着我国液压支架国产化道路的开始。后来，在科研工作者的努力下，又先后研制出了垛式、节式及掩护式液压支架，为我国液压支架的发展和深入研究奠定了坚实基础，同时也积累了丰富的经验。

（2）引进、消化、吸收、发展阶段。20世纪70年代末80年代初，我国从国外引进了大批以二柱掩护式和四柱支撑式液压支架为代表的较为先进的综采设备，在成功消化吸收这些国外先进设备的制造经验的同时，我国的科研工作者相继研制出了多种低位、中位和高位放顶煤支架并成功应用在缓倾斜厚煤层和急倾斜厚煤层水平分层工作面开采作业中。但这一时期研制的国产液压支架的重量普遍较轻、工作阻力偏小、可靠性也较差、移架速度较慢、立柱千斤顶的寿命较短，与国外高端液压支架的差距明显。

(3) 20 世纪 90 年代中期我国液压支架的研究进入完善和提高阶段，液压支架的各方面性能参数以及支架的可靠性都有了大幅度的提高，液压支架的种类也在不断丰富。放顶煤开采技术成功应用于综采工作面中，极大推动了放顶煤液压支架的快速发展。

(4) 近年来，国产液压支架的研究在适应国内不断增长的高端支架需求量的形势下呈现高速发展态势。5.5m、6m 的高端液压支架以及 1000MPa 左右的高强度钢焊接技术不断深入且取得了不错的成效。液压支架的电液控制技术已经进入工业化实验阶段。国内液压支架的设计和制造水平得到了稳步提高。

C　国内液压支架研究与国外的差距

虽然国内液压支架的设计制造经过近半个世纪的研究和发展，取得了不错的成果，有效地提高了国产化液压支架在采煤综采设备中比重，但必须看到，国产液压支架在整体可靠性、材料、结构、控制系统、液压元件等方面与世界先进国家还存在差距，主要表现在：

(1) 在可靠性上与进口液压支架的差距较大，国外设备的开机率在 90%以上，国产支架开机率平均为 50%左右，在年产量上，进口支架年产量为 1000 万吨，国产设备只有 400 万~500 万吨，从大修周期上看，国外设备大修周期一般为 1500 万吨，国产设备只有 800 万吨。差距明显。

(2) 在材料上，进口设备普遍采用的是 700~1000MPa 的钢板，国内最新研制的液压支架使用是 550~700MPa，且数量少，稳定性较差，同样的架型和设计参数，国外支架要比国产支架轻 20%左右。

(3) 在控制系统方面，目前国际比较先进的液压支架普遍采用的是电液控制系统，以实现快速的移架速度，达到快速跟上采煤机，提高效率的目的。而国内绝大多数液压支架仍采用的是手动方式控制，工人劳动强度大，自动化程度低，移架速度慢、支护效果差。

(4) 液压元件的研发速度滞后。液压元件的可靠性直接决定了液压支架的可靠性。目前国外科研工作者已经研发了一大批密封性能好、灵敏度高、进排液能力大、抗冲击载荷强的各类液压元件，满足了液压支架工作性能的要求。但国内的液压元件仍采用 20 世纪 80 年代的产品，研发滞后，没有形成通用、系列、标准化的液压元件产品，严重制约了高端液压支架的研发。

2.4.6.2　液压支架发展趋势

A　架型发展

随着高产高效矿井建设的不断发展和完善，从而使得煤矿生产对长壁综采设备生产能力和可靠性就提出来更高的要求和目标，支架将会朝着大工作阻力、高可靠性方向高速发展。

(1) 两柱掩护式和四柱支撑掩护式，早期的垛式和节式支架除在苏联等国仍用于薄煤层之外，大都已经淘汰。支掩式掩护支架由于支撑效率低，目前应用较少介于两柱掩护式和四柱支撑掩护式之间的支顶支掩式支架由于兼有两种支架的特点，因而在英国等有一定发展。根据美国和中国学者的最新研究证实两柱掩护式支架能对顶板作用主动水平力，这对于维护有裂隙和不稳定的直接顶板有很重要的意义，而且它顶梁短、支撑力靠近煤壁，比较适应于中等稳定以下的顶板。四柱支撑掩护式支架则没有此特性，但具有较大的支撑和切顶能力，适应于具有悬顶的如整体砂岩类顶板底板分布也较均匀。因此需要根据地质条件以及这两种支架的特点进行合理选择。

（2）特种采煤工艺用液压支架，放顶煤支架在匈牙利、南斯拉夫等国有了较大发展，而在中国发展尤为迅速。自1982年试验第一套放顶煤支架以来，目前放顶煤综采工作面的势头进一步发展。近年来我国机械化铺网支架发展很快，尽管目前自动联网的效果还不太理想，但作为机械化铺网支架，全国已有十多个工作面采用，在世界上也处于领先地位。支架形式既有四柱式也有两柱式按铺网位置分主要有后铺网和前铺网两种。

（3）难采煤层用液压支架，一次采全高液压支架在苏联、法国、德国和中国都取得了成功。这种支架由于高度大，对稳定性等要求较高，而且工作面矿压显现复杂，容易发生片帮冒顶，处理也比较困难，因而许多国家对于4m以上煤层的一次采全高综采持慎重态度。我国在邢台、义马等矿区应用较好，最大采高4~4.5m，支架最大高度达5m。倾斜和急倾斜工作面用液压支架虽有一定发展但由于难度大使用效果都还不太理想。

B　支架智能化

先进科学技术的应用是在各种技术相互渗透、相互结合的基础上相互辅助、相互促进和提高，充分利用各种相关技术的优势，使组合后的整体功能大于组成整体的各个部分功能之和的综合性交叉学科。多种技术向“机械母体—液压支架”不断渗透，包括机、电、液、光、磁等技术的伺服系统。具体说，是以液压支架输出的力、速度为目的，构成了从输出到输入的闭环系统，是涉及传感技术、计算机控制技术、信号处理技术，机械传动技术、液压传动技术等。由于快速运算速度，强大的记忆功能和灵敏的逻辑判断功能，从而实现了人机对话，使操作维护方便，整机功能强。液压支架应用功能不断扩大，对矿井煤层地质条件适应性不断增强，生产效益对设备的依赖性程度愈来愈大。故障诊断技术（包括信号检测、故障判断、故障检测、蔽障分析等内容）将随着高科技的发展理论（如小波技术、神经网络、人工智能等）进入液压支架的早期诊断，预防和减少事故的发生、维修的盲目性和维修时间，延长支架服务年限，提高生产效率。

C　材料升级换代

随着支架向大工作阻力和高可靠性要求的发展，支架质量也不断增加，给运输、搬运和安装等环节带来了很大用难。采用高强度钢材是最有效的途径。近年来，材料的升级换代已初见成效，基本上解决了加工与焊接问题，此外，还需要对材料的焊接性进行试验研究，优化焊接工艺，提高焊接接头的综合力学性能与承载能力，以满足高可靠性支架设计需要。

D　可靠性提高

提高液压支架的可靠性，减少维护和大修次数甚至实现不升井连续使用，延长寿命是液压支架改进提高的重要内容，主要有以下途径：

（1）增大工作阻力，这种趋势在美、澳等国比较明显。据统计美国在近10年内支架平均工作阻力增大1000~1500kN，最大达到9000kN，二柱掩护支架达到7950kN。他们认为这样可使支架在适应顶板来压和井下复杂地质条件下有较大的安全裕度，可使支架基本处于低于工作阻力的范围内工作，即所谓的“大马拉小车”。

（2）架型的结构尽可能简单，实践表明支架结构越复杂动作环节越多可靠性相对也就越差，从美国的发展看，广泛使用结构简单的二柱掩护支架和整体刚性顶梁等就是这个原因。

（3）优化设计，当前液压支架的设计广泛使用结构参数的优化和计算机辅助设计等方法。在结构设计中则运用了空间力系分析结构有限元和等强度原理等。避免部件中的薄弱环节。根据我国经验，支架的损坏往往发生在部件之间的连接部位以及相关的焊接部位，因此适当提高这些部位的安全系数对于提高支架的可靠性是必不可少的。

（4）采用高强度钢板和特种材料。

（5）采用先进的加工设备和工艺，液压元件的加工在西欧等国已广泛使用油缸专用机床、加工中心和先进的去毛刺设备等并且从原料加工到热处理等各个环节严格检验，有效地保证了质量。我国在加工工艺设备和质量保证体系方面都亟待提高。例如操纵阀和管路系统的漏损普遍比较严重，致使无法保证必要的初撑力和移架速度，又如某些支架活动侧护板千斤顶密封圈损坏，而结构上又不便更换，造成支架歪倒或损坏。

思 考 题

2-1 纵轴式截割头与横轴式截割头比较，各有何优缺点？

2-2 简述全断面掘进机破岩原理。

2-3 简述悬臂式掘进机的发展趋势。

2-4 滚筒式采煤机的主要组成部分有哪些？

2-5 采煤机滚筒旋转方向与牵引方向的关系对截割落煤运动的影响？

2-6 简述端盘截齿配置原则。

2-7 简述采煤机截割部传动方式。

2-8 采煤机牵引部传动装置的类型有哪些？

2-9 试述液压支架的工作原理，分析液压支架的支撑、承载过程及工作特性曲线的含义。

2-10 简述液压支架的用途与分类。

2-11 ZY8600-24/50D型掩护式支架的特点是什么？

2-12 ZZ4000/17/35型支撑掩护式支架的特点是什么？

第3章 装载机械

3.1 概 述

3.1.1 装载机械在矿山生产中的地位和作用

装载机械就是用来将成堆物料装入运输设备所使用的一类机械。它是地下矿井掘进、回采和露天矿山剥离、开采工作中的重要设备，同时还广泛应用于水利、电力、建筑、交通和国防等建设事业的工程施工中，是这些工程土方作业的主要机械。

在矿山生产过程中，采掘作业循环包括钻孔、爆破、通风（露天开采除外）、装载和运输等工序。其中装载工序工作量最繁重、费时间最多，对采掘生产率的影响很大，是采掘工作循环中的一个重要环节。据统计，在掘进工作循环中，消耗于这一工序上的劳动量，占掘进循环总劳动量的40%~70%，时间一般占总循环时间的30%~40%。在井下回采出矿中，装载作业也同样占很大比重。对于露天矿山，剥离、开采的土石方和矿物的挖掘装运，占总开工作量的85%~90%。因此，矿山生产水平在很大程度上取决于这一工序的机械化程度，显然装载作业的生产费用将极大地影响每吨矿石的直接开采成本。

由于装载作业工作环境恶劣，任务繁重，机器的有效利用率较低，如何有效地提高现有的装载机械的生产能力，缩短装载作业时间，提高装载作业的机械化程度，研制并推广新的高效率的先进装载机械，无疑对加快采掘速度，提高采矿生产效率，降低采矿成本，改善劳动条件，发展采矿工业将起十分重要的作用。

3.1.2 装载机械发展概况及趋势

在经历了20世纪50~60年的发展后，到20世纪90年代中末期国外轮式装载机技术已达到相当高的水平。基于液压技术、微电子技术和信息技术的各种智能系统已广泛应用于装载机的设计、计算操作控制、检测监控、生产经营和维修服务等各个方面，使其自动化水平也得以提高，从而进一步提高了生产效率，改善了司机的作业环境，提高了作业舒适性，降低噪声、振动、排污量，保护了自然环境，最大限度的简化维修，降低作业成本，使其性能、安全性、可靠性使用寿命和操作性能都达到了很高水平。主要表现为：（1）产品形成系列，更新速度加快并朝大型化和小型化发展。（2）采用新结构，新技术，产品性能日趋完善。（3）广泛采用微电子技术与信息技术，完善计算机辅助驾驶系统、信息管理系统及故障诊断系统；采用单一吸声材料、噪声抑制的方法消除或降低机器噪声；通过不断改进电喷装置，进一步降低发动机的尾气排放量；研制无污染、经济型、环保型的动力装置；提高液压元件、传感元件和控制元件的可靠性与灵敏性，提高整机的机-电-信一体化水平。

3.1.3 装载机械分类

矿山装载机械的类型很多，结构各异，按其使用范围和结构特点可作不同的分类。本书主要介绍装载机械按作业场所的分类。

3.1.3.1 露天矿用装载机械

露天矿用装载机械目前主要是单斗挖掘机和前端式装载机。由于20世纪40年代初出现的用于一般工程的前端式装载机具有许多突出优点，近年来国内外露天矿山已有较广泛地使用。特别是在中、小型露天矿中，有取代单斗挖掘机的趋势，在大型露天矿它则可配合单斗挖掘机作业。

A 单斗挖掘机

单斗挖掘机按动力传动方式不同，分为机械式和液压式两种。我国金属露天矿当前使用的主要是机械式单斗挖掘机。

（1）机械式单斗挖掘机：机械式单斗挖掘机是一种循环作业式装载机械，每一工作循环包括挖掘、回转、卸载及返回四个过程。其行走装置主要为履带式，驱动动力有电动机和内燃机驱动两种。从目前情况看，尽管前端装载机和液压挖掘机有不少优点，但由于机械式挖掘机具有挖掘力较大，生产能力大，制作技术成熟，作业稳定可靠，能装载各种矿岩，维修方便，操作费用低等优点，因此在当今大型露天矿作业中，仍占重要地位。

（2）液压式单斗挖掘机：液压式单斗挖掘机是一种用容积式液压传动，靠液体的压力能工作的挖掘机械，有正铲和反铲两种型式。自50年代问世以来，因液压传动具有许多优点：能无级调速，调速范围大；低速运转时稳定可靠，快速动作时运动惯性小，并可作高速反转；传动平稳，结构简单，可以吸收冲击和振动；操作省力，易实现自动控制，且易标准化、通用化和系列化，所以发展迅速，已成功地应用于露天矿。其产量占挖掘机总产量的比重日益增加，且已超过机械式单斗挖掘机。

B 前端式装载机

前端式装载机又称前装机，是一种循环作业式装载机械。前装机用内燃机驱动，铲装和卸载均采用液压控制。行走机构有轮胎式和履带式两种，但以轮胎式居多。轮胎式前装机按照其转向方式或车架形式，又可分为偏转车轮转向（即整体式车架）和铰接式转向（即铰接式车架）两类。前装机根据铲斗卸载方式的不同，又可分为正铲正卸和正铲侧卸两种形式。图3-1所示为轮式正铲正卸前装机外形图。

图3-1 轮式正铲正卸前装机外形图

3.1.3.2 井下矿用装载机

井下矿用装载机的种类和形式较多，如铲斗式装载机、蟹爪式装载机、立爪式装载机、顶耙式装载机和耙斗式装载机等。

目前金属矿山使用最多的是铲斗式装载机。

（1）铲斗式装载机：铲斗式装载机工作可靠、操作简便，特别是轮胎式内燃机驱动铲运机，更具有机动灵活、适应性强、生产率高等优点。铲斗式装载机按照卸载方式不同，一般可分为直接卸载的装岩机，带转载运输机的装载机，带储矿仓的装运机和无储矿仓的铲运机等。

（2）其他类型装载机：蟹爪式装载机其工作机构为一对蟹爪，是模仿螃蟹用蟹爪耙取物料的动作而设计的一种装载机械，它的工作方式属于连续作业式。按转载运输机形式分整体式（多为刮板输送机）和分段式（前段多为刮板输送机，后段多为胶带输送机）两种。

耙斗装岩机是通过绞车的两个滚筒分别牵引主绳、尾绳，使耙斗做往复运动，耙斗把岩石耙进料槽，岩石从料槽的卸料口卸入矿车或箕斗，从而实现掘进的机械装岩。

3.2 轮胎式装载机

3.2.1 装载机工作装置的结构选型与性能分析

装载机的工作装置由铲斗、动臂、摇臂、连杆（或托架）及转斗油缸和动臂油缸等组成（图 3-2）。铲斗与动臂通过连杆与转斗油缸铰接，用以装卸物料；动臂和车架与动臂油缸铰接，用以升降铲斗，铲斗的翻转和动臂的升降采用液压操纵。

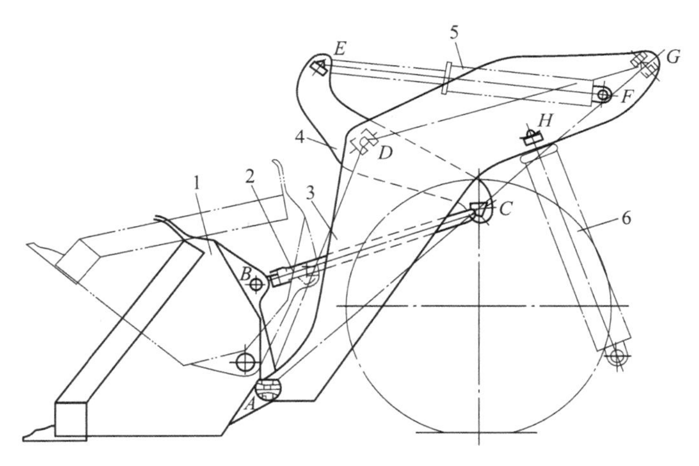

图 3-2 工作装置的组成

1—铲斗；2—连杆；3—动臂；4—摇臂；5—转斗油缸；6—动臂油缸

由铲斗、摇臂、连杆、转斗油缸、动臂、动臂油缸及车架互相铰接构成一个连杆机构。当转斗油缸闭锁时，动臂在动臂油缸的作用下提升过程中，该连杆机构应能使铲斗保持平移或使斗底平面与水平面夹角的变化控制在允许的范围内，以避免装满物料的铲斗由于倾斜而撒落物料；当动臂处于任何作业位置时，在转斗油缸的作用下，通过连杆机构使铲斗绕其铰点转动，并且卸载角度不小于 45°；在动臂下降时，连杆机构又能使铲斗自动放平，以减轻驾驶员的劳动强度，提高生产率。

3.2.1.1 工作装置结构类型

现代装载机工作装置一般为无铲斗托架型式。其铲斗与动臂的前端和连杆铰接，动臂后端与车架上部支座铰接，摇臂铰接在动臂上并分别与连杆和转斗油缸的活塞杆铰接，转斗油缸体与车架铰接。这种型式的连杆机构种类很多，按组成连杆机构的数目可分为六连杆机构（图3-3（a）、（b）、（c）、（f））和八连杆机构（图3-3（d）、（e））。按连杆机构运动可分为正转连杆工作装置（图3-3（a）~（e））和反转连杆工作装置（图3-3（f））。正转连杆机构的主动构件（摇臂）与被动构件（铲斗）转动方向相同，而反转连杆工作装置的主动构件与被动构件的转动方向则相反。

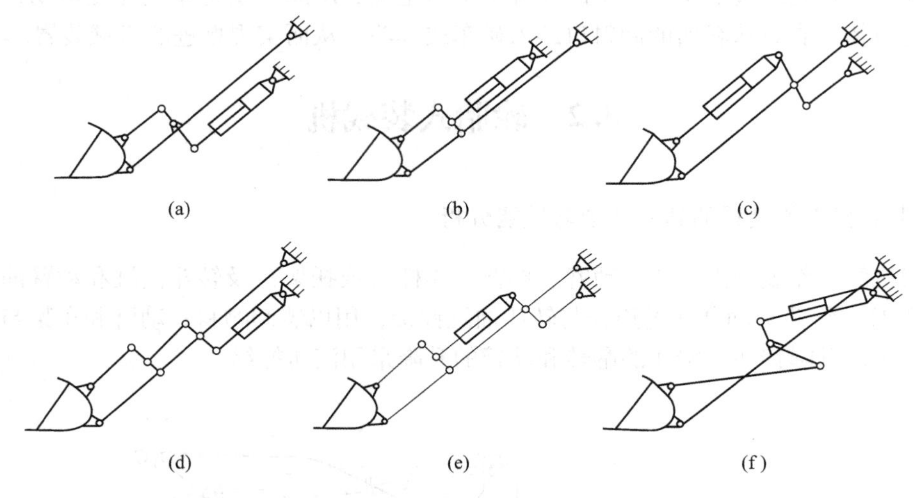

图3-3 无托架装载机工作装置简图

A 六连杆机构

图3-4为正转六连杆运动学简图。由两个三铰构件和四个两铰构件组成，三铰构件1为动臂，构件2为铲斗，构件3为连杆，构件4为摇臂，构件5是转斗油缸，构件6为机架，又因为在这种机构中只有一个三铰构件作为摇臂，所以又称单摇臂机构。这种连杆机构按运动状态可分为正转连杆机构和反转连杆机构。

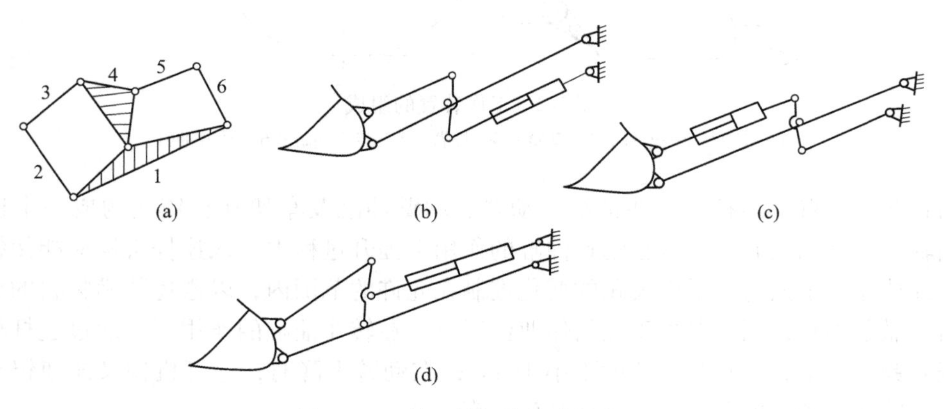

图3-4 正转六杆机构的常见类型

在图3-4（b）中，构件5转斗油缸布置在动臂下面，在铲掘作业转斗时，是以油缸大腔作用，故能产生较大的铲取力。但动臂、摇臂、连杆及转斗油缸的中心线不易布置在同一平面内，工作装置受力不好，小型装载机采用这种型式；图3-4（c）中的转斗油缸，其小腔作用时实现铲掘，油缸及活塞靠近铲斗，易被所装载的物料损伤，且工作装置整个重心外移，影响装载重量。其优点是动臂、连杆、摇臂及转斗油缸有可能布置在同一平面内，工作装置受力较好，履带式装载机常采用这种布置方式；图3-4（d）中的转斗油缸布置在动臂上方，铲掘时靠小腔作用，结构布置简单方便。

图3-5为反转六连杆机构示意图。图3-5（a）中转斗油缸铰接固定在车架上，铲掘时靠大腔作用，大中型装载机常采用这种布置方式；图3-5（b）中转斗油缸布置靠近铲斗，铲掘时靠小腔作用，缺点见前，应用较少。

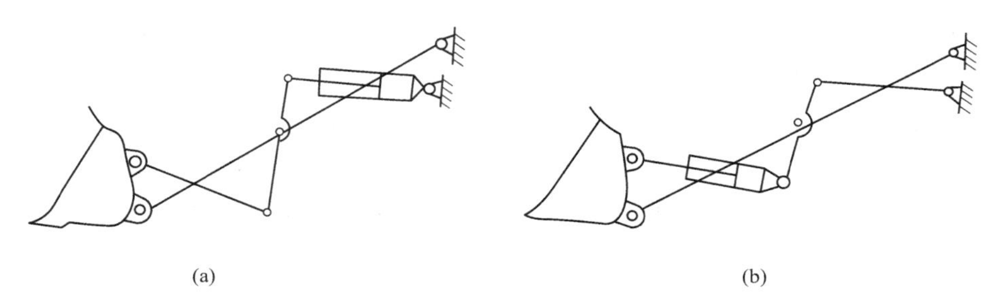

图3-5　反转六连杆机构
（a）转斗油缸后置；（b）转斗油缸前置

B　八连杆机构

图3-6为八连杆机构的几种结构型式，在该结构中，有两个摇臂，故又称双摇臂机构。对于图3-6（a）结构，在铲掘时大腔进油，铲取力大，并且工作装置重心靠近机身，有利于提高整机的稳定性，但因受结构限制，布置会有困难；对于图3-6（b），在铲掘时靠小腔作用，但结构简单，布置方便；图3-6（c）反转结构，是由两个反转四连杆和一个正转四连杆组成。

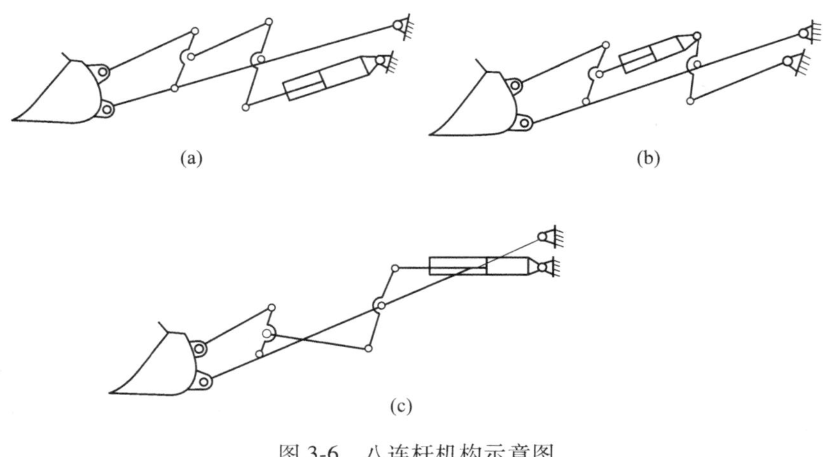

图3-6　八连杆机构示意图
（a），（b）正转八连杆；（c）反转八连杆

六连杆、八连杆机构与四连杆相比，可改善司机视线，增加载重量，同时由于铲斗周围没有油缸和油管，装载过程中掉下来的物料不会造成事故，比较安全，但该机构不是平行四边形连杆机构，因此在提升动臂时，不能保证完全平移，铲斗将略向后倾。

3.2.1.2 几种主要连杆机构的工作特性

各类连杆机构的运动特点、铲取力大小和变化规律都不相同。图3-7和图3-8是各类连杆机构的铲取力、卸载速度随铲斗与地面倾角变化的曲线。在选型上，可根据作业对象和作业方式，并考虑到结构简单，合理，而且能满足工作要求等因素进行选择。

A 正转六连杆机构的特点

正转六连杆机构的特点如下：

（1）其最大铲取力是当 $\gamma<0$ 时（图3-7），即在铲斗进行地面挖掘作业时最为有利。

（2）当转斗油缸闭锁而提升动臂时，铲斗后倾角增加很快，适宜于依靠动臂的配合，铲取物料（即挖掘机采掘法）。

（3）由于铲斗收斗角随动臂提升而增加很快，如使动臂在最大提升位置时之铲斗后倾角合适，则必将造成动臂在下部运输位置时收斗角不够大，造成运输时易撒料。

（4）在转斗卸料时，角速度较大（图3-8），虽易于抖落斗中物料，但却容易引起对运输车辆的卸料冲击，影响驾驶员安全和车辆寿命。

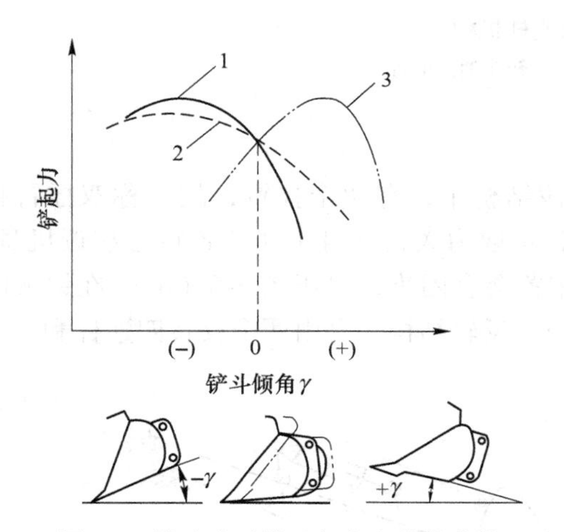

图3-7 铲取力随铲斗倾角变化的曲线
1—正转六连杆；2—正转八连杆；
3—反转六连杆

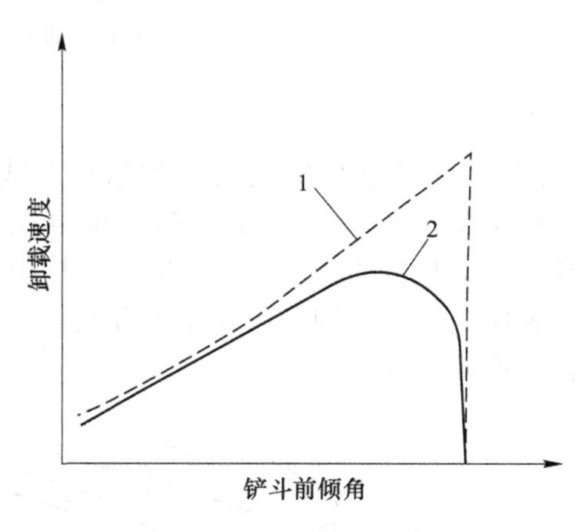

图3-8 卸载速度随铲斗转角变化曲线
1—正转连杆；2—反转连杆

（5）在作业过程中，各杆件干涉少，动臂的几何形状可制作成直线，省工省料，各杆件可以布置在同一平面内，杆件受力好。

总之，正转六连杆机构铰点少，构造简单，铲取力随 γ 角的变化曲线陡峭，因而在铲挖位置转斗时，铲取力将急剧减少，其连杆传动比亦较小，当采用在大型装载机上，为提高连杆传动效率，需加大连杆尺寸，这将给结构布置带来困难，且影响司机视线，故这种连杆机构比较适用于建筑工地上建筑材料的装载和砂土材料的铲掘作业，但不适合坚实物料的铲掘作业和搬运工作。

B　正转八连杆机构的特点

正转八连杆机构的特点是：

铲取力曲线变化比较平缓（图3-7），动臂提升后，铲掘力变化小，铲斗收斗角变化亦小，因此铲斗在最下运输位置时，物料不会撒出，铲斗转斗卸料时，速度亦大（图3-8），亦易卸料。与六连杆相比，八连杆机构铰点多，磨损后松动亦大，维修费时，但其传动比大，用在大型装载机上，可减小连杆尺寸，改善司机视野。

C　反转六连杆机构的特点

反转六连杆机构的特点是：

由于连杆布置上的原因，在铲掘位置时，传动角大（连杆与从动杆中间的夹角），转斗油缸又是大腔作用，因此能产生较大的铲取力。由图3-7可看出反转六连杆特点如下：

（1）其最大铲取力是在$\gamma>0$时，故在铲掘位置转斗时，其铲取力是随γ角的增大而逐渐增加，以后亦略有增加。

（2）卸载时，转斗角速度小，易于控制卸料速度，减少卸料冲击，由图3-8也可看出在卸载后期，卸载速度有所下降。

（3）动臂在升降时，收斗角变化不大，因而在不影响动臂最高位置时卸料角度的条件下，可增加运输位置时的后倾角，这样可提高装满程度，且减少运输时撒料情况。

（4）便于实现铲斗自动放平，提高功效。

总之，反转六连杆机构优点较多，得到广泛的应用，特别适合坚实物料搬运工作。

3.2.2　装载机工作装置的结构设计

3.2.2.1　铲斗设计

铲斗是工作装置中直接用来铲掘、装载、运输和倾卸物料的工具。铲斗的结构形状及尺寸参数对插入阻力、铲取阻力及生产率有着很大的影响，所以铲斗设计就是根据装载机的主要用途和作业条件从减小插入阻力、铲取阻力及提高生产率出发，合理地选择铲斗的结构形状，正确地确定铲斗的尺寸参数。

A　铲斗的设计要求

（1）插入及铲取阻力小，作业效率高。

（2）铲斗工作条件恶劣，时常承受很大的冲击载荷及剧烈的磨削，要求铲斗具有足够的强度和刚度及耐磨性。

（3）根据所铲装物料的种类及重度的不同，设计不同结构型式及不同斗容的铲斗。

B　铲斗的结构形式

根据铲掘物料的种类不同，装载的机铲斗结构型式也不一样（图3-9）。一般铲斗由切削刃、斗底、侧壁、斗前壁及斗后壁组成。铲斗切削刃的形状根据所铲装物料的不同而异，通常分为直线型和非直线型（V形或弧形）两种。

直线型切削刃（图3-9（a））结构简单，具有很好的平地性能，适用于装载重度不超过16kN/m^3，并且堆积比较松散的物料。非直线型切削刃（V形）中间突出（图3-9（b）），在铲斗插入料堆时，在切削刃的中部形成很大的比切力，容易插入料堆，且对中性较好。但平地性能和装满系数均不如直线型切削刃铲斗。装有斗齿的铲斗（图3-9(c)、 (d)），在铲斗插入物料时，插入力分布在几个斗齿上，使每个斗齿形成很大的比压，因此，具有良好的插入和铲取性能，适用于铲装堆积密实的物料及块度较大的岩石。斗齿可延长切削刃的使用寿命，同时磨损后也易于快速更换。斗齿的形状对插入力有着一定的影响。弧线或折线形铲斗侧刃的插入阻力比直线形侧刃要小，但具有弧线或折线形侧刃铲斗的侧壁较浅，物料易从两侧撒落，影响铲斗的装满。这种形状的铲斗较适宜铲装岩石。

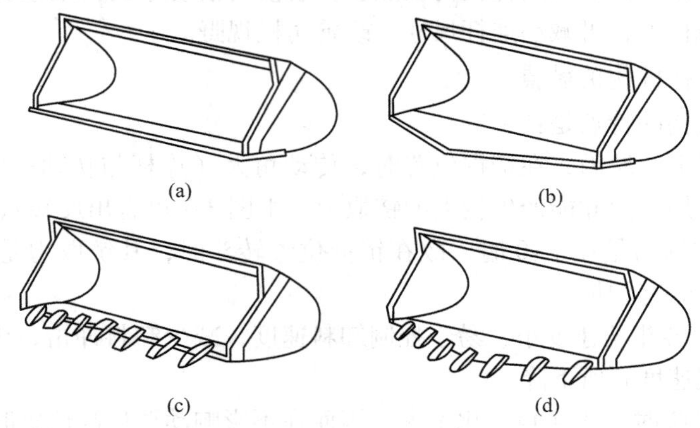

图 3-9 铲斗结构型式简图
（a）直线型斗刃铲斗；（b）V形斗刃铲斗；（c）直线形带齿铲斗；（d）V形带齿铲斗

铲斗的形状对铲装阻力和粘性物料卸净性有着较大的影响。对于主要用于铲装土方工程的装载机，希望斗底圆弧半径大些，斗底长度短些（图3-10（a）），以改善泥土在斗内的流动性，减少物料在斗内的运动阻力。而对于主要用于铲装流动性较差的岩石装载机，希望采用圆弧半径较小，矮而深的铲斗（见图3-10（b））。这种铲斗贯入性好，可减小铲斗插入料堆的阻力，同时也改善了司机的视野。但过深的铲斗会引起斗底太长，因而造成铲取力变小。

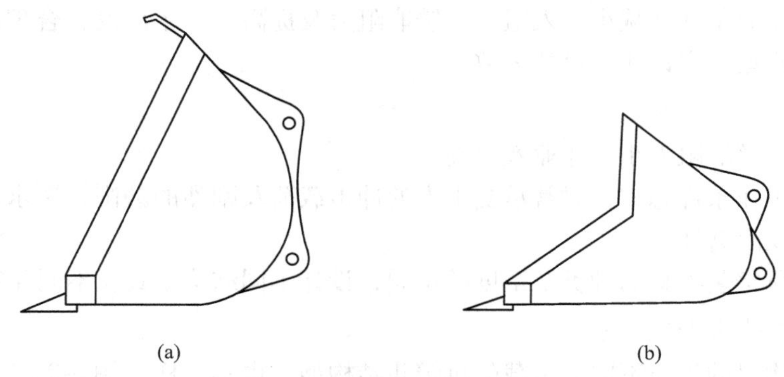

图 3-10 铲斗形状
（a）浅斗；（b）深斗

C 铲斗的基本参数

铲斗的主要参数是铲斗宽度和铲斗的回转半径。铲斗的宽度要大于装载机每边轮胎外侧宽度5~10cm，否则，铲装物料或分层铲取土时，所形成的阶梯地面不仅会损伤轮胎的侧面，而且还会引起轮胎的打滑影响牵引力的发挥。

铲斗的回转半径 R_0 是指铲斗与动臂铰接点的中心 B 与切削刃之间的距离（图 3-11）。由于铲斗的回转半径不仅影响铲取力的大小，而且与装载机的卸载高度和卸载距离等总体参数有关，所以铲斗的其他参数都是根据它来确定。铲斗的回转半径 R_0 按下式计算：

$$R_0 = \sqrt{\frac{V_p}{B_0\left\{0.5\lambda_g(\lambda_z + \lambda_k\cos\gamma_1)\sin\gamma_0 - \lambda_b^2\left[\operatorname{ctan}\frac{\gamma_0}{2} - 0.5\pi\left(1 - \frac{\gamma_0}{180}\right)\right]\right\}}} \tag{3-1}$$

式中，V_p 为几何斗容，m^3；B_0 为铲斗内侧宽度，m；λ_g 为铲斗斗底长度系数，取$\lambda_g = 1.3 \sim 1.5$；λ_z 为后斗壁长度系数，取 $\lambda_z = 1.1 \sim 1.2$；λ_k 为挡板高度系数，取 $\lambda_k = 0.12 \sim 0.13$；$\lambda_b$ 为斗底和后斗壁直线间的圆弧半径系数，取 $\lambda_b = 0.35 \sim 0.30$；$\gamma_1$ 为挡板与后斗壁之间的夹角，取 $\gamma_1 = 5° \sim 10°$；γ_0 为斗底和后斗壁之间的夹角，取 $\gamma_0 = 38° \sim 52°$，（有的推荐 $\gamma_0 = 55° \sim 65°$）。

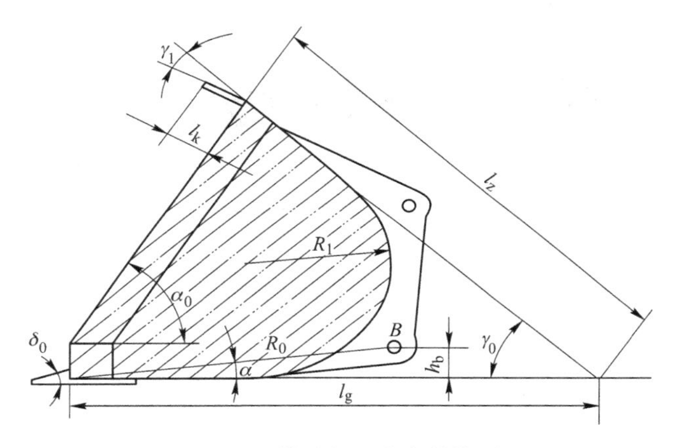

图 3-11　铲斗的基本参数简图

斗底长度 l_g 是指由铲斗切削刃到斗底与后斗壁交点的距离：

$$l_g = \lambda_g R_0 = (1.4 \sim 1.5)R_0$$

斗后壁长度 l_z 是指由斗后壁上缘到与斗底交点的距离：

$$l_z = \lambda_z R_0 = (1.1 \sim 1.2)R_0$$

挡板高度：

$$l_k = \lambda_k R_0 = (0.12 \sim 0.14)R_0$$

铲斗圆弧半径 R_1：

$$R_1 = \lambda_b R_0 = (0.35 \sim 0.40)R_0$$

铲斗与动臂铰销点 B 至斗底的高度：

$$h_b = (0.06 \sim 0.12)R_0$$

铲斗侧壁切削刃相对于斗底的倾角 $\alpha_0 = 50° \sim 60°$，在选择 γ_1 时，要使得侧壁切削刃与挡板的夹角为 90°，切削刃的削尖角 $\delta_0 = 30° \sim 40°$。

D　铲斗的斗容

铲斗基本参数确定之后，可以根据铲斗的几何尺寸来确定斗容。

(1) 几何斗容（平装斗容）。对于有挡板的铲斗，其几何斗容（图 3-12（b））按下式计算：

$$V_p = SB_0 - \frac{2}{3}a^2 b \tag{3-2}$$

式中，S 为铲斗横断面面积；B_0 为铲斗内壁宽度；a 为挡板高度；b 为斗刃刃口与挡板最上部之间的距离。

对于无挡板的铲斗：

$$V'_p = S'B_0 \tag{3-3}$$

式中，S'为无挡板铲斗横断面面积。

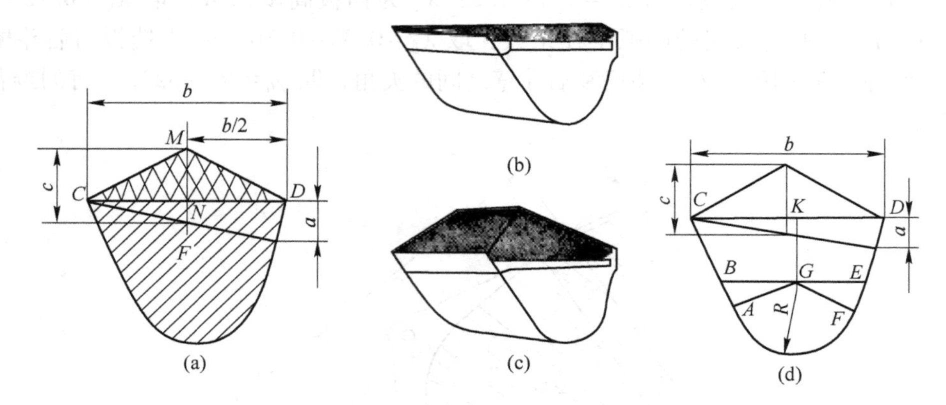

图 3-12 斗容计算图
（a）铲斗横断面；（b）几何斗容；（c）额定斗容；（d）铲斗横断面积计算图

（2）额定斗容（堆装斗容）：对于有挡板的铲斗，额定斗容（图 3-12（c））按下式计算：

$$V_H = V_p + \frac{b^2 B_0}{8} - \frac{b^2}{6}(a + c) \tag{3-4}$$

式中，c 为物料堆积高度。

由作图法确定（图 3-12（a）），在铲斗内堆装物料的四边坡度均为 1∶2，由料堆尖端 M 点作直线 MN 与 CD 垂直，将 MN 延长，与斗刃刃口和挡板最下端之间的连线相交，此交点与料堆尖端之间的距离，即为物料堆积高度 c。

对于无挡板的铲斗按下式计算：

$$V_H = V_p + \frac{b^2 B_0}{8} - \frac{b^3}{24} \tag{3-5}$$

3.2.2.2 连杆机构设计

连杆机构的设计是一个比较复杂的问题，因为组成连杆机构各构件的位置及尺寸可变性较大，对于一定结构型式的连杆机构，在满足使用要求的情况下，可以将各构件设计成各种各样的尺寸及不同的铰接点位置。但这样所设计的这些连杆机构，对装载机作业并不都具较高的技术经济指标。在连杆机构的设计中，要想获得理想的方案，需要结合总体布置，全面考虑各种因素，多方案的对连杆机构进行运动学及动力学的分析比较，做大量的重复性工作，从中找出连杆机构的最佳尺寸及构件最合理的铰接位置。

A 设计要求

为了理想的完成铲掘、运输及卸载作业，连杆机构的设计应满足下列要求：

（1）平移性。动臂从最低到最大卸载高度的提升过程中，保证满载铲斗中的物料不撒落，铲斗后倾角（图 3-13）的变化尽量小（一般不超过 15°），铲斗在地面时后倾角取 α_1 = 32°～36°，在最大卸载高度时通常取 α' = 37°～61°。

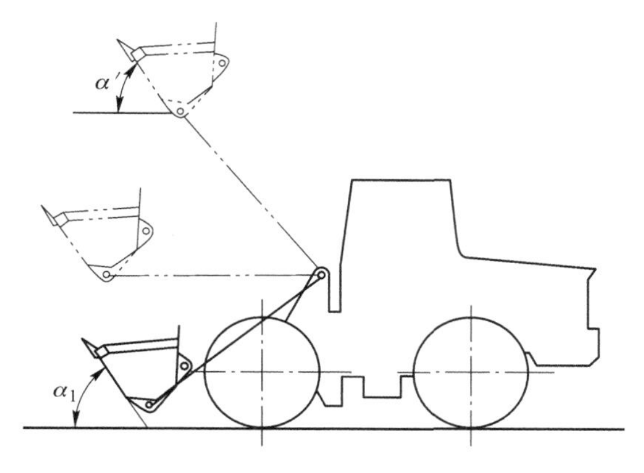

图 3-13 铲斗提升示意图

（2）卸料性。在动臂提升高度范围内的任意位置，铲斗的卸载角 $\beta \geqslant 45°$，以保证铲斗能卸净物料。

（3）自动放平性。在动臂提升高度范围内的任意位置，铲斗卸料后，使动臂下降到最低位置时，铲斗应自动处于铲掘的放平位置，以减轻司机的劳动强度，提高作业生产率。

（4）无干涉。作业时与其他构件无运动干涉，使驾驶员工作方便、安全及视野宽阔。

（5）传递效率。为保证连杆机构具有较高的力传递效率，在设计连杆机构的构件尺寸时，应尽可能使主动杆件与被动杆件所构成的传动角，在不超过 90°下尽量取大一些。否则，工作时不仅有效分力小，而且使铰销承受较大的挤压力。

B 机构分析

反转六杆工作机构简图，如图 3-14 所示。

图 3-14 整个机构可以看做由转斗机构和动臂举升机构两个部分组成。转斗机构由转斗油缸 *CD*、摇臂 *CBE*、连杆 *FE*、铲斗 *GF*、动臂 *GBA* 和机架 *AD* 六个构件组成。实际上，它是由两个反转四杆机构（*GFEB* 和 *BCDA*）所串联而成。而举升动臂时，若假定动臂为固定杆，则可把机架 *AD* 视为输入杆，把铲斗 *GF* 看成输出杆，由于 *AD* 和铲斗 *GF* 转向相反，因此此机构为反转式。举升机构主要有举臂油缸 HM 和动臂 GBA 组成。若把油缸分解成两个活动构件和一个移动副，则反转六杆机构的活动构件数为 8，运动低副数等于 11，则根据自由度计算公式 $F=3n-2P_{\mathrm{L}}$，则得 $F=2$。因为两个油缸均为运动件，因此整个机构有确定的运动。当举升油缸闭锁时，启动转斗油缸，铲斗将绕 *G* 点作定轴转动；当转斗油缸闭锁，举升油缸动作时，铲斗作复合运动，即一边随动臂对 *A* 点作牵连动作，同时又相对动臂绕 *D* 点作相对转动。

C 铰接点位置确定

目前，连杆系统尺寸参数的设计主要有两种方法，即图解法和解析法。图解法是在初步确定了最大卸载高度、最小卸载距离、卸载角、轮胎尺寸和铲斗尺寸等参数后进行。

a 动臂与铲斗、摇臂及机架的三个铰接点 *G*、*B*、*A* 的确定

（1）定坐标系。如图 3-15 所示，先在坐标纸上选取直角坐标系 *xOy*，并选定长度比例尺。

（2）画铲斗图。把已画好的铲斗横截面外廓图按比例画在坐标里，斗尖对准 *O* 点，斗前壁与 *x* 轴成 3°～5°的前倾角。此为铲斗插入料堆的位置，即工况Ⅰ。

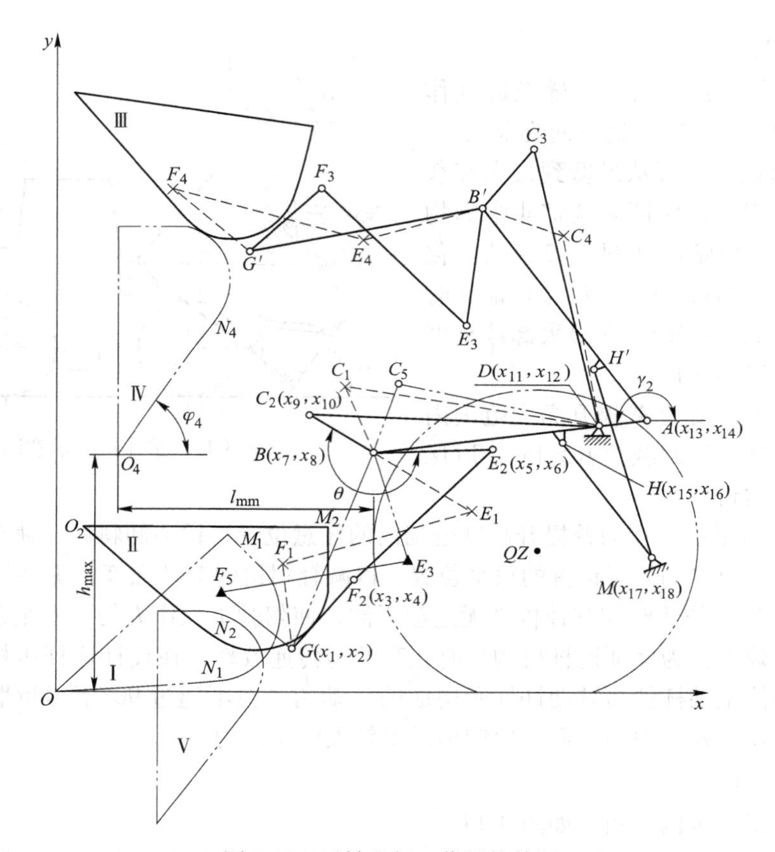

图3-14 反转六杆工作机构简图

Ⅰ—插入工况；Ⅱ—铲装工况；Ⅲ—最高位置工况；Ⅳ—高位位置工况；Ⅴ—低位位置工况

（3）确定动臂与铲斗的铰链点G。由于G点的X坐标值越小转斗铲取力就越大，所以G点靠近O点是有利的，但受斗底和最小离地高度的限制，不能随意的减小；而G点的y坐标值增大时，铲斗在料堆中的铲取面积增大，装的物料多，但这样缩小了G点与连杆铲斗铰接点F的距离，使崛起力下降。

综合考虑各种因素的影响，设计时，一般根据坐标纸上工况Ⅰ时铲斗的实际情况，在保证G点y坐标值$y_G = 250 \sim 350\text{mm}$和$x$坐标值$x_G$尽可能小而且不与斗底干涉的情况下，在坐标图上人为的把G点初步确定下来。

（4）确定动臂与机架的铰接点A。A点要基本满足以下几点：A点要在GG'的垂直平分线上。因为GG'同在从A为圆心、动臂长AG为半径的圆弧上。A点尽量靠近整机重心，取在前轮右上

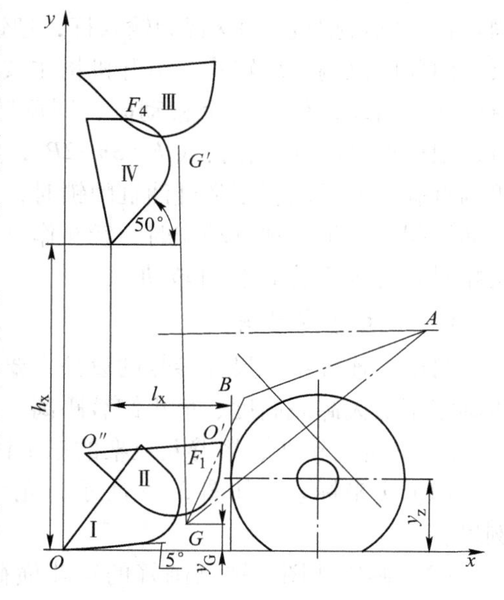

图3-15 动臂上三个铰接点位置确定图

方与前轴心水平距离为轴距的 1/3～1/2 处。A 点位置尽可能低些，以提高整机工作的稳定性，减少机器高度，改善司机的视野。

（5）确定动臂与摇臂的铰接点 B。B 点位置是一个十分关键的参数。它对连杆机构的传动、死点、平动性能、连杆机构的布置以及转斗油缸的长度等都有很大的影响。

根据分析和参考同类产品，B 点应处于：在 AG 中心线上，在前轮胎的左前方；在 AG 垂直平分线的左侧，尽量靠近铲斗（在工况Ⅱ时的位置）。

b 连杆与铲斗和摇臂两个铰接点 E、F 的确定

因为 G 与 B 两点已确定，所以确定 E 和 F 的目的是为了确定四杆机构 $GFEB$ 的尺寸，如图 3-16 所示。

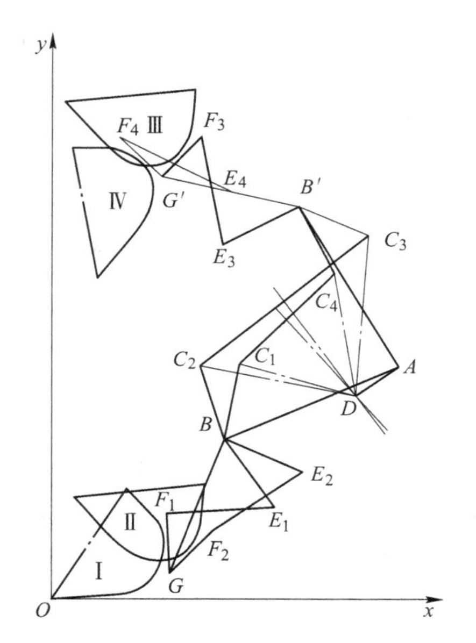

图 3-16 连杆、摇臂与转斗油缸确定图

确定 E 、F 两点时，既要考虑对机构运动学的要求，如必须保证铲斗在各工况时的转角，又要注意动力学的要求，如铲斗在铲装物料时输出较大的力，同时还要考虑各种机构运动被破坏的现象。

（1）按双摇杆条件设计四杆机构，并令 GF 杆为最短杆，BG 为最长杆，即必有：

$$GF + BG > FE + BE$$

若令 $GF=a$，$FE=b$，$BE=c$，$BG=d$，并将上式两边同时除以 d 得下式：

$$K = \frac{b}{d} + \frac{c}{d} - \frac{a}{d} < 1$$

初步设计时，上式可在下列值内选取：

$$\left.\begin{aligned} K &= 0.950 \sim 0.995 \\ a &= (0.3 \sim 0.5)d \\ c &= (0.4 \sim 0.8)d \end{aligned}\right\}$$

（2）确定 E 和 F 点位置。这两点位置的确定要综合考虑如下几点要求：E 点不可与前桥相碰，并有足够的最小离地高度；工况Ⅰ时，使 EF 杆尽量与 GF 杆垂直，这样可获得较大的传动角和倍力系数；工况Ⅱ时，EF 与 GF 两杆的夹角必须小于170°，即传动角不能小于 10°，以免机构运动时发生自锁；工况Ⅳ时，EF 与 GF 杆的传动角也必须大于 10°。具体作法有两种：

1）初选 E 点法 。如图 3-17 所示，铲斗取工况Ⅰ，以 B 点为圆心，以 $BE=c$ 为半径画弧；人为地初选 E 点，使其落在 B 点右下方的弧段上；再分别以 B 点和 G 点为圆心，以 $FE=b$ 和 $GF=a$ 分别为半径画弧，得交点，即为 F。

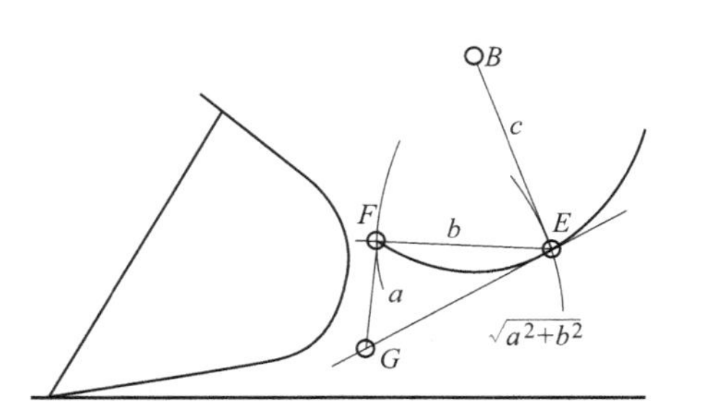

图 3-17 连杆端部铰接点设计图

2）图解法。如图3-17所示，分别以B点和G点为圆心，c和$\sqrt{a^2+b^2}$分别为半径画弧，其交点为E；再分别以G和E点为圆心，a和b为半径画弧，则其交点必为F。

若上述所得E和F点均满足要求则罢，否则，可调整a、b、c长度，重新作图，直至满意为止。但是，同时满足上述四点要求是不易的，尤其若保证EF垂直GF是很难的，所以，设计时，一般使$\angle EFG$不小于70°即可。

（3）为了防止机构出现“死点”、“自锁”或“撕裂”，设计时还应满足下列不等式：

工况Ⅱ时 $GF+FE>GE$

工况Ⅳ时 $FE+BE>FB$

c 转斗油缸与摇臂和机架的铰链点C和D的确定

从力传动效果出发，增大摇臂BC段长度，可以增大转斗油缸的作用力臂，使铲取力相应地增加。但增加BC段，必将减小铲斗与摇臂的转角比，造成铲斗转角难以满足各工况的要求，并且使转斗油缸行程过长。因此初步设计取：$BC\approx(0.7\sim1.0)BE$。

转斗油缸与机架的铰链点D的确定，是依据工况Ⅱ举升到工况Ⅲ过程为平动，由工况Ⅳ到工况Ⅰ时为自动放平这两大要求来确定的。

当以上铰链点确定下来后，则铲斗在各工况的C位置也唯一的被确定下来。因为铲斗油缸由工况Ⅱ举升到Ⅲ或由Ⅳ放到工况Ⅰ的过程中，转斗油缸的长度均分别保持不变，所以D点必为C_1C_3和C_2C_3垂直平分线的交点。

d 举升油缸与动臂和机架的铰接点H及M的确定

如图3-18所示，H点选在AG连线上方，并取$AH\geqslant AG/3$；M点尽量与地保持最小高度，另工况Ⅰ时AG与MH趋于垂直；油缸最大长度与最小长度之比位于1.6~1.7。

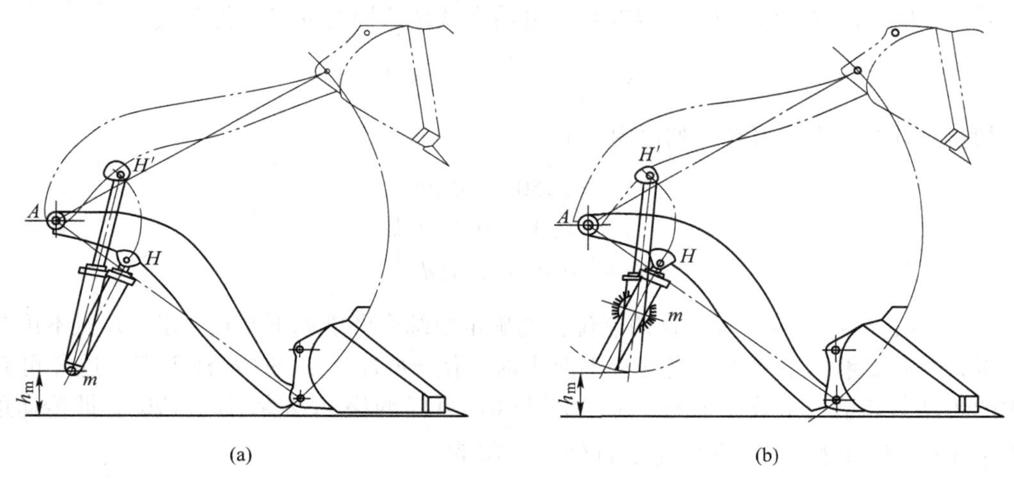

图3-18 动臂油缸铰接位置

（a）油缸下端与车架铰接；（b）油缸中部或上端与车架铰接

D 铲取阻力计算分析

装载机在铲掘物料过程中，物料对铲斗的阻力包括：插入阻力、铲取阻力、转斗阻力。精确计算这些阻力比较困难，因为这些阻力的影响因素很多，例如，被铲装物料的种类、堆积情况、机械物理性能、铲斗的结构形状、铲斗插入料堆深度等，所以一般都采用由大量试验得出的一些经验公式进行计算。

(1) 插入阻力指铲斗插入料堆时，料堆对铲斗的反作用力。插入阻力由铲斗前切削刃和两侧斗壁切削刃的阻力、铲斗前壁和侧壁内表面与物料的摩擦阻力、铲斗外表面和物料的摩擦阻力等组成。这些阻力与物料的种类、料堆高度、铲斗插入堆的深度、铲斗的结构形状等有关。要分别计算上述各项阻力比较繁琐，一般按以下经验公式来确定总的插入阻力：

$$P_x = 10K_1K_2l_a^{1.25}B_gK_3K_4 \tag{3-6}$$

式中，K_1 为被铲掘物料的块度及松散程度的影响系数，对于松散好的物料：块度<0.3m时，$K_1=1.0$，块度<0.3m 时，$K_1=1.1$，块度<0.5m 时，$K_1=1.3$，如果块度进一步增大或松散程度不好，上述各值增大 20%~40%，对小块物料（如碎石和砂砾等）$K_1=0.75$，对于细粒物料 $K_1=0.35\sim0.50$；K_2 为物料种类影响系数，见表 3-1；l_a 为铲斗插入料堆深度，cm，取等于 0.7~0.8 斗底长度；B_g 为铲斗宽度，cm；K_3 为料堆高度影响系数，见表 3-2；K_3 为铲斗形状系数，一般在 1.1~1.8 之间，对于前刃没齿的斗，K_3 取大值。

表 3-1 物料种类影响系数 K_2

散状物料种类	重度/kN·m^{-3}	系数 K_2	散状物料种类	重度/kN·m^{-3}	系数 K_2
磁铁矿石	32~35	0.20	砂砾	23~23.5	0.10
铁矿石	32~38	0.17	泥质页岩	23~25	0.08
碎花岗岩	27.5~28	0.13	河砂	17	0.06
砂质石岩	26.5~27.5	0.12	煤	12~13	0.03~0.035
石灰石	26.5	0.10	炉渣	8~9	0.09

表 3-2 料堆高度影响系数 K_3

料堆高度/m	0.3	0.5	0.6	0.8	1.2	1.5
K_3	0.55	0.6	0.8	1.0	1.1	1.2

(2) 铲取阻力是指铲斗插入料堆一定深度后，提升动臂时，料堆对铲斗的反作用力。铲取阻力与插入阻力同样与物料的种类块度、松散程度、重度、温度、物料之间及物料与斗壁之间的摩擦有关。最大铲取力通常发生在铲斗开始提升的时刻，随着动臂的提升，铲取力逐渐减小。

铲斗开始提升时铲取力按下式计算：

$$P_z = 2.2l_aB_gK_\tau \tag{3-7}$$

式中，K_τ 为开始提升铲斗时物料的剪切应力，通过试验测定，对于块度 0.1~0.3m 的已松散的岩石（花岗岩），剪切应力平均值取：$K_\tau=35000\text{Pa}$。

(3) 转斗阻力矩，当铲斗插入料堆一定深度后，用转斗油缸使铲斗向后翻转时，料堆对铲斗的反作用力矩称为转斗阻力矩。以 M_z 表示。

$$M_z = M_c + M_d \tag{3-8}$$

式中，M_c 为最大静阻力矩；M_d 为重力力矩。

静阻力矩的确定：当以翻转铲斗来铲装物料时，不考虑铲斗自重的影响，而只考虑翻转铲斗时物料的阻力矩称之为静阻力矩。此阻力矩在开始转斗时，具有最大值以 M_c 表示，此时铲斗转角 $\alpha=0°$，其后静阻力矩随着铲斗的翻转角 α 的变化而按双曲线特性变化（图3-19），一直到铲斗前切削刃离开料堆坡面线为止。这时静阻力矩用 M_c 表示，铲斗转角为 $\alpha=\alpha_0$。

$$M_c = 11P_x\left[0.4\left(x - \frac{1}{3}l_a\right) + y\right] \tag{3-9}$$

式中，P_x 为开始转斗时的插入阻力，按式（3-6）计算；x 为铲斗回转中心与斗刃的水平距离；y 为铲斗回转中心与地面的垂直距离；l_a 为铲斗插入深度。

重力力矩按下式确定：

$$M_d = G_c l_B \tag{3-10}$$

式中，G_c 为开始转斗时的插入阻力；l_B 为铲斗重心到回转中心的水平距离。

如图3-20所示，作用在转斗连杆的力 P_c，可用下式求得：

$$P_c = \frac{M_z}{l_c} \tag{3-11}$$

式中，l_c 为 P_c 的作用线与铲斗回转中心的垂直距离。

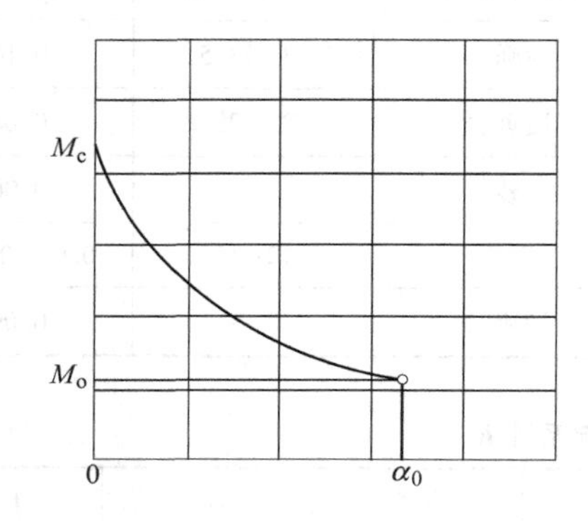

图3-19 转斗的静阻力矩与铲斗转角之间的关系

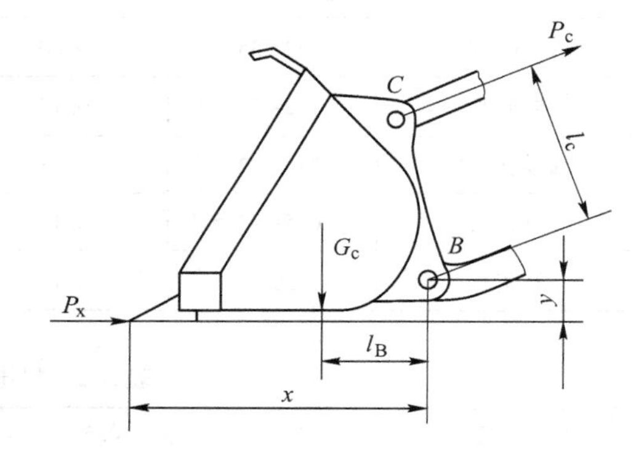

图3-20 转斗力确定图

上述三种阻力，即插入阻力、铲取阻力和转斗阻力矩，并不一定在任何情况下都同时存在，而是随着铲掘方法的不同，存在一种、两种或三种阻力，例如采用一次铲掘时，在铲斗插入料堆的过程中，只有插入阻力 P_x。而当插入运动停止后，铲斗由转斗油缸翻起时，则只存在转斗阻力矩。当采用在铲斗插入料堆的同时，进行提升动臂的联合铲掘法时，则在工作过程中，同时存在着插入阻力 P_x 和铲取阻力 P_z。如果铲斗插入料堆的同时，又配合铲斗的翻转和提升动臂的运动，则三种阻力同时存在。设计时要从最不利的情况出发，常按一次插入铲掘法计算。

E 工作装置的强度计算

装载机作业条件复杂，作业场地多变万化，而且即使在同样的作业条件下，由于工作位置及作业工况不同，工作装置受力情况也不一样。因此，必须确定其受力最大的计算位置，选取受力最大的典型工况，来对工作装置进行分析。

a 计算位置的确定

分析装载机铲掘、运输、提升及卸载等作业过程，发现装载机在水平面上铲掘物料时，工作装置受力最大。因此选择装载机在水平地面上作业，动臂处于最低位置，铲斗斗底与地面的夹角为 3°～5°倾角，装载机以 3～3km/h 速度接近料堆并进行铲掘作业（图 3-21）时作为计算位置，并假设外载荷作用在切削刃上。

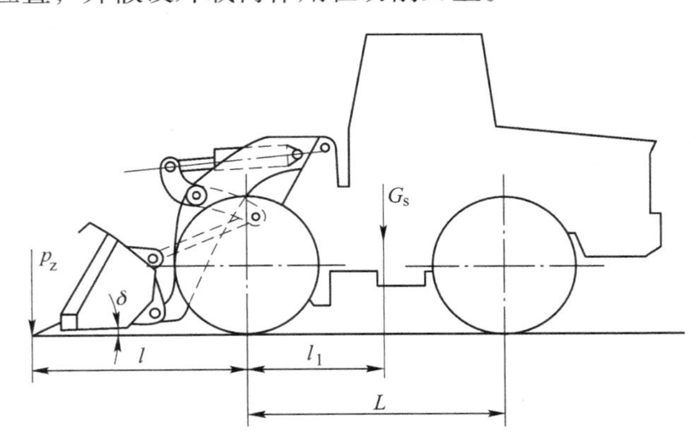

图 3-21 工作装置强度计算位置

b 工作装置典型工况的选择及外载荷的计算

装载机在铲掘过程中使工作装置受力最大有以下三种情况：

（1）装载机沿水平面运动，工作装置油缸闭锁，铲斗插入料堆，此时认为物料对铲斗的阻力水平作用在切削刃上。

（2）铲斗水平插入料堆足够深度后，装载机停止运动，向后转斗或者提升动臂，此时认为铲取阻力垂直作用在切削刃上。

（3）装载机在水平面上均速运动，铲斗水平插入料堆一定深度后，边插入边转斗或边插入边提升动臂，此时认为物料对铲斗的水平阻力和垂直阻力同时作用在切削刃上。

由于作业场地、作业条件及作业对象不同，装载机在实际作业时，铲斗切削刃所承受的载荷情况十分复杂，并且变化范围相当大，因此铲斗切削刃上的载荷不可能是均匀分布，为了计算方便将其简化为两种极端情况，即对称受载和偏载。

对称受载：外载荷集中作用在铲斗切削刃的中部，并以作用于切削刃中点的集中载荷来代替其均布载荷。

偏载：由于铲斗偏铲或物料密实度不均，使载荷偏于铲斗的一侧。形成偏载情况时，认为简化后的集中载荷由铲斗一侧第一个斗齿承受。

根据以上分析，使工作装置某些构件受力最大有以下六种典型工况（图 3-22）：

（1）对称水平受力工况（图 3-22（a））此时，铲斗的水平载荷由装载机的牵引力决定，水平力的最大值按式（3-12）计算：

$$P_X = P_{Kmax} - P_f \leqslant G_\varphi \varphi \tag{3-12}$$

式中，P_{Kmax}为装载机空载时驱动轮上最大的切线牵引力；P_f 为装载机空载时滚动阻力；G_φ 为装载机附着重量；φ 为附着系数。

（2）对称垂直受力工况（图 3-22（b））此时，垂直载荷（铲取力）受装载机的纵向稳定条件限制，其最大值为：

$$P_Z = \frac{G_S l_1}{l} \tag{3-13}$$

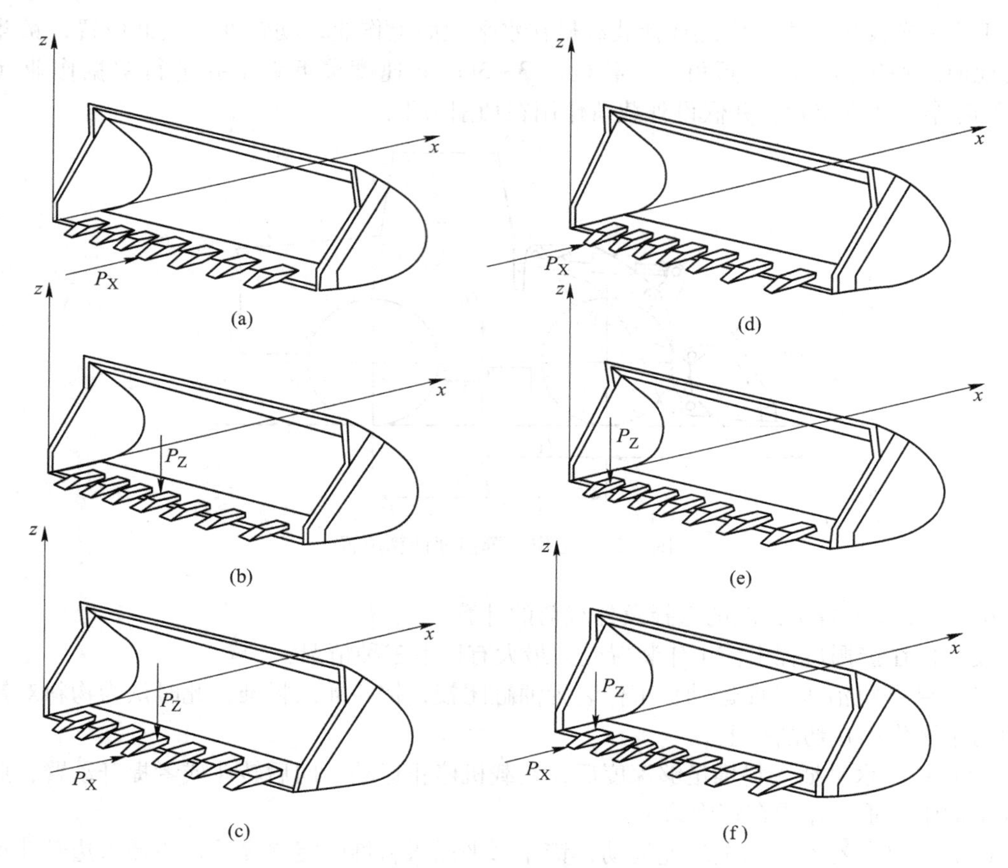

图 3-22 工作装置典型工况简图

式中，G_S 为装载机自重；l_1 为装载机重心到前轮接地点的距离；l 为垂直力 P_Z 的作用点到前轮接地点的距离。

（3）对称水平力与垂直力同时作用的工况（图 3-22（c））此时的水平力 P_X，通常在此工况下按发动机所能传至装载机驱动轮上的牵引力计算：

$$P_X = P_K - P_f \tag{3-14}$$

式中，P_K 为装载机驱动轮上的切线牵引力，$P_K = \frac{M_K}{r_d}$，其中 M_K 为 P_X 在此工况下发动机传至驱动轮上的扭矩；r_d 为车轮的动力半径；P_f 为装载机的滚动阻力。此时垂直力 P_Z 按式（3-13）计算。

（4）水平偏载工况（图 3-22（d））此时水平力 P_X 按式（3-13）计算。

（5）垂直偏载工况（图 3-22（e））此时垂直力 P_Z 按式（3-13）计算。

（6）水平偏载与垂直偏载同时作用工况（图 3-22（f））此时与工况（3）相同。

c 工作装置受力分析

工作装置实际上是一个空间超静定系统，受力情况复杂，精确计算比较繁琐，为了简便计算，作两点假设：认为铲斗动臂横梁不影响动臂的受力与变形；认为动臂轴线与摇臂、连杆轴线处于同一平面内。这样，将工作装置这个空间超静定结构，简化成了一个简单的平面力系。

对于对称受力工况，由于动臂是一个对称结构，两动臂受力大小相同，所以可取工作装置的一侧进行受力分析，并取外载荷的一半进行计算，即：

$$P_X^a = \frac{1}{2}P_X ; P_Z^a = \frac{1}{2}P_Z \tag{3-15}$$

对于偏载工况（图 3-22（d）、（e）、（f）），近似用简支梁的方法，求出分配在左右动臂平面内的等效力 P^a 和 P^b（见图 3-23（b））。

$$P_X^a = \frac{a+b}{b}P_X ; P_Z^a = \frac{a+b}{b}P_Z$$

$$P_X^b = P_X - P_X^a ; P_Z^b = P_Z - P_Z^a \tag{3-16}$$

由于 P：$P_X^a > P_X^b$；$P_Z^a > P_Z^b$，因此取 P_X^a、P_Z^a 作为计算外载荷。

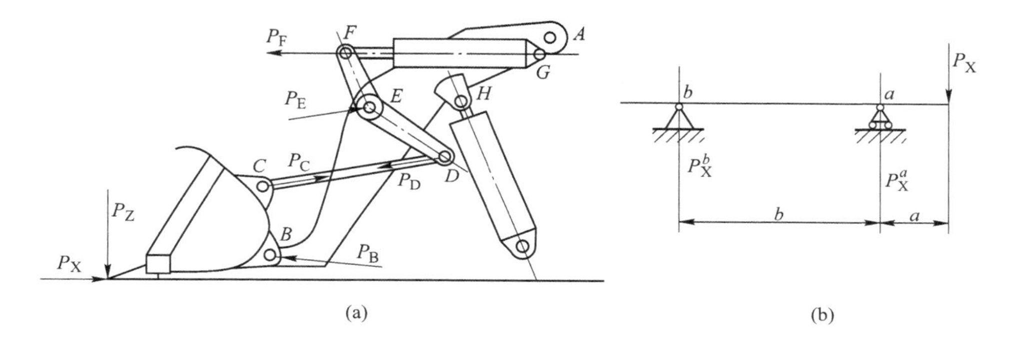

图 3-23 工作装置受力分析简图
（a）工作装置受力图；（b）简支梁模型

外载荷求出后，用解析法或图解法即可求出对应工况下工作装置的内力。下面以第三工况为例进行内力计算，其他工况与此类同。

首先取铲斗为分离体（图 3-24（a）），根据平衡原理，计算铲斗的受力。

由 $\sum M_B = 0$ 得：$P_X^a h_1 + P_Z^a l_1 + \frac{G_D}{2} l_D = P_C h_2 \cos\alpha_1 + P_C l_2 \sin\alpha_1$，则

$$P_c = \frac{P_X^a h_1 + P_Z^a l_1 + \frac{G_D}{2} l_D}{h_2 \cos\alpha_1 + l_2 \sin\alpha_1} \tag{3-17}$$

式中，G_D 为铲斗重量。

由 $\sum X = 0$ 得：$P_X^a + P_C \cos\alpha_1 - X_B = 0$，则

$$X_B = P_X^a + P_C \cos\alpha_1 \tag{3-18}$$

由 $\sum Z = 0$ 得：$Z_B + P_C \sin\alpha_1 - P_Z^a - \frac{G_D}{2} = 0$，则

$$Z_B = P_Z^a - P_C \sin\alpha_1 + \frac{G_D}{2} \tag{3-19}$$

连杆（见图 3-24（b））是两端铰接中间不受力的杆件，作用在它两端的力，大小相

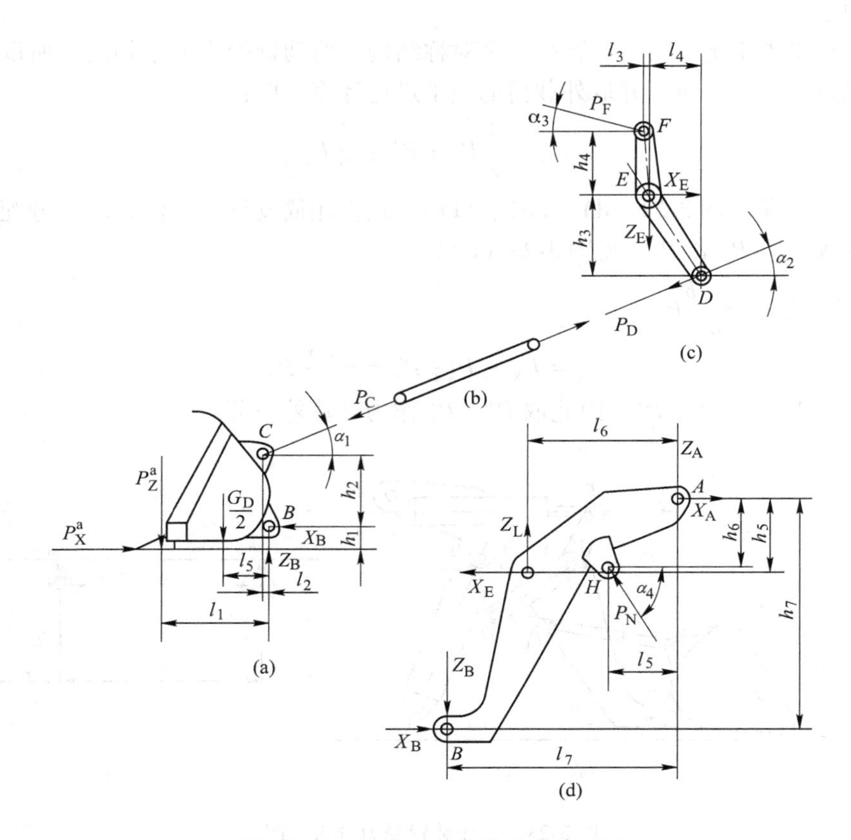

图 3-24 工作装置各构件受力分析图

等，方向相反，即：

$$P_C = P_D \tag{3-20}$$

取摇臂为分离体（见图 3-24（c）），根据平衡原理，

由 $\sum M_E = 0$ 得：$P_D h_3 \cos\alpha_2 + P_D l_4 \sin\alpha_2 = P_F h_4 \cos\alpha_3 - P_F l_3 \sin\alpha_3$，则

$$P_F = \frac{P_D h_3 \cos\alpha_2 + P_D l_4 \sin\alpha_2}{h_4 \cos\alpha_3 - l_3 \sin\alpha_3} \tag{3-21}$$

由 $\sum X = 0$ 得：$X_E - P_F \cos\alpha_3 - P_D \cos\alpha_2 = 0$，则

$$X_E = P_F \cos\alpha_3 + P_D \cos\alpha_2 \tag{3-22}$$

由 $\sum Z = 0$ 得：$-Z_E + P_F \sin\alpha_3 - P_D \sin\alpha_2 = 0$，则

$$Z_E = P_F \sin\alpha_3 - P_D \sin\alpha_2 \tag{3-23}$$

取动臂为分离体（见图 3-24（d））：

由 $\sum M_A = 0$ 得：$P_H(h_6 \cos\alpha_4 + l_5 \sin\alpha_4) - X_B h_7 - Z_B l_7 + X_E h_5 + Z_E l_6 = 0$，则

$$P_H = \frac{X_B h_7 + Z_B l_7 - X_E h_5 - Z_E l_6}{h_6 \cos\alpha_4 + l_5 \sin\alpha_4} \tag{3-24}$$

由 $\sum X = 0$ 得：$X_A - X_E + X_B - P_H \cos\alpha_4 = 0$，则

$$X_A = X_E - X_B + P_H\cos\alpha_4 \tag{3-25}$$

由 $\sum Z = 0$ 得：$Z_A + Z_E - Z_B + P_H\sin\alpha_4 = 0$，则

$$Z_A = Z_B - Z_E - P_H\sin\alpha_4 \tag{3-26}$$

d　工作装置强度计算

根据各典型工况受力求出各构件的作用力，画出弯矩图，找出其危险断面，按强度理论对主要构件进行强度校核。通常把各构件受力较大的第六工况作为计算工况。

(1) 动臂：动臂相当于一个支撑在动臂油缸上铰点 H 及车架 A 点的双铰悬臂折线变断面梁（图 3-25），强度计算时，把它分成 1-2、2-3、3-4、4-5 四个区段，每个区段的断面上作用有弯曲应力、正应力和剪应力。

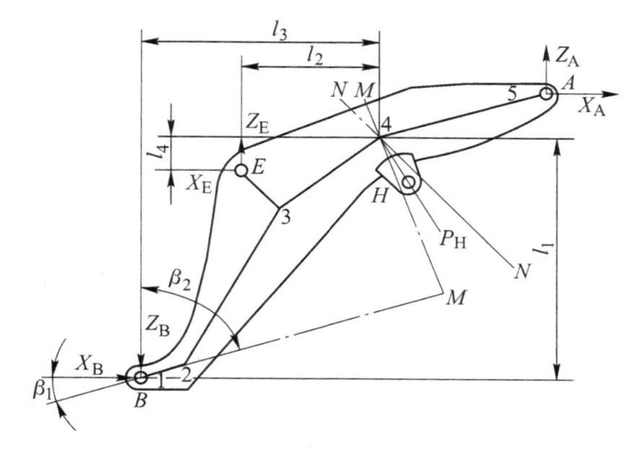

图 3-25　动臂强度计算简图

$$\sigma = \frac{M}{W \times 10^6} \pm \frac{N}{F \times 10^6} \leqslant [\sigma] \tag{3-27}$$

式中，M 为计算断面的弯矩，N · m；W 为计算断面的抗弯断面系数，m^3；N 为计算断面的轴向力，N；F 为计算断面的断面积，m^2。

$$\tau_{max} = \frac{QS_{Zmax}}{J_Z B \times 10^6} \leqslant [\tau] \tag{3-28}$$

式中，Q 为计算断面的剪力，N；S_{Zmax} 为计算断面中性轴 z 处的静矩，m^3；J_Z 是计算断面时对中性轴 z 的惯性矩，m^4；B 为计算断面的宽度，m。

如果计算断面为矩形，则：

$$\tau_{max} = \frac{3Q}{2F \times 10^6} \tag{3-29}$$

通常动臂的危险断面在 H 点附近，现在我们以 M-M 断面为例进行计算，在 M-M 断面的弯矩、轴向力和剪力为：

$$M = X_B l_1 + Z_B l_3 - X_E l_4 - Z_E l_2 \tag{3-30}$$

$$N = (X_B - X_E)\cos\beta_1 + (Z_E - Z_B)\cos\beta_2 \tag{3-31}$$

$$Q = (X_B - X_E)\sin\beta_1 + (Z_B - Z_E)\sin\beta_2 \tag{3-32}$$

将求出的 M、N 值代入式（3-27），Q 值代入式（3-29）得：

$$\sigma_{max} = \frac{X_B l_1 + Z_B l_3 - X_F l_4 - Z_E l_2}{10^6 \times W} + \frac{(X_B - X_E)\cos\beta_1 + (Z_E - Z_B)\cos\beta_2}{10^6 \times F} \tag{3-33}$$

$$\tau_{max} = \frac{3[(X_B - X_E)\sin\beta_1 + (Z_B - Z_E)\sin\beta_2]}{2F \times 10^6} \tag{3-34}$$

(2) 连杆：连杆在装载机铲掘过程中，有时受拉，有时受压，因此需要对其进行强度

及压杆稳定验算，计算方法按《材料力学》所讲的方法进行。

（3）摇臂：摇臂的受力情况如图 3-24（c）所示，其危险断面通常在 E 点附近，在此断面上作用有弯曲应力和正应力，其计算方法与动臂相同。

（4）铰销：装载机工作装置铰销的一般结构形式及受力情况如图 3-26 所示。目前多数装载机工作装置上采用密封式铰销，即在铰销轴套的端部加一个密封圈（图 3-26 中的 A），以防止润滑剂泄漏及尘土进入。工作装置各铰销的强度按下式计算。

销轴的弯曲应力 σ_W 为：

$$\sigma_W = \frac{P_1 l_2}{W \times 10^6} \leqslant [\sigma] \tag{3-35}$$

式中，P_1 为计算载荷，是铰销所受载荷的一半，N；l_2 为销轴的计算长度，$l_2 = l_1 + a + \frac{d}{2}$，m，$l_1$、$a$、$d$ 的意义见图 3-26；W 为销轴的抗弯断面系数，$W = \frac{\pi l^3}{32}$，m^3。

销轴支座的挤压应力

$$\sigma_{jyz} = \frac{P_1}{l_1 d} \leqslant [\sigma] \tag{3-36}$$

销轴套的挤压应力

$$\sigma_{jyt} = \frac{P_1}{l_3 d} \leqslant [\sigma] \tag{3-37}$$

式中，l_3 为轴套的支承长度。

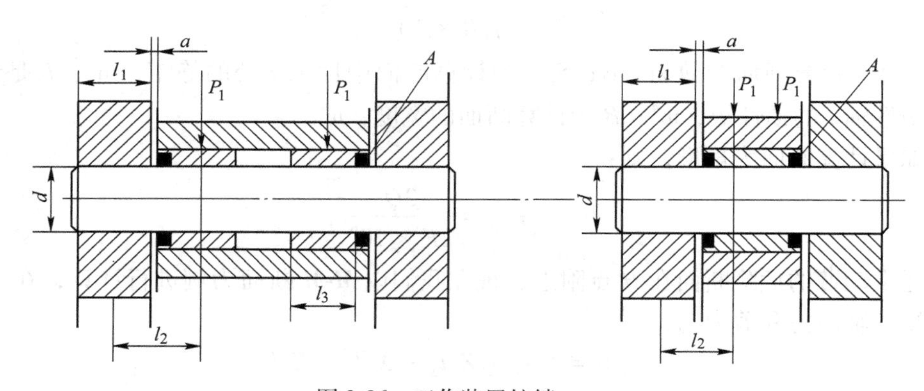

图 3-26 工作装置铰销

强度计算中的许用应力 $[\sigma]$ 按下式选取

$$[\sigma] = \frac{\sigma_s}{n} \tag{3-38}$$

式中，σ_s 为材料的屈服极限，材料多用 Q335（旧标准的 16Mn）钢；n 为安全系数，设计手册中规定 $n = 1.1 \sim 1.5$，考虑工程机械工作繁重，作业条件恶劣及计算上的误差，一般取 $n > 1.5$。

以上的工作装置强度校核方法比较粗糙，若要进行精确计算可使用有限元等现代设计方法，进行受力分析和强度计算。

3.2.3　装载机的稳定性评价指标

装载机的稳定性用稳定比和稳定度来评价。

3.2.3.1　稳定比

稳定比是指装载机在外力或外载荷的作用下，所产生的使装载机有倾翻趋势的力矩 M_F 与装载机稳定力矩 M_W 之比，用 K 表示，即：

$$K = M_F/M_W \tag{3-39}$$

满载的装载机在水平面上，举升动臂至水平时（图 3-27），其稳定比为：

$$K = \frac{Q_H l}{G_S l_1} \tag{3-40}$$

式中，Q_H 为装载机额定载重量；l 为额定载重量的重心与前桥中心线的水平距离；G_S 为装载机的使用重量；l_1 为装载机空载时重心距前桥的水平距离。

式（3-39）中 $K=1$ 时，说明倾翻力矩 M_F 等于稳定力矩 M_W，装载机处于临界状态；$K<1$ 时，$M_F<M_W$，装载机稳定；$K>1$，$M_F>M_W$，装载机倾翻。为保证装载机在作业过程中有足够的稳定性，装载机在图 3-27 所示位置时，规定稳定比取 $K \leqslant 0.5$。

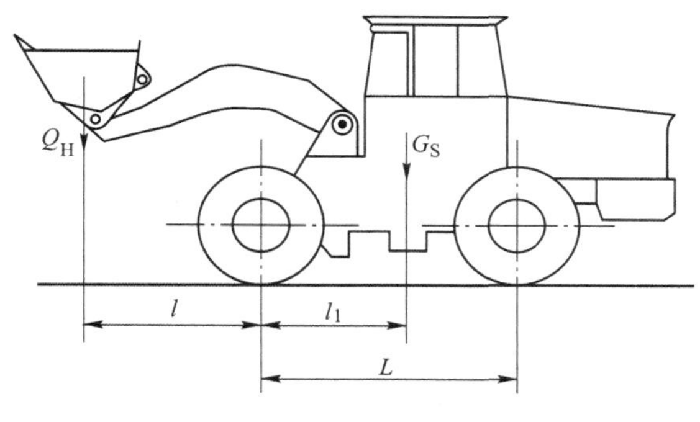

图 3-27　稳定比计算图

3.2.3.2　稳定度

稳定度是评价装载机在坡道上稳定性的指标。装载机停在或行驶在坡道上时，过重心的重力作用线当恰好通过车轮的接地点 E 或 F（图 3-28（a）、(b)）时，则装载机处于临界倾翻状态，如果重力作用线超过 E 点或 F 点，则装载机发生倾翻。此时的坡度角 α、β，我们称之为失稳角，将失稳角以坡度表示，则称为稳定度（常用百分比来表示）。如不考虑轮胎的变形，其纵向、横向稳定度分别为：

$$i = \tan\alpha = \frac{EA}{OA} \quad 和 \quad \tan\beta = \frac{Fb}{Ob} \tag{3-41}$$

由此可知，装载机在小于稳定度的坡道上，它不会发生倾翻。反之若在大于稳定度的坡道上，则将发生倾翻。

以上的稳定度是在倾翻轴与坡底线（即坡道平面与水平面交线）平行的情况下研究的，是其最小值。如果倾翻轴与坡底线不平行时，则其稳定度将发生变化。如图 3-28（c）中，装载机的纵向倾翻轴 EF 平行于坡底线 HK 时，其稳定度 $i=\tan\alpha=MA/OA$，而当装载机的倾翻轴 EF 与坡底线 HK 夹角为 θ 时，由 A 点引直线 AN 与 EF 交于 N 且垂直于 HK，连 ON，令 $\angle AON=\alpha'$，则 α' 即是装载机在此坡道上的失稳角，那么，此时装载机的稳定度为 $i'=\tan\alpha'=\dfrac{AN}{OA}$。两稳定度有如下关系：

$$i = \tan\alpha = \tan\alpha'\cos\theta = i'\cos\theta \tag{3-42}$$

式中，θ 为坡底线与倾翻轴的夹角，(°)。

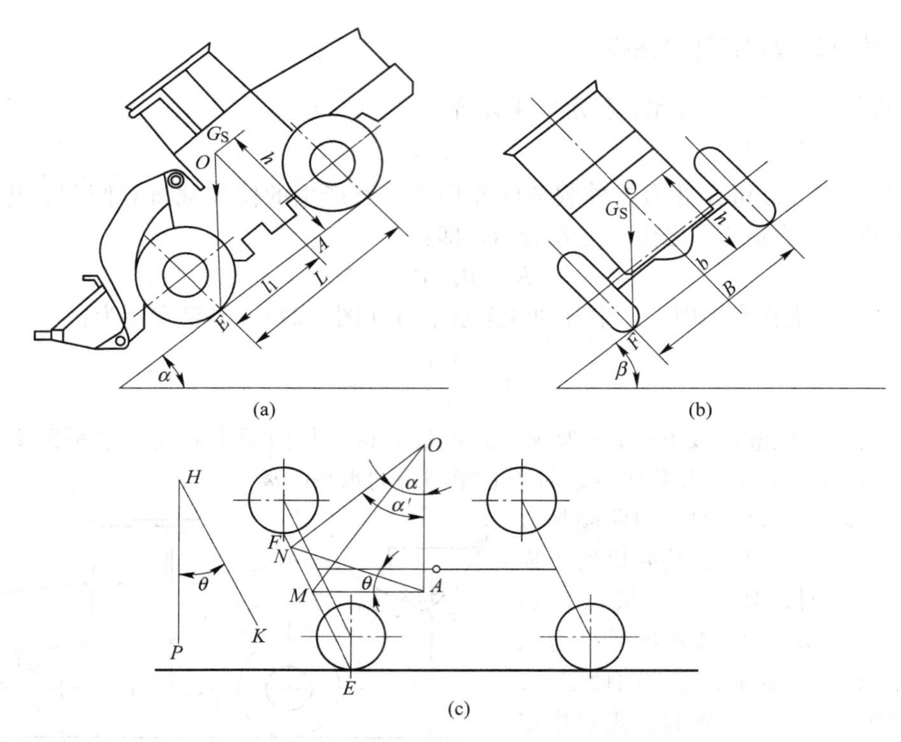

图 3-28 装载机的稳定度计算图

以上以装载机纵向倾翻讨论了纵向稳定度问题。此外还有横向稳定度，它是用来评价装载机横向稳定性的，讨论方法与之相同。稳定度只是作为评价装载机技术性能的一个指标，装载机并不一定真正能够行驶或停在与稳定度相同的坡道上，这是因为要保证装载机在坡道上滑转或滑移先于倾翻，即：

$$\frac{l_2}{h} > \varphi \quad 或 \quad \frac{B}{2h} > \varphi \tag{3-43}$$

式中，l_2 为重心与后桥的水平距离；h 为重心高度；φ 为附着系数；B 为装载机轮距。

由于装载机轮距较小，轮胎胎面又具有较深的花纹以保证较高的附着系数，所以为满足式（3-43），总体布置时应尽可能降低重心高度。

3.3 机械式挖掘机

3.3.1 机械式挖掘机概述

机械式挖掘机（又称电铲）是必不可少的露天矿采掘设备，露天矿重要的经济技术指标之一就是电铲的生产能力，其生产能力是确定装运设备及其他设备的规格及数量的前提。矿用电铲是电力驱动的挖掘机械，按铲斗容量可分为：1m³ 以下的小型电铲，5m³ 以下的中型电铲，15m³ 以下的重型电铲和 15m³ 以上的巨型电铲；其走行装置多为履带式。截至现在，我国研究制造的电铲有 WK-4 挖掘机、WP-6 长臂挖掘机，WK-8 挖掘机、WK-

10B 型挖掘机、WK-12C 型挖掘机、WK-20 型挖掘机（可与 153~220t 矿用汽车配套使用）、WK-27 型挖掘机、WK-35 型挖掘机、WK-55 型挖掘机（与 220~363t 矿用汽车配套使用）、WK-75 型挖掘机（与 363t 以上矿用汽车以及 9000t/h 以上的自移式破碎站配套使用）。

3.3.2 切削阻力和挖掘阻力

3.3.2.1 切削阻力与挖掘阻力的概念

挖掘机铲斗切削土壤过程中发生复杂的物理现象。首先是切削边以一定的压力接触土壤，使土壤受到挤压与剪切，当压力继续增大，土壤原始结构遭到破坏，土块被切断，这是用楔形刀具切土时所共有的现象。显然，切削刃边在土壤中运行时，要遇到阻力。遇到的阻力来自三方面：一是土壤原始结构遭到破坏的阻力；二是土壤的内摩擦阻力；三是土壤与切削刃的外摩擦阻力；其中前二项之和为切削阻力，但是，这三项阻力常常同时存在，很难区分开，所以在计算时将第三项包括在内。因此，切削阻力就是在切土过程中，土堆作用在切削装置上的反力。铲斗除了遇到切削阻力外，还会遇到土壤进入斗内的阻力及带动土壤的阻力，两项之和为装土阻力。从而就有了下面这样的关系式。即：

切削阻力 + 装土阻力 = 挖掘总阻力

3.3.2.2 挖掘阻力的计算

土壤对挖掘总阻力的影响很大，精确计算较为困难。一般计算是将挖掘总阻力 F 分解为两个分力，如图 3-29 所示。这两个分力分别为 F_1 和 F_2，一个力是沿斗齿尖运动轨迹的切线方向的分力 F_1，另一个是沿斗齿尖运动轨迹的法向方向的分力 F_2；F_1 为挖掘阻力，确切为挖掘总阻力的切向分力，是靠正铲提升钢绳在斗边上造成的挖掘力来克服；F_2 为土壤阻止铲斗插入的阻力，是由推压机构在斗边上造成的推压力克服的。

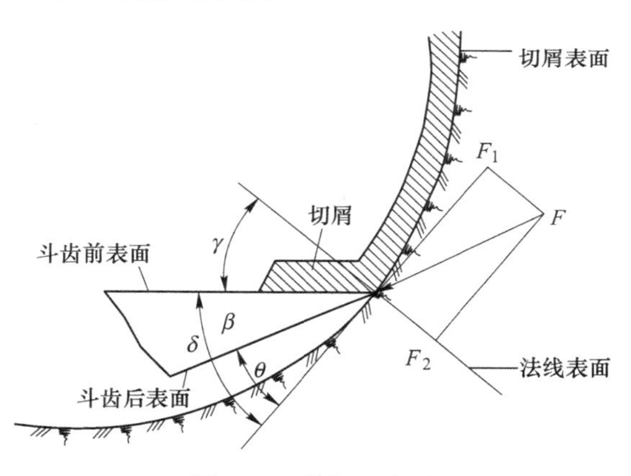

图 3-29 挖掘阻力图

θ—后角；γ—前角；δ—切削角；β—尖角

这两个分力 F_1 和 F_2 有下列关系：

（1）当阻力 F_1 和 F_2 与外作用力（由动力装置施加的力）相等时，则铲斗运动稳定。

（2）当阻力 F_1 大于外作用力，则运动受阻，可以减小切削厚度来调整。

（3）当阻力 F_1 小于外作用力，斗子将产生加速度。如果阻力 F_2 大于外作用力，斗子被挤出土壤；F_2 小于外作用力斗子切入土内。

上述挖掘阻力 F_1，实际上由三部分组成，即：

$$F_1 = F_g + F_m + F_z \tag{3-44}$$

式中 F_g——土壤切削阻力，N；

F_m——土壤对斗子的摩擦阻力，N；

F_z——装土时附加阻力，N。

或者

$$F_1 = \sigma_g bc + \mu_1 R_2 + \mu_2(1 + q')qK_m \tag{3-45}$$

式中 σ_g——切削比阻力，表示单位面积上的切削阻力；

b——铲斗宽度；

c——切削厚度；

μ_1——铲斗与土壤之间的摩擦系数；

μ_2——内摩擦系数，见表3-3；

q——斗容量；

K_m——装满系数；

q'——料堆的容积。

表3-3　内摩擦系数

土 壤 名 称	内摩擦系数 μ_2	对钢铁表面的摩擦系数 μ_1
砂	0.58～0.75	0.73
黏土	0.7～1	0.75～1
小块砾石	0.9～1.1	—
泥灰土	0.75～1	1
饱含水分的黏土	0.81～0.32	—
碎石	0.9	0.83
水泥	0.83	0.73

在实际应用上，为综合考虑上述三项阻力的影响，常把上式简化合并写成

$$F_1 = \sigma_w bc \tag{3-46}$$

式中 b——斗切削边宽度，m；

c——切屑层厚度，m；

σ_w——挖掘比阻力，它反映了铲斗挖掘时，破坏土体，摩擦、装土等阻力的总和（见表3-4），N/m^2。

此公式的适用范围：切屑厚度 c 在（0.1～0.33）b 的范围内；斗的切屑宽度大于50cm；侧斗壁不参与切削或者很少参与切削。根据三个条件求得的结果，实际上能满足计算挖掘阻力的要求。

F_2 分力一般以 F_1 的百分值来表示，即：

$$F_2 = \Psi F_1 \tag{3-47}$$

Ψ 值可正确判断斗子参数选择是否合理。

当利用式（3-46）计算挖掘阻力时，斗宽 b 可由斗型确定。下面求切屑厚度 c，铲斗每挖掘一次，装到斗内的土壤体积为：

$$qK_m = bcLK_s(1 - \varepsilon) \tag{3-48}$$

式中 q——斗容量，m^3；

K_m——斗子装满系数；

L——斗子在一次挖掘中的行程，m；

K_s——松散系数；

ε——残留在工作面的切削体积与切削总体积之比，可查表。

表 3-4　挖掘比阻力值 σ_w　（N/m^2）

土 壤 名 称	土壤等级	正反铲	拉铲、刨铲
干而松的沙土	Ⅰ	$(1.6\sim2.5)\times10^3$	$(2.3\sim3.5)\times10^3$
沙土、亚沙土	Ⅰ	$(3.0\sim7.0)\times10^3$	$(6.0\sim12.0)\times10^3$
亚黏土、细小砾石、松黏土	Ⅱ	$(6.0\sim13.0)\times10^3$	$(10.0\sim19.0)\times10^3$
松散重质黏土、坚实亚黏土	Ⅲ	$(11.5\sim19.5)\times10^3$	$(16\sim26)\times10^3$
重质黏土、重质湿黏土	Ⅳ	$(20\sim30)\times10^3$	$(26\sim30)\times10^3$
胶结的砾石	Ⅳ	$(23.5\sim31)\times10^3$	$(31\sim31)\times10^3$
轻质页岩、重质干黏土	Ⅴ	$(28\sim32.5)\times10^3$	$(37\sim32)\times10^3$
混有大石块的重质砾石	Ⅳ、Ⅴ	$(22.5\sim25)\times10^3$	$(28\sim31)\times10^3$
爆破不好的重质砾石	Ⅳ、Ⅴ	$(33.5\sim37)\times10^3$	$(53\sim60)\times10^3$
爆破不好的铁矿石	Ⅵ	$(38\sim32.5)\times10^3$	$(37.5\sim53)\times10^3$

对于正铲挖掘，因为斗子运动轨迹比较陡，ε 值很小，可以略去。当土壤是黏性时，夹杂物少，理想的铲斗轨迹是互相错开一定的距离的，同样的曲线（如图 3-30 所示），每两条曲线的水平距离皆相等，并等于斗柄到达水平位置（推压轴高度）的切屑厚度 c_{max}。

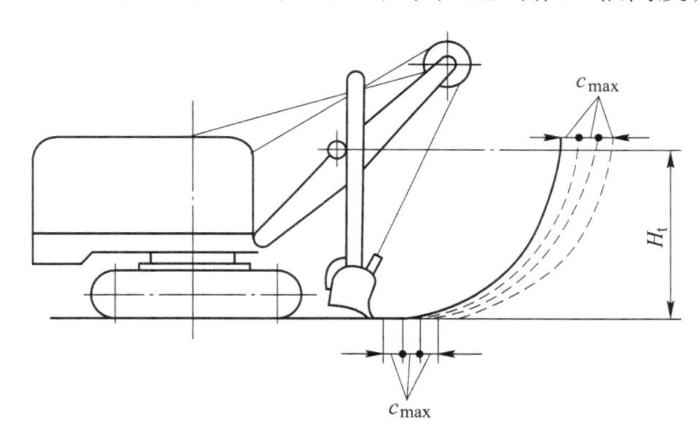

图 3-30　正铲挖掘轨迹

一般情况下，工作面的高度取为推压轴的高度 H_t，此时的切屑厚度 c_{max}，式（3-48）可以写成

$$c_{max}=q/bH_tK_s \tag{3-49}$$

因此，当给定了斗容量 q，并确定了斗子结构尺寸 b 和 H_t，就可利用上式计算 c_{max}。从而计算出 F_1。

3.3.3　机械式单斗正铲挖掘机构成

机械式单斗挖掘机（见图 3-31）属于挖掘机的一种，用一个铲斗以间歇重复的工作循环进行工作，即由挖掘、满斗回转至卸载点、卸载、空斗回转至挖掘位置等四个工序构成一个工作循环。在作业过程中，挖掘机是不移动的，直到将一次停机范围内的土壤挖完，挖掘机才移动到新的作业地点。

图3-31 机械式单斗挖掘机示意图

为了完成上述动作，机械式单斗挖掘机应具有下列部分：

（1）工作装置：主要包括动臂、斗柄、铲斗及推压机构等部件。

（2）支撑行走装置：支撑整个机体，保证机器的运行，大部分采用履带装置。

（3）动力装置和传动装置：提升机构、推压机构、回转机构、动臂起升机构、斗底开启机构，操纵装置、润滑装置及其他附属设备。

机械式单斗挖掘机工作装置的特点：多数采用单梁动臂，双梁外斗柄，单滑轮提升，齿轮-齿条推压；还有双梁动臂，单梁内斗柄，双滑轮提升，钢丝绳推压，也有采用内方斗柄，齿轮-齿条推压。

3.3.3.1 单斗正铲挖掘机工作装置的结构类型

单斗正铲挖掘机的工作装置是由动臂、斗柄、铲斗及推压机构等部件组成。以动臂与斗柄相互配置的不同，工作装置有以下几种形式。

A 双梁动臂、单梁内斗柄结构（如图3-32（a）所示）

此种结构的动臂是箱形截面的双梁结构，由于正铲斗柄与动臂成刚性连接，挖掘时使动臂承受弯曲载荷，故多采用厚板箱形断面结构形式，以增加抗弯、抗扭的能力。

由于挖掘土壤时的偏心阻力，使斗柄对动臂发生扭转的作用，同时由于回转时铲斗、斗柄的惯性力也形成对动臂的扭力。斗柄在进行推压时，除受轴向力外，还受到在挖掘土壤时偏心作用造成的扭转作用，所以要求斗柄具有一定的抗扭强度。也可以把斗柄制成圆断面，采用钢丝绳推压，这样的斗柄是免扭结构，改善了动臂的受扭力的情况。

B 单梁动臂、双梁外斗柄结构（如图3-32（b）所示）

该结构的动臂是整体焊成箱形截面的单梁结构，动臂下端有支撑踵，为了增加动臂的稳定性，还在动臂的两端装有附加拉杆。动臂中部有平台，上面装有推压机构，这种动臂结构简单，重量轻，多在大型矿用挖掘机上采用。

与单梁动臂相配的斗柄是由箱形截面的双梁构成，在靠近铲斗的一端，两侧梁用中间横梁连接起来，一般小型挖掘机的横梁是用钢板做成椭圆形断面，在椭圆的内部放上木质梁，把斗柄的侧梁用螺栓连接起来并固定。对于大型的挖掘机，是一个铸钢作的横梁，横

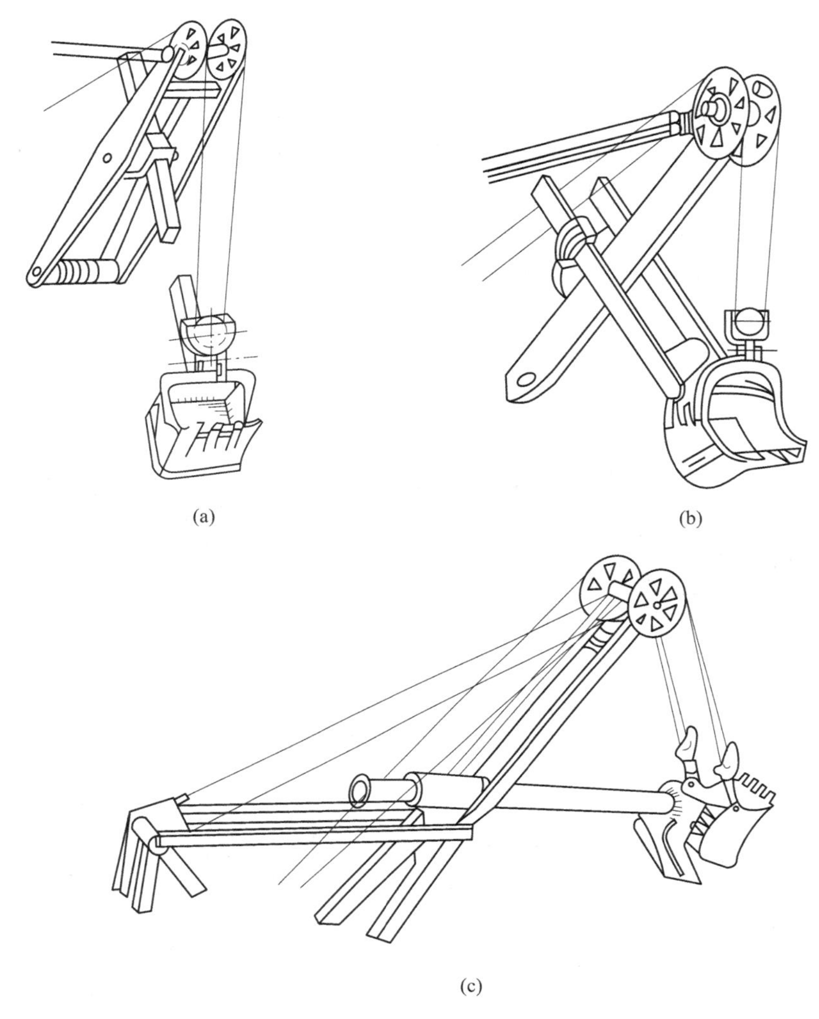

图 3-32　工作装置的类型

（a）双梁动臂、单梁内斗柄结构；（b）单梁动臂、双梁外斗柄结构；
（c）双梁铰接式动臂、单梁内斗柄结构

梁的每一侧斗柄都用三个螺钉连接，其中两个螺钉做成偏心，可以调节两个侧梁是否处于同一水平。双梁斗柄结构可承受较大的载荷，并能承受由于挖掘土壤时的偏心作用而产生的扭力，以及回转时铲斗和斗柄自重造成的惯性力矩。由于其有较大的推压力，因而这种结构多用于大型的采矿型挖掘机上。

C　双梁铰接式动臂、单梁内斗柄结构（如图 3-32（c）所示）

此种结构的动臂是双梁结构，并由上下两节铰接而成，下节多用箱形梁结构，上节用无缝钢管制成，铰接点布置在推压轴上。

这种工作装置的优点是：可使动臂不受因推压力而造成的弯矩，斗柄不受因挖掘阻力的偏心作用而造成的扭矩，故可使动臂和斗柄的重量减轻。这种多用于大型剥离挖掘机上。

3.3.3.2 工作装置的主要构件

A 动臂（悬臂）

图3-33为WD-300型挖掘机的单梁动臂结构。它是箱形断面的整体焊接结构梁，内部焊有加强隔板，间距1.0~1.5m。下部焊有铸钢件支撑踵，它有两个耳孔用以将动臂装在回转平台上。此外，动臂还用两根侧拉杆2与回转平台相连。在动臂顶端装有两个供提升铲斗钢绳用的天轮3和供提升动臂钢绳用的四个滑轮。动臂中部装着具有两个扶柄套5的推压轴6、推压电动机7、推压机构的传动装置以及开斗电动机8等。在动臂下面装木垫板9，用以保护动臂免受铲斗之冲击。为了制作上的方便，支撑踵、动臂顶部和推压轴的支座均是铸成的，然后焊到动臂主梁上。

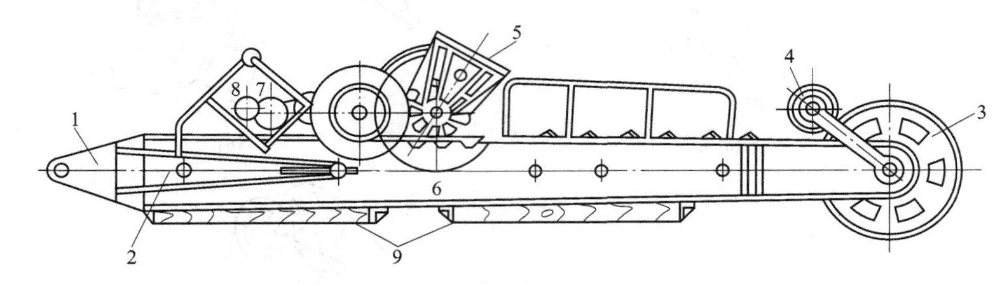

图3-33 单梁动臂结构

1—支撑踵；2—侧拉杆；3—天轮；4—绷绳滑轮组；5—扶柄套；6—推压轴；
7—推压电动机；8—开斗电动机；9—缓冲木垫板

近年来，挖掘机的动臂结构有较大的变化。如WK-10、2100BL、2300XP等型挖掘机的动臂不带侧拉杆，为了增加动臂抵抗水平惯性力的能力，一是将动臂根部制成叉形，即采用大跨度支撑踵；二是增加橡胶缓冲器；三是安装动臂限位开关，以防因推压过猛而把动臂顶起。

图3-34是2100BL型挖掘机动臂根部缓冲器的结构。它由带环的螺栓、钢圆盘、橡胶缓冲垫及调整螺母等组成。动臂根部辊子支撑着动臂，缓冲器吸收冲击力，从而保护了动臂构件和回转平台。动臂根部缓冲器和辊子用销子固定在一起。缓冲器有9个钢垫圈和8个橡胶垫圈交替安装，其上下均为钢垫圈。为使橡胶圈与钢垫圈很好地吻合.装配时应使钢垫凹面朝上，橡胶垫的凸面朝下。

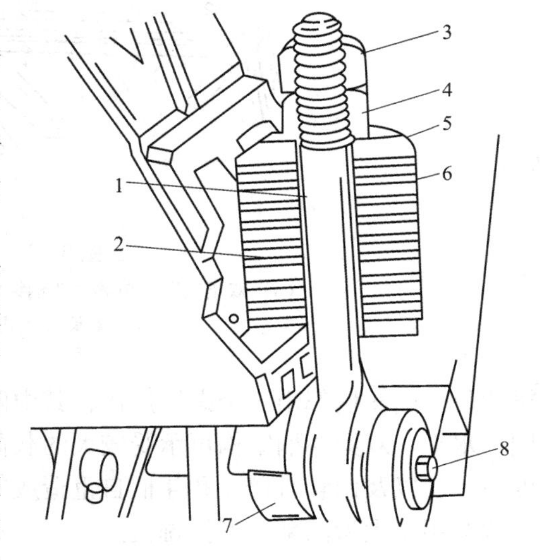

图3-34 动臂根部缓冲器结构

1—带环螺栓；2—钢圆盘和橡胶缓冲垫；
3—放松螺母；4—调整螺母；5—垫圈；
6—冲击吸收器；7—球面辊子；8—销子

图3-35是WD-1200型挖掘机的双梁动臂结构。动臂体是一根用钢板焊成的整体箱形双梁，中部为空档，其间装有扶柄套，它可绕推压轴转动。扶柄套两侧各有一个双槽导向滑轮，用来支撑和导引推压及回动钢绳。由于工作时承受力较大，故套装在推压轴上，动臂下部

空档处还有四个支架滑轮，以扶托钢绳。

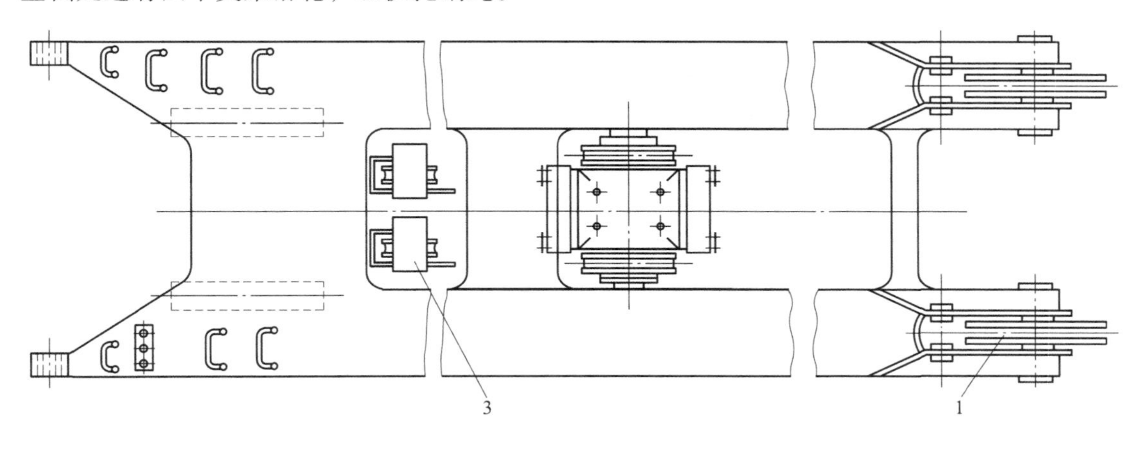

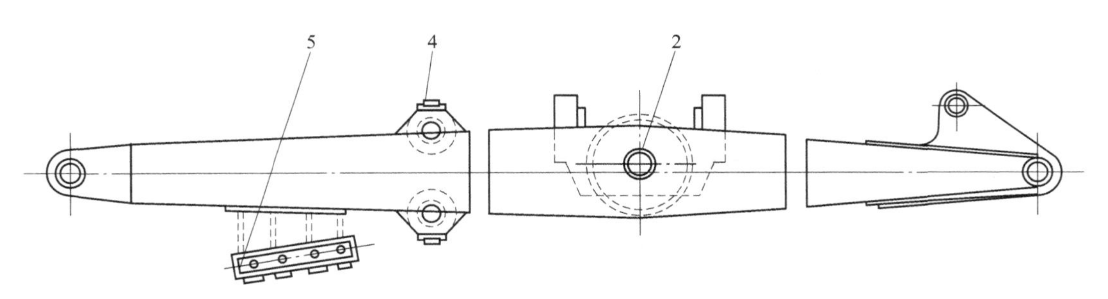

图 3-35　WD-1200 型挖掘机的双梁动臂结构

1—顶部滑轮；2—扶柄套和推压轴；3，4—支架滑轮；5—缓冲器

B　斗柄（斗杆）

斗柄是将推压力传递给铲斗的构件。在前述动臂和斗柄的不同组合方式时，就已指出了斗柄的构造型式，即单梁内斗柄和双梁外斗柄。斗柄在扶柄套（鞍形座）内作前伸或后退运动。因此，通常斗柄分支的断面在整个长度上都相同，并且在摩擦表面上不准有任何不平 V 处。内圆斗柄可在扶柄套内转动，故可以消除由于挖掘阻力的偏小作用而产生的转矩；外方斗柄在扶柄套内不能转动，因而受转矩负荷大，而齿条焊在斗柄上也加大了斗柄质量，但对于繁重的工作条件来说仍是可靠的。

在现代挖掘机中，方形斗柄一般都采用焊接结构，圆形斗柄可直接采用型钢（圆管）制造。图 3-36 为某型电铲斗柄示意图，该斗杆采用具有低温（-30℃）冲击韧性的低合金高强度钢板焊接而成。直斗柄变板厚结构设计，减少了应力集中，简化了装焊工艺，承载能力更大。另外高锰钢铸造齿条，整体焊接到斗柄上。有效地避免了齿条分段焊接过程中产生的应力集中。

C　铲斗

铲斗是挖掘机上直接进行挖矿与装载的重要部件，它不但受到很大的载荷，而且还受到剧烈的磨损。斗的构造和形状对挖掘机的生产率和工作可靠性有很大的影响。

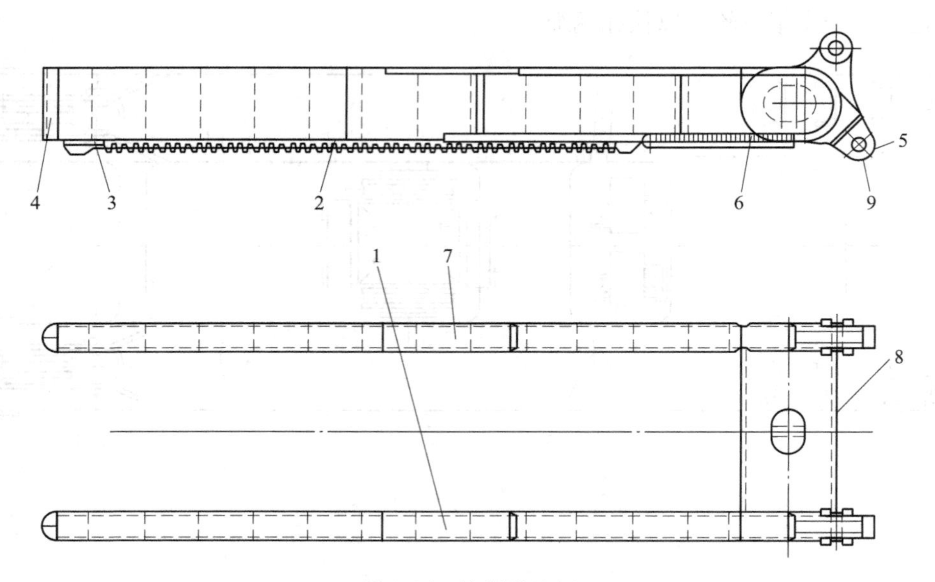

图 3-36 挖掘机斗柄

1—右斗杆；2—齿条；3—后挡板组件；3—斗杆堵头；5—套；6—前挡板；7—左斗杆；8—连接筒；9—耳块

正铲斗的形状很接近于立方体，四周由前壁、后壁和侧壁围成。上面是敞开的，下面是可以开启的斗底。为了便于卸载，正铲斗的内部常制成上小下大。斗的前壁装有可以更换的斗齿，用以减少挖掘阻力；后壁用以支承整个铲斗，并和斗柄相连。侧壁后部（通常斗的侧壁后部与后壁是一个铸件），通过提梁（平衡梁）与滑轮架、提升钢绳与提升机构相联系。

图 3-37 为机械式挖掘机的铲斗示意图。它的前、后壁是分别铸成的，二者用埋头螺栓连接，同时采用焊接加柱塞方法固成一体（图中 *B-B* 剖面）。斗的前壁用高锰钢铸成，以保证足够的强度和耐磨性。前壁上部向上和向外突出，以减少与矿石间的摩擦；后壁用碳钢铸成。斗前壁借螺栓固定有五个可以更换的斗齿（图中 *A-A* 剖面）。斗齿也是由耐磨的锰钢或其他合金钢制成的，磨损后用耐磨合金钢补焊。铲斗的后壁借四个轴销与斗柄相连。平衡梁两端借铰销与铲斗侧壁相连，而中间借铰销与滑轮架相连，提升钢绳就是绕过滑轮架中的滑轮提升铲斗的。采用平衡梁的悬挂方式可减少斗柄所承受的扭转力矩。由于滑轮是横装在销轴上，平时滑轮不转，只是当两股绳拉力不等时略微转动一点，因而可以平衡钢绳拉力，改善斗柄的受力情况。

3.3.3.3 推压机构结构分析

正铲的推压机构，一般都装在动臂上，用来使斗柄作推压运动或退回运动。根据工作原理的不同，推压机构分三种形式：

（1）独立式推压机构：其运动独立，能够保证铲斗在任何位置时，准确地操纵和调节斗柄的运动。该机构的缺点是不能平稳地调节推压速度，易造成高峰负荷，使发动机过载。

（2）依从式推压机构：这种机构依从于提升机构，即通过提升钢丝绳的力使斗柄推出。该机构结构简单，可以平衡地调节推压速度，但缺点是推压机构不能独立操作，因而

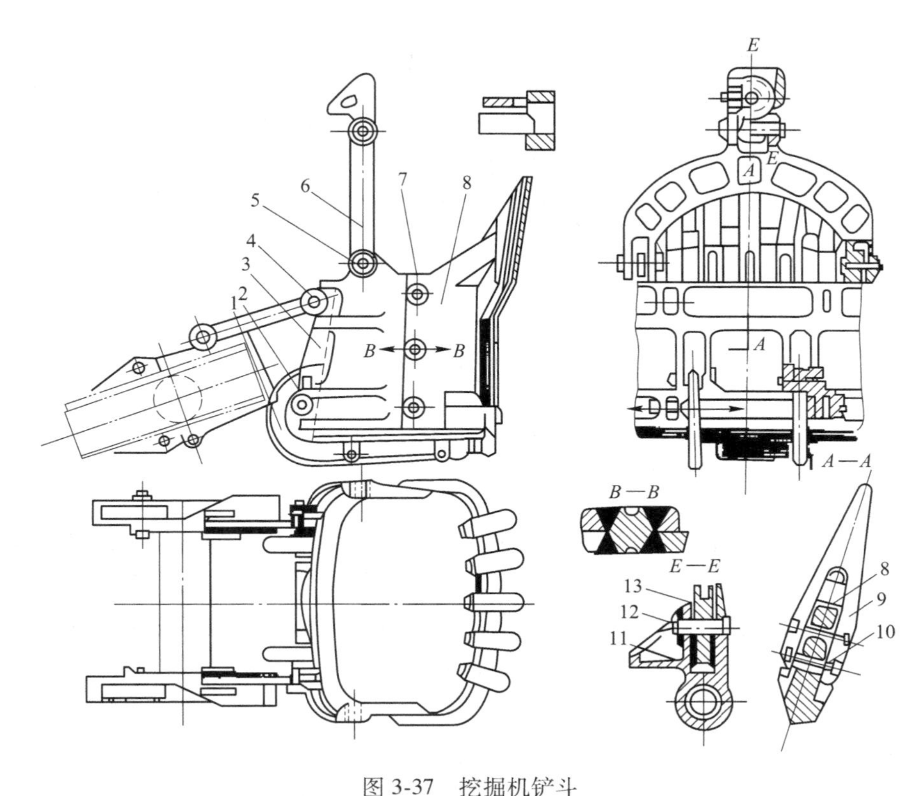

图 3-37 挖掘机铲斗

1—弯梁；2，4—耳孔；3—后壁；5，12—销轴；6—平衡梁；7—塞柱；8—前壁；9—斗齿；10—螺钉；11—滑轮架；13—滑轮

切削厚度不易调节和控制。

（3）复合式推压机构：可按依从式推压机构工作，亦可按独立式推压和依从式推压机构两种推压机构同时工作，但不能单独按独立式工作。这种机构的优点是推压速度变化平稳，由于独立式推压部分的存在，依从式推压机构缺点得到改善，因此，采用复合式推压机构可以将依从式推压机构和独立式推压机构的优点结合起来。整个机构的工作更加平稳，但这种机构结构复杂，多用于小型挖掘机上。

在现代的矿用挖掘机上，都是采用多电动机驱动的传动系统。按推压力传给斗柄的方式不同，推压机构可分为三种形式：齿轮-齿条式（图 3-38（a））、钢绳式（图 3-38（b））、曲柄摇杆式（图 3-38（c））。

齿轮-齿条推压机构的主动件是齿轮 1 做正反向转动。它带动固定在斗柄 3 上的齿条 2 使铲斗在扶柄套内做往复平移运动。钢绳推压机构的推压力通过钢绳 7、8 传给斗柄，钢绳的一端固定在斗柄上，在绕过导向滑轮后将其另一端固定到推压卷筒 5 上。钢绳 7 使斗柄在扶柄套内做向前运动，即推压运动；钢绳 8 使斗柄向后运动。一条钢绳在缠绕时，另一条钢绳在放松。当卷筒的转向改变时便可改变斗柄的移动方向。

上面两种推压机构的斗柄与动臂之间用扶柄套联系在一起。曲柄摇杆式推压机构的斗柄与动臂间无直接联系。斗柄 3、摇杆 9 和拉杆 10 铰接在斗柄末端的铰链上。摇杆的另一端铰接在转台上（在靠近动臂的连接销轴上）。推压齿条与拉杆 10 固定在一起。这种式的

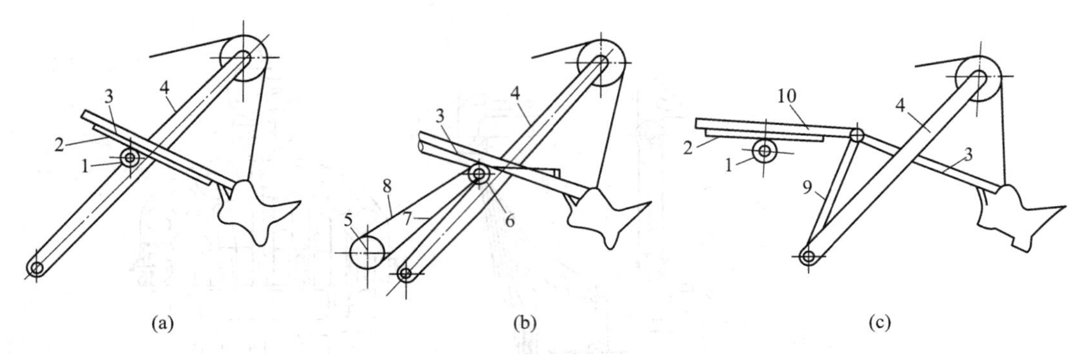

(a) (b) (c)

图 3-38 推压机构的传动形式

（a）齿轮-齿条压式；（b）钢绳式；（c）曲柄摇杆式

1—齿轮；2—齿条；3—斗柄；4—动臂；5—推压卷筒；6—滑轮；

7—推压钢绳；8—回动钢绳；9—摇杆；10—拉杆

推压机构，因斗柄与动臂无直接联系，因此可使动臂上的负荷大为减轻，而动臂质量也大为减小。这样，回转时的惯性负荷也随之减少了，其缺点是：回转易摆动，有时与动臂撞击，推压力变化大；对整体而言，质量减轻不大。此机构适于大型剥离型挖掘机。

下面仅介绍齿轮-齿条式和钢绳式两种推压机构。

A 齿轮-齿条推压机构传动系统

由于齿轮齿条推压机构传递推压力大，刚性也大，适合工作条件繁重的采矿作业。所以矿用挖掘机多采用这种形式。如 WD-300、WK-35、2100BL 及 2300XP 型挖掘机均是用齿轮-齿条传递推压力的。齿轮-齿条推压机构安装于动臂的中部。

由于齿轮齿条推压机构的重力和推压力都作用在动臂上，这就要求动臂要有足够的强度，从而使动臂质量增加，导致回转部分的转动惯量增加。又由于是刚性推压，没有多大的缓冲性，不能缓和因动载荷造成的冲击。为此在近些年设计的挖掘机上，都在推压部分上采取了一些措施，如 2100BL 等型挖掘机采用了皮带传动或蜗杆传动推压机构，取得了较好效果。图 3-39 是 2100BL 型挖掘机用三角皮带传递动力的推压机构。其直流电动机是

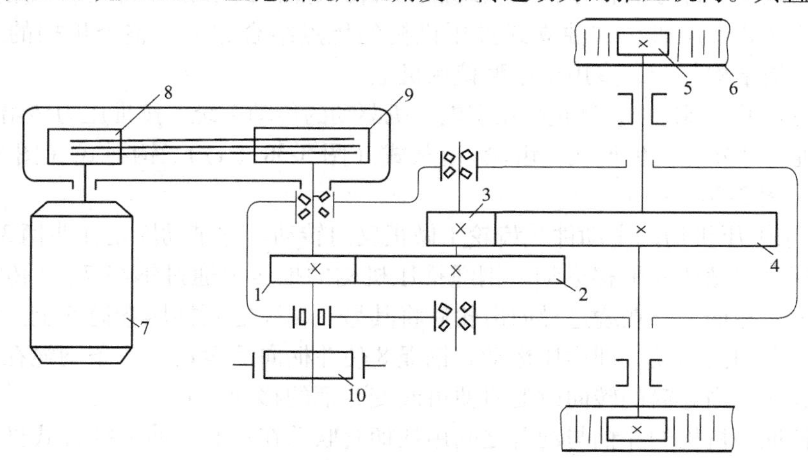

图 3-39 用皮带传动的推压机构

1~5—齿轮；6—齿条；7—电动机；8，9—三角皮带轮；10—制动器

水平安装的，动力经多根三角皮带，齿轮 1~5，推动斗柄齿条移动。斗柄的行程由限位开关控制。2300XP 型挖掘机的推压机构也属于这类形式。

图 3-40 是 2100BL 型挖掘机另一种推压机构形式。电动机的动力通过传力杆 8 使蜗杆转动，从而使推压机构工作。传力杆的两端用两个弹性联轴节分别与电动机和蜗杆轴连接。

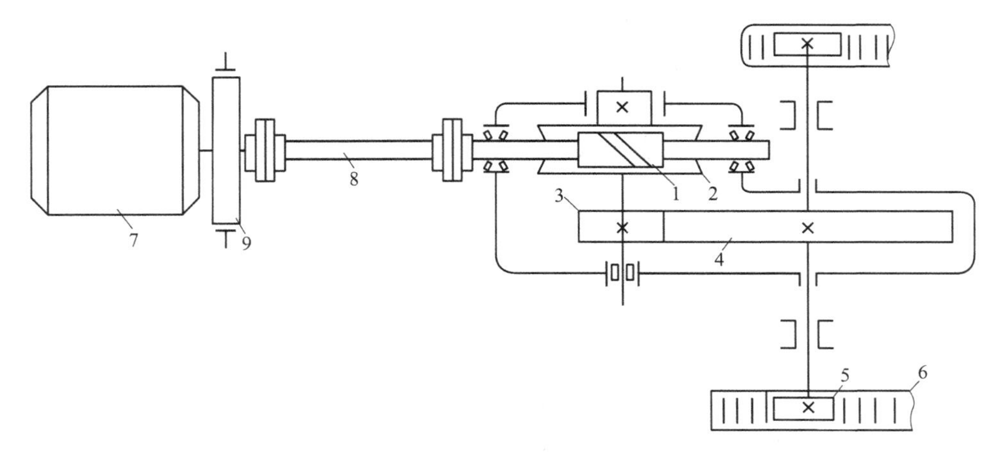

图 3-40　蜗杆传动的推压机构
1~5—齿轮；6—齿条；7—电动机；8—传力杆；9—制动器

B　钢绳推压机构传动系统

钢绳推压系统与齿轮齿条推压系统相比有如下优点：

（1）钢绳具有弹性，可以吸收冲击负荷，而齿轮齿条推压机构是刚性传动，因此冲击力直接传递到平台上。

（2）钢绳推压机构的推压卷筒安装在挖掘机的回转平台上，可以受到保护，还可以减轻动臂负荷，缩小动臂结构尺寸。因而在回转时，也使受力情况大大改善。而齿轮齿条推压机构暴露在大气中，矿山粉尘多，磨损较快。

（3）钢绳磨损后，更换方便，而齿轮齿条推压机构零件磨损快，维修不便，又费时间。

根据以上优点，目前钢绳推压挖掘机正在逐步发展。20 世纪 70 年代以后，美国 B-E 公司为了提高钢绳寿命，对钢绳推压机构采取了一系列改进措施。如：采用橡胶缓冲装置；将斗柄后部的固定半滑轮改成可转动的整体滑轮等，都给钢绳推压方式的挖掘机的生存起了关键性的作用。图 3-41 是

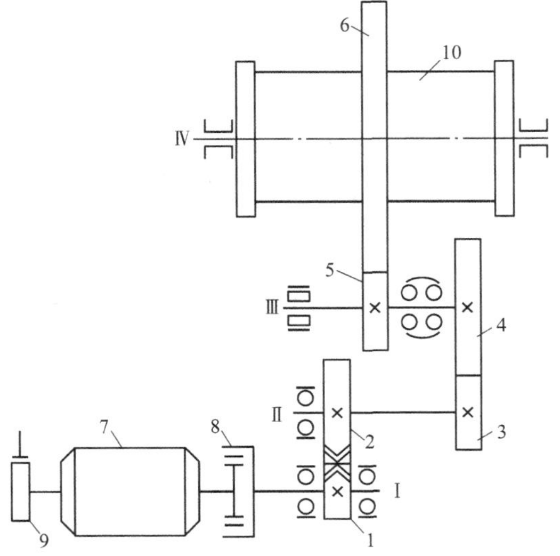

图 3-41　195B 型挖掘机的推压系统
1，2—人字齿轮；3~6—直齿圆柱齿轮；
7—电动机；8—气胎离合器；9—制动器；
10—推压卷筒；Ⅰ~Ⅳ—轴

195B 型挖掘机推压机构传动系统。它是由电动机经三级减速器驱动。推压卷筒转动的。电动机与减速器之间装有气胎离合器，可起安全保护作用。制动器装于电动机的另一端。

下面介绍推压机构的主要构件。推压机构主要构件有推压轴、扶柄套、过负荷保险装置及制动器等。

（1）推压轴与扶柄套。齿轮-齿条式推压机构的推压轴结构基本相同。

2100BL 型挖掘机推压轴的扶柄套有两种形式。一是由三块板组成的，即内、外侧板和连接板（图 3-42（a））。其中连接板是可调的，借以保持推压轴小齿轮与斗柄齿条间正确啮合；另外一种形式是由一块板构成的（图 3-42（b））。侧隙用隔一定时间在推压轴两端加垫的方法来保持。滑板用在它与扶柄套之间加垫的方法调整。

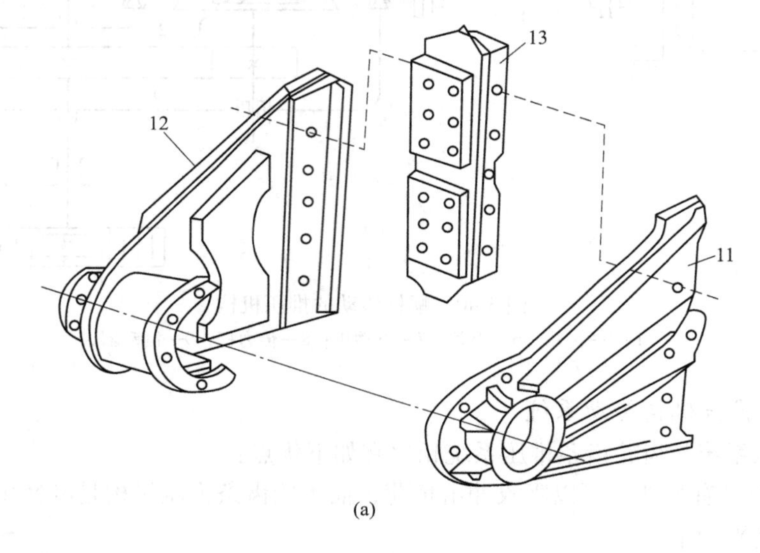

(a)

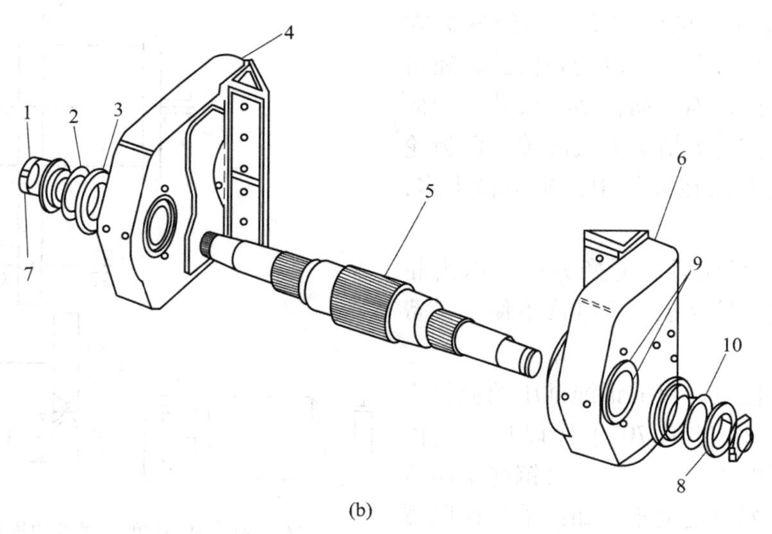

(b)

图 3-42 2100BL 挖掘机扶柄套

1—锁销；2—垫；3—端盖；4，6—左右扶柄套；5—推压轴；7—支承螺母；8—限位器；9—定位销孔；10—开口挡环；11，12—内、外侧板；13—连接板（底板）

钢绳推压机构的推压轴除装有扶柄套外，还需要装一套推压和回动钢绳的滑轮组，如图 3-43 所示。推压轴 3 装在下部动臂 4 顶部的座孔内，轴基本上不转动。轴中部装着扶柄套 2，它可在轴上转动。两个导向滑轮 5 装在扶柄套两侧的边缘上。滑轮具有表面火焰硬化的双绳槽，用以穿绕按压钢绳和回动钢绳。扶柄套的导向孔中装衬垫 9，为了磨损后便于更换，该衬垫由四块组成。上衬垫与左右衬垫间有两个定位销，下衬垫用平键固定。在扶柄套边缘和推压滑轮上有润滑油管接头和油道，以便润滑轴承和衬套。

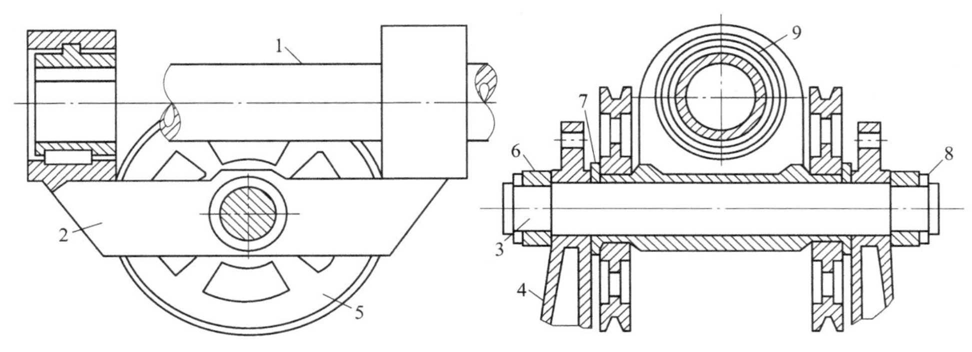

图 3-43　钢绳推压挖掘机推压轴与扶柄套

1—斗柄；2—扶柄套；3—推压轴；4—下部动臂；5—导向滑轮；6—支柱（拉杆）；
7—止推垫；8—夹紧套环；9—衬垫

（2）推压机构钢绳的缠绕。在钢绳推压机构中，通常采用两条钢绳分别带动斗柄的前进与后退，前者为推压钢绳，后者为回动钢绳，其缠绕方法如图 3-44 所示。推压绳 1 的一端用螺栓固定在卷筒 3 的右内侧的绳窝里，而后自卷筒下面引出，自下而上地绕过导向滑轮 5 的内绳槽，穿过斗柄后端平衡器 8 的绳槽，再自上而下地通过另一推压滑轮的内绳槽，然后从卷筒下面缠在卷筒左侧的绳槽上，并用螺栓固定在卷筒左内侧的绳窝里。钢绳两端在卷筒上均应留出足够的摩擦圈。回动钢绳 2 的一端焊在推压卷筒右外侧的绳窝里，而后自卷筒上面引出，绕过导向滑轮的外绳槽，穿过导绳器 6 的右端绳槽，再绕过斗柄前端

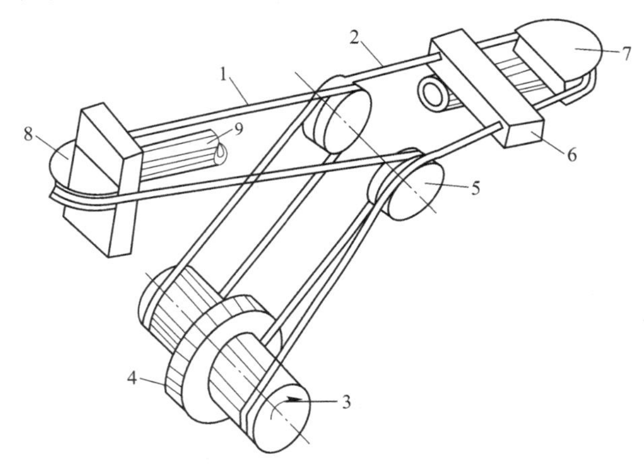

图 3-44　推压机构钢绳缠绕

1—推压钢绳；2—回动钢绳；3—卷筒；4—直齿圆柱齿轮；5—导向滑轮；
6—导绳器；7—调整螺母绳槽；8—平衡器绳槽；9—柄体

调整螺母绳槽7，穿过导绳器的左端绳槽，从上面绕过左侧导向滑轮的外绳槽，最后从上面缠入卷筒的左外侧焊在绳窝里。

3.3.3.4 开斗机构

一般正铲式单斗挖掘机的开斗机构都由一台独立的电动机驱动，其传动方式也都基本相同。图3-45是某WK型挖掘机的开斗机构，开斗机构由一个交流电机通过直齿传动装置驱动重型开斗卷筒，开斗钢丝绳一端与卷筒间采用楔套式连接，另一端通过斗杆上安装的开斗摆臂之后与铲斗上的开斗杠杆相连接，中间通过鞍座内部鞍座两端有滑轮装置控制钢丝绳的方向。开斗机构是由开斗电机、小齿轮、内齿圈、卷筒轴、卷筒、钢丝绳等组成，开斗电机安装在A型架压杆上，与摆臂、鞍座、开斗杠杆在同一直线上。

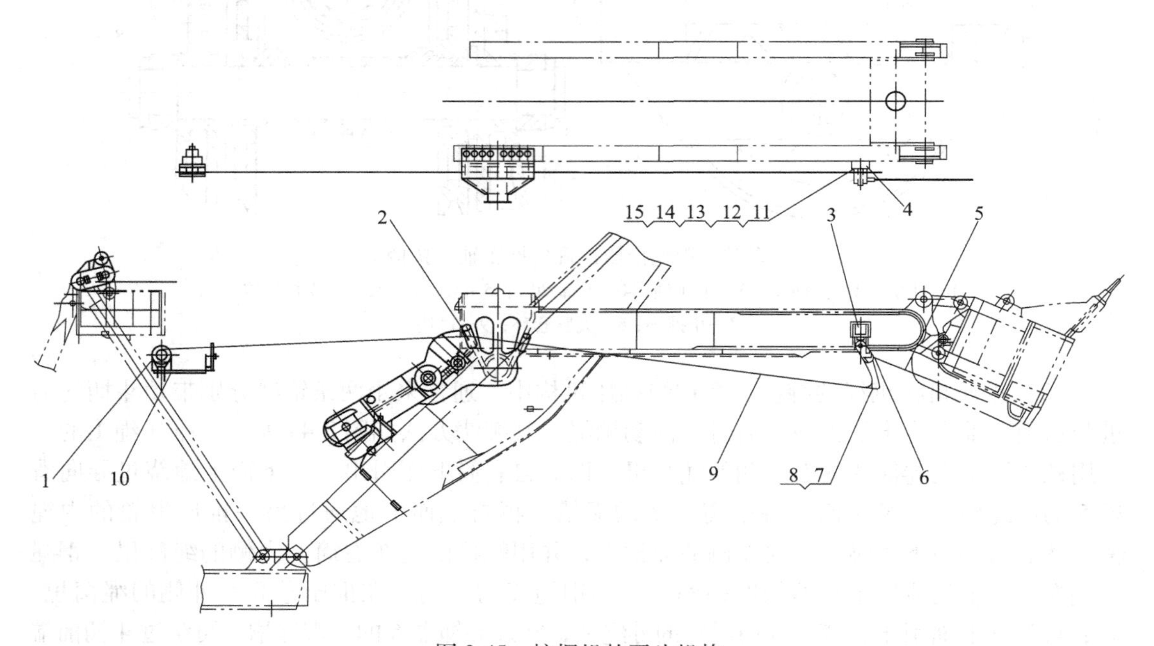

图3-45 挖掘机的开斗机构

1—卷筒与电动机；2—滑轮架组件；3—开斗杠杆装置；4—底板座；5—链条；6—索具卸扣；7—楔；8—楔套；9—钢丝绳；10—电机支座；11—螺栓；12—垫圈；13—螺母；14—垫圈；15—钢丝

滑轮架组件安装在鞍座的两侧，每个滑轮架由两个导向滑轮组成，钢丝绳首先通过第一组滑轮，中间穿越鞍座内部后，通过第二组滑轮，此结构以保护鞍座和钢丝绳不受磨损，以及使得卷筒到开斗杠杆成一直线。

3.3.3.5 提升机构

提升机构主要用于提升铲斗，而下放铲斗多是依靠铲斗自身重力实现的。有的挖掘机的提升机构还兼作动臂提升。

提升机构一般有两种传动形式：一是由独立电动机驱动的提升机构，其中又分单机驱动（如WD-400型挖掘机）和双机驱动（如WK-10、WK-35、2300XP型挖掘机）两种类型；另一是与其他机构共用一台电动机驱动的传动型式（如WD-1200、2100BL型挖掘机）。

A 独立电动机驱动的提升机构传动系统

WD-400 型挖掘机提升机构传动系统如图 3-46 所示。该系统由铲斗提升及动臂提升两部分组成，并由一台电动机驱动。铲斗提升与动臂提升两系统之间通过链条相联系。当挖掘机正常工作时，应将链条从链轮上摘下，其传动过程为：提升电动机—弹性联轴节 7—人字齿轮 1、2—圆柱直齿轮 3、4—提升卷筒。齿轮 2 和 3 都装在中间轴Ⅱ上，而齿轮 4 和卷筒联成一体。下放铲斗时，将制动器 8 松开，电动机断电，铲斗靠自重力落下，并使电动机反转。欲进行动臂提升或下放（在检修或做长距离的搬运、移动时，需落下动臂），需挂上链条，并将联轴节 7 脱开（或脱掉提升钢绳），开动电动机即可实现。由于动臂升降并不经常进行，因此由手动带式制动器和蜗轮副一起可靠地防止动臂自动下降。提升制动器 8 装在中间轴上，属于常闭带式。

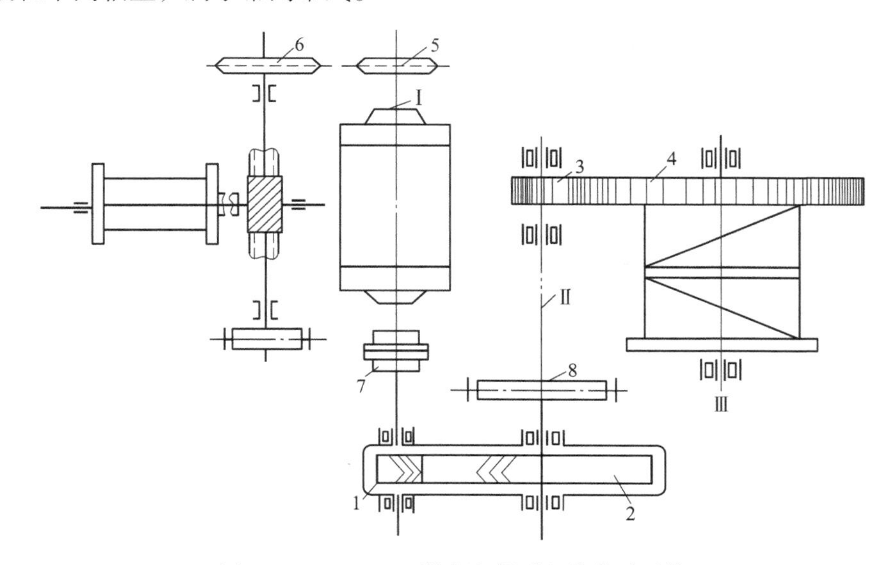

图 3-46 WD-400 型挖掘机提升机构传动系统
1，2—人字齿轮；3，4—圆柱直齿轮；5，6—链轮；7—弹性联轴节；8—提升制动器

WK-10 型挖掘机提升机构为双电动机驱动（图 3-47）。动力经胶棒弹性联轴节传递给减速器两边输入轴，在联轴节外装有气动制动器。减速器为二级齿轮传动，一级是单斜齿轮和一级两对斜齿轮啮合，大齿轮与卷筒固定在一起，卷筒布置在减速器两边。卷筒支架与减速器为一焊接整体。2300XP 型挖掘机提升机构也是用双电动机同时驱动的，与 WK-10 挖掘机不同的是卷筒轴齿轮只有一个，且装于卷筒的一侧。这种驱动方法可以减少传动机件的转动惯量，改善运转性能，但两电动机如果同步不好，往往会造成过载。

B 与其他机构共用一台电动机驱动的提升机构传动系统

WD-1200、280B 型挖掘机的提升机构与行走机构共用一台电动机驱动，如图 3-48 所示。两个机构分别用两个气胎离合器传递动力。当提升机构工作时，提升气胎离合器 7 结合，行走气胎离合器 6 分开。由电动机经过离合器 7，人字齿轮 1、2，斜齿轮 3、4 带动提升卷筒旋转，进行提升或下放铲斗动作。提升制动器 27 是常闭带式的，装在提升传动机构中间轴Ⅱ上。

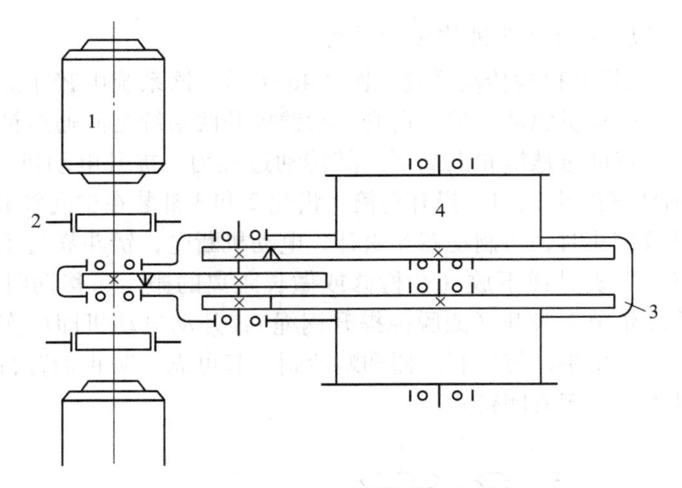

图 3-47 WK-10 挖掘机提升系统

1—电动机；2—联轴节、制动器；3—减速器；4—卷筒

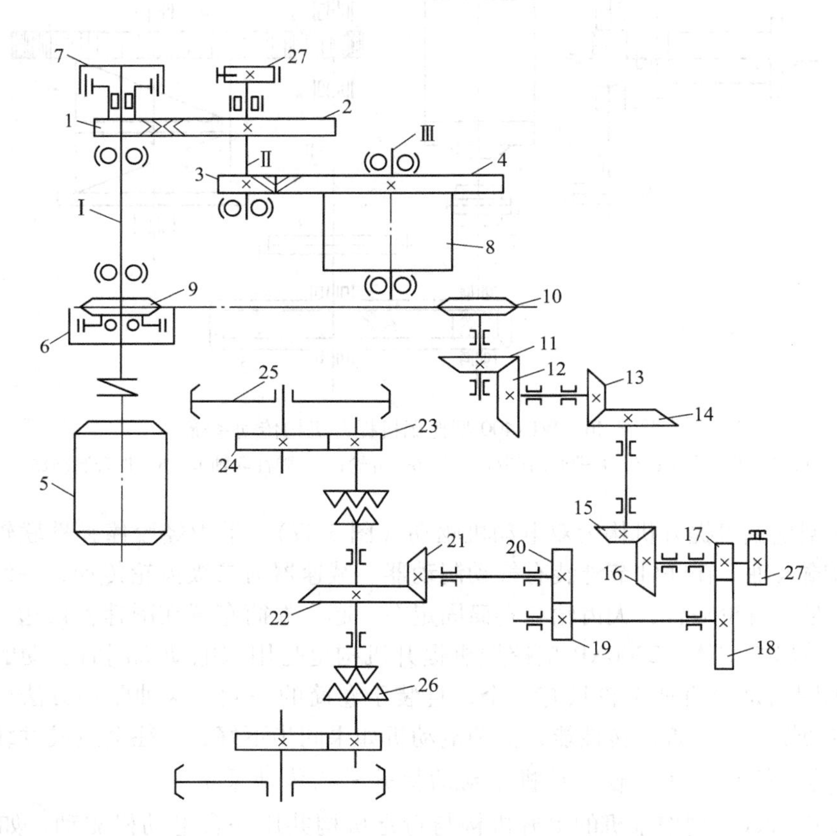

图 3-48 与行走机构共用一台电动机的提升系统

1，2—人字齿轮；3，4—斜圆柱齿轮；5—电动机；6，7—气胎离合器；8—卷筒；9，10—行走链轮；11~16，21，22—锥齿轮；17~20，23，24—直圆柱齿轮；25—驱动轮；26—离合器；27—行走制动器与提升制动器；Ⅰ~Ⅲ—提升系统轴

2100BL 型挖掘机的提升电动机（主电动机）除了驱动提升机构外，还带动回转、行走和推压发电机工作，如图 3-49 所示。它由主驱动电动机、电磁滑差离合器、提升减速齿轮和卷筒所组成。主电动机是一台单向旋转、定转速的交流电动机，由主电动机供给提升时所需的功率。主电动机通过链传动驱动回转与行走推压发电机运转。同时驱动电磁滑差离合器的磁场构件使其以定转速旋转。当此旋转磁场构件的线圈以直流激磁时，则电磁滑差离合器的转子构件就因电磁感应而产生机械转矩。机械转矩通过转子构件空心轴上的小齿轮 1，驱动提升系统减速器的各齿轮。减速器内第一级齿轮是斜圆柱齿轮，第二级齿轮是直齿轮。提升制动器单独装于一根轴上，有小齿轮 5 与中间轴齿轮 2 相啮合，制动器属平移瓦块式的。

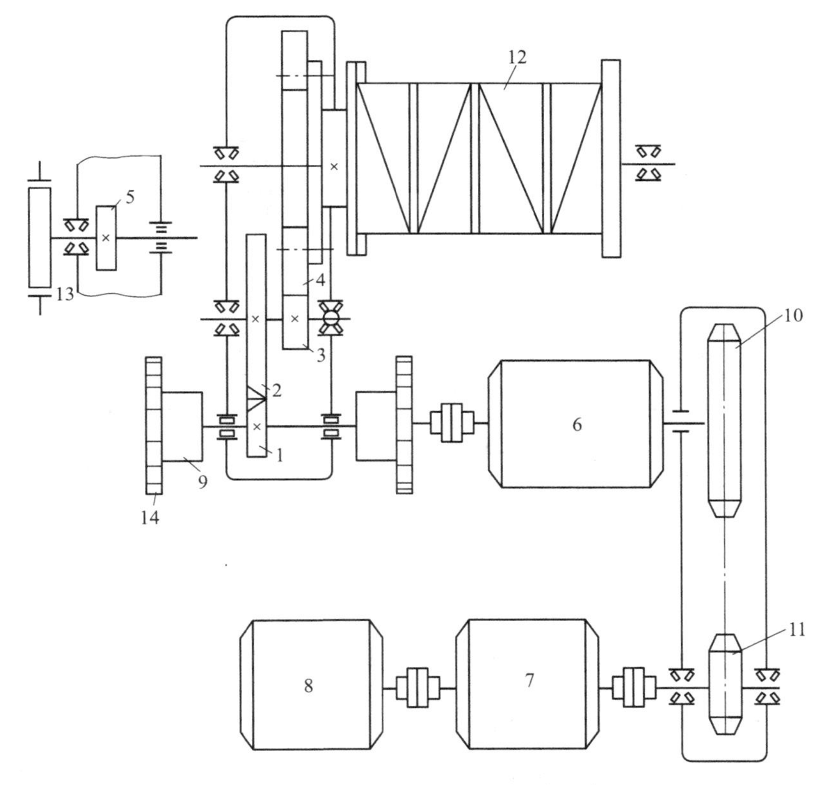

图 3-49　2100BL 型挖掘机提升系统

1~5—传动齿轮；6—主电动机；7—行走、推压发电机；8—回转发电机；9—电磁滑差离合器；10，11—链轮；12—卷筒；13—提升制动器；14—风扇

铲斗的下放速度，由安装在中间轴一端上的限速开关来控制。当铲斗加速下放，中间轴达到预先规定的转速时，限速开关闭合，电磁滑差离合器旋转磁场（即磁场组件）的线圈被激磁，这时转子组件被负载拖动，转速超过磁场组件，故产生相反方向的转矩，使铲斗下放得到制动，从而降低铲斗的下放速度。

3.3.3.6　回转支承装置

回转支承装置用于支承挖掘机的转台并使其能相对于行走装置底座回转，是挖掘机得以工作的重要部分。它由回转机构和支承装置两部分组成。

A 回转机构传动系统

在较大的正铲式单斗挖掘机中，回转机构都是由专门的电动机驱动的。电动机通过一个立式的减速器驱动回转小齿轮，依靠这个小齿轮与固定在底座上面的大齿圈相啮合，使转台回转。回转机构一般有同样的两组，一起工作。

采用两台电动机的传动机构是为了减少回转部分的惯性，使中枢轴和底座的受力情况得到改善，并使回转平稳，同时又可缩短回转时间，提高生产能力。两套回转减速器靠螺钉固定在平台上，电动机立放在减速器上。

WK-10、WD-1200型挖掘机回转机构基本类似，减速器是三级斜齿轮传动，从而提高了承载能力，增大了重合系数，减少了噪声。图3-50即为WK-10型挖掘机回转机构传动系统。2100BL型挖掘机的回转减速器的布置与WK-10型挖掘机不同，如图3-51所示。它的中间齿轮4、5同轴，且支承在箱体上。两种挖掘机回转机构主轴，均由转台下面插入最后一级齿轮的花键孔内，使其更换方便。

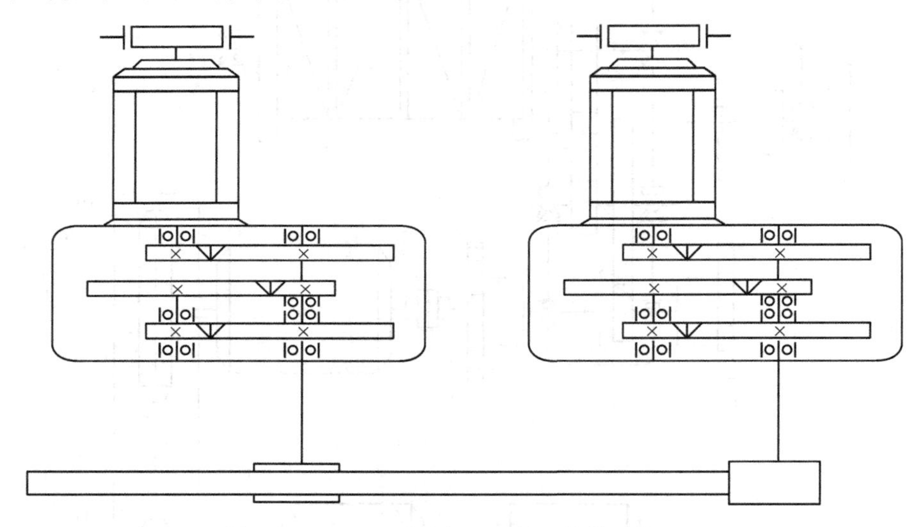

图3-50 WK-10型挖掘机回转机构传动原理图

2300XP型挖掘机回转机构与WD-400型挖掘机回转机构相似，减速器是二级的。但两套回转机构分别安装于转台的前部和后部。此外，与大齿圈相啮合的齿轮的主轴不是悬臂结构，而是在转台的外伸端装有轴承，因而减少了轴的悬臂变形，并使啮合齿面有良好的接触。回转主轴与小齿轮做成一体。可以从转台下部取下。

B 支承装置

支承装置设在平台和底座之间，它承上连下，使上下两部分可做相对运动。要求它承载能力大，结构尺寸小，回转阻力小，回转时转台保持平衡，不得倾覆。

支承装置的形式很多，但是共同特点都采用了滚盘形式。滚盘分上下两部分，各有滚道，在两滚盘之间的滚道上装有滚动体，其形式有滚轮、滚子、滚珠、滚柱等。在大中型挖掘机上常用滚子夹套式支承回转装置，如图3-52所示。它是用多个直径较小的滚子排列在滚道上，滚道分上、下两片，每个滚子用同心轴固定在钢制的隔离圈上，以保持各相邻滚子间距不变。回转时滚子在滚道上滚动，隔离圈跟随着一起转动。滚子有圆形和锥形

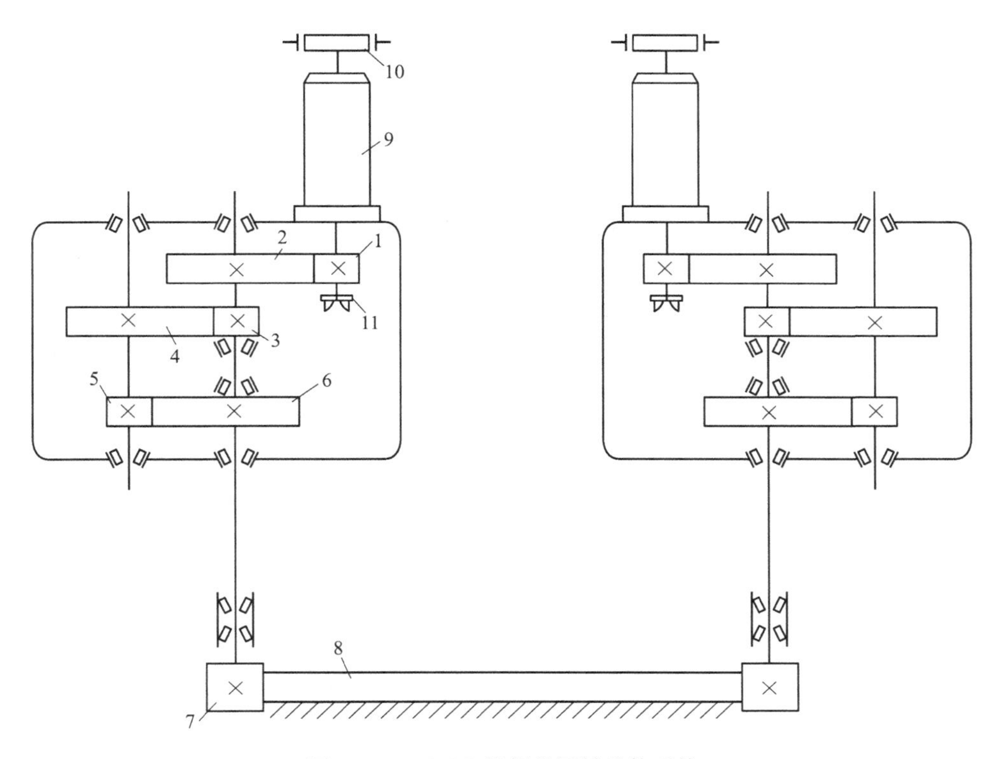

图 3-51 2100BL 挖掘机回转机构系统
1~7—齿轮；8—大齿圈；9—电动机；10—制动器；11—油泵

两种，圆形滚子，因内外端回转半径不同，滚动起来有速度差，使滚轮与滚道间发生滑动，增大运行阻力，加快了滚轮的磨损；锥形滚子则无此缺点，但要求滚道亦制成锥形，且锥形滚子会使轮子产生轴向力，故必须装止推轴承，使结构复杂。

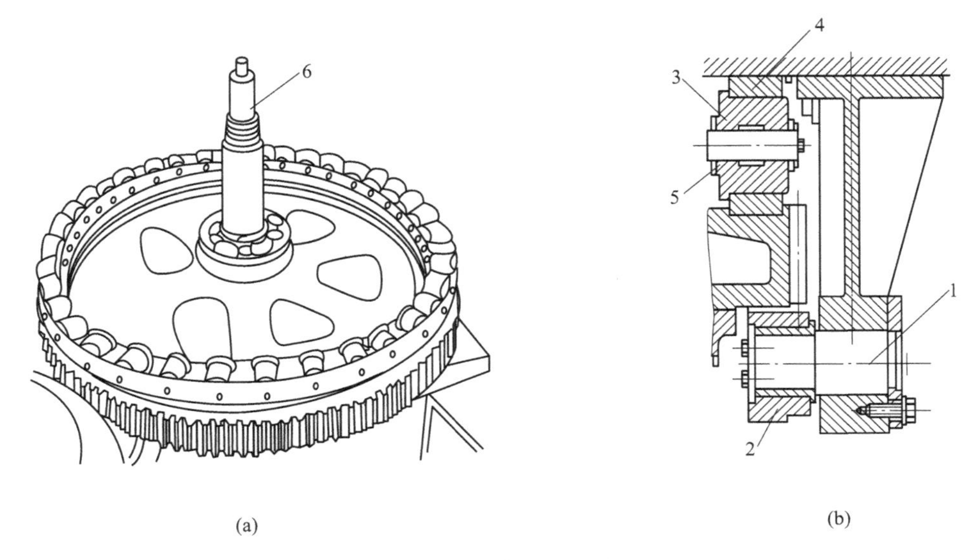

图 3-52 滚子夹套支承回转装置
1—偏心芯轴；2—反滚子；3—支承滚子；4—滚道；5—隔离圈；6—中央枢轴

3.3.4 主要机构设计计算

3.3.4.1 提升机构的计算

A 提升力 F_{ti} 的计算

正铲挖掘机在挖掘土壤时，是在提升和推压机构的同时作用下，在铲斗齿尖端产生挖掘力，由土体上截取一定断面的土屑并装满铲斗。在铲斗齿上的最大作用力，应当是足以克服挖掘机在计算土壤工作时的土壤反力 F_1 和 F_2。

提升机构计算的内容是：确定提升力、提升速度、提升机构的功率和选择提升钢绳等。

初步确定了工作尺寸、工作装置尺寸、各部件的重量、提升机构的结构形式及传动系统，就可以进行提升机构的计算。为了使提升机构在整个挖掘过程中有效地工作，能把装满土壤的铲斗提升到最大高度和最大推出量，计算提升机构时，取图 3-53 中的四个位置作为计算位置。

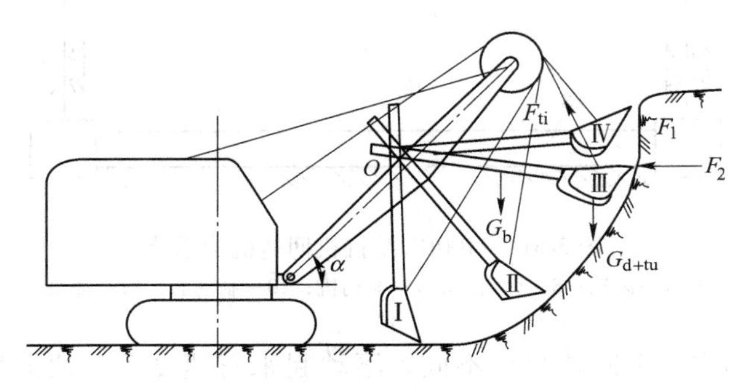

图 3-53 正铲提升机构计算简图

（1）斗柄垂直地面，开始挖掘，铲斗中无土壤。

（2）斗柄伸出全伸出量的三分之二，斗柄垂直于动臂，铲斗装入满斗的二分之一土壤。

（3）斗杆伸出最远，斗尖处于推压轴高度。

（4）铲斗提升到最大挖掘高度，铲斗装满土壤，不进行挖掘。

提升力在挖掘过程中是变值，与挖掘位置有关。第四位置是校核位置，计算结果要满足其他位置的提升力均大于第四位置提升力，只有这样才能保证按 1、2 和 3 选出的发动机能有足够的提升力将斗提升到第四位置。若不满足上述条件，就要适当改变工作装置的结构尺寸，主要是增加动臂上部长度，以增大提升钢绳和斗柄中心线之间的夹角。

提升力 F_{ti} 应克服土壤反力 F_1、铲斗重 G_d、土壤重量 G_{d+tu} 和斗柄重量 G_b 的一部分，根据铲斗和斗柄上各力对推压轴的力矩平衡关系，可求出。

根据典型位置，计算出各自的提升力值，取 1、2 和 3 位置的平均值 F_{tp} 作为平均提升力，根据该提升力计算电动机功率。

正铲铲斗的提升速度，应与回转速度相适应，常用的提升速度可按表 3-5 选用。

铲斗由离开工作面时的高度（为推压轴高度的三分之二）提升到最大卸载高度所需的时间应小于挖掘机转台回转 60°~70°所需要的时间。

表 3-5 正铲的提升速度

铲斗容积/m^3	0.25 ~0.5	1~2	3~4	5~8	10~15
铲斗滑轮提升速度/$m \cdot s^{-1}$	0.5	0.6	0.7	1.0	1.3

当电铲为多电动机驱动（提升机构采用单一电机驱动），提升机构中的最大作用力 F_{timax}，取决于所选电机的机械特性，大致等于$\left(\frac{1}{0.8}\sim\frac{1}{0.7}\right)F_{ti}$，当电铲为单发动机驱动时，若推压机构运动结束并被制动，则发动机功率全可用于提升，此时最大提升力为$\frac{1}{0.65}F_{ti}$，如果已知提升功率 P_{ti} 和推压功率 P_{tu}，则可以精确计算出最大提升力的数值。

假设提升铲斗钢丝绳滑轮组倍率为 a，提升滑轮组的效率为 η_h，则提升铲斗钢绳中最大作用力为 F_{tmax}：

$$F_{tmax} = \frac{F_{timax}}{a\eta_h}$$

此时即可根据 F_{tmax} 选用钢绳，在选用时，安全系数 K 通常按下值进行选用：对于中小型电铲，K 不小于 4.2~4.5；对于大型挖掘机，K 不小于 4.75~5。另外，提升卷筒的直径 D_j 与提升钢绳的直径 d_s 之间的关系为：对于中小型挖掘机取 $D_j/d_s = 25 \sim 27$，对于大型挖掘机取 $D_j/d_s = 26 \sim 32$。

B 提升机构最大功率的计算

提升机构的功率可以根据下列经验公式计算。

$$P_{ti} = \frac{F_{tp}v_{ti}}{1000\eta_{ti}} \quad (3\text{-}50)$$

式中 P_{ti}——提升功率，kW；

F_{tp}——平均提升力，N；

v_{ti}——提升速度，m/s；

η_{ti}——提升机构的效率，η_{ti} 取 0.7~0.8。

多发动机驱动时，提升机构发动机功率按上式确定后，最终功率要根据载荷图和计算等效功率，进行发热校核。单发动机驱动时，发动机功率根据提升和推压所需功率选取。

3.3.4.2 推压机构的设计计算

正铲推压机构的计算内容是：确定推压机构的载荷；合理选定推压速度；确定推压机构所需的功率等。

推压力分主动推压力和被动推压力。主动推压力 F_{tu1} 由推压机构产生，它必须克服挖掘阻力的法向分力 F_2 和提升力 F_{ti} 在斗柄方向分力（如图 3-54 所示），当铲斗的位置高于推压轴的时候，还要克服斗柄自身重 G_b 及铲斗和土壤重量 G_{d+tu} 在斗柄中心线方向的分力。但是挖掘高度一般小于推压轴高度，所以这些重力的分力常是帮助推压的。被动推压力是当斗柄不推出时，推压机构制动器所产生的一个支持力，把斗柄支持在所需位置。一般情况下，被动推压力比主动推压力大，因此，正铲推压机构按主动推压力计算，而制动器和零部件的强度，则往往需要按被动推压力计算。

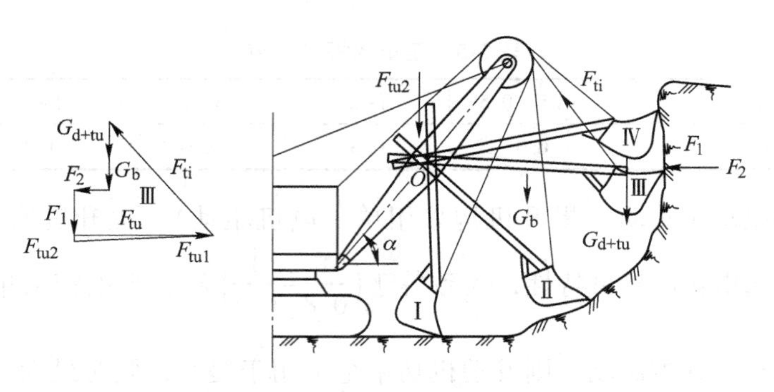

图 3-54 推压机构的计算简图

A 推压机构力的计算

根据经验，提升力 F_{ti} 在斗柄方向的分力比 F_2 大好几倍，因此，它对推压力起着主要的影响。推压力机构要根据四个位置计算：（1）开始挖掘时，斗柄垂直地面（如图 3-53 位置Ⅰ）；（2）斗柄垂直动臂，斗柄伸出总伸出量的三分之二（如图 3-53 位置Ⅱ）；（3）铲斗斗齿尖到达推压轴高度，斗柄全伸出，铲斗装满土壤（如图 3-53 位置Ⅲ）；（4）铲斗不进行挖掘，而使装满土壤的铲斗提升到最大高度。以斗柄为分离体，做出力多边形，求出总推压力。

B 推压机构最大功率的计算

推压机构所需功率为

$$P_{tu} = \frac{F_{tup} v_t}{1000\eta_{tu}} \tag{3-51}$$

式中 P_{tu}——推压功率；

v_t——推压机构的速度；

F_{tup}——平均推压力；

η_{tu}——推压机构的传动效率。

3.3.5 单斗挖掘机平衡重的计算

为了保证挖掘机的正常工作，在总体设计中，应该考虑平衡。单斗挖掘机的平衡是指转台和转台上一切机构与工作装置在各种位置时，其作用力的合力不得越出回转支承圈的范围，并尽量使回转支承滚子受力均匀。为此，在一般情况下，必须在转台上置以适当的平衡重，才能满足上述要求。所以挖掘机平衡问题，也就是如何确定平衡重的问题。

当平衡重小时，挖掘机工作时靠近工作装置侧的转台前部的环形轨道和支承滚子，要承受大部分载荷，因而受到较大的磨损；而当平衡重过重时，转台尾部的环形轨道将受到更为强烈的磨损。

挖掘机的平衡，是要达到在挖掘机工作循环内作用到支承滚子上的负荷均匀分布，消除挖掘机工作过程中作用到反滚子、中央枢轴以及支承滚子（少滚子支承时）上的作用力。对于中小型挖掘机当带满斗的斗柄处在最大伸出量时，要完全避免发生向上的作用力是相当困难的，不然就得增加支承滚道的直径，亦即增加机器的尺寸和重量。与此相反，应是要尽量地减小这个向上作用力，完全避免这个方向上的力是不可能的。因此若使挖掘机得到很好的平衡，应当满足下列两个条件：

（1）转台、转台上的所有机构和工作装置的重量的合力，不管空斗或满斗的工作装置处于任何位置时，都不得超过支承圆的周边以外。

（2）带空斗和满斗的挖掘机处在所有可能位置时，转台上所有机构和工作装置的重量的合力距中央枢轴（向前或向后）的位移应相等（在支承滚圆内）。

3.3.5.1 确定允许的最大平衡重

满足根据前述转台第一个平衡条件确定允许的最大平衡重的最不利位置是：

（1）动臂与机器所在水平位置成最大倾角 α_{max}。

（2）铲斗位于挖掘开始位置，提升钢绳处于放松状态（如图 3-55（a）所示）。

假定转台、转台上的机构和部件、平衡重以及工作装置的重力等的合力过 x 点，则此时转台尾部支撑滚子上的反作用力将为

$$R_{Kx} = Q_1 + G_{bi} + G_{pmax} \tag{3-52}$$

式中 Q_1——转台和转台上的机构和零件的重量，不计平衡重和工作装置重，N；

G_{bi}——动臂的重量，包括推压机构，N；

G_{pmax}——允许的最大平衡重，N。

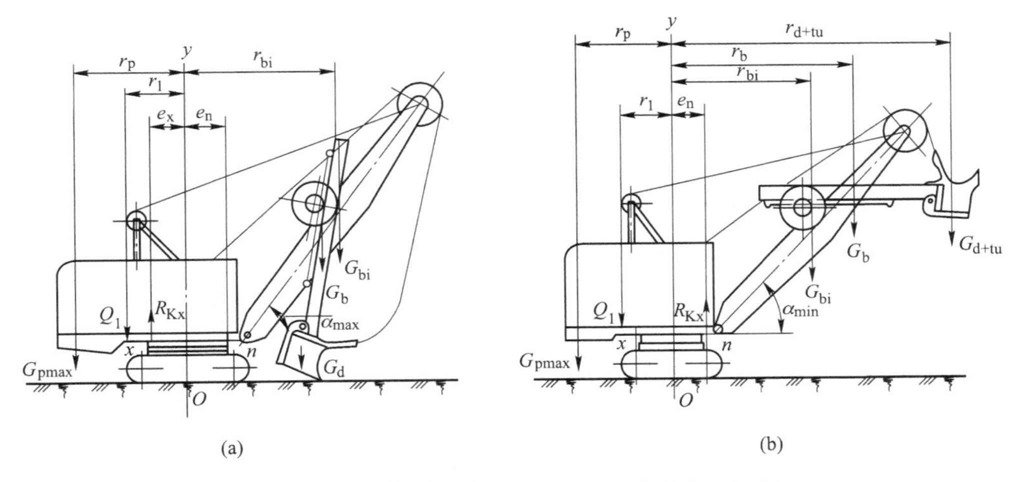

图 3-55 挖掘机允许的最大与最小平衡重的计算图

各重力对 x 点的力矩平衡方程式

$$G_{pmax}(r_p - e_x) + Q_1(r_1 - e_x) = G_{bi}(r_{bi} + e_x) \tag{3-53a}$$

式中，r_1 表示 Q_1 对回转轴心线 Oy 的力臂，r_{bi}、r_p、e_x为各重力对轴心线 Oy 的力臂。求解方程式（3-53a），满足第一转台平衡条件的允许的最大平衡重可得。

$$G_{pmax} = \frac{G_{bi}(r_{bi} + e_x) - Q_1(r_1 - e_x)}{r_p - e_x} \tag{3-53b}$$

3.3.5.2 确定允许的最小平衡重

确定允许的最小平衡重，同样也是当工作装置处在对满足第一个转台平衡条件最不利

的位置下确定的。此最不利位置是：

（1）动臂与机器所在水平成最小倾角 α_{min}。

（2）铲斗位于挖掘完了，将要开始回转的位置，斗柄推出量是最大值。斗容大于 1.5m³ 时，用全推出量；斗容在 1.0~1.5m³，用三分之二推出量；斗容小于 1m³，用二分之一推出量。

假定转台、转台上的机构、平衡重以及工作装置的重力的合力通过 n 点（如图 3-55（b）所示）。则此时，前部支承滚子上的反作用力为：

$$R_{Kn} = Q_1 + G_{bi} + G_b + G_{d+tu} + G_{pmin} \tag{3-54}$$

式中 G_{d+tu}——装岩时满载的铲斗重量；

G_b——斗柄的重量；

G_{pmin}——允许的最小平衡重。

各重力对 n 点的力矩平衡方程为

$$G_{pmin}(r_p + e_n) + Q_1(r_1 + e_n) = G_{bi}(r_{bi} - e_n) + G_b(r_b - e_n) + G_{d+tu}(r_{d+tu} - e_n) \tag{3-55a}$$

根据方程式（3-55a），可求出满足第一个转台平衡条件的允许的最小平衡重如下：

$$G_{pmin} = \frac{G_{bi}(r_{bi} - e_n) + G_b(r_b - e_n) + G_{d+tu}(r_{d+tu} - e_n) - Q_1(r_1 + e_n)}{r_p + e_n} \tag{3-55b}$$

令 $M_n^j = G_{bi}(r_{bi} - e_n) + G_b(r_b - e_n) + G_{d+tu}(r_{d+tu} - e_n)$，其表示在计算推出量的条件下，带有满载斗的工作装置的重力对点 n 的倾覆力矩，则式（3-55b）可简化为：

$$G_{pmin} = \frac{M_n^j - Q_1(r_1 + e_n)}{r_p + e_n} \tag{3-55c}$$

3.3.5.3 确定合理的平衡重

在工作装置参数、工作装置重量以及转台支承圆盘尺寸等比较合适的条件下，应当是 $G_{pmax} \geqslant G_{pmin}$，若得出 $G_{pmax} \leqslant G_{pmin}$，说明支承圆形轨道的尺寸太小，工作装置尺寸大或工作装置过重。若得出 $G_{pmin}<0$，$G_{pmax}>0$，则说明工作装置过轻或尺寸过小，要适当调整有关参数。根据第二个挖掘机转台的平衡条件，确定合理的平衡重。当斗柄带空、满斗处于所有可能位置时，转台、转台上的全部机构和工作装置的合力，对中央枢轴有同样或几乎相等的位移。合理的平衡重可以根据转台、转台上的所有机构以及工作装置的重力对转台回转轴心线 Oy 的力矩恒等条件确定，此时应当选用两个力矩的平均值为倾覆力矩。

$$M_p = \frac{M_0^j + M_0^{bi}}{2} \tag{3-56}$$

式中，M_0^j 为带有处于计算推出量（但不大于 0.75 斗柄行程）条件下的满斗的工作装置，对 Oy 轴心线的倾覆力矩；M_0^{bi} 为动臂对同一轴心线的倾覆力矩。对 Oy 轴心线的力矩平衡方程式为：

$$G_p r_p + Q_1 r_1 - R_{Kx} e_x = \frac{M_0^j + M_0^{bi}}{2} - R_{Kn} e_n \tag{3-57}$$

根据转台平衡的条件知：$e_n = e_x$，支点的反作用力将彼此相等，即有：

$$R_{Kx} = R_{Kn}$$

满足这个条件的平衡重值，可根据式（3-57）求出：

$$G_{p}=\frac{M_{0}^{j}+M_{0}^{bi}-2Q_{1}r_{1}}{2r_{p}} \tag{3-58}$$

用上述方法求出的平衡重值应当满足下面条件

$$G_{pmin}<G_{p}<G_{pmax}$$

然后用确定在两个极端情况下，转台和工作装置合力的位移的方法，对求得的合理平衡重作最后的检查。这两个极端的情况如下：

（1）开始挖掘前的位置，此时铲斗靠在地面上，铲斗的重力和斗柄的重量从倾覆力矩重除去（图 3-56 位置Ⅰ）。

（2）当装满的铲斗处于计算推出量时（不超过 0.75 斗柄行程，图 3-56 位置Ⅱ）。

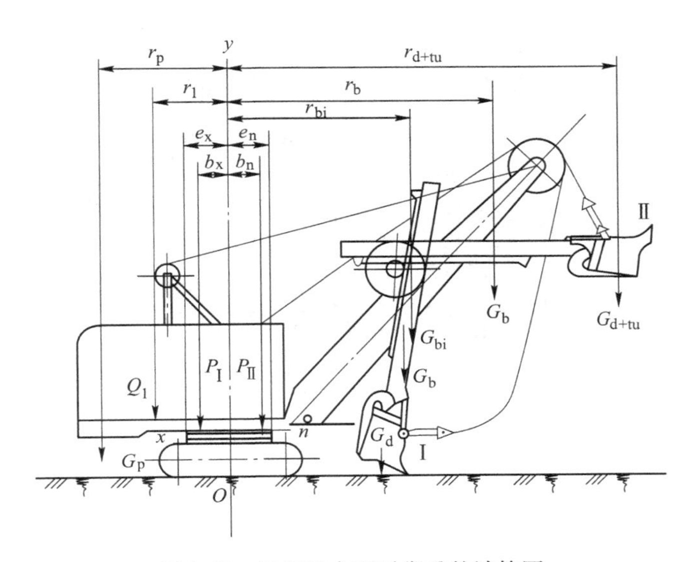

图 3-56　挖掘机合理平衡重的计算图

在位置Ⅰ时，转台和转台上所有机构的重力的合力

$$P_{Ⅰ}=Q_{1}+G_{p}+G_{bi} \tag{3-59a}$$

在位置Ⅰ时，挖掘机回转部分的倾覆力矩用下式确定

$$M_{Ⅰ}=Q_{1}r_{1}+G_{p}r_{p}-G_{bi}r_{bi} \tag{3-59b}$$

在合力和倾覆力矩已知情况下，即可求出合力对中心线的位移偏量

$$b_{x}=M_{Ⅰ}/P_{Ⅰ} \tag{3-59c}$$

同理，当工作装置处于位置Ⅱ时，

$$b_{n}=M_{Ⅱ}/P_{Ⅱ} \tag{3-59d}$$

其中　$P_{Ⅱ}=Q_{1}+G_{p}+G_{bi}+G_{b}+G_{d+tu}M_{Ⅱ}=Q_{1}r_{1}+G_{p}r_{p}-G_{bi}r_{bi}-G_{b}r_{b}-G_{d+tu}r_{d+tu}$

若符合 $b_{n}=(1.0\sim1.1)b_{x}$ 条件，就可把上面求得的平衡重当作最后的。不符合的：

$b_{n}\geqslant(1.0\sim1.1)b_{x}$，平衡重小了。

$b_{n}\leqslant(1.0\sim1.1)b_{x}$，平衡重大了。

通过上述的计算方法，就能够求出合理的平衡重值。

3.3.6 主要零部件的设计计算

3.3.6.1 工作装置的设计计算概述

图3-57为机械式挖掘机在露天矿山进行挖掘作业某一时刻示意图。计算工作装置的强度，首先要确定计算载荷。计算载荷的大小，视其工作位置而定（见图3-58），所以，要确定工作装置各组成部分最不利的工作状况。确定计算载荷的工况，其原则是：挖掘机在最重级土壤中工作（指设计提出的工作土壤级别），并有最不利的载荷联合作用。

图3-57 机械式挖掘机某时刻实际工作示意图

图3-58 机械式挖掘机工作状态

一般正铲工作装置的力有：铲斗滑轮上最大的提升力 F_{timax}；推压轴处最大推压力 F_{tumax}；由斜切矿岩或者接通回转机构产生的作用在侧边一个齿上的侧向作用 F_k；在斗齿上作用的挖掘力 F_1，F_2。F_1 只能由提升力 F_{timax} 产生，F_2 只能由推压力 F_{tumax} 及斜切矿岩产生。

根据强度计算的基本知识，工作装置的计算可分以下几个步骤：

(1) 确定工况；

(2) 根据工况，确定载荷计算简图，注明各力方向及必要尺寸；

(3) 各力求值。在工作状态时最大提升力及推压力多由原动机功率求出；

(4) 确定计算部件的最危险断面；

(5) 确定危险断面上的载荷；

(6) 求出危险断面上的应力。

3.3.6.2 动臂的强度计算

动臂最大受力情况是：动臂处于最小倾角，斗柄全部伸出，其方向垂直于动臂的中心线，此时铲斗进行挖掘，动臂受力最严重。因为此时推压力 F_{tu} 和动臂自重 G_{bi} 造成的弯矩最大；而提升力 F_{timax} 及变幅钢绳拉力 F_b 对动臂造成轴向压力最大；侧向力 F_k 造成扭力也接近最大值。

按此工况，动臂受力如图 3-59 所示。

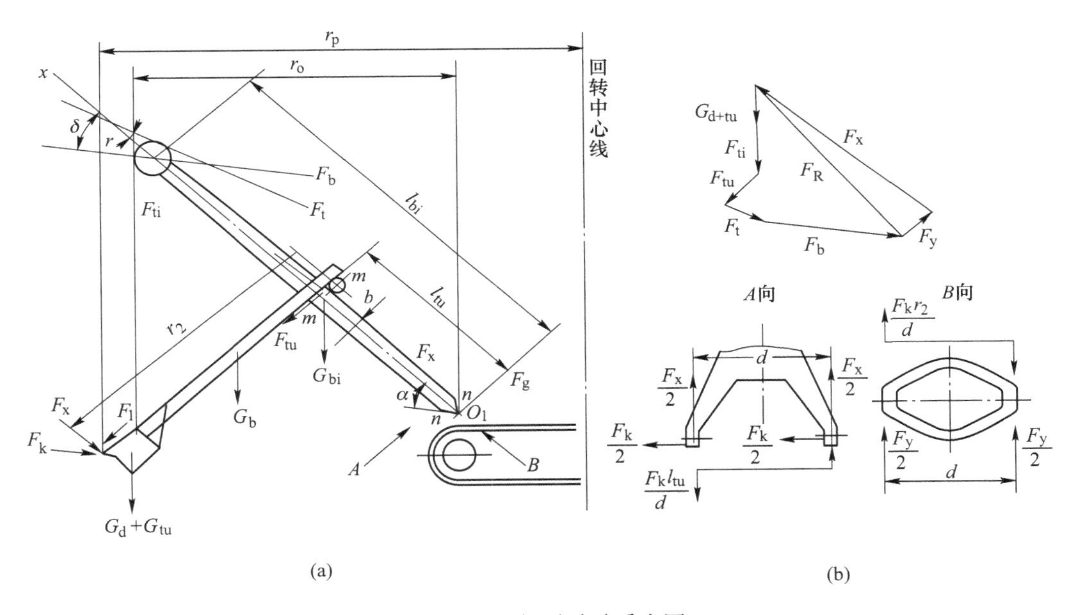

图 3-59 挖掘时动臂受力图

取动臂为脱离体，动臂所受的力有：

F_{ti} 为提升力，对多机驱动取最大提升力 F_{timax}，对于单机驱动取工作提升力 F_{ti}；

F_t 为与 F_{ti} 相适应的提升卷筒周边钢绳的拉力；

F_{tu} 为最大推压反力，方向朝铲斗，垂直于动臂曲线；

G_{bi} 为动臂的重量，作用于动臂的重心处；

F_b 为变幅钢绳拉力；

F_x、F_y 为支踵处的支座反力沿 x、y 轴方向的分力；

F_k 为作用在斗子侧边齿上的侧向挖掘阻力；

$F_k r_2$ 为由 F_k 造成的扭矩；

G_d 为铲斗自重，G_b 是斗柄自重，挖掘阻力 F 对动臂的影响，忽略不计。

各力的计算：

F_{ti}、F_{tu}是由选出的电机功率确定（对于多机单独驱动，这两个力要根据发动机最大功率确定）。

$$F_{ti} = \frac{1000KN_{ti}\eta_{ti}}{v_{ts}} \tag{3-60a}$$

$$F_{tu} = \frac{1000KN_{tu}\eta_{tu}}{v_{tu}} \tag{3-60b}$$

式中 N_{ti}，N_{tu}——提升机构、推压机构的发动机名义功率，kW；

K——过载系数，根据发动机特性一般取1.25~1.35；

η_{ti}，η_{tu}——提升机构、推压机构的传动效率；

v_{ts}，v_{tu}——卷筒放出钢绳速度和推压速度，m/s。

提升卷筒周边放出钢绳速度用下式求出：

$$v_{ts} = \alpha v_{ti} \tag{3-61}$$

式中 v_{ti}——铲斗提升速度；

α——提升滑轮倍率。

应该注意到，在单机驱动正常工作情况下N_{ti}占总功率65%，N_{tu}占35%。铲斗提升力F_{ti}是根据卷筒周边拉力F_t按下式计算确定：

$$F_{ti} = F_t \alpha \eta_z \tag{3-62}$$

式中 η_z——滑轮组效率。

铲斗侧齿上作用力F_k用下式求出：

$$F_k = \frac{M}{r_o} \cdot \frac{i}{\eta} \tag{3-63}$$

式中 M——回转机构中制动器的制动力矩，N·m；

r_o——回转中心到斗齿顶尖的距离，m；

i——从制动器回转轴到大齿圈的传动比；

η——回转机构的传动效率。

变幅钢绳拉力F_b，可根据系统平衡方程式求得。根据图3-59，对支踵处取距，$\sum M_{o1} = 0$，则有：

$$F_b l_{bi} \sin\delta + F_t l_{bi} \sin\gamma - F_{ti} l_{bi} \cos\alpha - F_{tu} l_{tu} - G_{bi} \frac{l_{bi}}{2} \cos\alpha = 0 \tag{3-64a}$$

根据式（3-64a），即可求得F_b。

对支踵处O_1处的反力，可通过$\sum F_x = 0$，$\sum F_y = 0$解出。

$$\begin{cases} F_x = F_{ti} \sin a + F_t \cos\gamma + F_b \cos\delta + G_{bi} \sin\alpha \\ F_y = F_{ti} \cos a - F_t \sin\gamma - F_b \sin\delta + G_{bi} \cos\alpha \end{cases} \tag{3-64b}$$

上述各力亦可用图解法求得。作用在动臂上的各个力求得后，选择主要的危险断面（m—m，推压轴处），根据作用在此断面上的载荷进行动臂的强度计算。作用在危险断面上的载荷如下：

（1）弯矩 $M=F_y l_{tu}+F_x e$，此处的 e 表示支点反力 F_x 相对断面 $m—m$ 重心的偏心距；

（2）轴向压力 F_x；

（3）扭矩 $M_T=F_k r_2$。

正铲工作装置的动臂除按上述三种载荷对断面 $m—m$ 进行计算外，还应根据在平台回转起动和制动时的惯性力及离心力来验算强度。这种工况是：动臂处于最小倾角，斗柄全伸出，方向处于水平，斗内装满矿石启功回转，在回转中制动。因为当平台回转启动和制动时，发生惯性力和离心力，造成动臂的附加载荷。对于加长了的工作装置，此种验算更为重要。

3.3.6.3 斗柄的强度计算

斗柄结构如图 3-60 所示，其有限元模型如图 3-61 所示。考虑斗柄在挖掘和重斗回转时受力严重，其工况定为：动臂处于最小倾角，斗柄处于理论水平位置，斗柄伸出到正常工作幅度，挖掘处于推压轴高度的矿岩，空斗遇到了障碍物（坚硬的矿岩），提升滑轮组

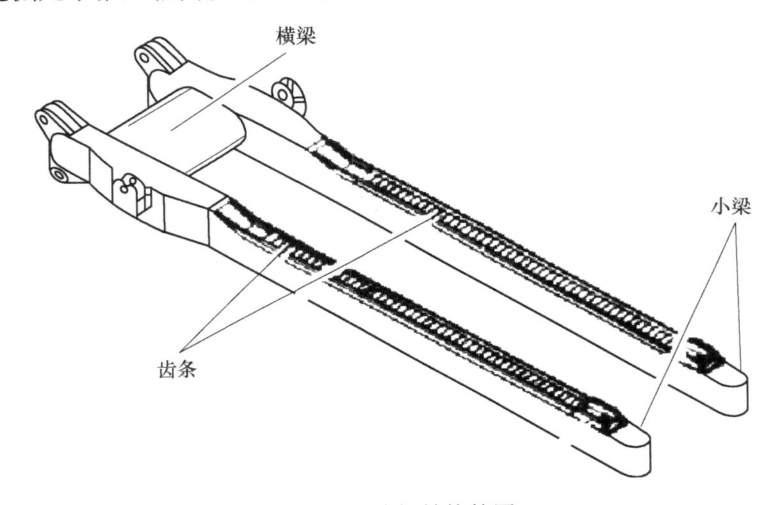

图 3-60 斗杆结构简图

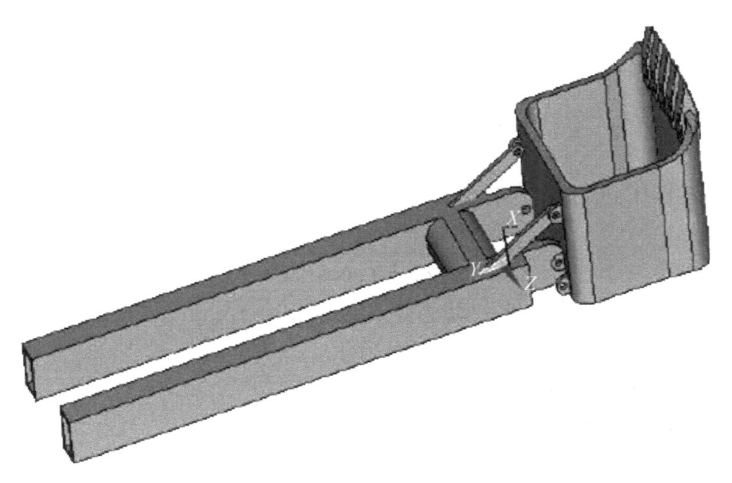

图 3-61 斗杆简化有限元模型

作用力达到了最大值，方向是垂直的，此时斗柄所受弯矩接近最大值。

上述工况，对于单机驱动的挖掘机要计算两种状态：一是发动机全部功率都用提升，主动推压功率为零，而被动推压力按 $F_{t2}=0.5F_{tu}$ 计算，方向是朝机体；二是发动机功率65%用于提升，35%用于推压，推压力方向朝机体。如为多发动机单独驱动，则推压力 F_{tu} 也按最大值计算，方向朝机体。按此工况斗柄受力如图3-62所示。

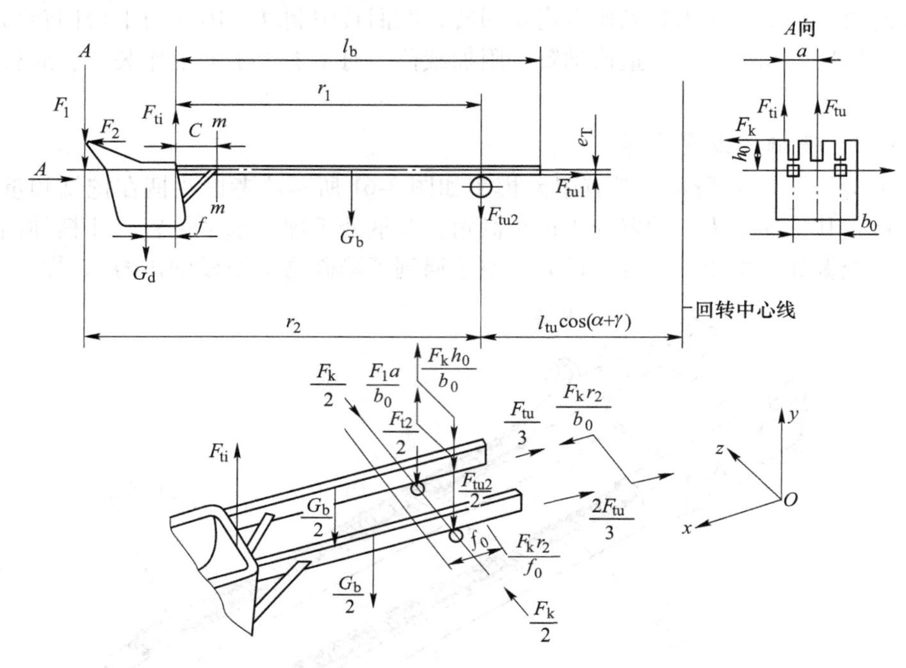

图3-62 斗柄受力图

根据图3-62，铲斗所受之力有矿岩对斗齿的反作用力 F_1 和 F_2，它们作用在斗柄边缘的斗齿上；挖掘时遇到了障碍物，产生了横向力 F_k，铲斗自重 G_d，斗柄自重 G_b，和这些自重造成的推压轴处支反力 F_{tu2}、F_{tu1}。

F_{ti}力按计算动臂时方法计算。

F_1 力是矿石对斗子的反作用力，可根据对推压轴处取矩，解平衡方程式求出：

$$F_1=\frac{1}{r_2}\left[F_{ti}r_1-G_d(f+r_1)-G_b\left(r_1-\frac{l_b}{2}\right)\right] \tag{3-65}$$

F_k 可由回转过程中进行制动求出：

$$F_k=\frac{Mi}{\eta[r_2+l_{tu}\cos(\alpha+r)]} \tag{3-66}$$

式中 M——回转机构中制动器的制动力矩，N·m；

i——从制动器回转轴到大齿圈的传动比；

η——回转机构的传动效率。

F_{t2}力可由斗齿尖取力矩平衡方程式来解得

$$F_{t2}=\frac{1}{r_2}\left[F_{ti}(r_2-r_1)+F_{tu}h_0-G_b\left(r_2-r_1+\frac{l_b}{2}\right)-G_d(r_2-r_1-f)\right] \tag{3-67}$$

垂直平面内的弯矩各力在斗柄支座处的反力性质：

如果是单梁斗柄，在支座处有由 F_1、F_k 偏心产生的 F_1a 和 F_kh_0 两个力偶以及 F_k 在水平面内的支反力 F_k。

如果是双斗柄，假设斗柄在座内允许有轻微转动，则支座处认为受单力作用，此时由 F_1，F_k 产生 F_1a，F_kh_0 使两斗柄在支座处一侧梁受力大，一侧受力小。而 F_k 在水平面内各侧梁反力相等，皆为 $F_k/2$；另有力偶 F_kr_2 作用在两侧梁支座处产生附加拉伸和压缩力为 F_kr_2/b_0；在垂直面内力偶 F_kh_0 产生垂直反力在两梁支座处各为 F_kh_0/b_0。

如果支座处有双梁动臂导向板，则 F_k 力在水平面内造成反力 F_kr_2，并不引起斗柄在支座处的拉伸和压缩，而是在导向板处造成反力 F_kr_2/f_0（f_0 是从推压轴中心到斗柄与动臂导向板相碰点之间的距离），这一力偶造成斗柄的附加弯矩。

另外在垂直平面内，由 F_1 偏心作用产生附加反力各为 F_1a/b_0。

考虑在齿条推压中，由于制造误差，推压力 F_{tu}不可能平均分布在两个侧梁上，所以规定一边受力为 $2F_{tu}/3$，另外一边力为 $F_{tu}/3$，并把 $2F_{tu}/3$ 加在受力严重的一侧梁上。

F_{tu}作用线与斗柄中心线有偏心 e_T，F_{tu}对斗梁断面形成偏心压缩，其力矩为 $F_{tu}e_T$，也是按 $2F_{tu}e_T/3$ 与 $F_{tu}e_T/3$ 分在两个侧梁上。

现以双梁斗柄为例，计算斗柄梁的强度，斗柄亦按受力最严重那一侧计算。

认为斗柄与斗体为刚性连接，计算时可看成是斗柄固定在斗体上的悬臂梁。

斗柄受载荷最严重的那一侧，危险断面为 $m—m$，见图 3-62。作用在这个截面中心上的载荷有：

垂直平面内的弯矩（$y—z$ 平面内）：

$$M_{yz}=\left(\frac{F_{t2}}{2}+\frac{F_1a}{b_0}+\frac{F_kh_0}{b_0}\right)(r_1-C)-\frac{F_kr_2}{b_0}e_T-\frac{2}{3}F_{tu}e_T+\frac{G_b}{2}\left(\frac{l_b}{2}-C\right) \tag{3-68}$$

通过斗柄中心垂直于 $y—z$ 平面的 $x—z$ 中的弯矩为

$$M_{xz}=\frac{F_k}{2}(r_1-C) \tag{3-69}$$

沿斗柄轴向拉力 N 为

$$N=\frac{2}{3}F_{tu}+\frac{F_kr_2}{b_0} \tag{3-70}$$

对于有导向板的单梁斗柄在 $y—z$ 平面内的弯矩为

$$M_{yz}=F_{t2}(r_2-C)-F_{tu}e_T+G_b\left(\frac{l_b}{2}-C\right) \tag{3-71}$$

而 $x—z$ 平面中的弯矩

$$M_{xz}=F_k(r_2-r_1+C) \tag{3-72}$$

轴向拉力

$$F=F_{tu} \tag{3-73}$$

这样斗柄危险断面上的应力为

$$\sigma=\frac{M_{yz}}{W_z}+\frac{M_{xz}}{W_x}+\frac{F}{S}\leqslant[\sigma]$$

式中　$[\sigma]$——许用应力，计算取 $[\sigma]=0.85\sigma$；

S——斗柄梁危险断面处的断面积。

斗柄还应根据危险断面的内力进行整体稳定验算，其应力值为

$$\sigma = \frac{M_{yz}}{W_x} + \frac{M_{xz}}{W_y} + \frac{F}{\psi S_m} \leqslant [\sigma] \tag{3-74}$$

式中 W_x，W_y——截面对 x—x 轴，y—y 轴的抗弯断面系数；

S_m——斗柄梁断面的毛面积；

ψ——中心压杆许用应力折减系数，可根据斗柄梁的细长比 λ 来定。

λ 按下式求出

$$\lambda = \frac{1}{r_{min}} \tag{3-75}$$

上式中 r_{min} 可按下式求出：

$$r_{min} = \sqrt{\frac{J_{min}}{S_m}} \tag{3-76}$$

式中，r_{min} 为计算截面的最小回转半径；J_{min} 为计算截面的最小惯性矩。

对于承受扭力的单梁方形断面斗柄，还要计算其转矩。

$$M_n = F_1 a + F_k h_0 \tag{3-78}$$

其扭曲应力为：

$$\tau = \frac{M_n}{2a_1 a_2 t} \tag{3-79}$$

式中 a_1，a_2——单梁方形断面相应边壁厚中心线距，见图 3-63；

t——最薄处的壁厚。

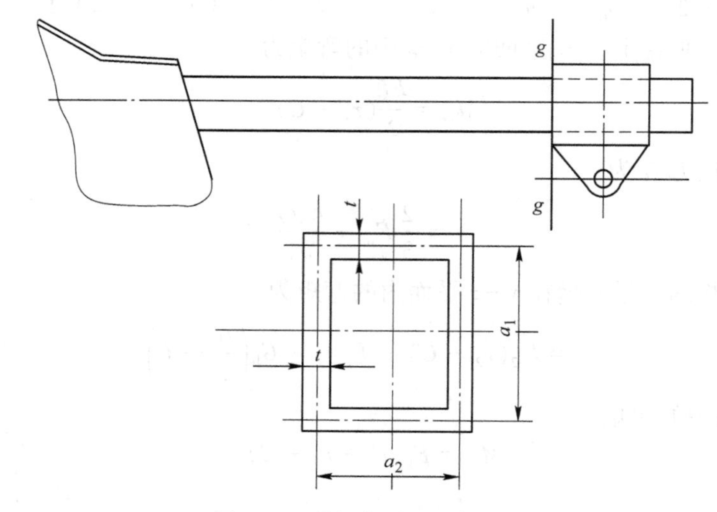

图 3-63 单梁方形斗柄断面图

另外，平台回转中的起动、制动对斗柄的危险工况与计算动态强度的动臂的工况完全相同，即动臂位于最小倾角，斗内装满矿石，斗柄位于推压轴的高度水平方向，且斗柄全部伸出时发生起动和制动。由于铲斗自重、矿石重、离心力等造成在垂直平面内的载荷，

按计算动臂的方法进行，在水平面内的惯性载荷，则按计算动臂惯性载荷的方法进行（注意不包括动臂的惯性力）。

3.3.6.4 铲斗的强度计算

计算铲斗强度时的两个工作位置如图 3-64 所示。即动臂处于最大倾角，铲斗开始挖掘（图 3-64 中 a 点）和提升到最大幅度和高度时（图 3-64 中 b 点），碰到障碍物。在这两个位置提升力 F_{ti}与铲斗后壁近似 90°角，矿石的挖掘阻力对斗前壁将是最危险的。因此，斗壁和斗齿的应力最大。这两种工况斗体受力如图 3-65 所示。

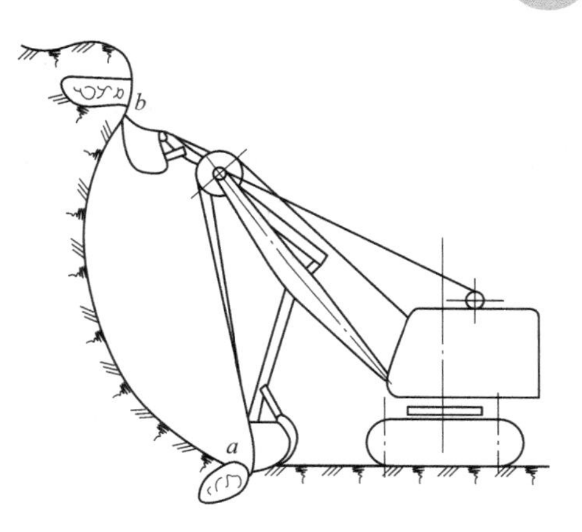

图 3-64 计算铲斗强度时的工况位置

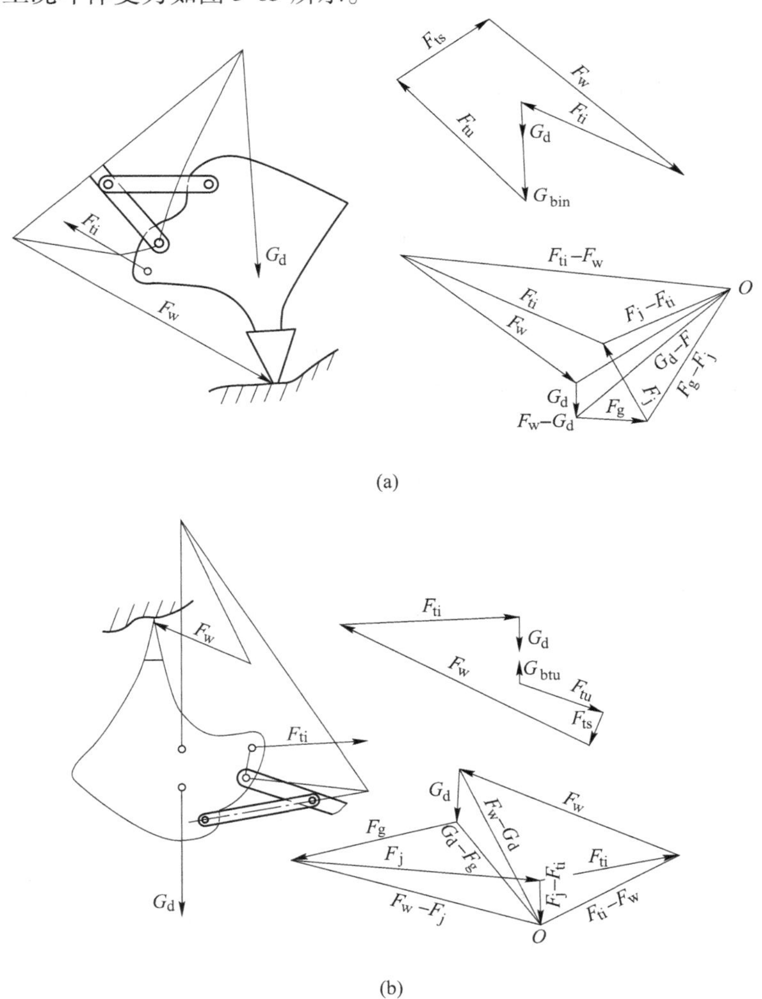

图 3-65 铲斗受力图

作用在铲斗上的力：上述工况铲斗作用力有：土壤挖掘阻力 F_w，提升力 F_{ti}，铲斗与斗柄连接处的斗柄拉杆拉力 F_g，斗柄与斗体连接铰点处的力 F_j 以及铲斗自重 G_d。

挖掘阻力 F_w 是在 F_{ti}力及方向朝机体的推压力 F_{tu}同时作用下的。计算 F_w时，必须根据铲斗上所有作用力平衡条件，先选定 F_{tu}、F_{ts}，然后用解析法或图解法计算。图3-65是用图解法即索多边形法求 F_{ts}值的。

用多发动机单独驱动时，F_{ti}和 F_{tu}力都按发动机能达到的最大功率计算；单发动机驱动时按两种情况计算：一是发动机全部功率用于提升，F_{ti}达到最大值；二是发动机正常工作，功率65%用于提升，35%用于推压。

求出 F_{ti}、F_w 后，取铲斗为脱离体，根据平衡条件求出铲斗与斗柄连接处拉力 F_g 和 F_j，求出这些力后便可以计算斗体的强度。

3.4 装岩机设计

3.4.1 轨轮式装岩机的结构及工作特点

3.4.1.1 主要结构

轨轮式装岩机是用于井下掘进和采场的轻型装载设备。它结构简单、紧凑，适应性强，工作可靠，操作维修简便；对一般岩石、砾石、坚硬花岗岩、铁矿石及其他金属或非金属矿石均能装载。所装矿石块度不大于500mm；当块度在200~500mm时，装载效率最高。目前，我国已能成批制造十几种轨轮式装岩机，其中的几种主要机型的技术参数见表3-6。这类装岩机的结构及工作原理基本相似；其主要组成部分是：行走机构、回转机构、工作机构、提升机构和操纵机构。按驱动能源分，轨轮式装载机主要有气动和电动两种类型，见图3-66。

表3-6 几种装岩机的技术参数表

型号		Z-17AW	Z-20	Z-20W	Z-35	Z-30AW	ZQ-26
装载能力/$m^3 \cdot h^{-1}$		20~30	30~35	30~35	60~70	50~60	30~50
铲斗容积/m^3		0.17	0.20	0.20	0.35	0.30	0.26
装载宽度/m		1.7	2.0	2.0	2.8	2.2	2.7
轨距/mm		600（轨距为750mm、762mm订货时请注明）					
能源		电	电	电	电	电	压缩空气
动力		电机	电机	电机	电机	电机	风马达
行走功率/kW		10.5	10.5	10.5	18.5	15	10.5
扬斗功率/kW		10.5	10.5	13	15	15	15
卸载高度/mm		1250	1330	1360	1500	1370	1250
机器外形尺寸/mm	长（铲斗放下时）c	2120	2380	2300	2630	2620	2375
	宽（踏板放下时）K	1011	1210	1330	1500	1300	1380
	高（铲斗工作时）E	1920	2180	2180	2500	2260	2230
	高（铲斗放下时）D	1200	1518	1360	1565	1535	1355
机器重量/kg		3760	3750	3700	5100	3600	2700

图 3-66　轨轮式装岩机示意图
（a）电动；（b）气动

A　行走机构

它是装岩机的基础部分，在其上面安装着机器的其他部分。装岩机的行走机构主要包括发动机、轮轴和减速箱等。铸钢的减速箱体是行走机构的底架，又是机器的架体。它的前部是一个整块的半圆形缓冲器；铲装时铲斗后板靠在缓冲器上，使机体承受插入阻力。箱体后端也有一个缓冲器，用以拖挂矿车。减速箱上部装有回转托盘，用以安装机器的回转部分。

ZCZ-26 型气动装岩机的行走机构包括行走气动机、齿轮减速器和轮对等，其传动系统见图 3-67。由于采用了链传动，不仅实现了四轮驱动，并使结构比其他装岩机更紧凑而简单。图 3-68 为 ZCZ-17 型电动装岩机行走部分传动系统，电动机的动力，通过两向三级圆柱齿轮减速机构，分别传到装岩机的前后车轮上。

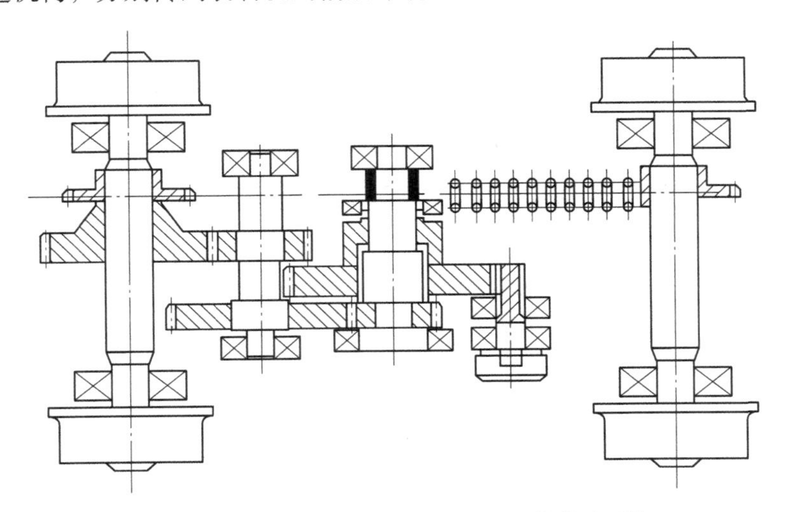

图 3-67　ZCZ-26 型气动装岩机行走机构传动系统

B　回转机构

可使装岩机行走箱体以上的转动部分，在水平面内左右回转，以便铲装巷道两侧的岩

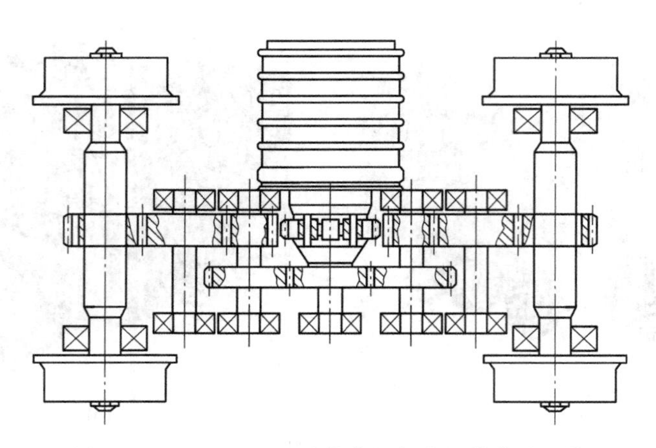

图 3-68 ZCZ-17 型电动装岩机行走机构传动系统

石扩大装载范围。

ZCZ-26 型气动装岩机的回转机构采用双滚道结构，主要由回转盘、滚珠、滚珠座、回转气缸和定位器等组成。回转盘通过双滚道结构与行走箱体相连接，它是机器的可回转部分，在其上面安装着提升机构、工作机构等，它们都随回转盘一起回转。双滚道结构如图 3-69 所示，回转盘（图中未画出）通过螺钉孔 3 用螺钉紧固在中滚珠座 4 上，下滚珠座 6 安装在行走箱体 9 上，上滚珠座 7 利用螺钉 8 也固定在行走箱体上。回转机构工作时，上下滚珠座不动，而中滚珠座随着回转盘一起旋转。为了对滚道进行润滑，在行走减速器箱体上部装有集油杯 10，减速器内的齿轮旋转时，润滑油即飞溅上来，一部分落在集油杯内，经上滚珠座上的油孔流向滚道，对滚道进行润滑。

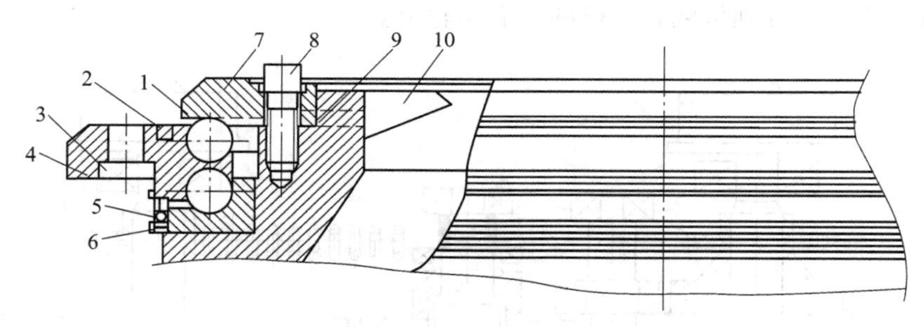

图 3-69 ZCZ-26 回转机构示意图

1—滚珠；2，5—密封装置；3—螺钉孔；4—中滚珠座；6—下滚珠座；
7—上滚珠座；8—螺钉；9—行走箱体；10—集油杯

ZCZ-17 型电动装岩机的回转机构采用单滚道结构，如图 3-70 所示。上回转盘与回转托盘是靠中心轴的螺母来连接的。上回转盘在工作过程中，因重心位置变化很大，因此会造成有时一侧的滚珠受力，另一侧则不受力的情况。尤其在中心轴的螺母松动的情况下，上回转盘的一侧就会离开回转托盘，这时滚道内的滚珠就会滚出，严重影响回转工作的进行。双滚道结构的回转盘在遇到上述情况时，上排一部分滚珠与下排一部分滚珠同时起作用，因此，回转机构的受力情况较好。

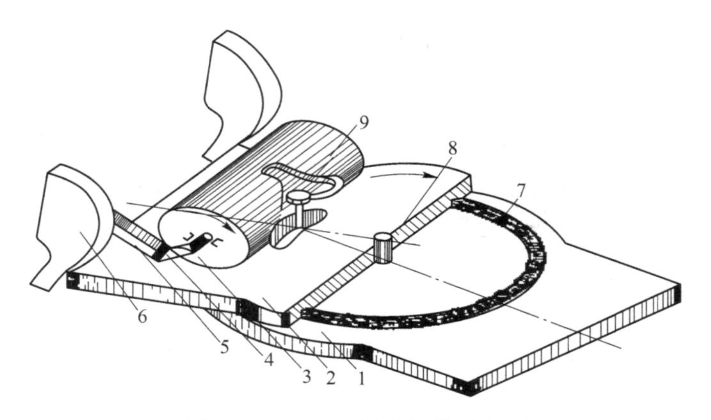

图 3-70 ZCZ-17 回转机构示意图

1—回转托盘；2—上回转盘；3—鼓轮；4，5—连杆；6—斗柄；7—滚珠；8—中心轴；9—滚轮

C 提升机构

提升机构主要包括：电动机、减速箱、卷筒及链条等。提升机构的作用是提起铲斗向后卸载。铲斗下放复位靠缓冲弹簧反力和工作机构自重作用实现。ZCZ-17 提升机构传动系统如图 3-71 所示。

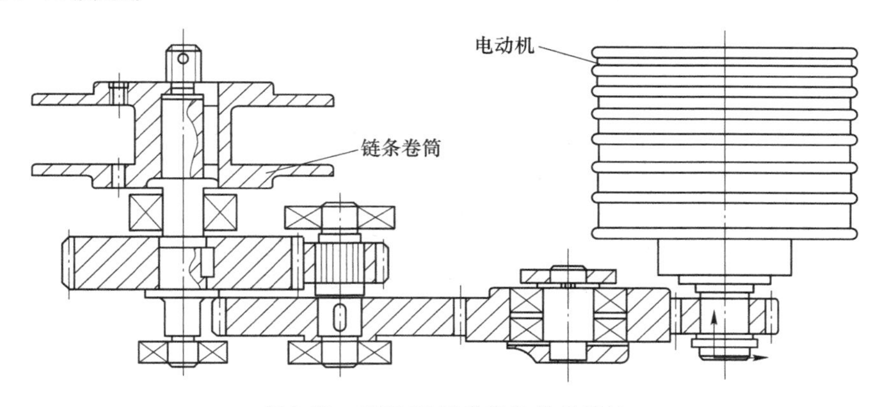

图 3-71 ZCZ-17 提升机构传动系统

D 工作机构

工作机构主要包括：铲斗、斗臂、横梁及稳定钢丝绳等。提升链条一端通过安全销轴连于铲斗架的横梁上，另一端连于提升减速器的卷筒上。工作机构的作用是直接完成装卸工作。ZCZ-17 工作机构见图 3-72。

E 操纵机构

操纵机构主要包括：接触器、开关、按钮或主控阀及控制阀等。装岩机的铲装、卸载、前进和后退都由变换操纵机构来实现。

3.4.1.2 装岩机的工作特点

装岩机工作过程如图 3-73 所示，机器从距物料堆 1～1.5m 处冲向料堆，靠机器的动量使铲斗插入料堆，继而抖动和提升铲斗，使铲斗装满。然后使铲斗架向后滚动而倾翻铲

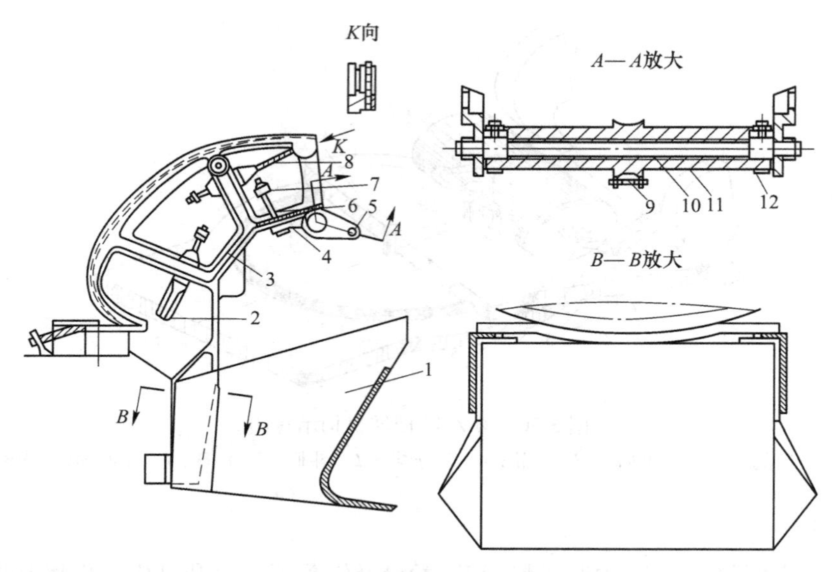

图 3-72 ZCZ-17装岩机工作机构示意图

1—铲斗；2，8—稳定钢丝绳；3—斗臂；4—拨叉；5—横梁；6—拉杆螺栓；7—弹簧；9—安全销轴；10—横梁芯轴；11—横梁长轴；12—轴瓦

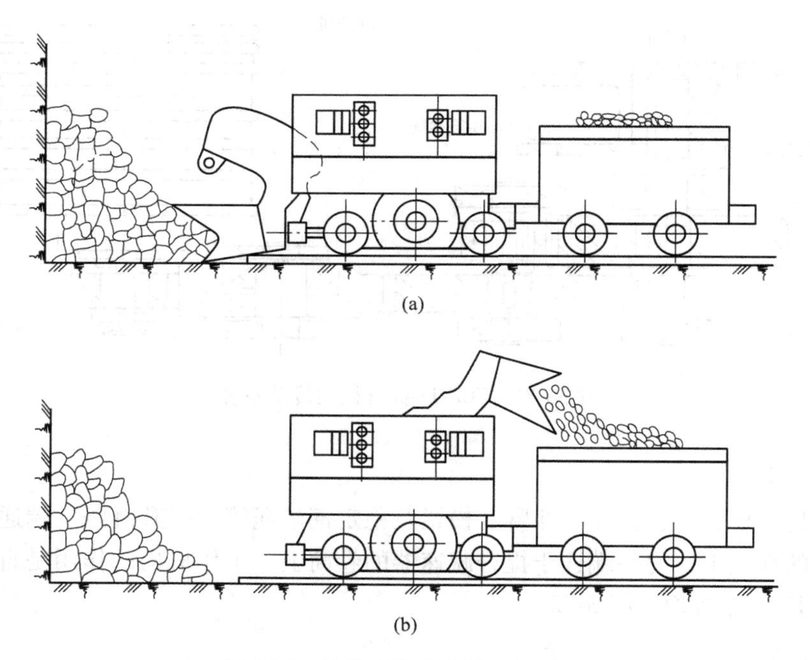

图 3-73 轨轮式装岩机的工作过程

（a）装载；（b）卸载

斗，使物料卸到装岩机后面的矿车中。空载铲斗架靠缓冲弹簧反力和自重返回原位。

3.4.1.3 电动装岩机与气动装岩机的比较

电动装岩机的主要优点如下：

（1）能源输入比较简单、方便。

（2）能量利用率较高。

（3）使用操作容易，维护检修简便。但是，电动装岩机的控制元件较多，排除故障较麻烦；井下水太潮湿，电动机易烧；在有瓦斯的工作面，电气系统要防爆，使用不够安全。

气动装岩机的主要优点如下：

（1）发动机可以自行调速。

（2）装岩机的插入力和铲取力可以自行调节，工作时的缓冲性能好。

（3）不需要防爆措施，使用安全可靠，排出的废气可帮助井下通风。但是，气动装岩机的能源输入比较麻烦，能量利用率较低，维护检修工作比较繁杂。

3.4.2 装岩机的设计依据

装岩机的适用环境和使用条件，即是进行机器初步设计的依据。主要应考虑以下方面：

（1）巷道、硐室及轨道情况。装岩机的主要应用场所是巷道和硐室，首先要知道它们的断面大小，以便确定机器的最大外形尺寸和工作尺寸，以及装载工作机构的左右回转角度等。同时还要了解铺设轨道的轨距、弯道半径、底板状态、轨面情况、坡度及钢轨型号等，以便确定装岩机的有关尺寸参数。

（2）配用车辆的有关数据。目前在我国矿山生产中，多数是用装岩机将矿岩直接装入矿车，所以必须考虑所配用矿车的长、宽、高以及连接处的尺寸，以便确定装岩机的卸载高度、卸载距离、装载角以及挂钩装置的位置等。

（3）物料状态及其物理力学性质。物料的堆高、安息角、松散程度，以及它们的块度、硬度和容重等，据此进行装岩机工作参数计算和铲斗设计。

（4）所要求的技术生产率。技术生产率是对所设计装载机生产能力的基本要求。根据生产率大小，可以选择和确定装岩机的斗容及机器功率。

（5）驱动能源的类型。目前，我国矿山普遍采用的能源主要是电力和压缩空气。根据能源种类即可选择和确定装岩机采用电动机或是风马达，从而确定与整体布置有关的某些参数。

3.4.3 装岩机主要结构参数之间的关系

装岩机主要结构参数如图 3-74 所示。

3.4.3.1 最大扬高 h_2 值

最大扬高 h_2 值即是装岩机在工作中扬斗的最大值。在大多数的情况下，h_2 值是在铲斗尖 e 的运动轨迹上。如设斗尖 e 点到斗臂滚动曲线上最外一点的距离为 R，斗臂滚动导轨至行走轨面的高度为 h_3，则有：

$$h_2 = R + h_3 \tag{3-80}$$

但也有一些装岩机，其最大扬高 h_2 值并不在斗尖 e 点的轨迹上，而在斗底的后部 g 点的轨迹上。此时有：

$$h_2 = O'g + h_3 \tag{3-81a}$$

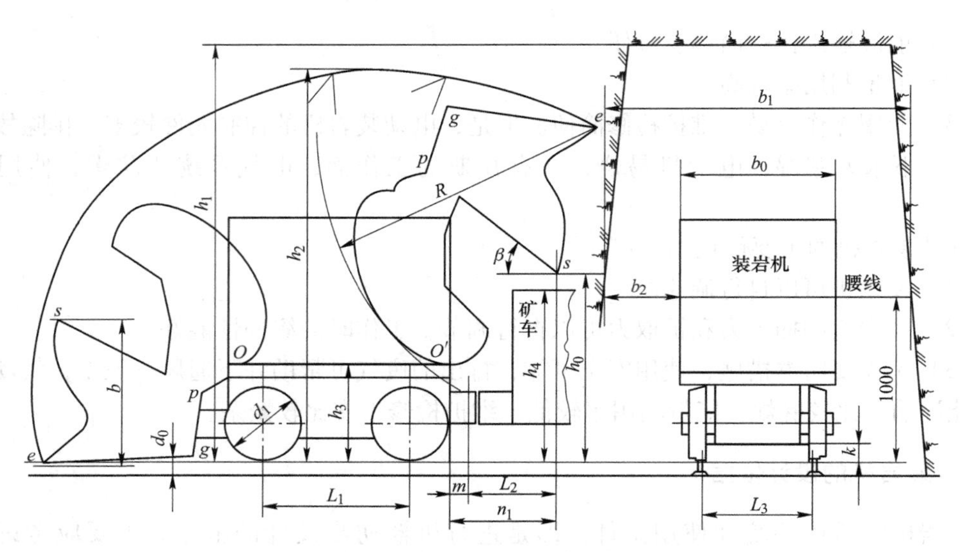

图 3-74 装岩机主要结构参数示意图

在进行初步设计时，如果给定巷道高度为 h_1，则最大扬高 h_2 值应限制在以下范围内：

$$h_2 = h_1 - d_0 - (150 \sim 250) \tag{3-81b}$$

式中 h_2——最大扬高，mm；

h_1——巷道高度，mm；

d_0——所铺设轨道的高度，mm。

3.4.3.2 卸载高度 h_0 的值

卸载高度，即是铲斗在卸载状态时顶板与轨面的最小高度。在进行初步设计时，如已知所配用的矿车高度为 h_3，则

$$h_0 = h_3 + (30 \sim 50) \tag{3-82}$$

式中 h_0——卸载高度，mm；

h_3——矿车高度，mm。

3.4.3.3 卸载距离 L_2 值

卸载距离 L_2，是铲斗在卸载状态时顶板前缘最外点至装岩机挂钩销轴中心线之水平距离。

小型（斗容小于 0.2m³） $L_2 = 250 \sim 330$mm

中型（斗容为 0.2~0.3m³） $L_2 = 300 \sim 400$mm

大型（斗容大于 0.3m³） $L_2 = 400 \sim 600$mm

3.4.3.4 铲斗卸载角 β 值

卸载角 β，即是铲斗在卸载状态时顶板与水平面的夹角。卸载角大小，直接影响斗中的物料被抛射距离的大小以及物料是否能够顺利的倾卸干净。一般可取：

$$\beta = 25° \sim 35°$$

欲增大卸载角 β，可将铲斗后板高度减小，或将铲斗开口尺寸增大，也可以减小斗臂工作曲线卸载点 O' 处曲率半径。但是必须注意，当改变卸载角 β 时，必须保证铲斗斗容积

和铲斗高度不变，而且有利于铲斗插入料堆。

3.4.3.5 机体离地最小间隙 K

是指机械行走部分的最低点至轨道顶面所在平面的最小距离。最小间隙 K 值大小，直接影响装岩机在轨道上行驶时的通过性能，推荐值为：$K=30\sim50$mm。

3.4.3.6 装岩机的宽度 b_0 值

确定装岩机宽度 b_0 大小，主要应考虑配套车辆及其他转运设备的宽度及司机工作的安全距离。

$$b_0 \leqslant b_1 - 2b_2 \tag{3-83}$$

式中 b_0——装岩机宽度，mm；

b_1——巷道宽度，mm，在巷道腰线上测量；

b_2——考虑能够容纳司机和行人的安全距离，mm，一般 $b_2=500\sim600$mm。

3.4.3.7 装岩机的轴距 L_1 值

轴距 L_1 值大小，直接影响装岩机的长度方向尺寸和纵向稳定性。轴距 L_1 值一般依据所需通过的弯道曲率半径来确定，可近似按下式来计算：

$$L_1 = (0.11 \sim 0.13)R \tag{3-84}$$

式中 L_1——装岩机的轴距，mm；

R——弯道的最小曲率半径。

以上只介绍了几个重要参数的确定方法。此外如装岩机的高度、行走车轮直径、轮距以及回转盘的左右回转角等，与整机总体布置和其他参数的关系也十分密切，在进行初步设计时，应与同类机型相比较，取值力求合理。

3.5 装岩机主要性能参数概算

3.5.1 装岩机的行走速度

增大装岩机的行走速度可以提高机械动能，从而提高装岩机的插入能力。但由于行走速度增大，会使机械的动负荷增大，出现机器的稳定性较差以及难以操作等弊病，所以行走速度值应有一个最佳的范围。

装岩机在装载工作中，当铲斗插入料堆时，其受力状态如图3-75所示。

假设：铲斗的一次插入深度为 L_{in}；插入过程是等减速运动；整个插入过程不破坏黏着条件。则有：

$$F_{in} + \sum F_d - \psi G - ma = 0 \tag{3-85}$$

$$ma - Gv^2/2gL_{in} = 0 \tag{3-86}$$

式中 F_{in}——铲斗的插入阻力；

$\sum F_d$——装岩机的运行阻力之和；

G——装岩机的重力，质量；

a——行走加速度和重力加速度；

v——装岩机的行走速度；

ψ——行走轮与轨面的黏着系数，一般为0.2~0.25；

L_{in}——铲斗插入深度。

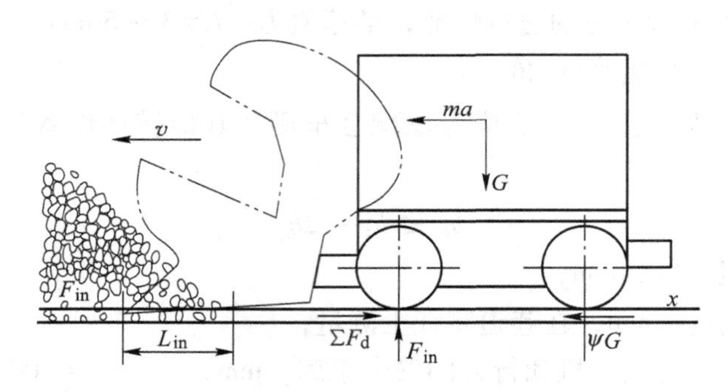

图3-75 装岩机工作受力示意图

装岩机运行阻力与很多因素有关，是几项阻力之和，初步设计时，可用下式计算：

$$\sum F_d = G(\mu_d + \mu_b + \mu_g) = G\sum\mu \tag{3-87}$$

式中 μ_d——直道基本阻力系数，一般为0.03~0.04；

μ_b——弯道附加阻力系数，一般为0.01~0.02；

μ_g——坡道附加阻力系数，一般为0.005~0.007，上坡取“+”，下坡取“-”。

整理后得：

$$G = \frac{2gL_{in}F_{in}}{v^2 + 2gL_{in}(\psi - \sum\mu)} \tag{3-88}$$

由上式可知，当插入阻力 F_{in} 为定值时，提高装岩机的行走速度 v，机器重力可以减小，如果使行走速度 v 减小，则需增大机器重力。在铲斗插入料堆时，需要装岩机具有较大冲量。而由动力学可知，物体的冲量可由其动量来表示，即 $F\Delta t = m\Delta v$。若使装岩机具有较大冲量，则需要 mv 具有较大值。

装岩机的动量可表示为：

$$P = mv = \frac{2vL_{in}F_{in}}{v^2 + 2gL_{in}(\psi - \sum\mu)} \tag{3-89}$$

式（3-89）只将装岩机行走速度 v 视为变量，而使动量 P 具有最大值，令 $\mathrm{d}P/\mathrm{d}v = 0$，则求得装岩机最大行走速度应为：

$$v_m = \sqrt{2gL_{in}(\psi - \sum\mu)} \tag{3-90}$$

以上计算没有考虑机器转动部分惯性力的影响。当进行比较精确计算时，如考虑其影响，则有：

$$ma = \frac{\delta G v^2}{2gL_{in}} \tag{3-91}$$

式中 δ——转动质量影响系数，井下装载设备一般取 $\delta = 1.1 \sim 1.5$。

3.5.2 装岩机的整机重力

用式（3-90）求得的速度 v_m 值，即是使装岩机具有最大动量的理想速度。同理，如将式（3-90）代入式（3-88），则装岩机的理想重力为：

$$G_m = \frac{F_{in}}{2(\psi - \sum\mu)} \tag{3-92}$$

装岩机的行走速度 v_m 和重力 G_m 对机器工作时的动量值影响，是进行初步设计时应重点考虑的问题。

装岩机动量与速度的变化曲线如图 3-76 所示。由图可看出：（1）在各曲线的开始阶段，装岩机的行走速度越大，其动量值也越大。当装岩机的行走速度 v 值接近或等于速度 v_m时，其动量 P 值不再增加；（2）装岩机斗容 V 越大，所应具有的行走速度 v 值也越大。这是因为：斗容 V 越大，插入深度 L_{in} 值也越大，由式（3-90）可知，L_{in}值越大，速度 v_m 值也越大。

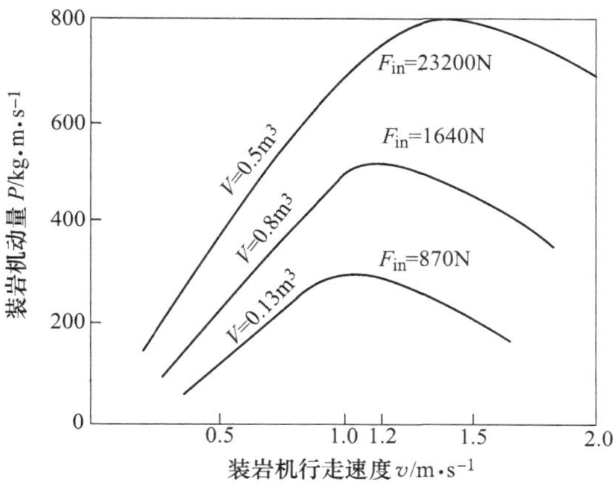

图 3-76 装岩机动量与速度的变化曲线

3.5.3 装岩机行走和提升马达功率

3.5.3.1 行走马达功率

当装岩机的重力 G_m 和行走速度 v_m 通过以上计算已知情况下，行走驱动马达的功率（kW）可用经验公式估算如下：

$$P_r = \frac{\psi G_m v_m}{1000\eta} = \frac{\psi F_{in}\sqrt{2gL_{in}(\psi - \sum\mu)}}{2000\eta(\psi - \sum\mu)} \tag{3-93}$$

式中 P_r——装岩机应有的额定功率，kW；

G_m——装岩机的设计重力，N；

v_m——装岩机的设计速度，m/s；

η——装岩机行走部分的传动效率，一般取 0.85~0.90。

初步设计时，装岩机的行走驱动马达的功率（kW）也可用下列经验公式来估算：

$$P_r = 3G_m \tag{3-94}$$

该处装岩机的重力应以“t”为计量单位。

3.5.3.2 提升马达功率

装岩机斗容 V 的大小，直接决定着提升机构功率的大小。作初步设计时，提升马达额定功率 P_γ（kW）用下列经验公式估算：

$$P_\gamma = n_v V \tag{3-95}$$

式中，n_v 为单位铲斗容积的提升功率，kW/m³，可根据装岩机型式及传动方式和机器重量大小查相关表格获取。或根据下列经验公式估算：

$$P_r = \frac{V}{20} \times 10^3 \tag{3-96}$$

其中，装岩机的斗容 V 以 m³ 为计量单位。

3.5.4　装岩机的生产率

3.5.4.1　技术生产率

技术生产率可用下式估算：

$$Q_j = 60nK_1K_2K_3V_s \tag{3-97}$$

式中　Q_j——技术生产率，m^3/h；

n——每分钟内铲斗的卸载次数，初步设计可取3~6次；

V_s——装岩机的几何斗容，m^3；

K_1——铲斗装满系数，可查表；

K_2——装载工作周期时间的变化系数，该系数考虑了动力传递系统惰性及司机操作熟练程度的影响，采用压气传动时，$K_2=0.92\sim1.05$；采用液压传动时，$K_2=0.9\sim1.0$；采用电气传动时，$K_2=0.85\sim0.95$；

K_3——物料在斗中的松散程度影响系数，该系数主要与铲斗容积大小有关，当铲斗容积 $V\leqslant0.3m^3$ 时，$K_3=0.9\sim0.92$；当铲斗容积 $V>0.3m^3$ 时，$K_3=0.93\sim0.96$。

3.5.4.2　实际生产率

装岩机的实际生产率要考虑每个工班当中工序准备、劳动组织、技术水平以及爆后岩堆实际状况等，用下式估算：

$$Q_s = 60nV_sK_1K_2K_3K_4K_5 \tag{3-98}$$

式中　K_4——岩堆实际状态影响系数，一般可取0.85~0.9；

K_5——每工班的实际利用系数，一般可取0.8~0.85。

装（载）岩机在工作中，每次铲装时，铲斗的装满程度对生产率影响最大，影响铲斗装满系数的因素很多，在进行初步设计时应考虑以下几个方面：

（1）铲斗的插入深度 L_{in}。铲斗的插入深度 L_{in} 越大，铲斗装得越满，但应注意，插入深度 L_{in} 增大，将使插入阻力增加，设计时必须权衡利弊。如设斗底长度为 L，可取 $L_{in}=(1/3\sim1/2)L$。装岩机铲斗装满程度与插入深度的变化曲线如图3-77所示。

（2）岩堆高度 h。当岩堆高度 h 等于铲斗内岩堆高度 h_0 的3倍时，高于 h 部分的岩石在铲斗插入岩堆时不发生牵连移动。装岩机铲斗装满程度与岩堆高度的变化曲线如图3-78所示。

（3）铲斗提升速度 v_1 与插入速度 v_2 之比。设铲斗提升速度 v_1 与插入速度 v_2 之比 $\lambda=v_1/v_2$，实验证明，铲斗装满程度与速比的变化曲线如图3-79所示。从中可以看出，当 λ 值由0.8左右趋向0.3左右时，铲斗装满程度得到很大改善，但应注意，提升速度增加将导致提升功率增加，从而使装岩机的提升机构庞大，进行初步设计时应综合考虑。

（4）铲斗尖的轨迹半径 R。如图3-80所示，当装岩机铲斗插入岩石堆提起时，铲斗尖的轨迹半径越大，斗尖扫过岩堆的面积越大，铲斗越容易装满。另外，如果斗臂回转中心 O_2 越高，同样会使斗尖扫过的面积增大，有利于铲斗装满。但在设计时应注意，变化铲斗尖轨迹半径 R 这一因素，不能使提升功率过大和铲斗最大扬高超限。

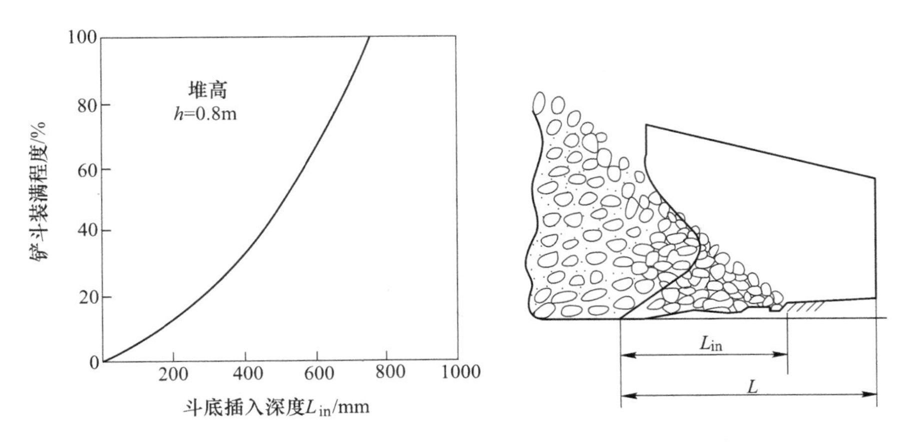

图 3-77 装岩机铲斗装满程度与插入深度的变化曲线

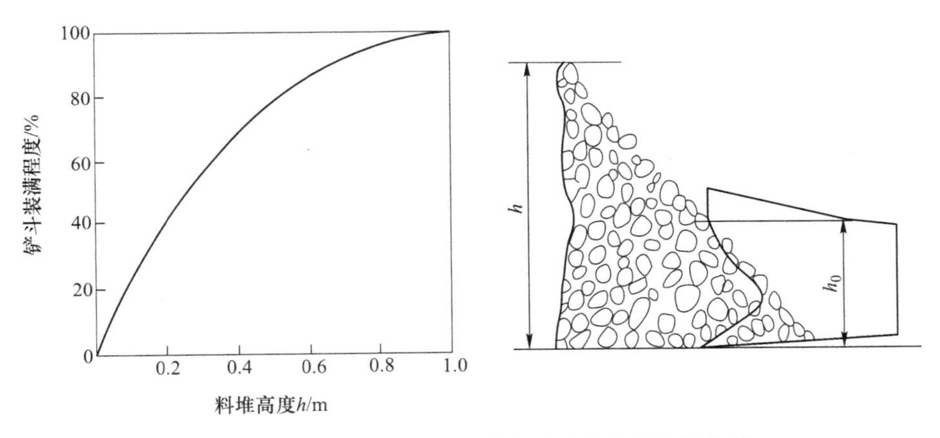

图 3-78 装岩机铲斗装满程度与岩堆高度的变化曲线

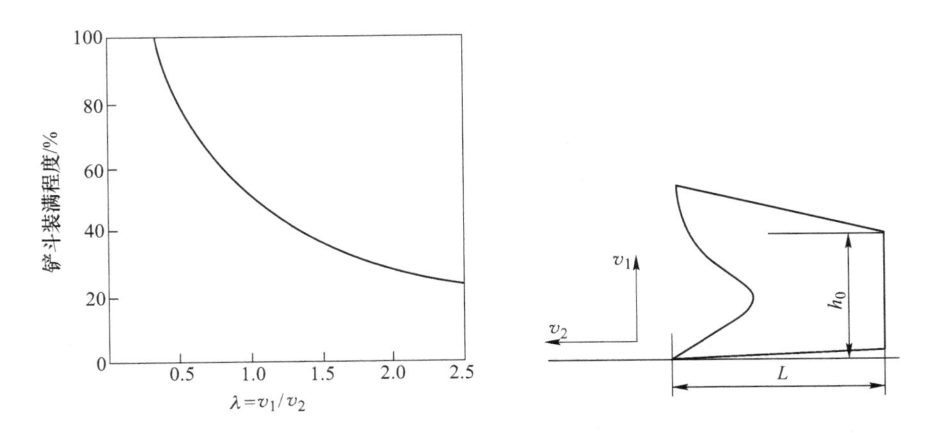

图 3-79 装岩机铲斗装满程度与速比的变化曲线

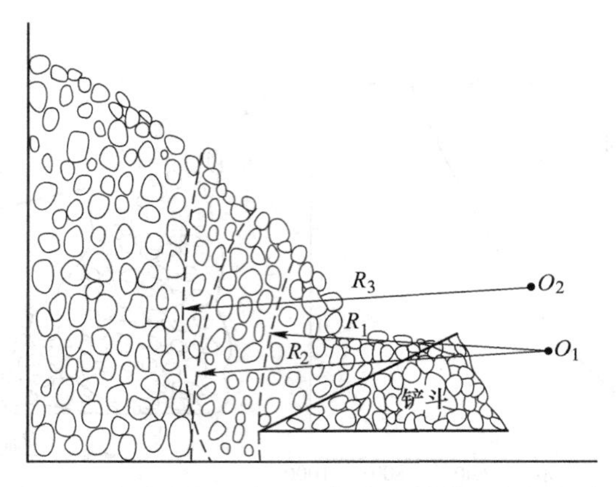

图 3-80 斗尖轨迹半径对装岩机装满程度的影响

3.6 装岩机工作机构设计

3.6.1 铲斗设计

铲斗几何尺寸和结构形式设计合理与否，直接影响装岩机的生产效率和使用性能。近年来寻求合理铲斗形状的研究工作还在不断进行。铲斗的设计要求主要是：插入阻力小、装满系数高、卸载干净、坚固耐用等。

3.6.1.1 铲斗几何尺寸的确定

如果已知对所设计装岩机技术生产率的要求，那么，根据技术生产率 Q_j 的计算式可求得铲斗几何容积如下：

$$V_s = \frac{Q_j}{60nK_1K_2K_3} \tag{3-99}$$

铲斗的主要几何尺寸如图 3-81 所示，它们的经验计算关系如下：

$$L = (1.10 \sim 1.15)\sqrt[3]{v_s}$$
$$h_2 = (1.0 \sim 1.2)L$$
$$h_0 = (0.5 \sim 0.7)L$$
$$b_1 = (1.1 \sim 1.5)L$$
$$b_0 = (0.8 \sim 1.1)L$$

3.6.1.2 铲斗几何形状设计

为使铲斗的插入阻力较小，并具有较好的使用性能，设计铲斗形状时，在具体结构方面应注意以下几点：

（1）铲斗底板前端应有椭圆弧舌尖，减少插入阻力的影响。圆弧短轴半径建议选择范围为 $R=(1/5\sim1/3)b_1$。

（2）底板前部应下凹，下凹的垂直距离 $h=50\sim80$mm。下凹部分由前向后应有倾角 $\alpha=8°\sim10°$。

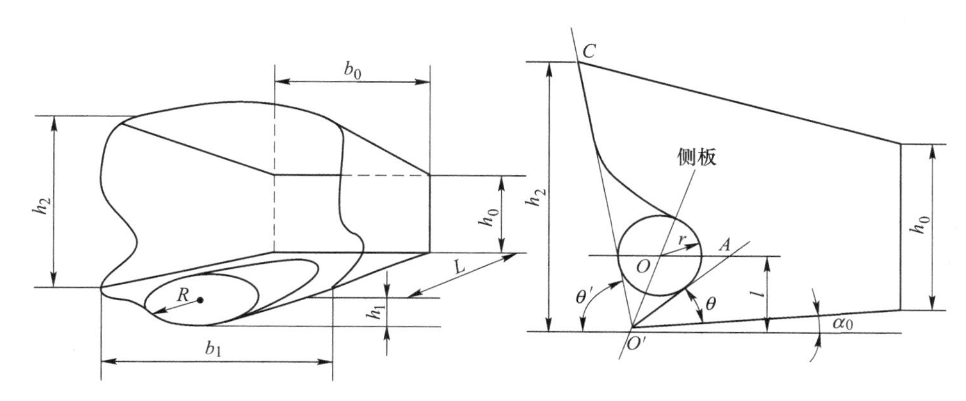

图 3-81 铲斗几何形状及外廓尺寸示意图

（3）侧板前缘下部向外鼓并有弧缺。一般可使用 $\theta=35°$，$\theta'=60°\sim70°$，$\alpha_0=5°\sim8°$，$r\approx150\sim200$mm；O'点是 $O'A$ 和 $O'C$ 的切圆的圆心，并且需要满足 $l=h_2/3$。

（4）顶板在宽度方向应做成圆弧形，使铲斗在卸载时有收敛物料作用。铲斗开口宽度应考虑所需装载宽度和能与矿车宽度或长度配套。一般可取开口宽度 b_1 为矿车宽度的 0.6~0.7 倍。

（5）平底前刃视需要可安装斗齿 3~5 个，斗齿宽度约为 30~40mm，间距 90~100mm，斗齿超出斗刃的长度为 50~70mm。

以上各项中，铲斗侧板形状如何，对插入阻力有着较大影响；目前研究人员一直对此进行多方面的研究。

铲斗的材质及工艺选择原则，主要应考虑坚固、耐磨且经济。铲斗材料主要选用结构钢板，厚度一般为 8~12mm。底板和侧板的前刃要贴焊 Mn 合金钢板加固，而且施以堆焊。常见用高锰钢堆焊焊条 TDMn（220）和 TDCrMn（220）（或堆 207 和堆 217）。采用的焊缝形式主要是角焊和对焊。铲斗结构焊制完毕后要放入石灰内进行时效处理。

3.6.2 铲斗臂设计

铲斗臂是工作机构中一个重要的零件，其设计是否合理与装岩机的使用性能有着密切关系。设计要求是：（1）结构简单；（2）装载时工作平稳，无冲击，主动力臂较大；（3）工作过程中有关零部件不发生碰撞，受力良好；（4）卸载时使斗中的物料具有足够的抛射速度和抛射距离；（5）铲斗卸载后能够自动的、迅速的返回装载位置。

3.6.2.1 几种斗臂工作曲线

铲斗臂设计是否合理，斗臂工作曲线的选择与绘制是关键因素。目前国内外设计装岩机经常采用的斗臂工作曲线主要有以下几种：

（1）某种特殊曲线的选择。经常采用的特殊曲线有阿基米德螺线（极坐标方程为 $\rho=a\theta$）和对数螺线（极坐标方程为 $\rho=e^{a\theta}$）。它们的形状特征见图 3-82。

采用特殊曲线作为铲斗斗臂工作曲线，可使启动速度缓慢，抛射速度较高，零部件受力状态较好。但是采用特殊曲线的斗臂模型制造困难，铸造过程变形大，最终只能获得近似形状。

(2) 半圆弧曲线。采用半圆弧曲线作为铲斗臂工作曲线，设计和绘制比较简单，构件制造比较容易，零部件受力较均匀。但这种斗臂启动速度较大而抛射速度不够大，工作曲线始端易磨损，工作效率较低。ZCQ-13型气动装岩机就是此类型。在国外如美国生产的GD系列装岩机也是此种类型。

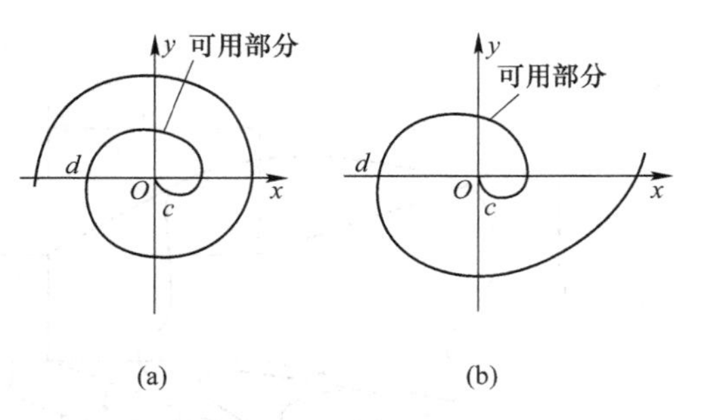

图 3-82 斗臂特殊工作曲线
(a) 阿基米德螺线；(b) 对数螺线

(3) 多段圆弧曲线。这种斗臂工作曲线一般由三段至五段圆弧平滑连接而成，使曲线的曲率半径由小到大顺序递增。这种多段圆弧曲线近似对数螺线，斗臂制模及铸造比较简单，零部件受力可满足动力学要求。但这种曲线的设计和绘制比较麻烦。

3.6.2.2 多段圆弧工作曲线分析

(1) 第一段圆弧$\overset{\frown}{12}$。第一段圆弧$\overset{\frown}{12}$如图 3-83 所示。当装岩机驶向料堆铲装时，插入阻力、铲取阻力和岩堆压力都传递到这段小圆弧上，载荷大而复杂，斗臂曲面的挤压应力大，磨损严重。设计时应使这段曲线的曲率半径较小，以使斗臂启动速度缓慢，减小冲击载荷；尽量增大接触面积和选择合适材质，增强耐磨性能。

(2) 末端圆弧$\overset{\frown}{45}$。当铲斗卸载时这段圆弧曲线承受载荷，而且产生冲击和滑动现象，磨损比较严重。设计时主要考虑：铲斗臂运行到这段曲线后应具有较大的抛射速度，铲斗卸载后能够自动的返回到最初的装载位置。

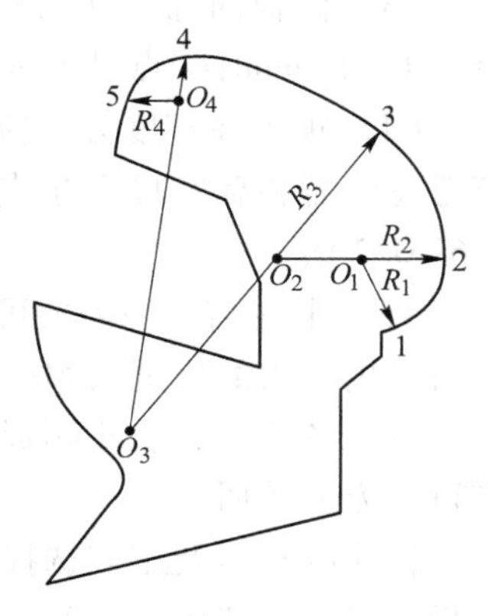

图 3-83 斗臂多段圆弧工作曲线示意图

(3) 中段圆弧$\overset{\frown}{234}$。这段圆弧曲线一般由一段至三段组成，是斗臂运行过程最长的一段工作曲线。设计要求主要是：圆弧过渡平滑；运动平稳无冲击；外廓结构参数合理。弧线连接规律是半径递增，圆心共线。

3.6.2.3 斗臂工作曲线与装岩机主要结构参数的关系

A 工作曲线与最大扬高

如图 3-84 所示，当铲斗最大扬高为 h_2 时，斗臂曲线应在以斗尖 e 为圆心，以 R 为半径的圆弧包络之内，则有

$$R = h_2 - h_3 \tag{3-100}$$

式中 h_2——装岩机的最大扬高；

h_3——铲斗架导轨高度，h_3 = 减速器高度(包括车轮) + 上、下回转盘高度 + 回转间隙 $\approx 2d_1$。

B 工作曲线与卸载高度和卸载距离

当铲斗在卸载位置时，过铲斗架支撑点 O' 作导轨 OO' 的垂线 $O'g$，该垂线称为工作机构的卸载法线。在一般情况下 g 点与铲斗侧板后下端点接近或重合，而且 β 角满足卸载角

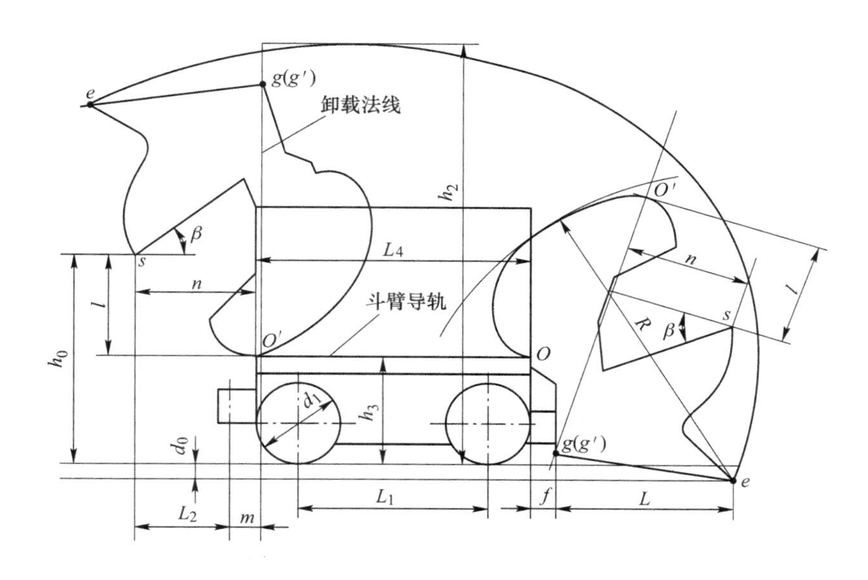

图 3-84 斗臂曲线与装岩机主要结构参数关系示意图

要求。此时有

$$l = h_0 - h_3 = L \tag{3-101}$$

$$n = m + L_2 \approx 0.8L$$

C 工作曲线与斗臂轨道

当铲斗卸载时，铲斗架于 O' 点附近产生滑动，所以应使斗臂导轨 L_3 略长于工作曲线长度 L_0，即

$$L_3 = L_0 + (30 \sim 50)\text{mm} \tag{3-102}$$

$$L_3 = L_1 + d_1$$

3.6.2.4 斗臂工作曲线的绘制方法

如图 3-85 所示，以四段弧组成的斗臂工作曲线为例。

(1) 作 x-y 坐标系，将行走部分和铲斗分别画在第三、第四象限，并使 $f \approx 100 \sim 120\text{mm}$，$d_0 = 50 \sim 80\text{mm}$。

(2) 以铲斗上盖板的端点 s 点为圆心，以 n 为半径画圆，做射线与圆交于 M 点，并使 $\angle MSP = \beta$。过 M 点做圆的切线交斗底于 g' 点。该切线即为卸载法线；调整 β 角大小即可使卸载法线过 g 点。

(3) 以 s 为圆心，l 为半径作圆，作 $ss' \parallel g'M$，过 s' 点作切线与卸载法线交于 O'_3。由前已知 $l > n$。

(4) 以 e 为圆心，以 R 为半径画弧交 x 轴于 x_1，交卸载法线于 O''_3，斗臂工作曲线即应在 $OO'_3O''_3x_1$ 范围内。

(5) 在弧 $\widehat{x_1O''_3}$ 上取 O'_2 点，并使 $O'_2O''_3 \approx (1/3 \sim 2/5)\widehat{x_1O''_3}$，连接 O'_2e；取 Ox_1 的中点 x_2 并连接 $x_2O'_3$，以 $1/2x_2O'_3$ 为半径画弧 $\widehat{x_3O'_2}$，使之切于 $x_1O''_3$ 之 O'_2 点。

(6) 连接 $O'_2O'_3$ 并作其垂直平分线与 O'_2e 交于 O_3；以 O_3 为圆心，O'_2O_3 为半径画弧过

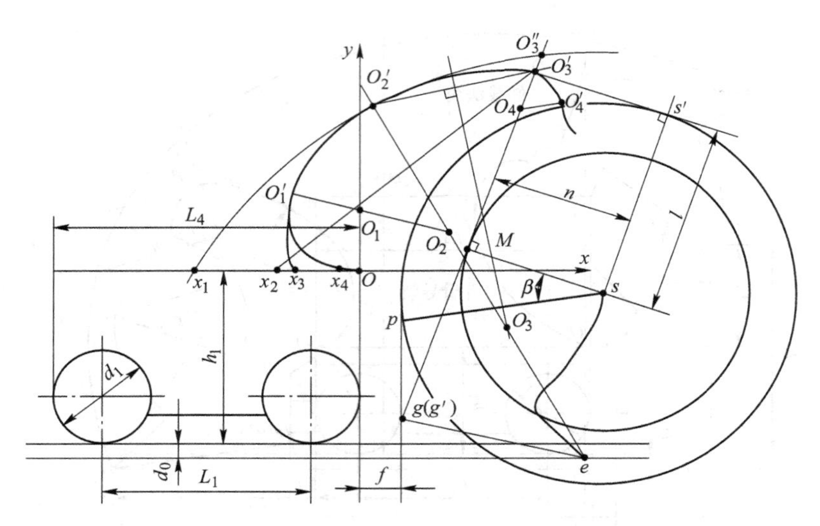

图 3-85 斗臂工作曲线绘制方法示意图

O_2'、O_3' 点，要注意应使 O_3 在 O_2 与 e 之间。

（7）在 y 轴上找圆心 O_1 点，以 O_1O 为半径画弧与弧$\widehat{x_3O_2'}$切于 O_1' 点。

（8）附加末端过渡小圆弧 $O_3'O_4'$，其圆心 O_4 在卸载法线上，并使 $O_4O_3' \approx O_1O$；附加圆弧长度视结构需要而定。

在绘制斗臂工作曲线时，有些步骤需多次试凑。一般是多段圆弧从中间弧画起；首段圆弧的半径要小，圆心角要大，始端可有极小的直线段，以增加斗臂的抗挤压和耐磨能力。附加的末端圆弧应保证卸载法线在卸载点与斗臂导轨面垂直；各段圆弧之和与导轨长度应满足如下关系：

$$OO_1' + O_1'O_2' + O_2'O_3' + O_3'O_4' < L_4$$

3.6.2.5 铲斗臂的结构设计

铲斗臂是个结构比较复杂的异形构件。它的设计原则主要是考虑使装岩机具有良好的工作性能和较长的寿命（见图3-86）。在进行斗臂设计时应考虑如下几点：

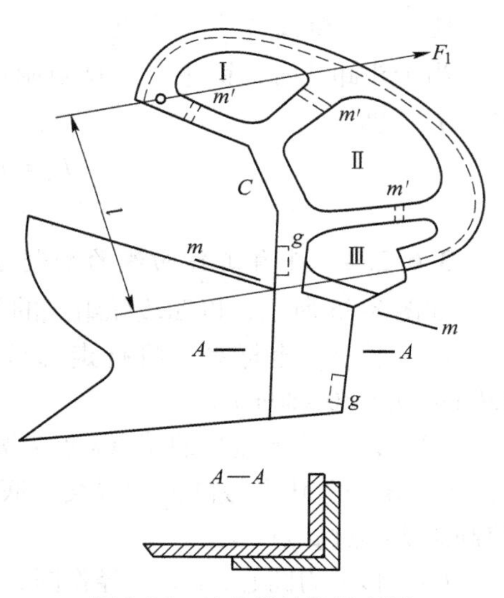

图 3-86 铲斗臂结构示意图

（1）Ⅰ、Ⅱ处为空区，可使工作机构的重心下移，有利于铲斗卸载后回到铲装位置；Ⅲ处是隔板，臂颈有类似的加强筋的凸缘。

（2）提起重载铲斗时，主动力矩 $M=F_1l$（F_1 是提升链条的拉力），在可能情况下，l 值越大越好。

（3）Ⅰ、Ⅱ、Ⅲ区之间的加强筋上有稳绳通孔 m'，斗臂曲面上的绳横圆弧应与工作曲线的曲率半径相一致。

（4）C 面应与缓冲弹簧压缩后的中心线垂直，以使斗臂受力良好。

（5）斗臂的下部一般铸直角形，以便于铲斗的装配。

（6）在斗臂的适当位置留有加工卡槽 g，便于加工时装卡。

3.6.2.6 铲斗架返回方案分析

铲斗架能够自动地、迅速地返回铲装位置是装岩机工作机构的重要特点之一，这样可节省能源和简化操作。

A 铲斗架返回时的受力分析

如图 3-87 所示，铲斗卸载之后铲斗架返回时的几个典型位置主要是Ⅰ、Ⅱ、Ⅲ、Ⅳ等状态。在位置Ⅰ时，铲斗架受有缓冲弹簧推力，只要垂心不向铲斗方向超过卸载法线，铲斗架即可顺利地向返回方向滚动，在位置Ⅲ时，垂心力臂 h_3 增大，而且以位置Ⅲ到位置Ⅳ越来越大，所以铲斗架很容易回到铲装位置。在位置Ⅱ时，已无缓冲弹簧推力，而且重心力臂较小，铲斗架滚动速度减慢，有停滞趋势，是铲斗架返回过程中的一个困难位置。在位置Ⅱ时，使铲斗的运动不停滞，应有

$$G_0h_2 > F_1l_1 + \frac{G_0}{g}al_2 \tag{3-103}$$

式中 G_0——工作机构的重力；

F_1——链条和减速器等部分阻力；

g——重力加速度；

a——运动加速度。

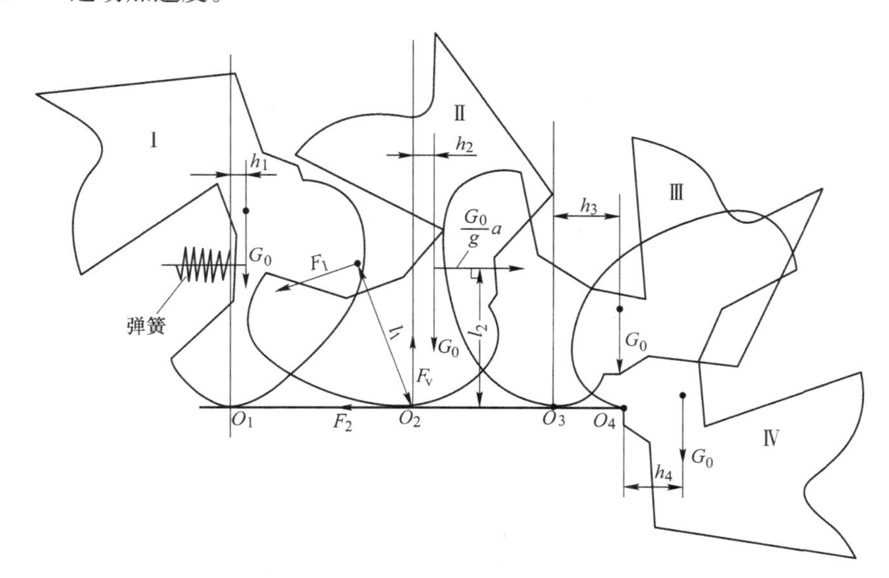

图 3-87 铲斗架返回时受力分析示意图

B 设计方案选择

分析式（3-103）可知，F_1 和 a 受多种因素影响，要缩小不等式后两项之和比较麻烦。一般是考虑增大 G_0h_2 值，使其成立。

若增大 G_0h_2 值，使不等式成立，可分别增大 G_0 或 h_2 值。但如果增大 G_0，则使铲斗

架尺寸加大，功率也需增大，一般不采用这种方法，而是移动重心位置，增大力臂 h_2 值。如图 3-88 所示。

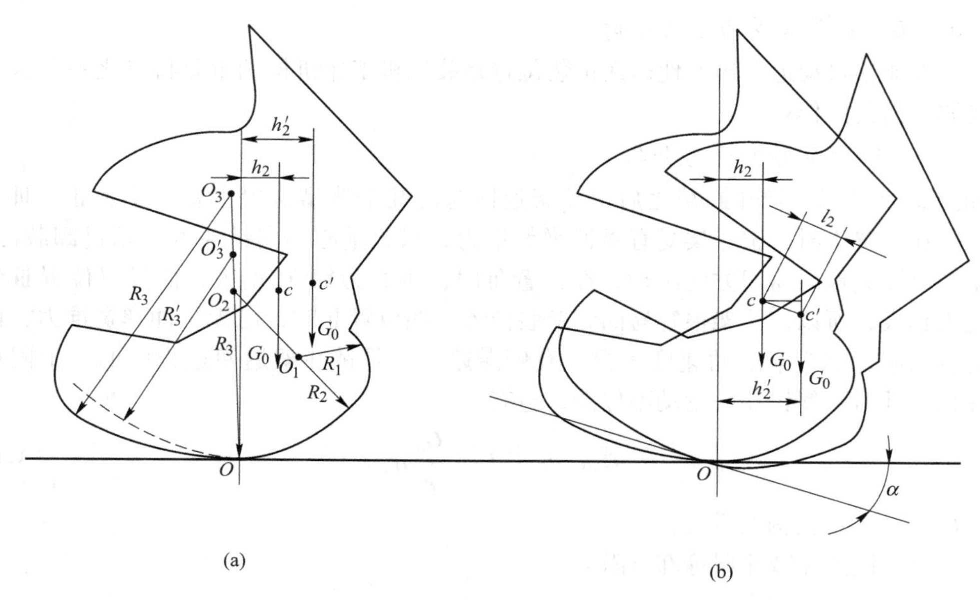

图 3-88 斗臂自动返回设计方案示意图

(a) 减小滚动半径；(b) 倾斜导轨

减小半径 R_3，由 R_3 到 R_3'，则使重心前移；由 c 到 c'，这时力臂增大；由 h_2 到 h_2'，也可使斗臂向前倾斜，从而增加铲斗架滚动力矩。当采用平导轨时，铲斗架的滚动力矩为：

$$M = G_0 h_2 \tag{3-104}$$

当使导轨向前倾斜 α 角之后，铲斗架的滚动力矩为：

$$M' = G_0(h_2 + l_2\cos\alpha) = M + G_0 l_2 \cos\alpha \tag{3-105}$$

显然：$M'>M$。

力矩的增加有利于铲斗架返回滚动，此外，也可采用挖空适当部分的办法，使重心向有利方向移动，增加滚动力矩。

C 稳定钢丝绳选择计算

在每个斗臂的工作曲面上都紧绕着两根稳定钢丝绳。它们的两端分别与铲斗架和上回转盘相连接，稳定钢丝绳可保证铲斗架在工作过程中斗臂沿其导轨滑动，卸载时碰撞缓冲弹簧后仍处于稳定状态，而且限制斗臂在卸载支承点处的滑动趋势。据测定，铲斗架在卸载位置时稳定钢丝绳所受载荷最大。图 3-89 中，F_v 为铲斗架所受支反力，F_2 为稳定钢丝绳的张力，F_1 为提升链条的拉力，G 为重载机构的重力，F_3 为重载机构的惯性力。可知，应有下

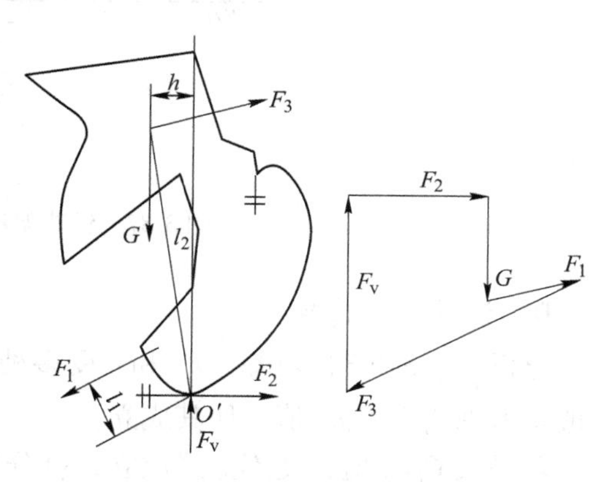

图 3-89 稳定钢丝绳受力分析计算示意图

列方程

$$Gh + F_1 l_1 = F_3 l_2 \tag{3-106}$$

则

$$F_1 = \frac{F_3 l_2 - Gh}{l_1}$$

式中，重载机构的惯性力 F_3 如下：$F_3 = \frac{1}{l_2} I_0 \varepsilon_i$，其中，$I_0$ 为满载工作机构在 O' 点的转动惯量；ε_i 为工作机构的瞬时角加速度。

思 考 题

3-1 理解下列名词的含义：额定载重量、额定斗容、最大卸载高度、最小卸载距离、卸料角、后倾角、铲斗回转半径。

3-2 对装载机连杆机构的设计要保证哪些性能要求？

3-3 比较正转六连杆与反转六连杆机构的性能特点？

3-4 装载机的计算工况有哪几种？

3-5 正铲式单斗挖掘机有哪些传动机构系统，其作用是什么？

3-6 正铲式单斗挖掘机的工作装置有几种结构型式，其主要特点是什么？举例说明之。

3-7 ZCZ-17 和 ZCZ-26 型两种装岩机行走机构的作用以及两种行走传动系统的不同之处。

3-8 如何实现铲斗架的自动返回？

3-9 电动装岩机与气动装岩机各自的特点？

参 考 文 献

[1] 王运敏. 中国采矿设备手册（上、下）[M]. 北京：科学技术出版社，2007.
[2] 陈玉凡，朱祥. 钻孔机械设计 [M]. 北京：机械工业出版社，1987.
[3] 宁恩渐. 采掘机械 [M]. 2 版 . 北京：冶金工业出版社，2008.
[4] 张国忠. 气动冲击设备及其设计 [M]. 北京：机械工业出版社，1991.
[5] 高澜庆，等. 液压凿岩机理论、设计与应用 [M]. 北京：机械工业出版社，1998.
[6] 周志鸿，等. 水压凿岩机的发展与应用 [J]. 凿岩机械气动工具，2002（2）：59~61.
[7] 阎天俊. 双三角式液压臂平动机构分析 [J]. 凿岩机械气动工具，1999（1）：3~6.
[8] 杨襄璧. 液压凿岩机轴推力的计算 [J]. 凿岩机械与风动工具，1982（1）：1~5.
[9] 朱嘉安. 采掘机械 [M]. 成都：成都科技大学出版社，1989.
[10] 李世华. 地下铲运机械 [M]. 北京：机械工业出版社，1990.
[11] 张安哥，等. YDT32KB 隔爆型电动凿岩机连杆装置的动力学分析 [J]. 凿岩机械与风动工具，1988（2）：6~10.
[12] 王树藩. YDT35 型电动凿岩机的补气与补气压力分析 [J]. 凿岩机械与风动工具，1988（2）：6~10.
[13] 李波，等. 水力驱动凿岩设备的应用前景 [J]. 凿岩机械气动工具，1997（4）：41~43.
[14] 赖邦钧. 支腿式水压凿岩机的研究与设计 [J]. 凿岩机械气动工具，2002（2）：1~12.
[15]《采矿手册》编辑委员会. 采矿手册 [M]. 北京：冶金工业出版社，1991.
[16] 李晓豁，沙永东. 采掘机械 [M]. 北京：冶金工业出版社，2011.
[17] 赵济荣. 液压传动与采掘机械 [M]. 徐州：中国矿业大学出版社，2015.
[18] 魏大恩. 矿山机械 [M]. 北京：冶金工业出版社，2017.
[19] 陈国山，陈玉球. 采掘机械 [M]. 北京：冶金工业出版社，2017.
[20] 史俊青. 采掘机械 [M]. 2 版 . 徐州：中国矿业大学出版社，2017.
[21] 陈晓青. 金属矿床露天开采 [M]. 北京：冶金工业出版社，2010.
[22] 李晓豁. 露天采矿机械 [M]. 北京：冶金工业出版社，2010.
[23] 宋子岭. 露天开采工艺 [M]. 2 版 . 徐州：中国矿业大学出版社，2018.
[24] 崔增祈，李树青. 岩巷施工技术的回顾与展望 [J]. 建井技术，1996（5）：3~5.
[25] 刘扬贤，侯文高. 岩巷施工技术的发展与展望 [J]. 河北煤炭，1998（3）：51~53.
[26] 邵虎成. 岩巷装载技术及其发展 [J]. 建井技术，1996（5）：20~21.
[27] 段德虎，才子龙. 加快岩巷掘进速度的探讨 [J]. 建井技术，1993（3）：93~97.
[28] 李向阳. 关于如何提高岩巷单进的探讨 [J]. 山西焦煤科技，2003（9）：13~16.
[29] 姜金球. 岩巷掘进施工机械化配套方案 [J]. 建井技术，2000（8）：30~33.
[30] 高秀华，申国哲，刘述学，等. 装载机工作装置结构动力分析 [J]. 农业工程学报，1998（3）：129~133.
[31] 姜金球. ZCY-120 型侧卸装岩机结构分析 [J]. 煤矿机械，1997（3）：36~38.
[32] 于硕，闰涵. 装载机工作装置的机构分析 [J]. 工程机械，2001（8）：25~27.
[33] 方子帆，施仲光 . 轮式装载机转斗六连杆机构的优化设计 [J]. 水利电力施工机械，1998（1）：22~38.
[34] 王国彪，杨力夫. 装载机工作装置优化设计 [M]. 北京：机械工业出版社，1996.
[35] 熊雪峰. 基于遗传算法的装载机工作装置的优化设计应用研究 [D]. 西安：西北农林科技大学，2001.
[36] 何正忠. 装载机 [M]. 北京：冶金工业出版社，1999.
[37] 高梦熊. 国外地下装载机的最新发展 [J]. 矿山机械，2001（1）：6~11.

[38] 崔国华. 挖掘装载机挖掘装置优化设计与运动仿真 [D]. 长春：吉林大学，2005.
[39] 孙瑜. 装载机前车架有限元参数化建模方法 [D]. 长春：吉林大学，2005.
[40] 周玉忠，张家励，付为芳. 装载机工作装置特殊八杆机构优化设计 [J]. 吉林工业大学学报，1998 (1)：17~21.
[41] 周玉忠. 装载机八杆工作装置的研究 [D]. 长春：吉林大学，2000.
[42] 张国胜，曾昭华，王晓柱. 装载机工作装置铰点位置优化模型及软件 [J]. 工程机械，1999 (2)：15~33.
[43] 赵海峰，蒋迪. ANSYS 8.0 工程结构实例分析 [M]. 北京：中国铁道出版社，2003.
[44] 严升明. 机械优化设计 [M]. 徐州：中国矿业大学出版社，2003.
[45] 高梦熊. 中型地下装载机的合理结构 [J]. 矿山机械，2000 (3)：27~29.
[46] 耿迎元. 装载机工作装置连杆机构举升过程的运动分析 [J]. 工程机械，1994 (5)：7~11.
[47] 王子才. 仿真技术发展及应用 [J]. 中国工程科学，2003 (2)：30~33.
[48] 川郭卫，李富柱，薛武. 基于 Pro/Engineer 软件的装载机工作装置虚拟样机与仿真分析 [J]. 工程机械，2005 (3)：3~33.
[49] 戴国洪，孙奎洲，张友良. 基于 Pro/Engineer 的装配过程动态仿真与干涉检验 [J]. 机床与液压，2003 (6)：63~66.
[50] 詹友刚. Pro/Engineer 中文野火版教程——专用模块 [M]. 北京：清华大学出版社，2003.
[51] 龚勇. 极限偏载工况下装载机动臂应力的精确求解 [J]. 工程机械，2001 (9)：19~21.
[52] 王荣祥，任效乾. 矿山工程设备技术 [M]. 北京：冶金工业出版社，2005.
[53] 何正忠. 装载机 [M]. 北京：冶金工业出版社，1999.
[54] 李健成. 矿山装载机械设计 [M]. 北京：机械工业出版社，1990.
[55] 王荣祥，任效乾. 矿山机械系统工程 [M]. 北京：冶金工业出版社，1997.
[56] 王荣祥，任效乾. 矿山机电设备运用管理 [M]. 北京：冶金工业出版社，1995.
[57] 钟良俊，王荣祥. 露天矿设备选型配套计算 [M]. 北京：冶金工业出版社，1990.
[58] 黄万吉. 矿山运输机械设计 [M]. 沈阳：东北大学出版社，1990.
[59] 手册编写组. 起重机设计手册 [M]. 北京：机械工业出版社，1985.
[60] 手册编写组. 机械零件设计手册（上、下）[M]. 北京：冶金工业出版社，1986.
[61] 设计手册编写组. 机械设计手册（上、下）[M]. 北京：化学工业出版社，1985.
[62] 中华人民共和国国家标准. 机械制图 [S]. 北京：中国标准出版社，1985.
[63] 中华人民共和国国家标准. 形状和位置公差 [S]. 北京：中国标准出版社，1985.